Les origines de l'Homme

Les origines de l'Homme

Préface d'André Langaney

POUR LA SCIENCE
DIFFUSION BELIN

8, rue Férou, 75006 Paris

En couverture :
Les jeunes Filles Peules : Peinture pariétale du Tassili dont Henri Lhote fit le relevé. Datant du 4e millénaire av. J.-C., cette œuvre est représentative du style des Pasteurs (Néolithique).

ISBN 2-9029-**1884**-4 ISSN 0224-5159

Table des matières

Préface

par André Langaney

Dans les pages qui viennent, des spécialistes, parmi les meilleurs du monde, nous racontent ce qu'ils savent, ou parfois ce qu'ils croient deviner, de nos ancêtres plus ou moins lointains et de leurs cultures. Nos origines nous posent trois problèmes scientifiques principaux, qui seront largement évoqués par ceux-là mêmes qui y consacrent l'essentiel de leur activité :

– Comment des singes sont-ils devenus humains, par leur anatomie et par leur mode de locomotion ?

– Comment les premiers hommes ont-ils inventé les cultures de type humain et, en particulier, le langage à double articulation des sons et des sens ?

– Comment est apparue notre espèce d'homme moderne, parmi d'autres hommes qui existaient depuis près de trois millions d'années ?

Les professionnels de la paléontologie et de la préhistoire vous présentent, ci-après, en toute rigueur, l'état de ce que l'on sait grâce à des enquêtes extraordinairement minutieuses où le moindre fragment d'os, la position du plus petit éclat de silex sont enregistrés par ces détectives du passé. En tant qu'amateur passionné, je voudrais me permettre un mot sur ce que l'on ne sait pas, et parfois pousser l'impertinence jusqu'à mettre en doute ce que l'on croit savoir.

Sur le premier sujet, la découverte fondamentale de ce siècle a été l'ancienneté de la bipédie – au moins quatre millions d'années – et le fait qu'elle ne soit pas le propre de l'Homme. Ainsi un trait longtemps considéré comme caractéristique de notre espèce est apparu bien avant nous et a, sans doute, été partagé par des collatéraux aussi lointains que les Australopithèques robustes. Si l'on se réfère, ainsi que le propose Sherwood Washburn, aux études moléculaires, chromosomiques ou éthologiques des Primates actuels, on s'aperçoit que de nombreux autres caractères ou activités que l'on avait crus propres à notre espèce sont, en fait, partagés ; en particulier les tendances omnivores, la chasse et l'utilisation d'outils. Ainsi beaucoup de caractères « humains » pourraient être primitifs, au lieu d'être dérivés et exclusifs de notre espèce : tandis que des caractères de grands singes, plus spécialisés, pourraient en être dérivés. Dans de telles conditions, et en oubliant un peu certains fossiles, on pourrait, bien au-delà des Australopithèques de l'Afar, faire un portrait robot d'un chaînon manquant totalement hypothétique entre les Hominidés et certains prosimiens : locomotion mixte grimpeur-bipède, omnivore, face courte, crâne rond posé en équilibre sur la colonne vertébrale, taille inférieure à un mètre, l'œil vif, le geste rapide et peut-être déjà une libido intense, une curiosité extrême, un penchant pour une utilisation intensive des contacts sociaux et de certains éléments de son milieu. Bref, ce « *Prohomo pygmeus* » serait tout le contraire, ou presque, de *Proconsul,* décrit plus loin par Alan Walker et David Pilbeam. Qui plus est, étant déjà debout, ce Primate n'aurait pas eu à se lever, ce qui pose tellement de problèmes à Owen Lovejoy ! À de telles propositions, Yves Coppens répond habituellement que *Proconsul* a l'avantage d'exister, ce qui, bien sûr, est un argument considérable.

La question de l'apparition et de la diversification des cultures humaines tourne autour d'un problème pour lequel on ne dispose d'aucune ébauche de solution : l'apparition du langage à double articulation, que l'on ne peut aujourd'hui ni décrire ni dater. D'elle dépend la transmission lamarckienne systématique des cultures et des technologies qui fait le propre de notre (de nos ?) espèce(s) humaine(s). L'étude des grands singes actuels ainsi que les travaux des linguistes ont montré que cette propriété n'était ni affaire de mémoire (les grands singes en ont bien assez, mais ne parlent pas), ni affaire d'anatomie (en effet un code binaire suffit à transmettre un langage articulé).

Il semble peu probable que des techniques compliquées, comme la taille d'outils évolués ou la construction d'habitations, aient pu se développer et se maintenir sans le support de la parole ; mais un singe bavard et paresseux aurait pu se passer de ces techniques. Dans de telles conditions, tous les *Homo* du passé étaient sans doute doués de parole, et celle-ci est sans doute l'origine de la première radiation adaptative culturelle, dont, malheureusement, nous ne savons rien. Il serait pourtant bien intéressant de savoir si cette apparition subite de la faculté de double articulation (« mutation » neurologique, invention, ou les deux à la fois ?) a provoqué une soudaine explosion de cultures jusqu'alors rudimentaires. Le Primate inconnu qui, le premier, déclara « Passe-moi la viande » ou « Vous vivez avec votre mère ? » mériterait en tout cas le plus grand des arcs de triomphe !

L'histoire du langage parlé a reçu récemment de nouveaux développements qui contribuent largement à éclaicir la dernière question que nous avons posée, celle de l'origine des hommes modernes. Mais il convient tout d'abord de se demander si les types humains bien différents connus, depuis les premiers *Homo* du Sud et de l'Est africain, appartiennent ou non à la même espèce. Pour l'heure, les réponses qu'apportent Richard Leakey, Alan Walker, Erik Trinkaus, William Howells et bien d'autres sont hypothétiques, quand elles ne sont pas contradictoires, et Jean-Jacques Hublin a parfaitement raison de souligner qu'il ne faut pas confondre les « espèces » typologiques de la paléontologie avec des espèces au sens biologique, c'est-à-dire séparées par des barrières à l'hybridation. Entre ceux qui voient une seule espèce humaine depuis l'origine et les « ponctualistes » qui en supposent une dizaine ou plus, le débat est plus affaire d'idéologie évolutionniste que querelle d'interprétation de données, essentiellement absentes. Le généticien de populations que je suis reste extrêmement sceptique chaque fois que l'on trace des phylogénies ou que l'on affirme des continuités de peuplement à des milliers de kilomètres et des dizaines de milliers d'années d'intervalle, quand il est déjà si difficile d'affirmer qu'un Primate est le fils de son père !

Si l'on oublie le problème de la formation et de la définition de notre espèce pour ne considérer que la définition morphologique des humains modernes, les choses s'éclaircissent beaucoup, grâce à des découvertes indépendantes des toutes premières années. D'abord les hommes modernes de Qafzeh, de Skhul et sans doute le crâne du Djebel Irhoud semblent dater d'environ un millier de siècles, comme les *Homo sapiens sapiens* de l'Omo, ainsi que l'ont établi Bernard Vandermeersch, Hélène Valladas, Jean-Jacques Hublin et leurs co-auteurs. Ils sont donc plus vieux que les Néandertaliens « classiques » d'Europe et que ceux du Proche-Orient, lesquels deviennent clairement des collatéraux spécialisés de nos ancêtres, qu'ils aient été interféconds ou non avec eux. Ils sont aussi apparemment plus vieux que des fossiles du Sud de l'Afrique, que l'on voulait à tout prix considérer comme primitifs. La paléontologie suggère donc plutôt une origine des hommes modernes dans la zone Proche-Orient-Afrique de l'Est-Afrique du Nord, il y a 100 à 150 000 ans environ. Ceci rejoint les suggestions de tous les généticiens quant au calendrier, et contredit les propositions de ceux qui affirment une origine purement et typiquement africaine, en prétendant retrouver jusque dans l'ADN mitochondrial ou le chromosome *Y* les preuves d'une vieille théorie coloniale du type « le singe, le nègre et l'Homme ». Si l'origine africaine du genre *Homo* est de beaucoup l'hypothèse la plus probable, l'hypothèse de l'origine africaine du type *Homo sapiens sapiens* est douteuse ; de toute manière, la partie de l'Afrique éventuellement concernée est en tous cas la plus proche des autres parties du monde. Quoi qu'en disent certains, les études de génétique des populations bien documentées confirment ce schéma.

Enfin, comme nous l'avons évoqué ci-dessus, des études de linguistique en cours sont en train de démontrer ce que cette science avait considéré comme faux pour plus d'un siècle : la parenté et la communauté d'origine des milliers de langues parlées par les hommes actuels. Les travaux de Russes comme Chevorochkine et d'Américains tels que Greenberg et Ruhlen ont réfuté récemment la vieille thèse du polyphylétisme des langues humaines, inspirée d'ailleurs de travaux d'anthropologie dépassés sur un prétendu polyphylétisme des « races humaines ». La confrontation des données linguistiques et génétiques fournit des schémas concordants de l'histoire du peuplement actuel sur la plupart des continents, ainsi que l'ont clairement établi Cavalli-Sforza, Sokal, Piazza et notre groupe de Genève. Il semble donc bien que les migrations de nos ancêtres chasseurs-cueilleurs, puis premiers éleveurs et cultivateurs aient synchronisé à la fois l'histoire de nos gènes et l'histoire de nos langues. En Afrique, par exemple, les groupes linguistiques les plus anciens semblent être le groupe dit afro-asiatique, qui couvre aussi le Proche-Orient et le groupe nilo-saharien, et non le groupe Niger-Congo qui est très récent. Pourtant il ne faut pas voir là une concordance avec la paléontologie, car les plus anciennes datations des groupes linguistiques africains actuels répugnent à dépasser 20 000 ans, ce qui laisse un fossé de temps énorme entre les premiers hommes modernes, datés de 100 000 ans, et ces premiers locuteurs modernes. Les techniques de datations linguistiques deviennent malheureusement complètement hypothétiques pour les périodes très anciennes. Nul ne pourrait affirmer raisonnablement que la première population à parler la langue ancestrale commune à toutes les langues actuelles était une population d'*erectus* ou de *sapiens,* qu'elle vivait en Afrique ou en Asie ; seuls des raisonnements très indirects (génétiques ou archéologiques) conduisent à la dater d'au moins 50 000 ans, sans pouvoir placer de limite supérieure autre que l'apparition du genre humain. Là encore il s'agit d'ancêtres inconnus, ou bien que nous n'avons pas les moyens de reconnaître.

Après ces quelques spéculations sur l'inconnu, il convient de revenir aux faits, que vous exposent ci-après, dans le détail, les spécialistes de notre passé.

André LANGANEY
Laboratoire de génétique et biométrie
Muséum national d'histoire naturelle
Université de Genève et URA 49, CNRS

1

L'évolution de l'Homme

*L'abondance du matériel fossile récemment découvert témoigne que nos ancêtres s'étaient déjà séparés des autres primates il y a 4 millions d'années environ. Quant à l'*Homo sapiens, *il aurait émergé il y a seulement 100 000 ans.*

par Sherwood Washburn

La caractéristique probablement la plus significative de l'évolution humaine a une valeur paradoxale : le cerveau avec lequel l'homme moderne commence à comprendre son long passé biologique s'est développé dans des conditions qui ont disparu depuis longtemps. Ce cerveau a évolué à la fois en taille et en complexité neurologique pendant plusieurs millions d'années ; durant presque toute cette période, nos ancêtres durent quotidiennement agir ou réagir à partir d'une information extrêmement réduite. De plus, une grande partie de cette information était fausse.

Considérons les conséquences de ce fait. Avant que l'information, transmise au cerveau en évolution, ait commencé à s'affiner grâce à une technologie avancée, nos ancêtres vivaient dans un monde qui leur semblait petit et plat et qu'ils ne pouvaient concevoir qu'en fonction de leurs capacités personnelles. Ils croyaient partager le monde avec des fantômes, des esprits divins et des monstres. Toutefois, le cerveau qui a développé ces concepts était celui qui, aujourd'hui, résout les subtilités des mathématiques modernes et de la physique. Et c'est le même progrès scientifique qui nous permet de comprendre l'évolution humaine.

Un exemple en liaison avec ce paradoxe est l'extraordinaire expansion, au cours des deux derniers siècles, de la perception humaine du temps. Comme Ernst Mayr l'a fait remarquer, on croyait au début du XVIIIe siècle que le temps écoulé entre la création de la Terre et le présent ne dépassait pas quelques milliers d'années. A la fin du XIXe siècle, la durée perçue fut multipliée par 1 000 et atteignit 40 millions d'années environ. Enfin, lorsque les chercheurs découvrirent que la désintégration lente et constante de certains isotopes radioactifs constituait une véritable horloge, ils durent centupler ce chiffre : nous estimons aujourd'hui l'âge de la Terre à 4,6 milliards d'années.

Il est impossible à l'esprit humain de concevoir une telle durée ; elle est aussi difficile à appréhender véritablement que les dizaines de milliers de milliards de francs qui circulent dans le monde de l'économie. L'homme, avec son bon sens, ne comprend que les durées relativement

1. LES DISTANCES IMMUNOLOGIQUES entre divers mammifères sont indiquées par la séparation, mesurée sur un axe horizontal, des branches de cet « arbre de divergence ». Par exemple, les monotrèmes (mammifères primitifs ovipares) sont séparés des marsupiaux par une distance de 1,5 seulement (en unités arbitraires), mais sont séparés des chimpanzés par une distance de près de 17. La distance entre l'homme et les petits singes de l'Ancien Monde est un peu supérieure à 3, celle entre l'homme et les gibbons asiatiques est de 2 et celle entre l'homme et les grands singes africains est inférieure à 1.

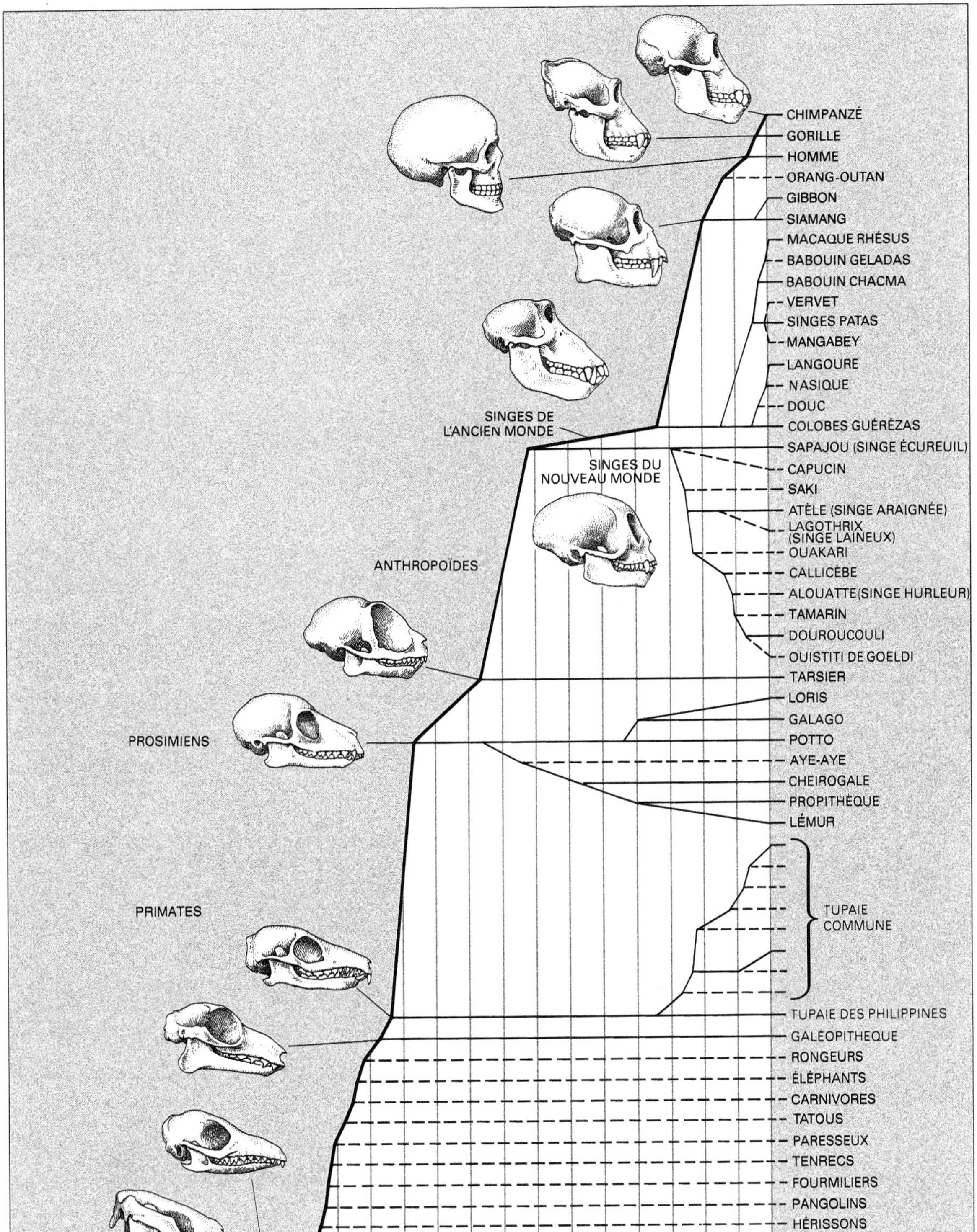
CHIMPANZÉ
GORILLE
HOMME
ORANG-OUTAN
GIBBON
SIAMANG
MACAQUE RHÉSUS
BABOUIN GELADAS
BABOUIN CHACMA
VERVET
SINGES PATAS
MANGABEY
LANGOURE
NASIQUE
DOUC
COLOBES GUÉRÉZAS
SAPAJOU (SINGE ÉCUREUIL)
CAPUCIN
SAKI
ATÈLE (SINGE ARAIGNÉE)
LAGOTHRIX (SINGE LAINEUX)
OUAKARI
CALLICÈBE
ALOUATTE (SINGE HURLEUR)
TAMARIN
DOUROUCOULI
OUISTITI DE GOELDI
TARSIER
LORIS
GALAGO
POTTO
AYE-AYE
CHEIROGALE
PROPITHÈQUE
LÉMUR
TUPAIE COMMUNE
TUPAIE DES PHILIPPINES
GALÉOPITHÈQUE
RONGEURS
ÉLÉPHANTS
CARNIVORES
TATOUS
PARESSEUX
TENRECS
FOURMILIERS
PANGOLINS
HÉRISSONS
CHAUVE-SOURIS
MUSARAIGNES
TAUPES
BALEINES
RATS À TROMPE
MARSUPIAUX
MONOTRÈMES
SINGES DE L'ANCIEN MONDE
SINGES DU NOUVEAU MONDE
ANTHROPOÏDES
PROSIMIENS
PRIMATES
17 16 15 14 13 12 11 10 9 8 7 6 5 4 3 2 1 0
DISTANCE ANTIGÉNIQUE (EN UNITÉS ARBITRAIRES)

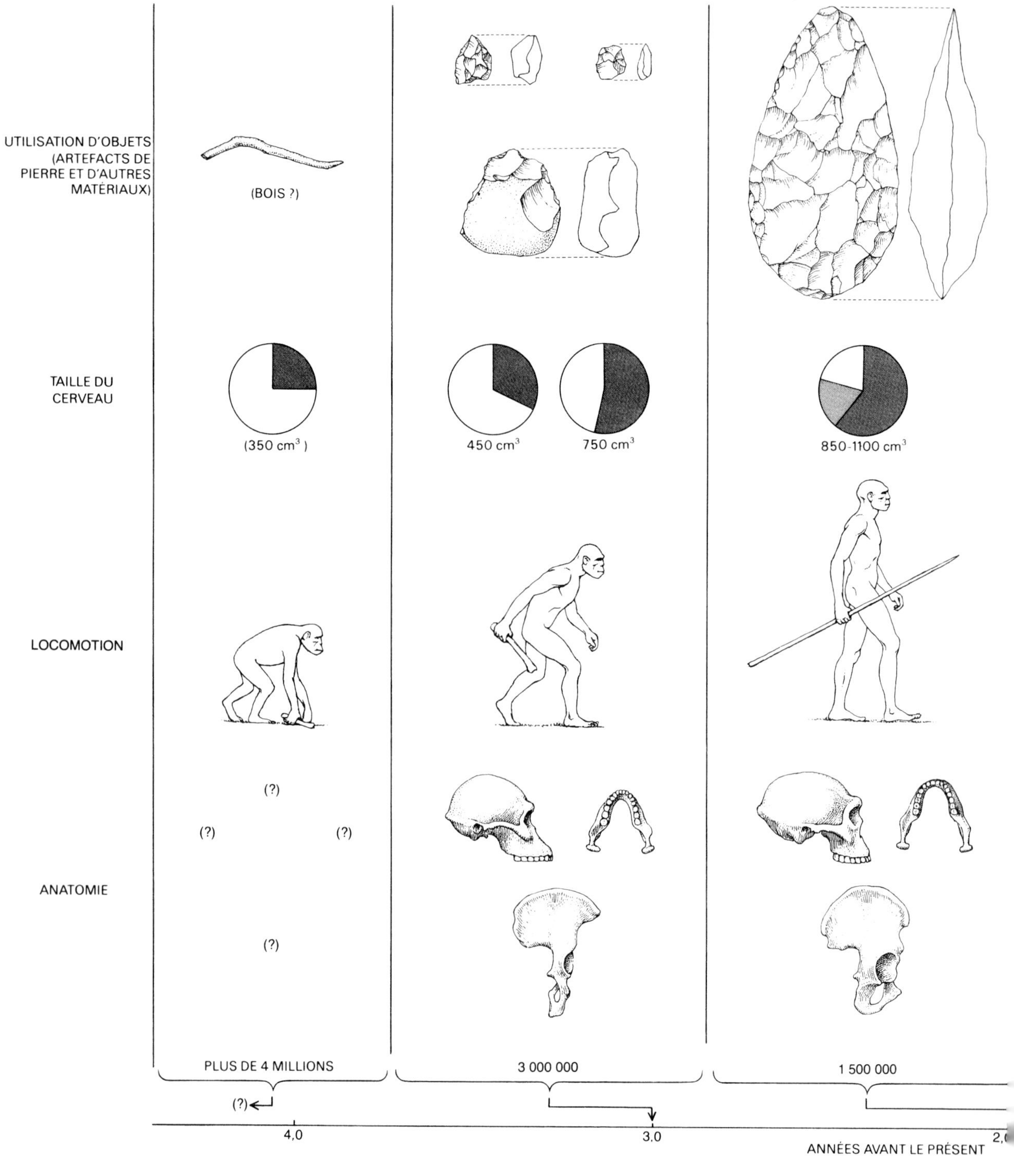

2. L'ÉVOLUTION HUMAINE, projetée sur une durée possible d'une dizaine de millions d'années, commence assez lentement, un hominidé encore inconnu se séparant du stock hominoïde ancestral à l'homme, au chimpanzé et au gorille à une date inférieure à quatre millions d'années *(à gauche)*. On admet que l'hominidé ancestral avait un petit cerveau et marchait sur l'articulation de ses phalanges. Ce mode de progression permet au quadrupède de se mouvoir en portant des objets dans ses mains ; cela nous amène

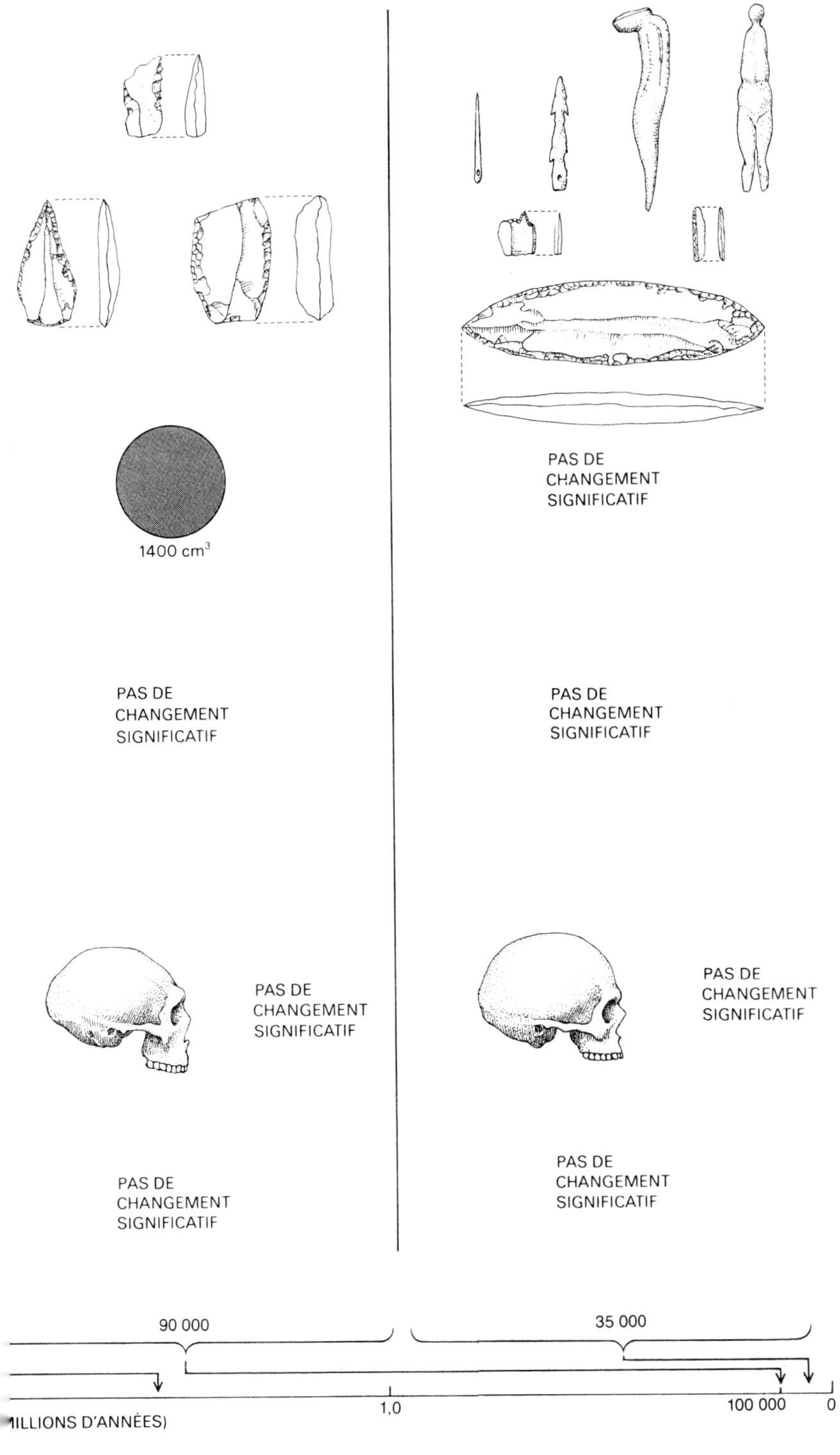

Cet être sub-humain avait un pelvis permettant une posture érigée et une marche bipède. Le volume du cerveau aurait atteint alors 450 cm³. Les observations des fossiles montrent que des outils apparaissent aussitôt : ce sont de simples instruments fabriqués à partir de galets et de cailloux. Les outils peuvent avoir été façonnés par un deuxième groupe d'hominidés, principalement reconnaissables au fait qu'ils possèdent un cerveau beaucoup plus important : 750 centimètres cubes. Puis, il y a 1,5 million d'années, apparut le premier homme véritable, *Homo erectus.* La morphologie de son crâne et celle de sa mâchoire sont encore primitives, mais cet *Homo erectus* avait un pelvis essentiellement humain et marchait à grands pas. La taille de son cerveau approche la moyenne actuelle dans un certain nombre de cas. De nombreux outils, contemporains des fossiles *d'Homo erectus,* sont des noyaux dont on a détaché des éclats sur deux côtés ; ce sont les représentants de l'industrie acheuléenne. Il y a quelque 100 000 ans, l'*Homo sapiens* apparut sous les traits de l'homme de Néandertal. La forme de son crâne n'est pas tout à fait moderne, mais la taille de son cerveau l'est. La plupart des outils découverts dans les sites néandertaliens appartiennent à l'industrie moustérienne ; ils sont fabriqués à partir d'éclats de silex plutôt que de noyaux. Enfin, l'homme moderne, *Homo sapiens sapiens,* est entré en scène il y a seulement 40 000 ans. Son crâne est moins robuste que celui des Néandertaliens et son cerveau est légèrement plus petit. Beaucoup de ses outils sont des lames minces ; certains, connus sous le nom de feuilles de laurier, semblent être plus cérémoniels qu'utilitaires. Parmi ses artefacts osseux, on trouve des aiguilles, des pointes de harpons, des poinçons et des statuettes. L'homme est passé de la chasse à l'agriculture il y a 10 000 ans environ.

à une autre hypothèse selon laquelle l'hominidé surpassa les chimpanzés actuels dans la manipulation des bâtons et d'autres objets. Les découvertes fossiles africaines prouvent la présence d'un hominidé évolué, il y a quatre millions d'années : *l'Australopithecus.*

brèves : le rythme de naissance, de croissance et de mort. A cette notion de temps biologique, on peut associer une notion de temps social : un intervalle moins tangible de trois à cinq générations importe encore quelque peu aux acteurs de la comédie humaine. Des intervalles de temps plus longs n'ont pas le même impact émotionnel. On peut considérer que le temps, à l'échelle de l'Univers, qui a été révélé par la science, permet à la perception du temps d'échapper aux limitations de l'esprit humain.

La perception moderne du temps n'est naturellement qu'une émancipation particulière dans la série des émancipations mentales qui ont conduit l'homme à une compréhension plus profonde de l'histoire de sa propre évolution. Dans ce qui suit, nous verrons quelle est la somme d'informations que les chercheurs de nombreuses disciplines sont parvenus à rassembler sur l'évolution humaine. Nous verrons aussi comment chacune a contribué à la compréhension générale et actuelle du sujet. Nul ne peut être expert dans tous ces domaines et cet article est plus une évaluation personnelle qu'un résumé objectif.

Peu de notions défient le sens commun autant que celles du mouvement constant des continents et des variations importantes de leur position dans un intervalle de temps relativement court comparé à l'âge de la Terre. Conséquence directe des errements passés, toutes les théories classiques de l'évolution reposaient sur le principe que les continents étaient fixes. Pour appuyer ces théories, on supposait que des ponts reliaient les continents et que si des mers peu profondes les envahissaient quelquefois, les grandes plaques continentales n'étaient pas affectées. Bien qu'Alfred Wegener ait affirmé, il y a près de 70 ans, que la dérive des continents était une réalité, sa théorie n'a été acceptée et respectée qu'au cours des vingt dernières années : on a alors bâti la théorie de la tectonique des plaques et réellement mesuré le mouvement des continents.

Les données cumulées fournies par les isotopes radioactifs et la tectonique des plaques ont changé fondamentalement la base des recherches sur l'évolution humaine. On supposait autrefois par exemple que les singes d'Amérique du Sud descendaient directement des Prosimiens primitifs qui peuplèrent jadis l'Amérique du Nord. (Les Prosimiens sont les singes les moins évolués de l'ordre des Primates qui inclut les grands singes et l'Homme. Tous les Prosimiens actuels sont confinés dans l'Ancien Monde.) Nous savons cependant aujourd'hui qu'il y a 35 à 40 millions d'années, l'Afrique était aussi proche de l'Amérique du Sud que de l'Amérique du Nord. Quelques-uns des Primates, ancêtres des singes du Nouveau Monde, auraient pu être transportés accidentellement (peut-être sur des radeaux naturels) vers l'Amérique du Sud, tout aussi facilement à partir de l'Afrique qu'à partir de l'Amérique du Nord. La proximité de ces trois continents, impensable avant l'acceptation de la dérive des continents, ne prouve pas que les ancêtres des singes du Nouveau Monde ont émigré d'Afrique ; cependant, elle offre cette importante possibilité entièrement nouvelle.

Un autre apport de la tectonique des plaques à l'évolution humaine concerne les affirmations selon lesquelles l'homme serait né en Afrique. Ce que l'histoire de la dérive continentale enseigne, c'est qu'il y avait de grandes connexions entre l'Afrique et l'Eurasie dès leur collision il y a quelque 18 millions d'années (quand les ancêtres des éléphants ont quitté l'Afrique et se sont disséminés à travers l'Eurasie) et ce jusqu'à l'inondation du bassin méditerranéen il y a cinq ou six millions d'années. On retrouve de l'Inde et du Pakistan à l'Afrique, en passant par le Proche-Orient, des restes fossiles de *Ramapithecus*, le grand singe mio-pliocène généralement considéré comme un ancêtre de la lignée des Hominidés, représentée par la branche de l'Homme et de ses proches parents fossiles. La répartition continue de ces fossiles suggère que la géographie de l'Eurasie et de l'Afrique étaient alors assez différentes de ce qu'elle est aujourd'hui. En outre, la liste des faunes indienne et africaine qui sont semblables comprend bien d'autres espèces telles les macaques, les lions, les léopards, les guépards, les chacals, les chiens sauvages et les hyènes. Que l'Homme n'ait pu naître qu'en Afrique semble moins évident qu'autrefois. En d'autres termes, plus les ancêtres de l'Homme, intelligents, bipèdes, chasseurs et utilisateurs d'outils vécurent il y a longtemps, moins il est probable que leur distribution initiale ait été limitée à un seul continent.

L'anatomie comparée est un domaine de recherche bien plus ancien que la tectonique des plaques. Cette discipline remonte au XIXe siècle et a pour objectif principal l'étude des ressemblances et des différences entre l'Homme et ses voisins les Primates. Elle est fondée sur l'hypothèse optimiste qu'un nombre suffisamment grand d'informations conduira immanquablement à une conclusion correcte ; elle s'attache peu aux relations entre les données anatomiques et la théorie évolutionniste ou la phylogénie. Par exemple, on citait la forme d'une dent humaine, la première prémolaire inférieure, comme preuve de la non-existence d'un stade « grand singe » dans l'évolution de l'Homme.

En 1972, on croyait que ce caractère prouvait que l'Homme s'était séparé des autres Primates il y a au moins 35 millions d'années. Depuis cette date, on a découvert des Hominidés fossiles pliocènes, vieux d'environ 3,7 millions d'années et dont les premières prémolaires inférieures montrent des caractéristiques de grands singes modernes. Ce n'était pas la description de la dent qui était fausse, mais les conclusions qu'on tirait de sa forme (sans parler de la présomption de croire qu'on peut fonder la majeure partie des déterminations phylogénétiques sur l'anatomie d'une seule dent).

L'anatomie comparée permet toutefois de nombreuses corrélations valables. Ainsi, les os du bras humain sont proches de ceux des grands singes, mais très différents de ceux des petits singes. Les os de ces derniers sont très semblables à ceux de nombreux Primates et même à ceux de certains Mammifères : leur forme est le modèle de base de la locomotion quadrupède. Au contraire, les os du bras humain et ceux des grands singes représentent le modèle de l'adaptation au grimper. Cette constatation est significative, mais elle peut entraîner deux conclusions tout à fait opposées : *(1)* l'homme et les grands singes sont liés ou *(2)* l'homme et les grands singes ont suivi une voie parallèle d'évolution, à savoir que les structures du bras ont évolué dans le même sens bien que les deux lignées évolutives aient été séparées depuis longtemps. Il est difficile de trancher entre ces deux propositions : en effet, la comparaison a été effectuée entre deux animaux vivants, dont le degré d'évolution par rapport à l'ancêtre commun nous est inconnu. Par chance, de puissants moyens analytiques nouveaux ont beaucoup aidé à résoudre de tels dilemmes. Nous en reparlerons dans la partie consacrée à l'anthropologie moléculaire ; pour le moment, il suffit de signaler que lorsque les modèles de la primatologie, qui servent de comparaison, sont fonctionnels, les résultats obtenus par l'anatomie comparée sont proches de ceux obtenus par l'anthropologie moléculaire.

Il y a seulement quelques dizaines d'années, nous ne possédions que peu de documents fossiles et ceux concernant les Hominidés, Homme inclus, étaient encore plus rares. Il y a 50 ans, lorsque

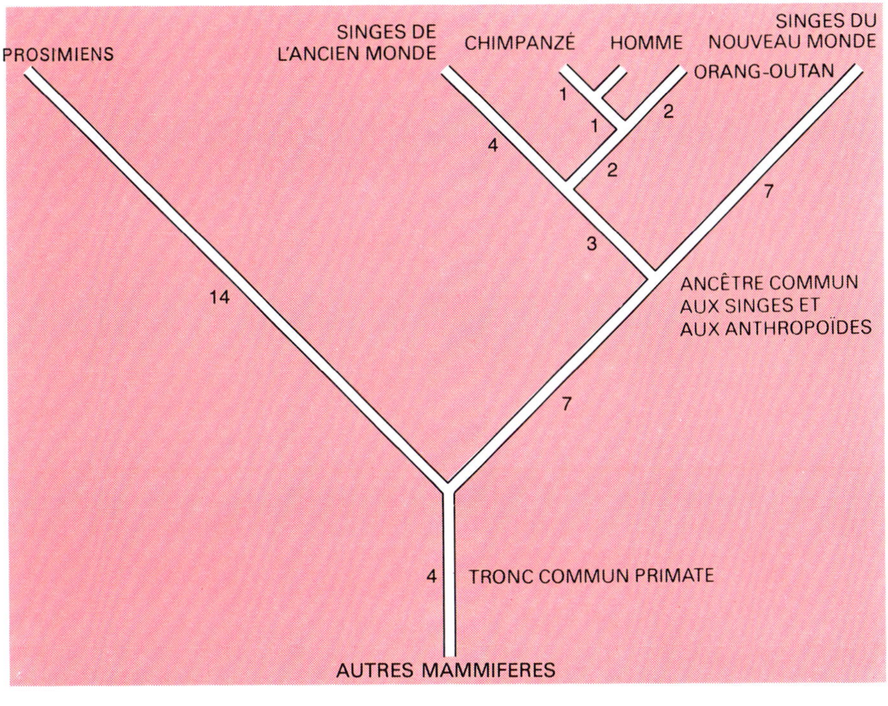

3. REPRÉSENTATION PLUS DÉTAILLÉE de la divergence des Primates. Si la distance entre l'homme et le chimpanzé est égale à 1, l'homme et le chimpanzé sont alors séparés de l'orang-outan par quatre unités ; l'orang-outan et les singes de l'Ancien Monde sont distants de sept unités de leur ancêtre commun qu'ils partagent avec les petits singes du Nouveau Monde. Tous les Anthropoïdes se trouvent à une distance de sept unités de leur ancêtre commun qui est également l'ancêtre des Prosimiens (les Prosimiens sont des Primates moins évolués), lequel est séparé de onze unités des Primates les plus primitifs.

Sir Arthur Keith entreprit de placer les Hominidés fossiles connus sur leurs lignées présumées, il n'eut à classer que trois genres dans le Miocène, et il put répartir les cinq genres d'Hominidés connus à cette époque dans une période de moins d'un demi-million d'années, s'étalant du Pliocène à aujourd'hui (après le Pliocène venait le Pléistocène qui aurait duré, pensait-on alors, 200 000 ans). Les cinq genres comprenaient des *Homo erectus* (alors représentés seulement par les spécimens de Java appelés *Pithecanthropus*), l'homme de Néandertal (ou Neandertal ou encore Néanderthal), l'homme de Piltdown (qui était alors encore considéré comme un genre valable nommé *Eoanthropus*), l'homme de Rhodésie (*Homo rhodesiensis*, forme qui n'était plus considérée comme une espèce distincte) et finalement le genre et l'espèce *Homo sapiens* (duquel Keith excluait les Néandertaliens). Keith avait séparé l'homme de Java du tronc principal humain au Miocène et plaçait l'extinction de la lignée au début du Pléistocène. Il pensait que les Néandertaliens, appelés aujourd'hui *Homo sapiens neandertalensis*, s'étaient isolés au Pliocène moyen, peu avant l'apparition de l'homme de Rhodésie et bien avant celle de l'homme de Piltdown ; toujours d'après Keith, les trois genres s'éteignaient au Pléistocène.

L'arbre de Keith était merveilleux de simplicité ; chaque fossile qu'on devait expliquer se trouvait à la fin de sa propre lignée évolutive et on pouvait connaître l'âge de la séparation par l'étude de son anatomie. L'homme de Piltdown posait néanmoins un problème : son crâne franchement moderne semblait placer le point de branchement de ce spécimen plus haut sur l'arbre que celui correspondant à l'homme de Rhodésie ; en revanche, sa mandibule nettement différente de celle de l'homme imposait un branchement dans le Pliocène. Ces conceptions typologiques moururent lentement avec la découverte de nombreux nouveaux fossiles d'Hominidés et avec l'essor des méthodes de datation à partir d'isotopes radioactifs qui ont étendu la durée du Pléistocène de 200 000 ans à deux millions d'années environ. L'article de 1944, *Sur les espèces et les races de l'homme vivant et fossile*, de Theodosius Dobzhansky, a inauguré une nouvelle ère et mis fin à presque un siècle d'analyses essentiellement typologiques.

Aujourd'hui, on connaît des centaines de fossiles de Primates. On en découvre tous les jours et on peut dater avec précision nombre d'entre eux ; il devient même difficile de répertorier les spécimens individuels alors que cette tâche était aisée il y a seulement quelques années. Des problèmes restent encore posés en ce qui concerne les restes fossiles d'Hominidés, peut-être en partie parce que les êtres humains sont extrêmement avides de connaître les détails de leur propre ancestralité. Pour tout animal autre que l'homme, les restes d'Hominidés couvrant les quatre derniers millions d'années seraient considérés comme amplement suffisants.

Comment doit-on lire le témoignage de ces quatre millions d'années ? On peut dire avec une relative certitude que les Hominidés marchent debout depuis au moins trois millions d'années. C'est l'âge d'un *Australopithecus* primitif récemment mis au jour par Johanson dans la région de l'Afar en Éthiopie. Avant la découverte de D. Johanson, la meilleure preuve de marche bipède était un bassin plus récent d'*Australopithecus* découvert à Sterkfontein en Afrique du Sud. Les deux fossiles sont presque identiques. On ne peut éviter de conclure que la locomotion bipède n'est pas qu'une adaptation anatomique humaine parmi d'autres, mais que c'est la plus importante. Les premiers bipèdes avaient tous de petits cerveaux (volume moyen : 450 centimètres cubes).

Peu de temps après, peut-être aux alentours de 2,5 millions d'années, les bipèdes façonnaient des outils de pierre et chassaient des animaux pour se nourrir. Il y a environ deux millions d'années, des crânes d'Hominidés à capacité plus grande apparurent (N. d. t. : on appelle quelquefois cet Hominidé *Homo abilis*) ; puis, il y a 1,4 million d'années, l'*Homo erectus* apparaissait : les cerveaux avaient doublé de volume et les outils incluaient alors des bifaces, outils taillés sur les deux côtés. Ces outils appartiennent à l'industrie à bifaces et galets taillés, dite acheuléenne, du nom du site français, Saint-Acheul, où l'on découvrit pour la première fois un spécimen. Il y a entre deux et un million d'années à peu près, une autre forme de bipède primitif apparut : son anatomie robuste l'identifie comme une espèce à part d'*Australopithecus*. Il se distingue nettement des bipèdes moins robustes par sa mandibule massive et ses molaires très grandes, comparées aux incisives.

Cette revue rapide des documents fossiles humains est sans nul doute très simplifiée, mais je pense que les faits confirment ce profil général. Les principales difficultés proviennent de l'état fragmentaire de nombreux fossiles. D. Johanson a trouvé en Afar un squelette assez complet pour permettre de déterminer les proportions générales de cet Hominidé. La reconstitution montre qu'il avait des bras relativement longs, fait qui ne pouvait pas être déduit des centaines d'autres restes fragmentaires d'*Australopithecus* découverts précédemment.

Les datations posent aussi des problèmes. Ainsi, les isotopes radioactifs ne permettent aucune datation des Hominidés fossiles découverts en Afrique du Sud : les désaccords entre les spécialistes portent sur la date d'un tuf volcanique particulièrement important dans la région du Turkana oriental au Kenya (voir « Les Hominidés du Turkana oriental », où l'on découvre constamment de nombreux et importants fossiles d'Hominidés. Ma réponse (ou mon échappatoire) est d'essayer de voir l'ordre général et de ne le compliquer que lorsque cela est absolument inévitable.

La première conclusion que je tire de ce schéma simplifié est que la marche bipède s'est développée des millions d'années avant l'acquisition d'un grand cerveau, d'un outil ou de toute autre caractéristique que nous pensons être humaine. Si l'on accepte cette hypothèse, il faut, pour la prouver, découvrir des fossiles démontrant cette adaptation locomotrice. On ne peut pas déterminer le temps nécessaire à cette adaptation, ni les stades intermédiaires aussi longtemps que les restes fossiles des membres inférieurs manquent. L'adaptation a pu commencer à n'importe quel moment entre cinq et dix millions d'années. Les sédiments fossilifères de cet âge existent et, pour clarifier cet aspect de l'évolution humaine, on a seulement besoin d'argent pour la recherche et d'un peu de chance.

La deuxième conclusion que je tire de ce profil simplifié est que l'outil et la chasse sont apparus longtemps avant le développement du cerveau. Fouillant dans l'est du Turkana, Glynn Isaac, de l'Université de Californie à Berkeley, et ses collègues ont découvert un ensemble d'outils composés d'éclats et de nucleus parmi lesquels on trouve des restes d'animaux (voir « Le partage de la nourriture chez les Hominidés », *Pour la Science*, juin 1978). Malheureusement, les êtres qui ont abandonné ce matériel, qui pourrait avoir 2,5 millions d'années, n'ont laissé aucune trace de leur anatomie propre !

Les outils du Turkana oriental sont très vieux, mais il est peu vraisemblable qu'ils soient les plus anciens. Ainsi, à Olduvai, en Tanzanie, de nombreux outils du « Bed I » ne sont que des pierres non retouchées. On n'a pu penser que c'étaient des outils que parce qu'on les a trouvés dans un niveau de cendres volcaniques qui ne contient par ailleurs pas de pierres ; quelqu'un avait donc dû les apporter d'ailleurs. En l'absence de toute autre circonstance similaire particulièrement favorable, les premiers outils ne seraient vraisemblablement pas reconnus.

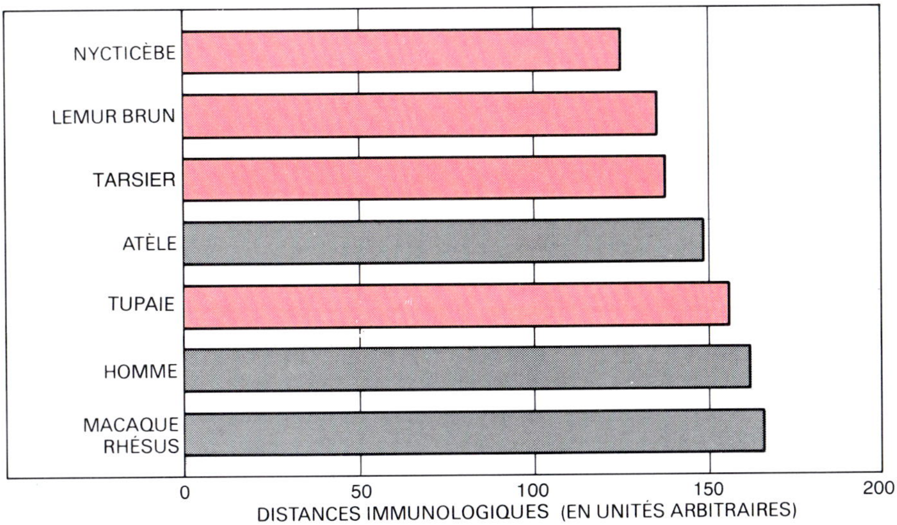

4. LES TAUX D'ÉVOLUTION semblent être indépendants du nombre de générations par unité de temps si on se réfère aux distances immunologiques. Les barres représentent les distances, calculées par Vincent Sarich, de l'Université de Berkeley, qui séparent les carnivores de divers Primates. L'homme et le macaque rhésus sont les plus éloignés, avec des distances respectives de 162 à 166 unités, en dépit du fait que chaque génération humaine est cinq fois plus longue qu'une génération de rhésus. Les Prosimiens *(barres de couleur)* qui vivent beaucoup moins longtemps que l'homme, sont encore moins éloignés des carnivores.

La troisième conclusion m'est suggérée à la fois par les documents fossiles et par ce qu'on connaît de l'anatomie du cerveau humain. Comme je l'ai signalé plus haut, je crois que le cerveau s'est développé bien après l'apparition de l'outillage. Des outils très élaborés, comme ceux de l'Acheuléen, ne sont apparus qu'au moins un million d'années après l'outil primitif. Tout se passe comme si le mode de vie facilité par les premiers outils avait influencé en retour l'évolution du cerveau. Ce qu'on peut observer dans le cortex cérébral reflète ce succès évolutif. De même que les proportions de la main humaine, avec son pouce grand et musclé, reflètent une sélection favorisant l'usage d'outils, l'anatomie du cerveau humain reflète une sélection favorisant l'habileté manuelle.

A ce stade, un nouveau problème, trop souvent méconnu, apparaît. La seule preuve directe de l'importance de l'accroissement de taille du cerveau provient des données archéologiques. L'hypothèse d'une relation entre l'utilisation de l'outil et un grand cerveau suggère que la progression archéologique (de l'outil le plus simple à l'outil le plus élaboré) est liée au doublement de la taille du cerveau de l'Hominidé. Si l'hypothèse est correcte, le cerveau aurait dû croître non seulement en taille, mais aussi en complexité. Malheureusement, les documents fossiles n'apportent aucun indice de ce développement neurologique. Cependant, il semblerait que l'augmentation de la taille du cerveau soit bien liée à l'accroissement en complexité des outils, au cours de centaines de milliers d'années et d'une manière qui n'est plus évidente durant les 100 000 dernières années de l'évolution humaine.

Les paléontologues qui étudient les restes fossiles, tout comme ceux qui font de l'anatomie comparée, s'appuient presque exclusivement sur la description. Quand on découvre un fossile, le premier travail est de déterminer son contexte géologique, ses associations et son âge probable. Une fois le fossile transporté au laboratoire, on le décrit et on le compare à d'autres fossiles semblables, puis on tire des conclusions à partir de ces comparaisons. Les caractères anatomiques servant de comparaison sont complexes et le travail ardu, si bien qu'il faut encore compléter un grand nombre d'analyses sur des fossiles découverts il y a de nombreuses années. La méthode a d'autres limites. Ainsi, on a l'habitude de comparer les dents isolées. Or, dans la nature, les dents supérieures et inférieures frottent évidemment les unes sur les autres. Les études qui prennent en compte ce facteur fonctionnel, comme W. E. Le Gros Clark l'a montré, donnent des résultats tout à fait différents de ceux fournis par la méthode d'étude dent par dent.

De plus, les méthodes comparatives sont compliquées par le fait qu'une face comporte un certain nombre de dents. La forme de la face est reliée à la fois aux dents et aux muscles masticateurs ; on ne rend pas bien compte de telles caractéristiques fonctionnelles par des mesures linéaires. De plus, la tradition descriptive fixe même des limites sur ce qu'on observe. Par exemple, la mâchoire inférieure de l'espèce robuste d'*Australopithecus* d'Afrique orientale a une branche montante très large, la partie de la mandibule qui se projette vers le haut pour s'articuler avec le crâne. Au sommet de cette branche montante, on trouve ce qu'on appele le condyle mandibulaire. Lorsque la mâchoire inférieure s'abaissait et que le condyle se déplaçait vers l'avant, les mâchoires supérieure et inférieure devaient s'ouvrir bien plus qu'elles ne le font chez les autres Primates. En compulsant tout ce qui a été écrit sur le régime alimentaire de l'*Australopithecus*, on s'étonne de constater qu'un fait aussi fondamental que l'ouverture mandibulaire n'ait jamais été évoqué.

La même mâchoire permet de donner un autre exemple de la faiblesse de tels systèmes descriptifs. Chez l'Australopithèque robuste, l'intérieur de la branche montante présente des caractères différents de ceux observés chez les autres Primates. Ce fait n'est pas signalé dans les descriptions classiques car il n'est pas traditionnel d'étudier l'intérieur de cette branche. Je pourrais donner un certain nombre d'autres exemples mais finalement, le résultat est le même pour tous : il n'existe aucune règle bien définie qui précise comment on devrait comparer les fossiles ou la manière dont l'anatomie comparée devrait être comprise.

Après avoir esquissé le panorama des résultats apportés par les différentes disciplines traditionnelles sur l'évolution humaine, nous pouvons tourner maintenant vers ceux fournis par deux disciplines relativement récentes : l'anthropologie moléculaire et l'observation du comportement des Primates dans la nature. Le premier de ces domaines a une histoire plus longue que celle de la tectonique des plaques : avant que Wegener ne propose sa théorie en 1912, Georges Nuttall avait démontré en 1904 qu'on pouvait établir une classification biochimique des animaux. La méthode de Nuttall était immunologique : quand on injecte le sérum sanguin d'un animal à un cobaye, celui-ci fabrique des anticorps contre les protéines du sérum étranger. Si on ajoute le sérum du cobaye à celui d'un troisième animal, les anticorps se combinent avec les protéines semblables de ce sérum pour former un précipité. Plus ce précipité est important, plus le premier animal est proche du troisième.

La méthode de G. Nuttall fut appliquée avec succès dans un certain nombre de cas ; pourtant elle ne fit pas plus d'adeptes que la théorie de Wegener. Ce n'est que durant ces dix dernières années, lorsqu'on constata la concordance entre les découvertes fondées sur l'immunologie et celles fondées sur la similitude des séquences d'acides aminés dans les protéines et la similitude des séquences des nucléotides dans l'ADN, que la notion de taxinomie moléculaire reçut un accueil favorable. Tout comme les méthodes fondées sur les isotopes radioactifs pour déterminer des âges absolus, les nouvelles méthodes moléculaires sont objectives et quantitatives : elles donnent des résultats équivalents même lorsque les tests sont menés par des chercheurs différents !

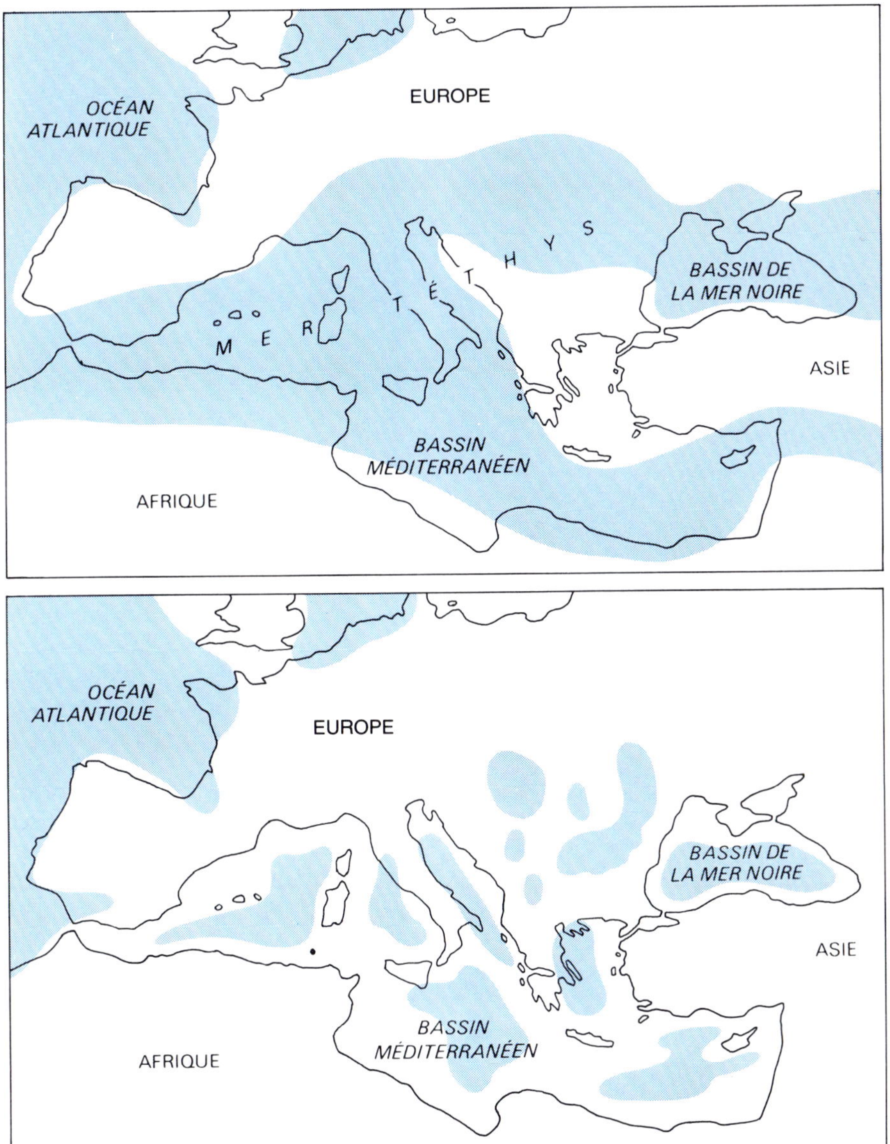

5. LA SÉPARATION ENTRE L'ASIE ET L'AFRIQUE, aujourd'hui réunies par une étroite bande de terre, était totale il y a quelque vingt millions d'années *(en haut)* ; à cette époque, la Téthys s'étalait de l'Atlantique au Golfe persique. Plus tard et jusqu'à il y a cinq millions d'années *(en bas)*, la Téthys fut réduite à un réseau de lacs et les Primates de l'Ancien Monde purent passer d'un continent à l'autre.

L'aptitude de la taxinomie moléculaire à définir des relations entre les Primates est peut-être le fait le plus important des dernières décennies de recherche en évolution humaine. La grande force de la méthode est bien sûr son objectivité. On a par exemple argué des données fossiles et de l'anatomie comparée pour « démontrer » que le plus proche parent de l'Homme était le tarsier, certains petits singes, certains grands singes disparus, le chimpanzé ou le gorille et pour suggérer que le temps séparant l'Homme du dernier ancêtre commun variait de 50 millions à 4 millions d'années selon l'ancêtre considéré.

Qu'indiquent les données de la taxinomie moléculaire ? Le premier résultat est que les tests moléculaires montrent une faible « distance » entre l'homme et les grands singes africains. Ainsi, si l'on considère que la distance séparant les singes de l'Ancien Monde de ceux du Nouveau Monde a une valeur de 1 et que les autres distances sont exprimées en fractions de cette valeur, la distance comprise entre l'homme et les singes de l'Ancien Monde est égale à plus d'une demi-unité (0,53 à 0,61) ; ce résultat est dû à Vincent Sarich, de l'Université de Berkeley. La distance entre l'homme et le grand singe asiatique, l'orang-outan, est à peu près d'un quart d'unité (0,25 a 0,33) et la distance entre l'homme et le chimpanzé est d'un huitième d'unité (0,12 à 0,15).

On peut comparer la faible distance séparant l'homme des grands singes africains avec des distances semblables entre d'autres mammifères apparentés. La parenté homme-grands singes africains est presque aussi importante que celle qui existe entre les chevaux et les zèbres et plus forte que celle entre les renards et les chiens. Mary-Claire King et Allan Wilson, de l'Université de Californie à Berkeley, estiment (à partir de comparaisons entre les polypeptides ou les chaînes protéiniques de l'homme et du chimpanzé) que l'homme et le chimpanzé ont en commun 99 % de leur matériel génétique.

On aurait pu croire qu'une telle richesse d'informations nouvelles sur les parentés entre Primates aurait été bien accueillie par les paléoanthropologistes. Cela n'a pas été le cas ! Le problème est le suivant : alors que les données moléculaires apportent la preuve d'un lien étroit entre l'homme et les grands singes africains, elles évaluent la parenté et non pas l'ancienneté de la séparation ; il se pourrait cependant qu'elles puissent évaluer les deux. Le schéma d'étude semble clair : les animaux qui sont phylogénétiquement des parents éloignés sont séparés par de grandes distances moléculaires alors que ceux qui sont proches ne le sont que par de petites. Cela suggère une corrélation entre le temps et la distance moléculaire. Malheureusement, quand on passe aux Primates, la distance moléculaire entre les singes de l'Ancien et du Nouveau Monde est beaucoup trop petite pour « coller » avec la phylogénie traditionnelle. Pire encore, la distance entre l'homme et les grands singes africains est étonnamment plus faible que ce que l'on pensait traditionnellement. Je soupçonne que si l'anthropologie moléculaire avait démontré un éloignement important entre l'homme et les grands singes, on aurait admis sans problèmes l'idée d'une corrélation entre la différence génétique et la notion de temps.

On débat actuellement de la validité de l'horloge moléculaire, mais je pense que les problèmes seront résolus dans les prochaines années. On améliore les techniques chimiques et les connaissances associées s'accroissent par les travaux réalisés dans de nombreux laboratoires. Il n'empêche que d'après les données fossiles, une séparation des lignées de l'homme et des grands singes postérieure à cinq millions d'années est fort improbable ; d'un autre côté, les preuves moléculaires rendent très improbable une séparation antérieure à dix millions d'années. J'ai des amis et collègues qui attaquent avec virulence les deux dates ; peut-être ont-ils raison ? Cette virulence est une impressionnante manifestation de la passion qui entoure encore l'étude de l'évolution humaine !

On a beaucoup étudié, ces dernières années, les singes dans leur milieu naturel. Il faut remarquer à ce propos que les théories évolutionnistes se firent jour au XIXe siècle et que presque toutes les études de terrain sur les Primates n'ont commencé qu'après 1960. L'idée d'un Néandertal bestial et voûté ainsi que celle d'un chimpanzé monogame sont deux produits de l'imagination du XIXe siècle ; la révision la plus pertinente des idées passées est peut-être liée à la locomotion. Toutes les théories traditionnelles sur les origines de l'homme ont étudié comment un ancêtre arboricole avait pu se transformer en un bipède érigé terrestre. Les études de terrain ont montré que nos plus proches parents parmi les Primates, les grands singes africains, sont avant tout terrestres. De plus, leurs modes de locomotion suggèrent que l'ancêtre commun, aussi ancien soit-il, était terrestre.

Dans la locomotion quadrupède, chez la plupart des Primates, la main et le pied sont placés à plat sur le sol : l'animal ne peut pas porter des objets et se déplacer en même temps. Cependant, les gorilles et les chimpanzés (comme les avants au rugby américain) utilisent une autre forme de locomotion appelée « la marche sur les poings » (en fait, la marche sur l'articulation des phalanges repliées) qui permet aux grands singes (et aux rugbymen américains) de marcher normalement et de porter en même temps des objets entre les doigts et la paume. Si « la marche sur les poings » est un caractère ancien, la question de savoir comment le transport et l'utilisation des objets sont devenus habituels est résolue. De tous les Primates vivant actuellement, l'homme excepté, le chimpanzé « marchant sur les poings » est celui qui utilise le plus les objets.

Jane Goodall et ses collègues, du Centre de Recherche de Gombe Stream (Tanzanie) ont noté qu'année après année, le nombre des objets fabriqués par les chimpanzés et leurs différences d'utilisations augmentent régulièrement. Les chimpanzés se servent de bâtons pour bluffer et attaquer, farfouiller, taquiner et explorer ; ils utilisent des brindilles et des brins d'herbe pour attraper des termites et des fourmis. Ils se servent de feuilles pour se nettoyer, de cailloux pour casser des noix et lancent également des pierres avec une assez bonne précision.

Notre incrédulité a la vie dure. Quand l'homme de Pékin (considéré maintenant comme *Homo erectus*) fut découvert, on pensa qu'il était bien trop primitif pour avoir façonné les outils autour de lui. La victime suivante et injustifiée de notre incrédulité fut l'*Australopithecus* : on s'accordait pour affirmer qu'une créature avec un si petit cerveau n'avait pu fabriquer des outils. Aujourd'hui encore, nombreux sont ceux qui croient qu'une seule forme de bipède primitif, la forme ancestrale de l'homme, aurait pu fabriquer des outils. Le comportement des chimpanzés est cependant lumineux : il montre qu'un anthropoïde est capable de se servir d'objets bien plus variés et avec une plus grande efficacité qu'on ne l'aurait pensé. Il n'y a plus aucune raison de ne pas croire que tous les bipèdes primitifs ont eux aussi utilisé des objets, probablement bien plus que ne le font aujourd'hui les chimpanzés, et cela bien avant que l'outil apparaisse pour la première fois dans les données archéologiques.

Darwin a avancé que l'existence de petites canines chez l'homme et d'énormes canines chez le gorille résultait de la possession d'armes qui avait rendu inutile, chez l'homme, le besoin de crocs. Il est clair que la grande canine du gorille mâle n'a rien à voir avec une meilleure efficacité de la mastication ; la canine du gorille femelle est petite et cette dernière se nourrit comme le mâle. La canine du mâle résulte-t-elle d'une adaptation au bluff ou au combat ? Avant qu'un tel caractère anatomique ait pu être réduit au cours de l'évolution, sa fonction offensive aurait dû être transformée en une autre structure ou mécanisme. En suivant ce raisonnement, l'évolution vers de petites canines humaines serait liée, comme soupçonnait Darwin, à l'utilisation d'armes. Les

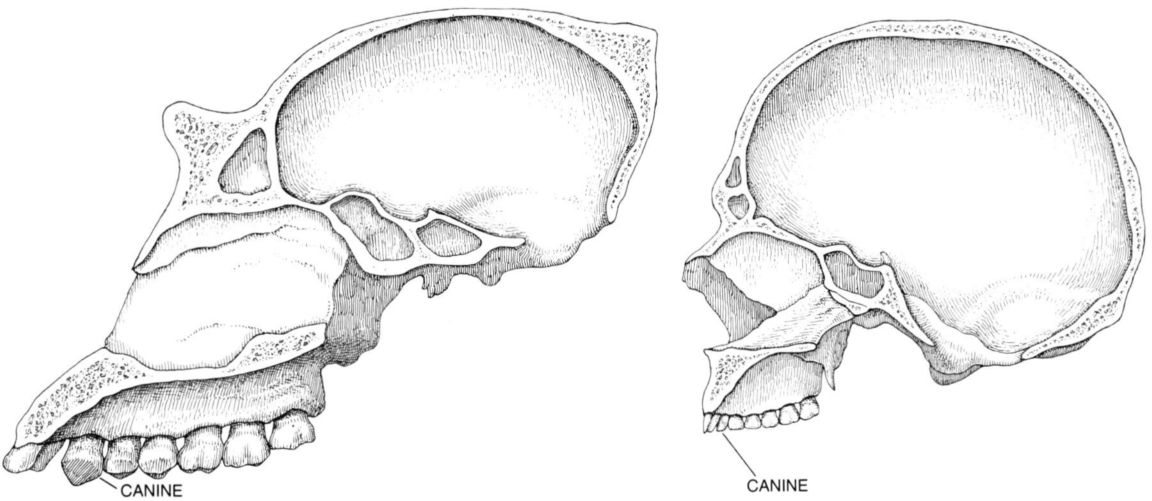

6. LES CRANES DE L'HOMME ET DU GORILLE, représentés ici en coupe, ont en commun des canines de petite taille. Le gorille est une femelle ; les gorilles mâles montrent leurs canines, très grandes, lorsqu'ils veulent menacer un adversaire. L'hypothèse de Darwin selon laquelle l'utilisation d'armes chez l'homme a rendu inutiles les grandes canines, semble être confirmée par les pièces fossiles : les plus vieilles canines humaines connues sont toutes petites comparées à celles des grands singes africains mâles.

données concernant l'utilisation fréquente d'objets, résultant des études de terrain sur les chimpanzés, corroborent l'interprétation de Darwin. Des bâtons sont peu souvent fossilisés et des pierres non travaillées peuvent rarement être identifiées comme de véritables outils, mais les dents sont les restes fossiles les plus communs et les bipèdes primitifs avaient déjà de petites canines. Il y avait probablement des centaines de milliers d'années qu'ils utilisaient des outils.

Toute l'information éthologique ne provient pas d'études sur le terrain. Considérons la parole : les Primates non-humains ne peuvent pas apprendre à parler en dépit des grands efforts faits en laboratoire pour leur enseigner un langage vocal. Les remarquables et récents succès dans l'apprentissage de langages symboliques aux chimpanzés ont été obtenus par des voies autres que verbales. Cela est important car l'être humain apprend à parler avec la plus grande facilité. Les sons émis par les singes reflètent principalement leurs émotions et sont commandés par des systèmes cérébraux plus primitifs que le cortex cérébral. L'ablation du cortex de l'animal n'affecte pas la production de sons. Chez l'homme, le cortex de l'hémisphère dominant du cerveau est très important pour la parole : celle-ci est la forme du comportement qui, plus que toute autre, différencie l'homme des autres animaux. Malheureusement, en dépit des nombreux essais ingénieux d'investigations, les origines de la parole restent mystérieuses. Il n'y a aucune preuve de sa présence ou de son absence chez les fossiles.

Les documents archéologiques apportent cependant quelques indices. Les phénomènes observés durant les 40 000 dernières années de la préhistoire peuvent avoir été déclenchés par le développement de la parole telle que nous la connaissons aujourd'hui. L'homme n'a certainement pas été muet pendant la plus grande partie de son évolution, mais l'apparition d'une capacité accrue pour la communication verbale peut avoir été le don qui a entraîné l'extraordinaire expansion de l'homme moderne, *Homo sapiens sapiens*.

Dans la majeure partie des derniers millions d'années, le progrès de l'évolution humaine, à la fois biologique et technique, fut lent. Les traditions dans la fabrication d'outils en pierre, dont témoignent les diverses époques correspondant à chaque technique particulière de taille des pierres, ont persisté pendant des centaines de milliers d'années sans changements notables. Puis ce fut la grande accélération d'il y a 40 000 ans environ. Les hommes qui étaient devenus anatomiquement modernes prirent le pouvoir. Les formes humaines primitives de l'homme s'éteignirent ; il y a hélas pas assez de fossiles pour qu'on puisse déterminer les causes de leur disparition : est-ce par évolution, hybridation ou extinction ? Nul ne sait. Puis, dans la toute dernière phase de l'histoire des bipèdes (mesurée par les âges des fossiles), une révolution technologique s'est produite. De cette révolution résultèrent des outils complexes et entièrement nouveaux, des armes, des abris construits, des bateaux, l'addition de poissons et de coquillages au régime alimentaire de l'homme, des voyages intercontinentaux (vers l'Australie, par exemple), le peuplement des régions arctiques, la migration vers les Amériques, la prolifération des arts et des ornements personnels.

La vitesse de changement continue à augmenter. L'agriculture et l'élevage apparaissent grossièrement au même moment sur notre globe. Les progrès technologiques, la maîtrise de nouveaux matériaux (comme le métal) et de nouvelles sources d'énergie (comme le vent et l'écoulement de l'eau) ont conduit en un temps record à la révolution industrielle et au monde d'aujourd'hui. L'accélération de l'histoire humaine ne peut pas être mieux illustrée qu'en comparant les changements survenus dans les 10 000 dernières années à ceux advenus au cours des quatre millions d'années précèdents.

Le langage, ce mélange de la parole et de la capacité à s'instruire, semblerait avoir été le détonateur biologique critique qui aurait déclenché l'accélération de l'histoire. Tout comme la marche érigée et la fabrication d'outils furent les seules adaptations qui apparurent durant les premières phases de l'histoire humaine, la capacité physiologique de parler fut la base biologique des stades ultérieurs. Sans ce mode remarquablement efficace de communication, le progrès des techniques aurait été forcément lent et limité. Grâce à ce système ouvert de communication, un changement rapide fut possible et les systèmes sociaux purent croître en complexité. Le langage est le liant indispensable et unique de tous les systèmes sociaux ; c'est peut-être pour cette raison qu'il n'existe aucune forme de comportement chez les Primates non-humains qui corresponde à la religion, à la politique ou à l'économie.

Si ce survol semble trop rapide, je rappellerai au lecteur que quelques-unes des questions les plus anciennes et les plus troublantes sur l'évolution restent sans réponse. Me tournant vers l'avenir, je pense que la biologie moléculaire déterminera, plus exactement que n'importe quelle autre discipline, les parentés entre l'homme et les autres

Primates vivants ainsi que la date de leur divergence mutuelle. Mais il restera encore beaucoup d'autres problèmes majeurs, particulièrement celui de la détermination des taux d'évolution. Comme par le passé, ceux qui proposent aujourd'hui de nombreuses hypothèses peuvent avoir tort sur les points clés qu'ils estiment les mieux établis.

A ce stade, il est probablement sage d'indiquer plusieurs hypothèses et, plutôt qu'asséner des conclusions, de s'exprimer en termes de probabilité. Pour donner l'exemple, je pense que, en fonction de ce que nous savons aujourd'hui, il y a cent chances contre une que l'homme et les grands singes africains forment un groupe étroitement lié. Je crois aussi pouvoir parier, mais seulement à deux contre un, que l'homme et les grands singes se sont séparés il y a cinq ou six millions d'années.

En présentant les opinions de cette manière, nous pourrions montrer que toutes les idées sur l'évolution humaine sont bâties sur des apparences plus ou moins vraisemblables. Par exemple, même si on est convaincu que l'homme est particulièrement proche des grands singes africains, cela ne signifie pas pour autant que la séparation ait eu lieu en Afrique. Au moment où les lignées humaine et simienne se sont séparées, il y avait des grands singes au Proche-Orient et en Inde : qu'est-ce qui nous prouve que l'homme ne descend pas de ceux-ci ? La raison pour laquelle il n'y a plus de grands singes en Inde est peut-être que ceux-ci se sont transformés en hommes. Les deux théories africaine et non-africaine de l'évolution des premiers bipèdes érigés sont valables : seule la découverte de nouveaux fossiles permettra de déterminer laquelle des deux est correcte.

2

A la recherche de *Proconsul*

Soixante ans après sa découverte, Proconsul *semble le dernier ancêtre commun aux Grands Singes et à l'Homme plutôt qu'un ancêtre éteint du Chimpanzé et du Gorille.*

Alan Walker et Mark Teaford

Le *Proconsul* est un singe qui vivait il y a quelque 18 millions d'années ; c'est aussi l'un de nos ancêtres les plus célèbres. Pourtant son ascension, du fond d'une carrière obscure au sommet du podium de la Science, fut riche en rebondissements et en surprises. L'histoire est invraisemblable : après leur découverte, les fragments de spécimens importants furent dispersés, puis fortuitement réunis des dizaines d'années plus tard. L'histoire a bien fini, car de récentes fouilles sur les sites des premières découvertes ont mis au jour près de 800 nouveaux spécimens d'Hominoïdes (la superfamille des Primates, qui comprend les Grands Singes, les Gibbons et l'Homme) ; grâce à ces découvertes, le *Proconsul* reconstitué donne une idée du dernier ancêtre commun aux Grands Singes supérieurs et à l'Homme.

L'histoire de *Proconsul* commença en 1927 lorsque H. Gordon, un colon de l'Ouest du Kenya, découvrit quelques fossiles en extrayant du calcaire dans une carrière. Pressentant l'importance de ces pièces, H. Gordon les envoya au paléontologue A. Hopwood, du *British Museum*. L'un des fossiles semblait une simple dent dépassant d'un bloc rocheux grand comme une main, mais quand on enleva la gangue de pierre, on découvrit un maxillaire gauche d'Hominoïde. Les autres fossiles découverts en même temps que celui-ci indiquaient que le dépôt datait du Miocène inférieur, c'est-à-dire d'environ 18 millions d'années.

Quand on découvrit ce maxillaire, on connaissait très peu de Grands Singes fossiles et l'on n'en n'avait encore jamais trouvé d'aussi anciens ; ces spécimens étaient extrêmement importants, mais A. Hopwood décida de ne rien publier tant qu'il n'aurait pas d'autres confirmations de sa découverte d'un nouveau Primate.

Il organisa une expédition, partit au Kenya en 1931 et trouva de nouveaux fossiles d'Hominoïdes. Deux ans plus tard, il publia ses découvertes, affirmant que le maxillaire trouvé par Gordon appartenait à un nouveau genre, ancêtre du Chimpanzé.

A l'époque, une vedette de music-hall à Londres était un chimpanzé qui portait un costume et un chapeau, roulait à bicyclette et fumait la pipe. Comme l'animal était surnommé Consul, A. Hopwood s'amusa à appeler le nouveau Singe anthropoïde *Proconsul africanus*.

Louis et Mary Leakey furent les acteurs de l'épisode suivant de l'histoire du *Proconsul*, et l'Ouest du Kenya fut encore le théâtre de leurs découvertes : sur l'île Rusinga du lac Victoria, Mary Leakey découvrit en 1948 ce qui allait devenir le plus célèbre spécimen de *Proconsul* : un crâne. Quand elle le trouva, sur une pente de roche sédimentaire tendre, l'arrière du crâne ayant été exposé aux intempéries, une partie avait été érodée. Les os de la face, les maxillaires et les mandibules étaient presque complets, mais on ne retrouva que des fragments des os latéraux et postérieurs, en contrebas.

On supposa que ce crâne avait appartenu à la même espèce que celle décrite par A. Hopwood,

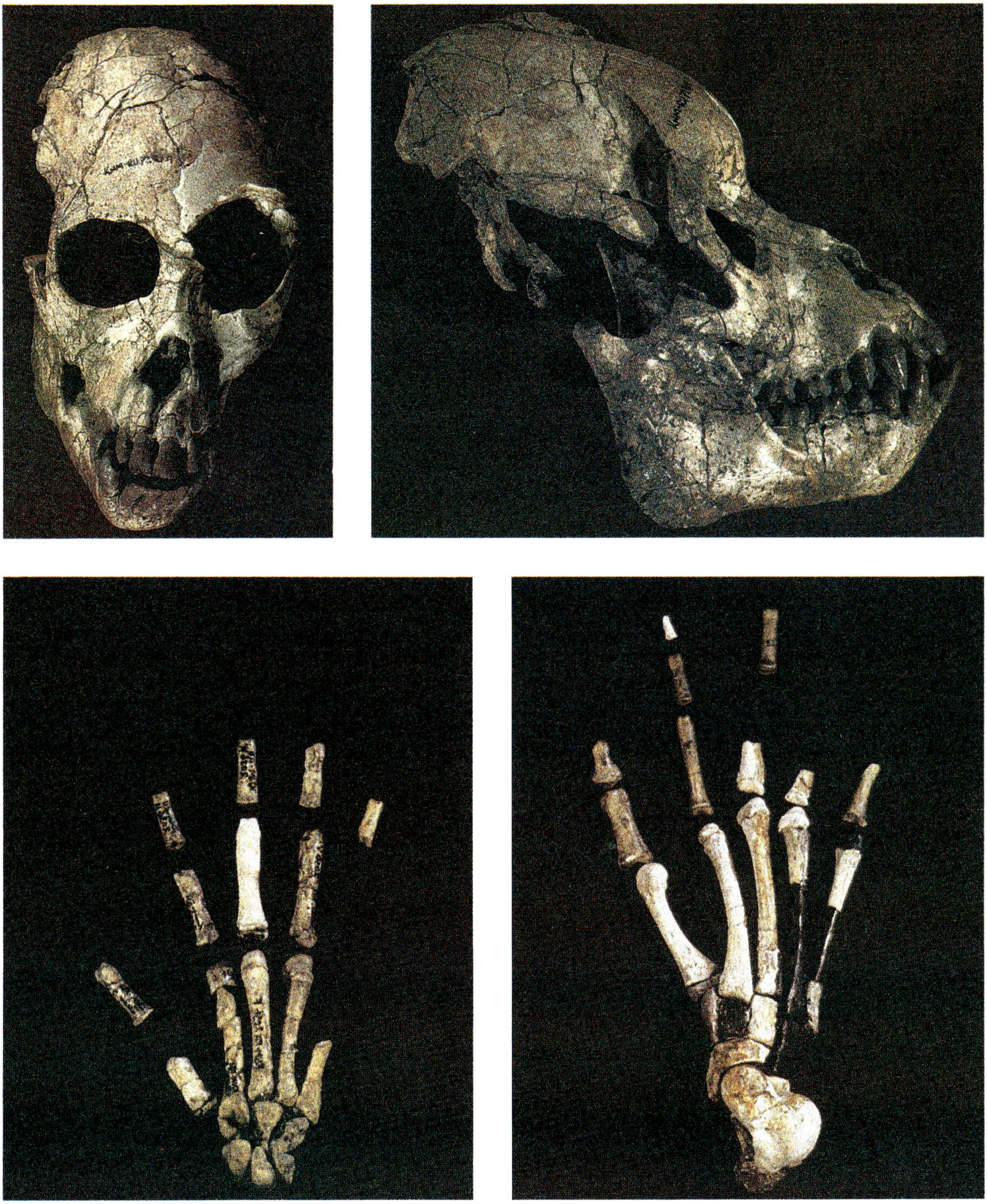

1. LE PREMIER CRANE DE *PROCONSUL AFRICANUS*, en haut, de face et de profil, il a été trouvé par Mary Leakey, en 1948, sur l'île Rusinga du lac Victoria. Il était incomplet, car il avait été exposé aux intempéries et sa partie arrière avait été érodée ; mais des pièces manquantes lui furent adjointes en 1981 par M. Pickford et l'un des auteurs (A. Walker), qui les découvrirent parmi des fragments d'os de tortues. Les os bruns de la main (*en bas, à gauche*) et du pied (*en bas, à droite*) de *Proconsul* furent trouvés sur l'île Rusinga, en 1951, par l'équipe de Louis Leakey. Les os blancs furent retrouvés 30 ans plus tard au Muséum du Kenya. La différence de couleur est due aux différents produits utilisés pour la conservation.

mais d'autres découvertes des époux Leakey indiquèrent que deux espèces de *Proconsul* avaient existé sur l'île Rusinga et sur l'île Mfangano voisine : une grande espèce, de la taille du Chimpanzé, appelée *Proconsul nyanzae*, et une espèce plus petite, *Proconsul africanus*, correspondant au maxillaire de A. Hopwood et au crâne de 1948.

Le spécimen important suivant fut trouvé en 1951 par le géologue Tom Whitworth, qui étudiait la zone de Kiakanga, sur l'île Rusinga. Dans une cheminée verticale remplie de roche verte, qui traversait des limons gris ne contenant pas de fossiles, il trouva un squelette de porc et d'autres ossements. Parmi ceux qui furent dégagés de la gangue très dure figuraient des éléments d'un singe adolescent : le crâne, un membre antérieur presque complet, avec la main, et des fragments d'un pied ; tous ces os provenaient d'un même individu de l'espèce *Proconsul*.

On pensa d'abord que la cheminée de roche verte, composée d'une grossière cendre volcanique déposée par l'eau, était une marmite de géants, c'est-à-dire une grande cuvette creusée dans la roche par l'eau d'une rivière ; les animaux y auraient été entraînés par le courant, puis fossilisés. Cette hypothèse présentait deux inconvénients : d'une part, l'ensemble des animaux trouvés dans la cheminée pouvait être très différent de la communauté au sein de laquelle le *Proconsul* avait réellement vécu, car les os et les squelettes pouvaient provenir de n'importe quel endroit en amont ; d'autre part, comme les marmites de géants sont creusées par l'eau dans des sédiments compacts préexistants, le remplissage avait pu se produire bien après le dépôt de la roche encaissante, qui datait de 18 millions d'années.

L'encéphalisation de *Proconsul*

Les fossiles découverts en 1948 et en 1951 ont récemment joué de nouveaux rôles dans l'histoire du *Proconsul*. Ce renouveau date d'il y a quelques années, lorsque Martin Pickford, de l'Institut de paléontologie du Muséum national d'histoire naturelle de Paris, fut intrigué par une remarque qu'avait notée L. Leakey dans son journal, en 1947 : des fragments d'os crâniens appartenant probablement à des Primates avaient été recueillis à l'endroit où Mary Leakey allait découvrir le crâne, l'année suivante. Ces fragments appartenaient-ils au crâne duquel ils avaient été détachés par l'érosion ?

M. Pickford retrouva ces pièces, qui étaient conservées avec des fragments de tortues, au Muséum de Nairobi : il s'agissait effectivement des fragments manquant à l'arrière du crâne trouvé en 1948 par M. Leakey. M. Pickford et l'un d'entre nous (A. Walker) parvinrent à recoller ces fragments sur le crâne, qui est désormais complet, de la mandibule au trou occipital.

Avec ce crâne complété, on espérait obtenir une information paléoanthropologique importante : le degré d'« encéphalisation » du *Proconsul*. On mesure cette encéphalisation par le quotient du volume du cerveau par le poids du corps, et le crâne du *Proconsul* nous permit d'estimer la capacité crânienne d'un Hominoïde du Miocène.

Pour déterminer une capacité crânienne, on mesure habituellement le volume d'eau déplacé par un moulage de la cavité crânienne, mais il faut naturellement disposer d'un crâne en bon état ; or celui du *Proconsul* avait été aplati et déformé.

Cependant M. Pickford, Dean Falk, de l'Université d'État de New York, Richard Smith, de l'Université de Washington, et l'un d'entre nous (A. Walker) imaginèrent un moyen simple pour faire cette estimation. Comme les os du crâne sont rigides, la longueur des arcs de la face interne du crâne n'est pas modifiée par les fractures. De plus la forme générale du cerveau du *Proconsul* ressemblait à celle des Catarhiniens, ou Singes de l'Ancien Monde, dont nous avions des moulages de la cavité crânienne. En mesurant les arcs crâniens, sur les moulages, on a établi une relation statistique entre leurs longueurs et la capacité crânienne chez les Singes de l'Ancien Monde. Puis en mesurant la longueur d'un arc sur le crâne du *Proconsul*, du front jusqu'au bord postérieur du trou occipital, nous avons utilisé la relation statistique pour déterminer la capacité du crâne fossile ; si la relation est valable pour le *Proconsul*, la capacité crânienne de ce dernier est comprise entre 154 et 180 centimètres cubes, et probablement égale à 167 centimètres cubes.

D'autre part, on a estimé le poids du corps à partir de mesures faites sur les os des membres. A partir des os trouvés en 1951 et de quelques autres spécimens dont nous disposons, nous avons calculé que le *Proconsul africanus* était plus encéphalisé que les singes actuels de taille comparable.

Nous pensons qu'une grande encéphalisation est caractéristique des Grands Singes supérieurs modernes, mais cette idée reste à confirmer. En effet, les Grands Singes supérieurs actuels (l'Orang-outan, le Chimpanzé et le Gorille) sont beaucoup plus grands que les espèces disparues, et bien que la taille de leur cerveau s'accroisse avec celle de leur corps, elle devient relativement plus petite. Si l'encéphalisation est bien une caractéristique des Grands Singes supérieurs, elle est apparue très tôt au cours de leur évolution.

A partir du crâne de 1948, on a récemment découvert une autre relation entre les Primates modernes et anciens. Wilfrid Le Gros Clark, qui décrivit le premier ce crâne, avait remarqué qu'il comportait un sinus frontal, c'est-à-dire un espace vide à l'intérieur de l'os frontal. C'est une

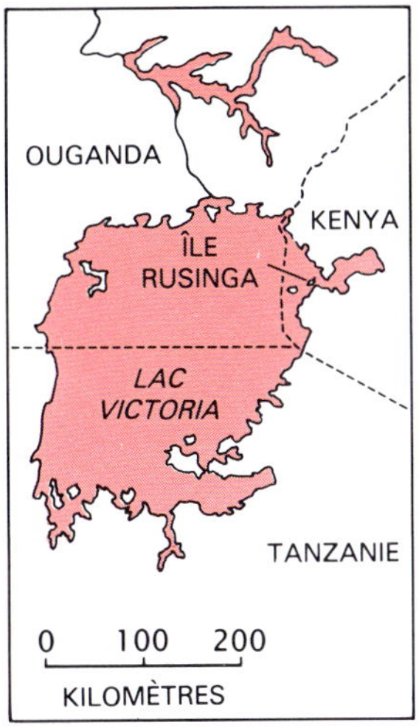

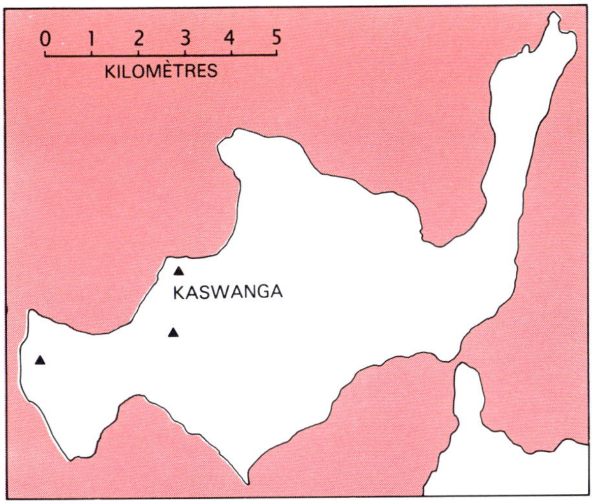

2. L'ÎLE RUSINGA, sur le lac Victoria, fut le site de nombreuses découvertes de *Proconsul*. En 1948, Mary Leakey trouva un crâne sur le site R106 ; Tom Whitworth trouva le spécimen de 1951 sur le site R114. **Le site de Kaswanga, découvert au cours de la première expédition des auteurs, comportait des centaines de fossiles de Primates, et plus de neuf squelettes de *Proconsul*.**

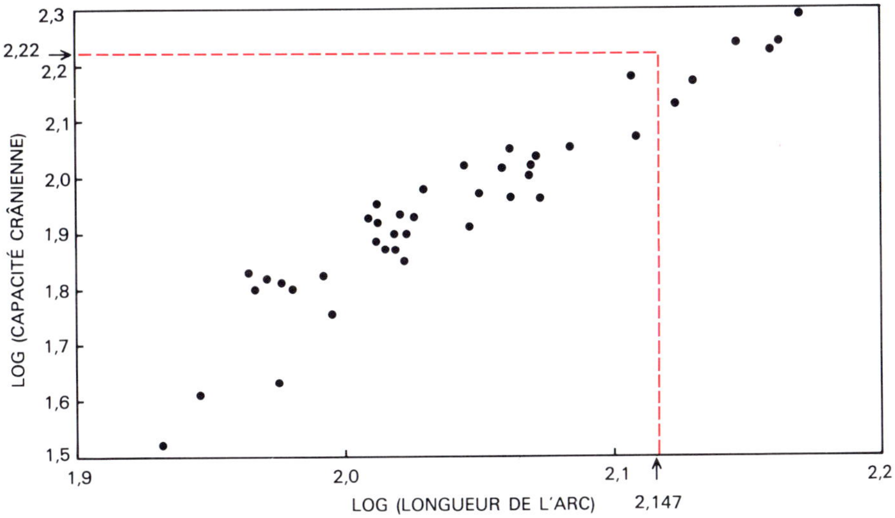

3. LA CAPACITÉ CRANIENNE des Singes actuels de l'Ancien Monde varie en fonction de la longueur de la courbe crânienne. On ne pouvait pas mesurer directement le volume du cerveau du *Proconsul*, parce que le crâne de 1948 était écrasé. Cependant la longueur des arcs à la surface du crâne n'était pas modifiée, et le cerveau de *Proconsul* avait la même forme que celui des Singes de l'Ancien Monde ; on a donc supposé que la relation entre la longueur de la courbe et la capacité crânienne était la même chez ces animaux et chez les Singes actuels de l'Ancien Monde. La longueur de l'arc du crâne de 1948, du front au trou occipital, à la base du crâne, est d'environ 140 millimètres. En portant le logarithme de cette mesure sur l'axe horizontal, on lit sur l'axe vertical la capacité crânienne approximative de ce *Proconsul* : 167 cm³.

particularité importante parce que les sinus frontaux existent chez l'Homme et les Singes africains, mais pas chez les Singes d'Asie, comme les Orangs-outans, les Siamangs et les Gibbons. Il y a environ trois ans, Steven Ward, de l'Université du Kent, qui étudiait la taille et la forme des sinus chez les Primates supérieurs, réexamina le crâne du *Proconsul.* Malheureusement la région des sinus avait été remplie de plâtre et ne pouvait être observée qu'aux rayons X ; or la fossilisation fut telle, sur l'île Rusinga, qu'on ne distinguait pas la gangue rocheuse qui remplissait la cavité du sinus, de l'os et du plâtre ; S. Ward ne put vérifier l'observation de W. Le Gros Clark.

Récemment l'un d'entre nous (A. Walker) a enlevé le plâtre et fait réapparaître un très gros sinus frontal, rempli de gangue, qui s'étend loin en arrière. Ainsi le *Proconsul* partage avec les Grands Singes supérieurs actuels quelques particularités anatomiques qui le distinguent des Gibbons et des Singes de l'Ancien Monde.

Un puzzle osseux

L'histoire du *Proconsul* trouvé en 1951 comporte d'autres épisodes. Quand il fut découvert sur le site R114, ses ossements furent extraits des blocs durs de roche verte et envoyés à W. Le Gros Clark, qui les confia ensuite à John Napier, du *Royal Free Hospital* de Londres. Avec son collègue Peter Davis, Napier utilisa ces ossements pour retracer les grands traits de l'évolution du membre et de la main des Primates ; ensemble ils écrivirent une monographie qui est devenue un classique. En 1964, Napier renvoya les os au Kenya, où ils furent fortuitement réunis au *Proconsul.*

Au début des années 1980, une collection de porcs fossiles du Miocène, qui avait été prêtée à un paléontologue, reprit sa place au Muséum du Kenya. Cette collection comportait un squelette de porc provenant de la marmite de géant, ainsi qu'un bloc de roche verte contenant plusieurs os ; on pensait que ces derniers avaient appartenu à un porc, mais le spécialiste des porcs fossiles avait rejeté cette hypothèse et mis les os à part.

Au cours d'une visite au Muséum en 1980, l'un d'entre nous (A. Walker) examina ces os fossiles et constata qu'ils étaient ceux d'un membre inférieur et d'un pied du *Proconsul* que Napier et Davis avaient décrits. Cette identification fut facilitée par le fait que cet individu était un singe adolescent : comme dans le spécimen de Napier, la plupart des épiphyses – les extrémités osseuses qui, au cours de la croissance, sont séparées du corps de l'os par des cartilages de conjugaison – n'avaient pas encore fusionné avec les os eux-mêmes. Ces nouveaux ossements permirent de comparer les proportions de la main et du pied du *Proconsul,* lesquels ont des caractéristiques communes aux Grands Singes comme aux Singes plus petits. Il semble aujourd'hui que le *Proconsul* était un quadrupède aux mouvements lents.

Après la redécouverte du bloc contenant les restes de porc, Pickford et l'un d'entre nous (A. Walker) se demandèrent si d'autres os de *Proconsul* n'avaient pas été égarés dans les tiroirs du Muséum du Kenya. Quand ils réexaminèrent tous les os recueillis jadis sur le site de la fouille, ils identifièrent de nouvelles pièces de *Proconsul* : une omoplate, des fragments d'humérus, de nouveaux os de la main, des cubitus, des tibias et des morceaux des deux fémurs. On put enfin évaluer les proportions des membres de l'animal, et l'on retrouva à la fois des caractères de Grands Singes (le membre supérieur) et des autres Singes (la jambe).

Puisque l'on avait mélangé les os de Grands Singes et de Porcs dans des collections paléontologiques, pourquoi ne l'aurait-on pas fait aussi sur les lieux de la fouille ? M. Pickford et A. Walker partirent pour le site R114 afin de chercher les os de *Proconsul* qui avaient été oubliés en 1951. Ils retrouvèrent le site, mais n'eurent pas le temps de l'explorer. Puis, à l'occasion d'une deuxième mission, en 1984, nous avons retrouvé le maxillaire manquant, la moitié d'une clavicule, une canine, un gros os du pied et un bloc contenant des os de la main droite de *Proconsul* ; figuraient également de nombreux spécimens d'autres Mammifères. Ainsi les divers fragments de *Proconsul africanus,* fossilisés dans la marmite de géant, furent à nouveau réunis après plus de 30 années de séparation. Le squelette de 1951 est aujourd'hui le plus complet de tous les squelettes des grands Hominoïdes du Miocène.

Le mystère de la marmite

L'expédition de 1984 renseigna sur la structure de la marmite de géant et, par suite, sur la paléoécologie du *Proconsul.* Après plusieurs semaines de fouilles dans la roche sédimentaire, à proximité de la marmite de géant, on s'aperçut que cette dernière était profonde d'au moins quatre mètres. Les couches de limon n'étaient pas symétriques autour du trou, mais semblaient s'être déposées irrégulièrement autour d'un objet qui devait s'élever à l'endroit du trou actuel ; de petites failles, de part et d'autre de la marmite de géant, confirmaient qu'un objet s'était trouvé sur le passage de l'eau, à l'époque du dépôt, et quand il s'était brisé, de petites failles s'étaient probablement formées dans les couches de limon. Cette hypothèse avait aussi le mérite d'expliquer l'asymétrie du dépôt : il y avait plus de galets et de graviers côté amont que côté aval.

Il s'avéra ensuite que la marmite de géant n'en avait pas été une. En réalité, un gros arbre qui poussait là, il y a 18 millions d'années, fut en partie recouvert de limon et de sable ; il résista probablement à cet ensevelissement avant de mourir et devenir creux. Alors des Varans, des Pythons, des Chauves-souris et de petits carnivores s'y installèrent, abandonnant les os de leurs proies et leurs propres os dans le tronc. L'un de ces carnivores captura probablement un *Proconsul* et l'apporta à l'intérieur de l'arbre afin de le manger. De fait certaines articulations du *Proconsul* portent des traces de morsures. Avec le temps, le tronc de l'arbre fut rempli d'un mélange d'os et de sédiment, qui se solidifia et forma la colonne de roche qui a persisté jusqu'à nos jours.

L'étude de la marmite de géant a résolu deux autres problèmes fondamentaux. D'une part, on a acquis la certitude que la roche verte et les fossiles qu'elle contient sont, à l'échelle géologique, contemporains des limons et des sables gris qui les entourent ; par la méthode potassium-argon appliquée aux laves situées au-dessus et au-dessous de ces sables et limons, on a daté ces derniers à environ 18 millions d'années. D'autre part, les restes des animaux qui avaient utilisé cet arbre comme gîte ou comme refuge, indiquent dans quelle faune vivait le *Proconsul*.

Les os de Kaswanga

Le réexamen du site R114 conduisit, par hasard, à une autre découverte importante. Lors d'un orage, le trou de la fouille fut rempli d'eau ; ne pouvant plus poursuivre son travail, l'équipe dirigée par Kamoya Kimeu profita de l'occasion pour prospecter les environs. Bien leur en prit : ils découvrirent un nouveau site où l'on a trouvé des centaines d'os entiers et des milliers de fragments osseux. Ce nouveau site, aujourd'hui appelé Site des Primates de Kaswanga, est si exceptionnel que nous avons négocié un accord avec le chef de l'île Rusinga afin que cette zone ne soit pas transformée en champ de maïs avant cinq ans.

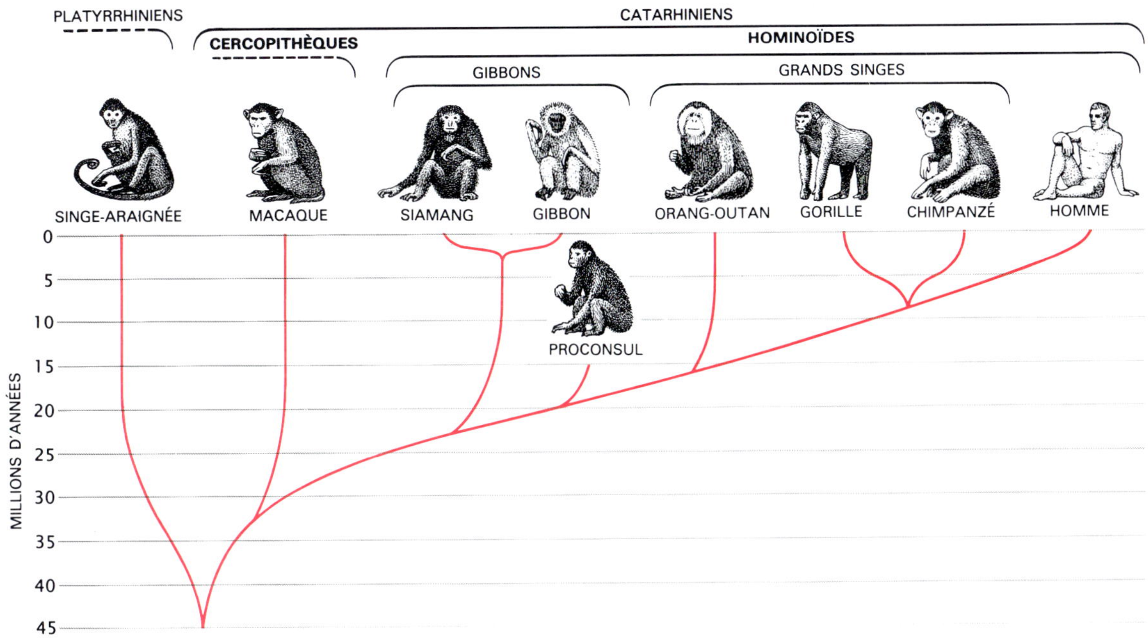

4. L'ARBRE ÉVOLUTIF DES HOMINOÏDES. Les Hominoïdes sont la superfamille de Primates qui comprend les Singes du groupe des Siamangs et des Gibbons, les Grands Singes supérieurs (Chimpanzés, Gorilles et Orangs-outans) et l'Homme. Les *Proconsuls* vivaient il y a 18 millions d'années, au Miocène inférieur. La plupart de leurs caractères sont peu évolués : les *Proconsuls* ne sont pas les ancêtres spécialisés du Chimpanzé moderne ou du Gorille, comme on le pensait d'abord, mais peut-être les derniers ancêtres communs de tous les Grands Singes supérieurs et de l'Homme.

Parmi les trouvailles importantes, on compte au moins neuf squelettes de *Proconsul*, complets ou partiels, qui avaient été entraînés par la pluie dans un petit ravin de l'ancien terrain miocène. Ils appartenaient à des individus d'âge compris entre celui de jeunes bébés et celui d'adultes, mâles et femelles. Aujourd'hui tout le squelette de *Proconsul* est connu, grâce à un ou plusieurs individus.

Malheureusement la plupart des os de Kaswanga ont été cassés ou éclatés par le gonflement des argiles et des limons où ils étaient enfouis, ou par des racines de plantes. Le recollage des spécimens se poursuit encore aujourd'hui. Ce travail a parfaitement réussi pour les plus gros os, mais on distingue difficilement les petits fragments cylindriques des os des membres des enfants de ceux des phalanges des juvéniles et des adultes.

Les fossiles de Kaswanga nous ont permis de calculer les proportions des mains, des pieds et des membres de *Proconsul*. De plus, lorsque nous aurons terminé le recollage des os, nous pourrons déterminer les différents stades de croissance de *Proconsul*. Comme l'analyse des nouveaux ossements prendra quelques années, nous avons décidé de nous intéresser d'abord aux os qui ont fait l'objet des premières études. Nous avons déjà résolu une controverse qui portait sur l'anatomie fonctionnelle et la signification évolutive du poignet de *Proconsul*.

Les poignets des Grands Singes et de l'Homme diffèrent de ceux de la plupart des autres Mammifères, notamment des Singes de l'Ancien Monde : ils ne comportent pas d'articulation entre l'un des

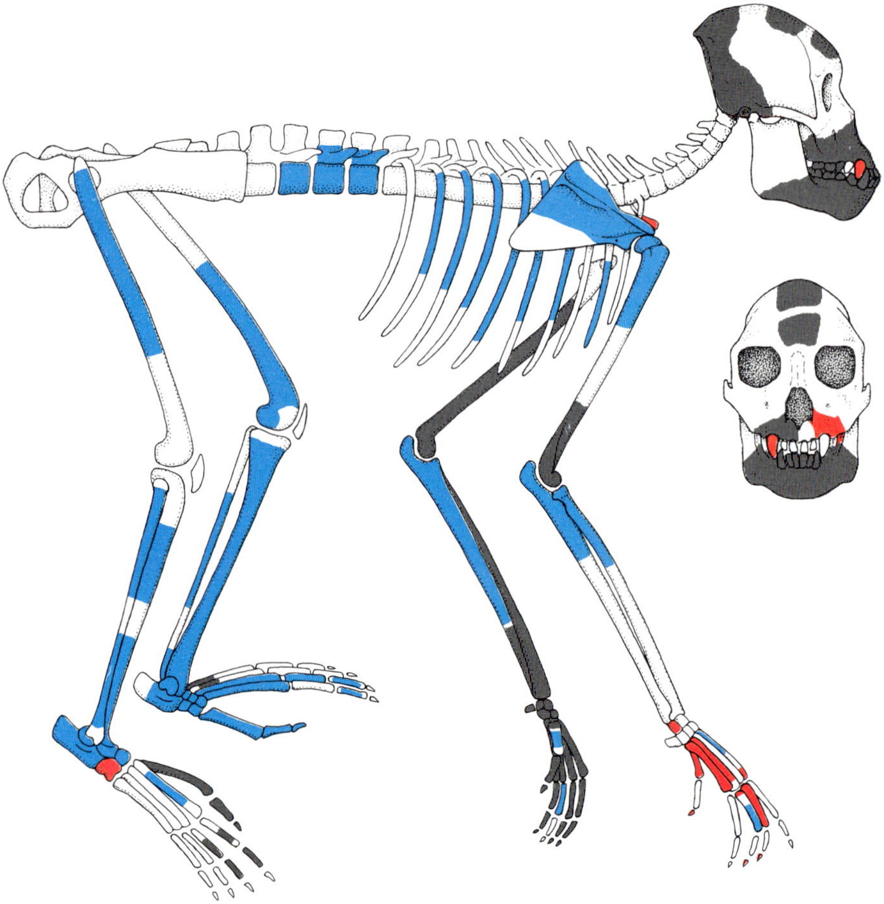

5. LA RECONSTITUTION du squelette du *Proconsul* a duré plus de 30 ans. Les parties trouvées au cours de la première découverte faite en 1951, sur l'île Rusinga, par Tom Whitworth sont en gris ; elles furent trouvées dans une cheminée verticale de roche verte. Les parties colorées en bleu furent trouvées dans les collections du Muséum du Kenya, en 1984, par Martin Pickford et l'un des auteurs (A. Walker) ; les deux auteurs ont trouvé ensemble les parties colorées en rouge en 1984, sur le site R114.

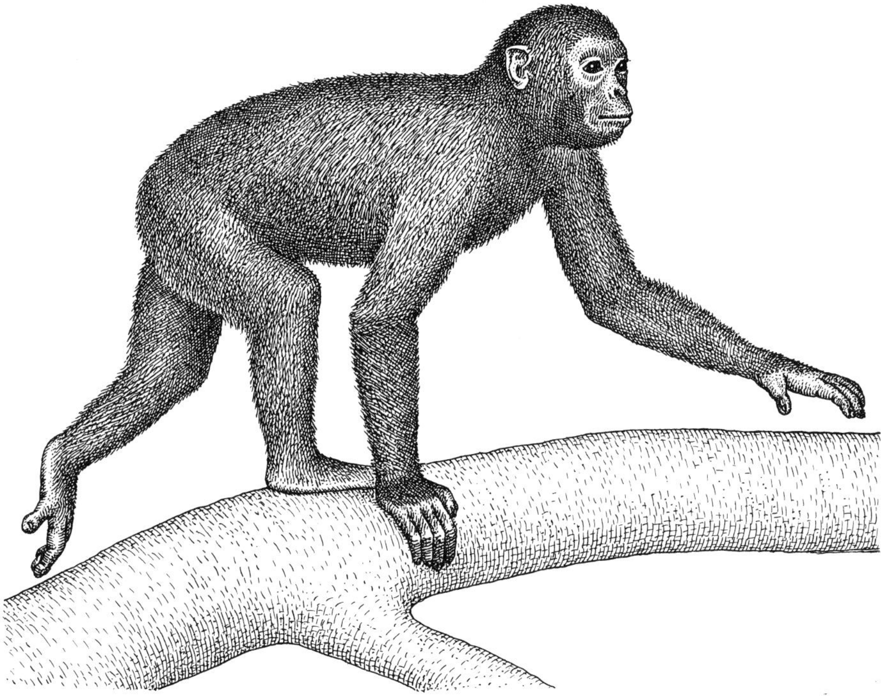

6. LE *PROCONSUL* avait sans doute cet aspect, il y a 18 millions d'années. La plus petite des deux espèces qui vivaient sur l'île Rusinga avait la taille d'une femelle Babouin, avec des membres antérieurs et postérieurs à peu près de même longueur. Cet animal se déplaçait lentement et semble avoir été peu doué pour le saut, le déplacement d'arbre en arbre, suspendu par les bras, la marche avec appui sur les doigts des mains repliés ou la vie au sol. L'espèce la plus grande était environ quatre fois plus lourde que la petite.

os de l'avant-bras, le cubitus, et le poignet lui-même. Chez les Singes de l'Ancien Monde, au contraire, une petite extension du cubitus s'articule dans une fossette formée par deux os du poignet, le pisiforme et le pyramidal.

Parmi les os trouvés en 1951 figuraient ceux de la main gauche ; ils furent l'objet de nombreux articles et de plusieurs thèses de doctorat. Cependant l'os pyramidal était en fort mauvais état, si bien que des désaccords existaient sur la nature de l'articulation du poignet de *Proconsul.* Grâce aux fouilles de Kaswanga, nous disposons de plusieurs spécimens nouveaux de pisiforme et de pyramidal. Avec Christopher Beard, de l'Université Johns Hopkins, nous avons démontré que les poignets du *Proconsul* et des Singes de l'Ancien Monde sont identiques et comportent une articulation directe entre le poignet et le cubitus. Encore primitif, le poignet du *Proconsul* préfigure celui, très mobile, des Hominoïdes actuels.

Ce caractère hybride, ou « mosaïque », apparaît fréquemment chez les Hominoïdes du Miocène. Ainsi que l'a fait remarquer Michael Rose, de l'Université du New Jersey, les Hominoïdes miocènes ne sont ni comme les Singes de l'Ancien Monde ni comme les Grands Singes supérieurs : ils sont comme des Hominoïdes miocènes ! Du fait de leurs caractéristiques très particulières, l'étude fonctionnelle des fossiles est difficile : il n'existe pas d'animaux modernes auxquels on peut comparer l'anatomie de *Proconsul,* et chaque structure anatomique de *Proconsul* est spécifique.

Par exemple, certains des os de la cheville sont fins et ressemblent à ceux des Singes, mais le gros orteil est robuste, comme celui des Grands Singes. On observe cette même disposition hybride sur le bassin de *Proconsul* : l'ilion, sa partie supérieure, est identique à celle des Singes de l'Ancien Monde, alors que l'acetabulum (la partie où s'articule la tête du fémur) est large et peu profond, comme chez les Grands Singes supérieurs.

Il semble aujourd'hui que les ancêtres des Singes de l'Ancien Monde passaient plus de temps au sol que leurs actuels descendants. En outre, plusieurs des traits communs à *Proconsul* et aux Grands Singes supérieurs modernes sont en réalité des caractères primitifs, qui ont été conservés

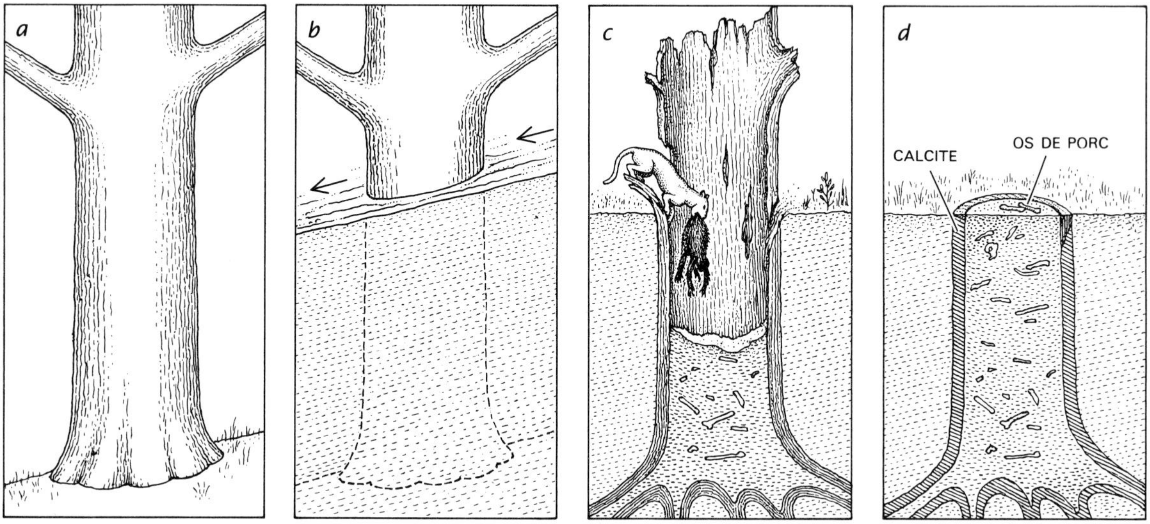

7. LA « MARMITE DE GÉANT » où l'on a trouvé le *Proconsul* de 1951 est plus probablement l'emplacement d'un tronc d'arbre. Au Miocène inférieur, un arbre qui poussait à côté d'une rivière (*a*) fut progressivement pris dans des sédiments gris (*b*) ; l'arbre pourrit, puis devint creux (*c*), et des animaux y firent leur gîte. Un *Proconsul* mort fut probablement amené dans le tronc par un Créodonte. Le tronc fut peu à peu rempli entièrement par des os et un sédiment vert qui enroba les os qui se fossilisèrent. Quand on les découvrit, en 1951 (*d*), l'écorce de l'arbre s'était transformée en calcite.

depuis des millions d'années par ces mêmes Singes ; de tels caractères non spécialisés ne sont pas des signes d'affinités évolutives (après tout, les Opossums ont cinq doigts comme l'Homme, par exemple). Sur son bassin, le *Proconsul* ne possédait pas de tubérosités ischiatiques, ces protubérances rugueuses sur lesquelles les Gibbons et les Singes de l'Ancien Monde s'asseyent. L'absence de ces tubérosités est un signe primitif ; la présence de ces structures rapproche les Gibbons et les Singes de l'Ancien Monde, mais leur absence n'indique pas de relation entre le *Proconsul* et les Chimpanzés, qui en sont également dépourvus. Simplement le Chimpanzé est resté dans un état qui remonte à des époques antérieures à celle du *Proconsul*. En revanche, le sinus frontal existe chez le *Proconsul*, l'Homme et les Grands Singes supérieurs, mais pas chez le Gibbon et les autres Singes ; de ce fait, le *Proconsul* est plus proche des Grands Singes supérieurs actuels que des autres Singes actuels.

Les espèces de *Proconsul*

Nos récentes fouilles ont également renseigné sur le nombre d'espèces de *Proconsul* qui ont vécu sur les îles Risinga et Mfangano. Plusieurs paléontologues pensaient que le petit *Proconsul* trouvé sur les îles et représenté par le crâne de 1948 trouvé par M. Leakey, n'était pas de la même espèce que le *Proconsul africanus* trouvé sur le continent et représenté par la mâchoire exhumée par A. Hopwood. Si cette hypothèse est exacte, il existerait au moins trois espèces de *Proconsul* : deux petites et une plus grande, *Proconsul nyanzae*, trouvée également sur les îles. D'autres spécialistes, comme M. Pickford, Jay Kelley, de l'Université Brown, et David Pilbeam, de l'Université Harvard, considéraient qu'il n'existait que deux espèces, les petits spécimens des îles étant les femelles des grands *Proconsul nyanzae*.

Avec notre collègue Christopher Ruff, nous avons testé cette hypothèse en évaluant la taille des grands et des petits spécimens, puis en comparant les différences trouvées avec celles qui existent entre les mâles et les femelles des Primates actuels.

De nombreux fémurs correspondant aux deux tailles de *Proconsul* figurent parmi les centaines de fossiles du site Kaswanga, et C. Ruff a trouvé une corrélation entre le poids de Primates quadrupèdes et la répartition de l'os sur les sections transversales des fémurs. A partir de deux grands et de deux petits fémurs complets de *Proconsul* (aussi représentatifs qu'on peut en juger d'après les spécimens à notre disposition), on a estimé à 37 et 9,6 kilogrammes les poids respectifs des individus des deux tailles ; autrement dit, les femelles auraient pesé environ quatre fois moins que les mâles !

Il n'existe de tel dimorphisme sexuel chez aucun Mammifère terrestre, et *a fortiori* aucun Primate. Aussi pensons-nous que les grands et les petits squelettes de *Proconsul* de l'île Rusinga n'appartenaient pas à des mâles et à des femelles d'une même espèce ; deux espèces de Grands Singes anciens cohabitaient sans doute sur les îles Rusinga et Mfangano, il y a quelque 18 millions d'années : une petite espèce différente de l'espèce continentale de A. Hopwood, et le *Proconsul nyanzae*, plus grand ; ils se ressemblaient par la forme et les proportions, mais avaient des tailles très différentes.

Les ressemblances de forme et de proportions correspondent à des ressemblances importantes de posture et de locomotion. A beaucoup d'égards, les proportions des membres et les surfaces articulaires des *Proconsuls* insulaires sont primitives ; leurs membres antérieur et postérieur, par exemple, étaient de même taille. En revanche, ils étaient tous deux dépourvus de queue, ce qui est une caractéristique évoluée. Dans leur monographie classique Napier et Davis avaient conclu, en se fondant sur l'analyse des os des seuls membres antérieurs, que le *Proconsul* était un quadrupède actif, sauteur, se déplaçant comme les Semnopithèques d'Asie centrale et possédant certaines caractéristiques osseuses qui dénotent l'habitude de se déplacer en se suspendant par les bras (la « brachiation »).

Les nouveaux fossiles indiquent au contraire que *Proconsul* était une espèce arboricole, aux déplacements assez lents, probablement prudente et sans spécialisation pour le saut, la brachiation, la marche avec appui sur les doigts repliés des membres antérieurs ou la vie sur le sol.

Le statut de *Proconsul* a considérablement changé au cours des 60 dernières années, depuis que Gordon a trouvé le premier fragment de mâchoire. Hopwood pensait que *Proconsul* était un ancêtre du Chimpanzé, et cette idée fut même développée dans les années 1960 et 1970 par quelques anthropologues qui voyaient dans les différentes espèces de *Proconsul* les ancêtres des différentes espèces de Grands Singes supérieurs modernes.

Au cours des dix dernières années, cependant, on a trouvé une abondance de nouveaux spécimens sur l'île Rusinga et ailleurs. Richard et Maeve Leakey, du Muséum du Kenya, ont notamment découvert au moins trois nouveaux genres de Grands Singes, vieux de 17 millions d'années, dans un site au Nord du Kenya. Les nouveaux fossiles présentent quelques ressemblances avec le *Proconsul*, mais aussi quelques différences. La diversité des Grands Singes du Miocène inférieur, dans cette seule petite partie de l'Est africain, est bien supérieure à ce que l'on imaginait.

Ces découvertes ont indiqué que les interprétations traditionnelles du début de l'évolution des Hominoïdes n'étaient que des simplifications fondées sur des échantillons limités dans l'espace et dans le temps. Comme de nombreux caractères, considérés naguère comme particuliers des Hominoïdes, s'avèrent aujourd'hui primitifs et communs à tous les Anthropoïdes, le *Proconsul* semble une espèce bien différente de ce que l'on pensait.

Le *Proconsul* n'était pas un ancêtre spécialisé du Chimpanzé moderne ou du Gorille, et il ne possédait que peu de traits évolués qui l'apparentent à ces Primates modernes. Le *Proconsul* apparaît plutôt comme un ancêtre commun à tous les Grands Singes supérieurs et à l'Homme. Si l'on comparait *Proconsul* à un ancêtre théorique et plus ancien de tous les Hominoïdes, seuls quelques caractères – comme le sinus frontal et l'absence de tubérosités ischiatiques – révéleraient que ce Primate du début du Miocène vivait après la séparation des lignées conduisant aux Grands Singes et aux Gibbons.

3

Des Primates à l'Homme

Les découvertes de la fin des années 1980 précisent quand et comment les grands Singes se sont individualisés au sein des Singes de l'Ancien Monde, puis comment, plus tard, l'Homme s'est séparé des grands Singes.

par David Pilbeam

La compréhension de l'évolution humaine a beaucoup progressé depuis 20 ans ; les découvertes des cinq dernières années ont fait franchir une nouvelle étape. Depuis les années 1960, la paléoanthropologie n'est plus seulement le fait d'anthropologues ne se préoccupant que des caractéristiques morphologiques ou de quelques paléontologues intéressés ; la paléoanthropologie est devenue une science pluridisciplinaire très vaste à laquelle s'intéressent aujourd'hui des historiens, des géologues, des écologistes, des biologistes moléculaires, des zoologues, des éthologues et même des physiciens et des chimistes.

Dans la classification des êtres vivants due à Linné, l'Homme appartient à l'ordre des Primates, qui comprend également les grands Singes, les Singes et des Prosimiens comme les Lémuriens. La superfamille des Hominoïdes, qui est incluse dans cet ordre, ne contient que l'Homme et les grands Singes. Cette superfamille renferme la famille des Hominidés, formée seulement de l'Homme et de ses cousins disparus, plus proches de lui que les grands Singes.

Commençons brièvement par réexaminer comment Sherwood Washburn, l'un des plus grands anthropologues, concevait, il y a quelques années, l'évolution des Hominoïdes et des Hominidés ; nous verrons ainsi mieux les progrès effectués dans cette discipline (voir p. 14 sqq.).

En 1978, des progrès révolutionnaires en géologie et en biologie moléculaire avaient déjà bouleversé nos conceptions sur la localisation dans l'espace et dans le temps de l'évolution des Hominidés et sur les relations biologiques entre l'Homme et les autres Primates supérieurs. Par exemple, les données de la biologie moléculaire ont facilité la reconstruction de l'arbre phylétique des Primates. Cependant, de nombreux anthropologues considéraient avec un certain scepticisme l'hypothèse avancée par les biologistes moléculaires selon laquelle les grands Singes d'Afrique (les Chimpanzés et les Gorilles) auraient été très étroitement apparentés à l'Homme, contrairement aux grands Singes d'Asie (Orang-outans et Gibbons). L'idée la plus nouvelle et la plus surprenante avancée par les biologistes moléculaires était que l'Homme devait s'être séparé de la lignée africaine des grands Singes bien après la fin du Miocène moyen (– 10 millions d'années).

Selon S. Washburn, le *Ramapithecus,* un Hominoïde du Miocène très répandu dans l'Ancien Monde, était peut-être l'ancêtre de tous les grands Singes vivants et de l'Homme. En outre, les découvertes, en Éthiopie, de l'*Australopithecus afarensis* (aujourd'hui bien connu par un squelette partiel appelé « Lucy » et, en Tanzanie, par les fameuses empreintes de Laetoli, voir *infra*) incitaient à penser que des Hominidés primitifs avaient vécu en Afrique il y a plus de 3,5 millions d'années : ces Primates avaient de petits cerveaux, vivaient de préférence sur le sol, marchaient sur leurs deux membres postérieurs et possédaient des

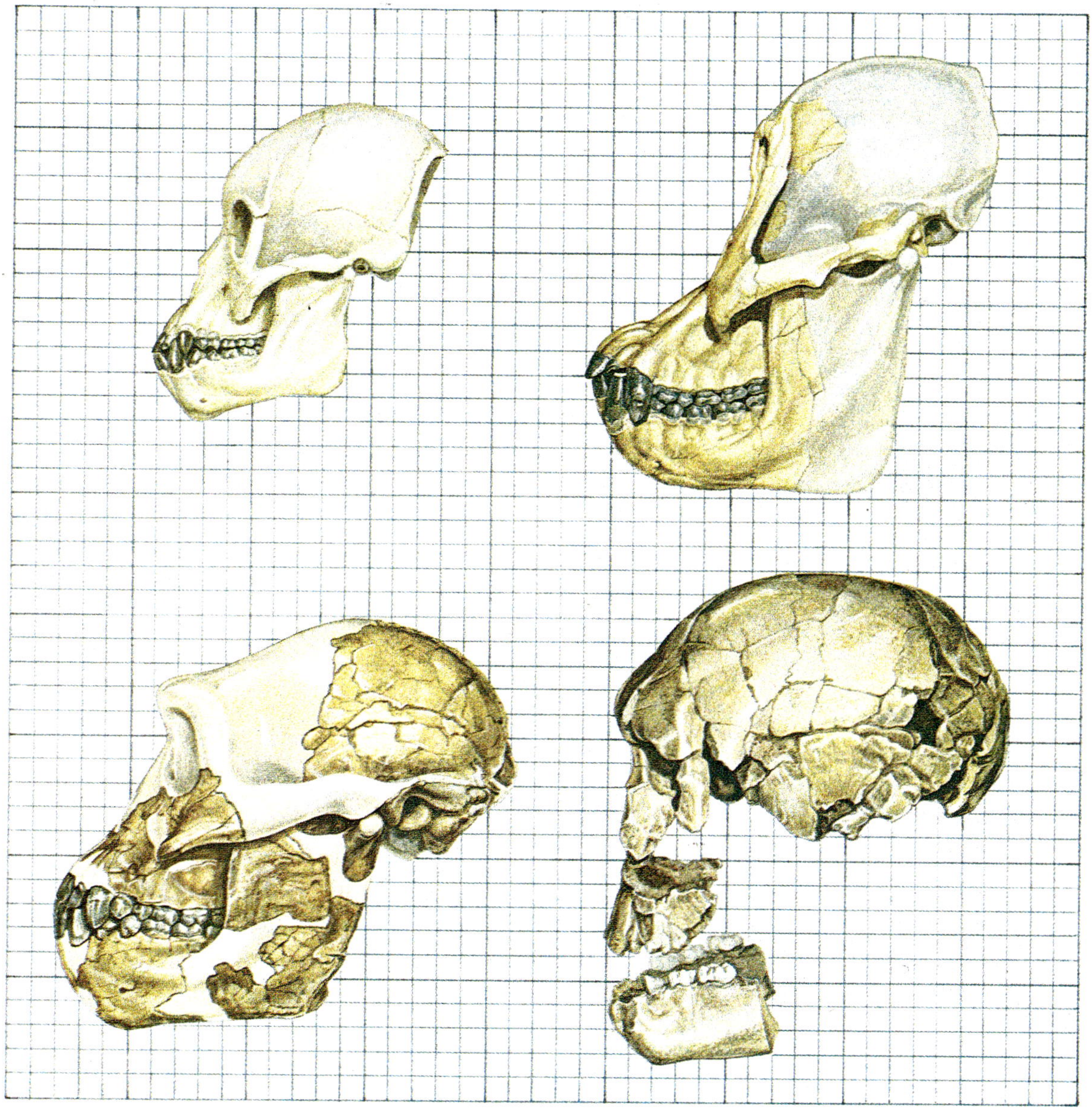

1. SUR LES QUATRE CRANES FOSSILES présentés de profil sur cette illustration, on a représenté les étapes clef de l'évolution des Hominoïdes à partir des Singes ancestraux de l'Ancien Monde ; il y eut d'abord l'apparition des Hominoïdes, puis l'individualisation des Hominidés au sein des Hominoïdes. En haut à gauche, on a représenté le mieux connu des grands Singes du Miocène inférieur, *Proconsul africanus*, un Primate de la taille des Babouins qui est peut-être comparable à l'ancêtre commun de tous les grands Singes et de l'Homme. En haut à droite, figure un grand Singe nettement plus grand, *Sivapithecus*, qui vivait plus tard au Miocène et dont on a tout d'abord découvert des dents et des fragments de mandibules fossiles sur les contreforts de l'Himalaya dans les années 1900. *Sivapithecus* a peut-être été l'ancêtre des seuls Hominoïdes actuels d'Asie, les Orang-outans. En bas à gauche, figure le plus ancien Hominidé connu du Miocène d'Afrique, *Australopithecus afarensis*, une espèce qui marchait debout et vivait entre – 4 et – 2 millions d'années. En bas à droite figure un Hominidé au cerveau beaucoup plus gros, *Homo habilis*, découvert au Kénya en 1972. Les individus de cette dernière espèce vécurent pendant quelques centaines de milliers d'années, il y a environ 2 millions d'années, dans toute l'Afrique du Sud et de l'Est.

canines assez petites qui ne dépassaient pas les autres dents. D'après ces découvertes en Éthiopie et en Tanzanie, la bipédie semblait avoir été la première et la plus fondamentale adaptation évolutive des Hominidés. Par analogie avec les Chimpanzés, on pensait que les outils de ces premiers Hominidés étaient naturels, en bois ou en pierre par exemple. En fait, en raison de la différence de configuration des canines chez les Hominidés et les Chimpanzés (les canines des Hominidés sont petites, celles des Chimpanzés sont puissantes), le rôle offensif des canines paraissait déjà assuré par les outils.

Environ un million d'années plus tard, toujours selon S. Washburn, des Hominidés avec de gros cerveaux étaient apparus en Afrique. Ces Hominidés étaient capables de fabriquer des outils en pierre et vivaient à la même époque qu'une espèce robuste d'*Australopithecus* aux os relativement lourds et aux très grosses dents ; ces *Australopithecus* disparurent environ un million d'années plus tard. Cependant, même avant la disparition d'*Australopithecus,* des Hominidés plus évolués étaient apparus il y a environ 1,5 million d'années : *Homo erectus.* La découverte de leurs outils de pierre associés à des os d'animaux semblait prouver que la chasse était un comportement acquis bien avant que le cerveau des Hominidés eût atteint sa taille actuelle.

La taille du cerveau et la complexité des outils n'augmentèrent plus alors que lentement jusqu'à il y a environ 100 000 ans, lorsque des Hominidés encore plus évolués apparurent : *Homo sapiens.* Ces augmentations sont cependant des preuves indirectes de la réorganisation du cerveau des Hominidés. Avec l'apparition d'*Homo sapiens,* la vitesse de changement des outils commença à augmenter. Les changement anatomiques évolutifs concernèrent surtout le crâne. Puis, il y a environ 40 000 ans, des « hommes » de constitution anatomique moderne apparurent et se répandirent rapidement dans tout l'Ancien Monde. Vers la même époque, la vitesse de changement des comportements, déduite de l'étude des outils de pierre et d'autres produits de l'activité, atteignit une valeur proche de celle qui semble caractériser un comportement humain « normal ». S. Washburn concluait sa synthèse en supposant que le langage humain moderne, qui n'existait sans doute pas avant que les Hominidés n'aient acquis leur anatomie moderne, « catalysa » ces progrès comportementaux ; nous n'avons cependant aucune preuve anatomique de cette hypothèse.

Depuis la synthèse de S. Washburn, on a découvert de nouveaux fossiles et on a réinterprété des fossiles déjà connus. Les paléoanthropologues ont pu compléter leurs données grâce aux travaux des éthologues ; ils utilisent en outre avec un profit croissant les progrès effectués dans d'autres sciences de la nature. Progressivement, la paléoanthropologie s'est intégrée aux autres disciplines biologiques.

Simultanément, les chercheurs ont considéré avec un scepticisme croissant les différents scénarios d'évolution humaine. Dans quelle mesure ces scénarios sont-ils fiables et précis ? Des problèmes importants apparaissent lorsque l'on interprète les Hominidés du passé en fonction des Hominidés actuels. Les premiers Hominidés étaient, après tout, complètement différents de tous les êtres vivants que l'on connaît aujourd'hui. On a trop souvent ignoré ces différences et voulu retrouver dans les premiers Hominidés des êtres très comparables à l'Homme moderne. Dans cet article, nous allons considérer certains de ces problèmes, en commençant par l'évolution des Hominoïdes, le groupe au sein duquel les Hominidés sont apparus.

L'évolution des Hominoïdes

La controverse entre anthropologues et biologistes moléculaires sur le déroulement et la chronologie de l'évolution des Hominoïdes est pratiquement terminée. La plupart des paléontologues et des spécialistes de l'anatomie comparée acceptent l'hypothèse suivante : du point de vue moléculaire, la forte ressemblance génétique entre les grands Singes africains et l'Homme, d'une part, et les différences deux fois plus importantes entre les grands Singes asiatiques et l'Homme, d'autre part, sont dues au fait que le dernier ancêtre commun aux Hominidés, aux Chimpanzés et aux Gorilles vivait il y a environ deux fois moins longtemps que le dernier ancêtre commun à tous les grands Hominoïdes.

A partir des études d'anatomie comparée, notamment de l'examen des ressemblances morphologiques entre les Hominoïdes vivants, on a confirmé les découvertes de la biologie moléculaire. Les grands Singes ne forment pas ce que l'on appelle un groupe monophylétique : ils n'ont pas eu d'ancêtre commun depuis que la lignée conduisant à l'Homme s'est formée. Au contraire, le dernier ancêtre commun aux grands Singes africains et à l'Homme a vécu après que les grands Singes asiatiques se sont séparés de la lignée à laquelle appartenait cet ancêtre commun ; certains anatomistes avaient proposé cette hypothèse il y a déjà longtemps.

Pour cette raison, certaines caractéristiques communes à tous les grands Singes (par exemple l'absence de queue) soit ont été l'apanage du dernier ancêtre commun à tous les grands Hominoïdes, soit sont apparues indépendamment chez les différents grands Singes. À la lueur des découvertes en biologie moléculaire, les morphologistes réexaminent aujourd'hui les caractéristiques et les ressemblances anatomiques entre les différents Hominoïdes et recherchent de façon plus détaillée les mécanismes du développement embryonnaire ainsi que leur commande génétique.

Ces nouvelles relations évolutives, déduites de la biologie moléculaire, ne sont pas incompatibles avec les résultats obtenus à partir de l'étude des fossiles. L'époque où les paléontologues plaçaient l'origine des Hominidés au Miocène moyen, il y a environ 16 ou 15 millions d'années, est aujourd'hui révolue ; parallèlement, les biologistes moléculaires ne soutiennent plus que la radiation des Hominoïdes eut lieu lors des dix derniers millions d'années, les Hominidés n'apparaissant qu'il y a quatre millions d'années. Il semble plutôt que la radiation de tous les grands Singes s'effectua à partir d'un ensemble de formes vivant au Miocène moyen et que les Hominidés se sont séparés d'une lignée particulière de grands Singes africains au Miocène supérieur, il y a peut-être sept ou huit millions d'années.

Pourquoi certains paléontologues se sont-ils, comme moi, fourvoyés dans l'interprétation des fossiles ? Pour plusieurs raisons : tout d'abord, nous avons accordé beaucoup trop d'importance aux fossiles lorsque nous avons cherché à déterminer l'apparition des différents genres. Il apparaît aujourd'hui nettement que l'on obtient beaucoup plus d'informations sur les relations phylétiques de l'évolution des Hominoïdes par les analyses moléculaires que par l'analyse des fossiles. (L'étude des fossiles reste cependant la seule façon directe de connaître les divers états évolutifs passés.) Notre erreur d'interprétation est en outre due au fait que les fossiles d'Hominoïdes ayant

MILLIONS D'ANNÉES	ÉPOQUE	HYPOTHÈSES DE 1978	HYPOTHÈSES DE 1984
	PLÉISTOCÈNE SUPÉRIEUR		Apparition des *Homo sapiens* d'anatomie moderne (assez différents des *Homo sapiens* archaïques, tant du point de vue du crâne que de la morphologie générale).
– 0,045			Outils de pierre et d'os abondants. Nombreuses traces d'activité.
	PLÉISTOCÈNE SUPÉRIEUR	Apparition d'*Homo sapiens* d'anatomie moderne Apparition d'*Homo sapiens* } Peu de changement avec les phases précédentes	
– 0,125			Nouveaux types d'outils et de techniques ; importantes modifications comportementales.
	PLÉISTOCÈNE MOYEN	Évolution progressive des Hominidés	Outils de pierre plus complexes. Apparition des *Homo sapiens* archaïques (peu différents d'*Homo erectus*).
– 0,7			Utilisation du feu ?
	PLÉISTOCÈNE INFÉRIEUR	Apparition de *Homo erectus* : disparition des *Australopithecus robustes.*	Outils de pierre plus complexes.
– 1,6			*Homo erectus* présent. Disparition d'*Homo habilis*, puis des *Australopithecus boisei* et *robustus*. Premiers outils de pierre ; *Australopithecus africanus* et *robustus* présents en Afrique du Sud. Diversification des Hominidés ; coexistence d'*Australopithecus boisei* et de *Homo habilis*.
	PLIOCÈNE	Hominidés graciles et bipèdes en Tanzanie et en Éthiopie (notamment *Australopithecus afarensis*).	Empreintes de Laetoli. *Australopithecus* bipède présent en Afrique de l'Est.
– 5			
	MIOCÈNE SUPÉRIEUR	Séparation des Protohominidés africains et des grands Singes asiatiques.	7,5/-4,5 millions d'années : modification importante des climats et des faunes. Diversification des Hominoïdes africains (déterminée à partir des études moléculaires).
– 11			
	MIOCÈNE MOYEN	Statut de Protohominoïde pour *Ramapithecus.*	Séparation des Hominoïdes africains et asiatiques. *Sivapithecus (Ramapithecus)* apparenté aux Orangs-outans *(Pongo)* ?
– 17			
	MIOCÈNE INFÉRIEUR		Début de la radiation des Hominoïdes.
– 24	OLIGOCÈNE	Séparation des Hominoïdes et des Singes de l'Ancien Monde.	Début de la radiation des Catarrhiniens.

2. LES HYPOTHÈSES SUR L'ÉVOLUTION des Hominoïdes et des Hominidés sont représentées sur ce tableau qui s'étend de l'Oligocène *(en bas)* au Pléistocène supérieur *(en haut)*. L'échelle de gauche indique le début et la fin de chaque époque en millions d'années. On a indiqué dans la moitié gauche de la figure l'évolution des Hominoïdes et des Hominidés généralement admise en 1978 ; on a également indiqué les spécimens fossiles ou les données archéologiques sur lesquels était fondée cette hypothèse. On a indiqué à droite l'idée que l'on se fait aujourd'hui de l'évolution des Hominoïdes et des Hominidés.

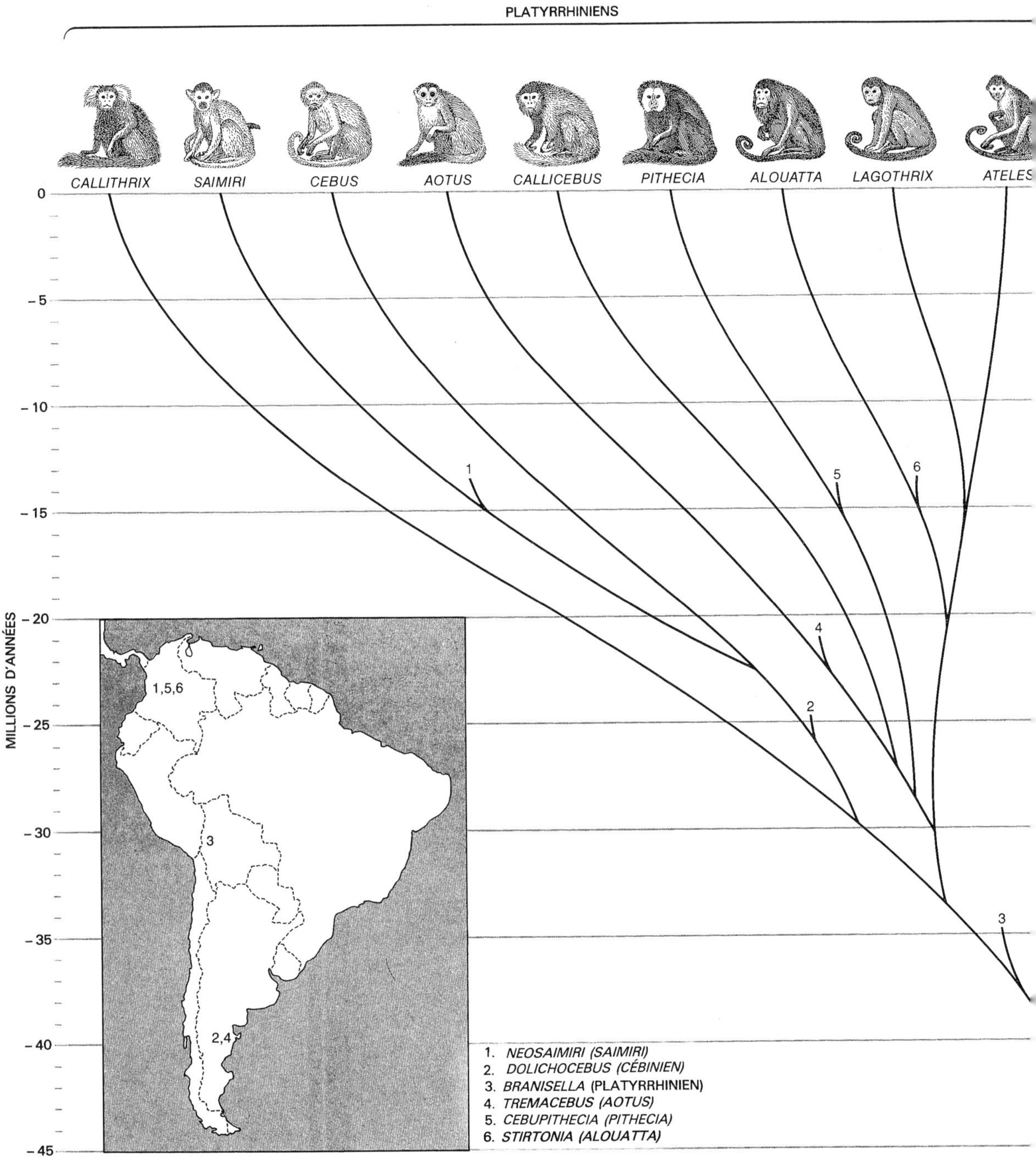

3. L'ARBRE PHYLÉTIQUE des Primates supérieurs, entre – 45 millions d'années et aujourd'hui, est divisé en deux unités principales : les Platyrrhiniens, ou Singes du Nouveau Monde *(à gauche)* et les Catarrhiniens, ou Singes de l'Ancien Monde *(à droite).* Les branches des Hominoïdes et des Hominidés figurent en couleur à l'extrême droite de la figure. Cet arbre phylétique est fondé sur des données biochimiques, par

vécu avant le Pliocène (– 4 millions d'années) sont restés, jusqu'à une époque récente, très rares et peu précisément datés. Nous ne disposions que de dents et de fragments de mandibules, qui sont des parties du corps peu intéressantes pour les études de taxonomie ; pour les Mammifères actuels par exemple, des parties équivalentes du corps ne permettent généralement pas de classer les

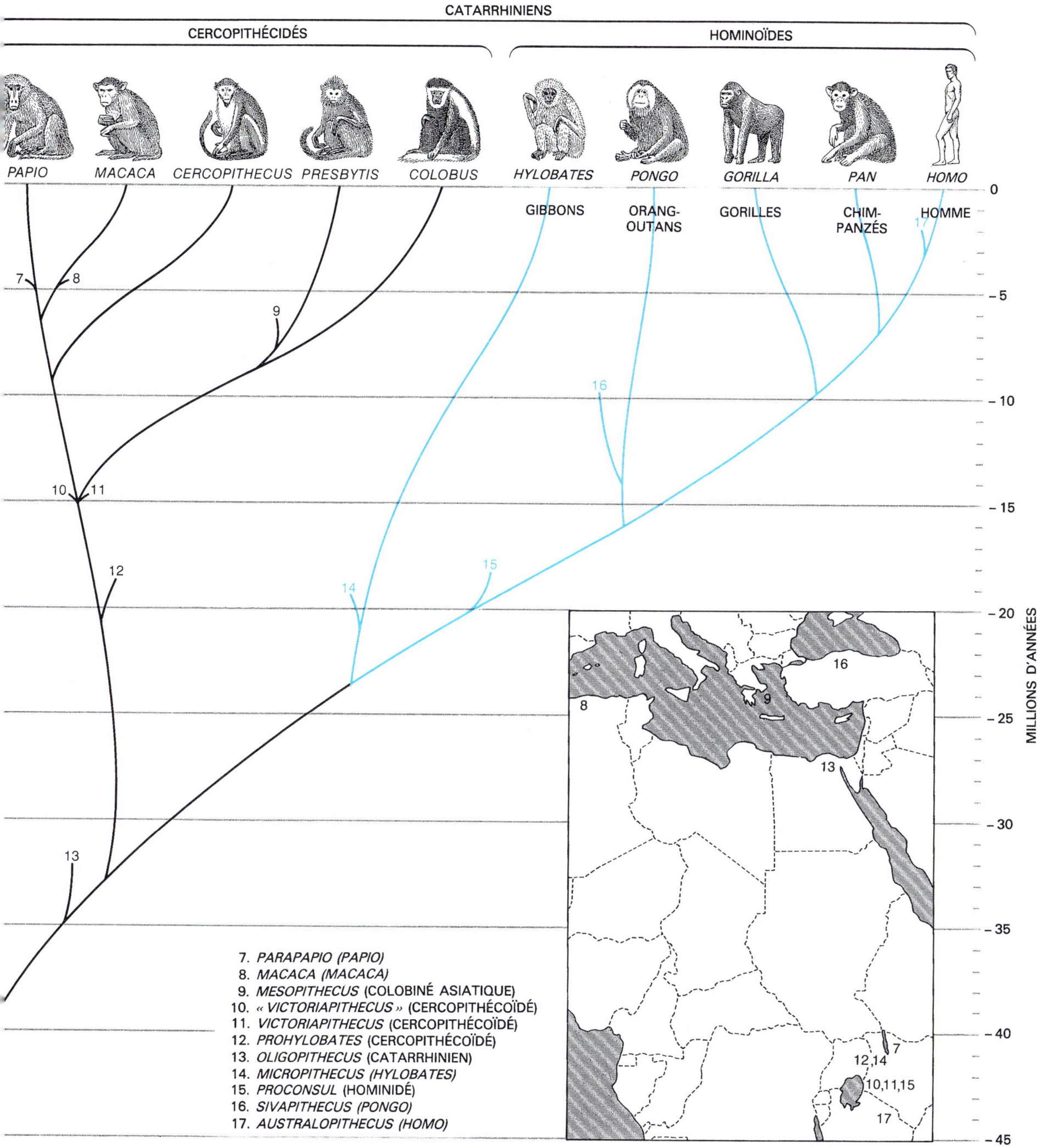

exemple de petites différences de la séquence d'acides aminés de certaines protéines dans diverses espèces vivantes. Les cartes indiquent où on a retrouvé les fossiles représentatifs de chaque genre. Le nom inscrit à droite de chaque genre fossile indique la relation avec les formes vivantes. Ainsi, *Sivapithecus* est apparié avec Pongo, mais *Proconsul* est apparié avec tous les Hominoïdes.

individus en espèces ni de réunir les espèces en groupes taxonomiques supérieurs.

Une troisième cause d'erreur est la grande diversité des Hominoïdes au Miocène moyen et supérieur. Les grands Hominoïdes vivants ne sont pas nombreux : cinq genres seulement ont survécu. Lorsque l'on prend en compte toutes les informations sur les anciens Hominoïdes, on découvre que la superfamille des Hominoïdes est très hétérogène : chaque espèce d'Hominoïde est, à certains égards, unique. C'est la raison pour laquelle il a été difficile de déterminer au moyen des seuls fossiles les relations phylétiques entre les Hominoïdes. Il est encore plus difficile de relier des espèces fossiles particulières à des espèces actuelles.

Les progrès récents résultent de la découverte de fossiles d'Hominoïdes du Miocène. La réinterprétation ou la découverte de diverses parties du squelette – faces, crânes et membres – a permis de tracer une image plus précise et souvent surprenante des relations évolutives et de la nature des anciens Hominoïdes. On connaît aujourd'hui même certains aspects de leur mode de vie et de l'écologie du milieu où ils vivaient.

La radiation des Hominoïdes

Simultanément, de nouvelles analyses moléculaires ont précisé les hypothèses portant sur l'évolution des Hominoïdes : à l'Université de Yale par exemple, Charles Sibley et Jon Ahlquist ont hybridé l'ADN de différentes espèces de Primates afin de comparer les séquences de nucléotides. Progressivement, la paléoanthropologie entre ainsi dans une ère où les fossiles deviennent l'un des composants d'une synthèse permettant de déterminer les relations phylétiques ; on utilise, pour effectuer cette synthèse, des informations de toutes sortes : les données paléontologiques, anatomiques, moléculaires et ontogénétiques.

Examinons maintenant le nouveau scénario de la radiation des Hominoïdes. On ignore exactement quand les grands Singes se séparèrent de leurs parents, les Singes de l'Ancien Monde (les Singes du Nouveau Monde n'ont joué aucun rôle dans l'évolution des Hominoïdes), mais la séparation eut sans doute lieu entre l'Oligocène moyen (– 30 millions d'années) et le Miocène inférieur (– 20 millions d'années). Quelle que soit la date exacte du début de cette radiation, nous savons qu'elle se poursuivait lors du Miocène inférieur ou moyen (entre – 20 et – 15 millions d'années) ; certaines lignées de ce groupe au succès mitigé ne s'éteignirent pas avant le Miocène supérieur, il y a entre huit et six millions d'années.

D'autre part, on ignore quand les petits Hominoïdes, les Gibbons d'Asie, se séparèrent des Hominoïdes plus grands ; l'indication de cette séparation est peut-être fournie par les plus anciens fossiles connus de Primates ayant vécu au Miocène inférieur, bien que ce point soit encore largement débattu. On connaît en revanche mieux la séparation entre les grands Singes d'Asie et ceux d'Afrique : elle eut sans doute lieu au Miocène moyen, il y a environ 16 millions d'années. L'Orang-outan est l'étrange et seul survivant d'un groupe de grands Singes asiatiques du Miocène moyen et supérieur, bien que ce groupe semble avoir été, dans le passé, beaucoup plus diversifié et plus répandu qu'aujourd'hui.

Il est regrettable que l'on ne dispose pratiquement d'aucun fossile d'Hominoïde africain pour la plus grande partie du Miocène. Heureusement, les études de biologie moléculaire permettent de déterminer que le groupe des premiers Gorilles se forma au Miocène supérieur, individualisation qui fut suivie par celles des Chimpanzés et des Hominidés (entre – 10 et – 6 millions d'années) ; on sait d'autre part que des Hominidés bipèdes vivaient en Afrique orientale il y a au moins 3,5 millions d'années. Tant que nous ne découvrirons pas d'autres fossiles africains (notamment des fossiles de grands Singes africains), nous ne pourrons que tenter de deviner l'évolution de ces lignées ; la nature de ses premiers membres, notamment celle des premiers Hominidés, restera énigmatique.

Les fossiles de Primates africains ayant vécu pendant l'Oligocène sont relativement nombreux. Elwyn Simons, de l'Université Duke, recueille depuis 1961 des fossiles de Primates au Fayoum, en Égypte. Depuis 1977, E. Simons et ses collaborateurs John Fleagle, de l'Université de Stony Brook, et Richard Kay, de l'Université Duke, ont mis au jour plusieurs spécimens absolument remarquables. Nous possédons aujourd'hui des parties importantes du squelette d'*Apidium* et d'*Aegyptopithecus*, une espèce qui n'était jusque-là connue que par un crâne découvert il y a quelques années par E. Simons. Même les espèces de *Parapithecus* et de *Propliopithecus*, dont on a moins de fossiles, sont aujourd'hui assez bien caractérisées.

Ces fossiles représentent un groupe diversifié de Primates non spécialisés et arboricoles, qui avaient atteint le statut biologique de Singes sans doute dès l'Oligocène moyen, il y a 30 millions d'années. Ces animaux n'étaient pas des Primates primitifs comme les Lémuriens, mais ils ressemblent globalement aux Singes actuels du Nouveau Monde. Ils étaient cependant trop primitifs et trop différents des Primates supérieurs actuels de l'Ancien Monde pour que l'on sache s'ils ont vécu avant ou après la séparation des Hominoïdes des Singes de l'Ancien Monde.

On a retrouvé en Afrique orientale un certain nombre de fossiles datant du Miocène inférieur : c'est un peu exceptionnel, car les fossiles miocènes africains sont généralement rares. Les campagnes de fouilles qui se poursuivent depuis 50 ans au Kénya et en Ouganda ont produit environ 1000 fossiles de Primates supérieurs ayant vécu entre –22 et –17 millions d'années ; ce sont des lignées d'Hominoïdes postérieures à l'individualisation des Singes de l'Ancien Monde. Peter Andrews, du Muséum Britannique d'Histoire Naturelle, a étudié la paléoécologie de cette période : la région était couverte de forêts, de bois et de prairies, mais la forêt prédominait. Dans les forêts et les bois vivaient au moins six espèces d'Hominoïdes. L'une d'entre elles, *Proconsul africanus*, fut pendant longtemps l'espèce de grands Singes du Miocène la mieux connue ; on la connaît aujourd'hui encore mieux que par le passé (voir chap. 2).

Jusqu'à présent, les nombreuses interprétations du *Proconsul* étaient généralement contradictoires. L'un des deux points de vue les plus extrêmes était que la forme du *Proconsul* était trop spécialisée pour qu'il soit l'ancêtre d'un Hominidé vivant ; il n'aurait peut-être même pas été un Hominoïde. D'autres paléanthropologues pensaient qu'il s'agissait plutôt d'un Hominoïde non spécialisé primitif ; d'autres encore soutenaient qu'il était l'ancêtre du Chimpanzé.

Avec la découverte de nouvelles pièces fossiles, le problème semble résolu : la plupart des paléoanthropologues pensent aujourd'hui que le *Proconsul* était un Hominoïde très peu spécialisé et primitif. Il était sans doute arboricole et fructivore et la différence de taille entre les individus des deux sexes devait être importante. Globalement, le *Proconsul* devait être très différent de tous les Primates supérieurs actuels ; ses coudes, ses épaules et ses pieds étaient identiques à ceux d'un Chimpanzé, ses poignets ressemblaient à ceux des Cercopithécoïdés et ses vertèbres lombaires à celles des Gibbons. En de nombreux autres points anatomiques, notamment pour la morphologie globale, le *Proconsul* est original. Il constitue en tous cas une leçon salutaire pour les chercheurs qui s'intéressent à l'évolution : les relations phylétiques que l'on a déterminées pour cet animal ont varié selon les parties du corps que l'on a considérées. Ainsi lors de la découverte progressive des fragments fossiles d'un animal disparu, l'ordre dans lequel on découvre les diverses pièces conditionne les interprétations phylétiques, notamment dans le cas d'espèces « en mosaïque » comme le *Proconsul*.

Dryomorphes et Ramamorphes

A la fin du Miocène inférieur, il y a environ 17 millions d'années, un événement géologique important se produisit : la dérive des continents rapprocha l'Afrique et l'Arabie du continent eurasien, permettant la migration des Hominoïdes africains et d'autres Mammifères vers le reste de l'Ancien Monde. A la suite de ce rapprochement, plusieurs chaînes de montagnes se formèrent : les Alpes en Europe, le Taurus en Turquie et le Zagros en Iran. Le vaste océan que l'on appelle Téthys disparut et les courants océaniques et atmosphériques modifiés provoquèrent des variations importantes des climats et des habitats. Au Miocène moyen et supérieur, entre –17 et –5 millions d'années, le climat eurasien était saisonnier ; les hivers étaient plus doux qu'aujourd'hui et une grande partie de ce qui est aujourd'hui de la prairie ou même du désert était couverte de bois ; les forêts étaient beaucoup plus étendues qu'aujourd'hui. Les Mammifères étaient adaptés à cet environnement : les Herbivores de prairies étaient rares et les animaux des forêts plus nombreux.

Les Hominoïdes qui vivaient à cette époque en Eurasie sont principalement connus par des dents et des mandibules fossiles ; pour cette raison, leurs relations phylétiques ne sont pas nettes. De façon approximative, on divise cependant ces Hominoïdes en deux groupes principaux. On appelle, de façon informelle, les animaux du premier groupe les Dryomorphes, car ils ressemblent aux animaux des diverses espèces européennes du genre *Dryopithecus*, un Primate comportant de nombreuses caractéristiques des Hominoïdes. Les animaux du second groupe sont les Ramamorphes, car ce groupe est constitué du *Ramapithecus* et des autres animaux du même genre. Les Ramamorphes vivaient surtout en Asie ; ils diffèrent des autres Hominoïdes du Miocène en certains points qui les rapprochent des Hominoïdes plus récents.

Edward Lewis, un chercheur de l'Université de Yale qui entra plus tard au Service Américain d'Études Géologiques, donna le nom de *Ramapithecus* au Primate auquel avait appartenu un fragment fossile de mandibule trouvé en Inde en 1932 ; on sait aujourd'hui que ce fossile date d'un peu plus de sept millions d'années. Dans les années 1960, on avait découvert et attribué au même genre d'autres dents et mandibules de Primates trouvées en Inde, au Pakistan et en diverses régions de l'Ancien Monde. On pensait que le *Ramapithecus* était différent de ses contemporains *Dryopithecus* et *Sivapithecus*, également découverts en Inde, et l'on imaginait que ces animaux ressemblaient plus à des grands Singes. On découvrit cependant que les mandibules de *Ramapithecus* étaient robustes et ses dents assez grosses, avec des couches d'émail épaisses. Ces quelques caractéristiques, ainsi que d'autres font que le *Ramapithecus* ressemble un peu aux premiers Hominidés africains du genre *Australopithecus.* Pour cette raison, nous fûmes nombreux à penser que *Ramapithecus* devait être un Hominidé primitif, que les Hominidés devaient s'être séparés des Hominoïdes d'Afrique il y a au moins 15 millions d'années et que, par conséquent, la date de la séparation indiquée par les études de biologie moléculaire - quatre millions d'années - devait être incorrecte.

Depuis 1973, je collabore avec le Service Pakistanais d'Études Géologiques afin de trouver d'autres restes fossiles de *Ramapithecus.* Les formations fossilifères que nous étudions encore aujourd'hui résultent de l'érosion de l'Himalaya : ce sont les séries des Siwaliks. Ces couches ont des âges compris entre 1 et 17 millions d'années et forment une épaisse bordure le long de la partie Sud de la chaîne de montagnes qui s'étend de l'Afghanistan à la Birmanie. Dans la partie pakistanaise des Siwaliks, nous avons trouvé de nombreux fossiles d'Hominoïdes, notamment des spécimens de *Ramapithecus* et de son parent *Sivapithecus* ; nous avons en outre trouvé des milliers de fossiles d'autres Mammifères.

Grâce à la composition très interdisciplinaire de notre équipe, nous avons déterminé les différents changements de faune dans les 16 millions d'années qu'a duré le dépôt des sédiments dans la région ; nous connaissons maintenant bien mieux la composition des communautés animales du passé. Il est aujourd'hui clair que *Ramapithecus* et *Sivapithecus* se ressemblent bien plus que je ne le pensais initialement ; en fait, les deux espèces appartenaient peut-être même au même genre. Dans tous les cas, les nouveaux fossiles de *Sivapithecus,* parmi lesquels on trouve un crâne partiel et des os isolés de membres, présentent un grand nombre de caractéristiques, notamment pour la face et le palais, qui ressemblent à celles du seul grand Singe vivant aujourd'hui en Asie, l'Orang-Outan *(Pongo pygmaeus).* En revanche, contrairement à mon hypothèse initiale, *Ramapithecus* ressemble peu à *Australopithecus.* La mandibule et les dents ressemblent certes à celles d'*Australopithecus,* mais la valeur phylétique de cette ressemblance est quasi-nulle ; aussi pensons-nous, avec mon collègue Steven Ward, de l'Université du Kent, qu'il y a sans doute eu évolution parallèle ou conservation des caractères primitifs des ancêtres communs aux Hominoïdes. Certains fossiles d'Hominoïdes trouvés au Pakistan et qui datent d'au moins 12 millions d'années présentent des caractères comparables ; si notre interprétation est exacte, la séparation entre les Hominoïdes africains et asiatiques s'est produite il y a 12 millions d'années ou même avant. Il se pourrait que cette séparation coïncide approximativement avec la rencontre de l'Afrique et de l'Asie et le mélange des faunes qui en a résulté, il y a 16 ou 17 millions d'années. Je retiens en tous cas, provisoirement, que cette séparation s'est produite il y a 16 millions d'années environ.

Les premiers Hominidés

Les premiers véritables Hominidés sont apparus sans doute entre − 4 et − 3,75 millions d'années, en Tanzanie et en Éthiopie. Avant cette date, l'évolution des Hominidés est mal connue. Les changements de la faune et de l'habitat entre −7,5 et −4,5 millions d'années correspondent à un grand nombre d'événements climatiques et géographiques, le plus spectaculaire étant les multiples assèchements de la mer Méditerranée, il y a environ 5,5 millions d'années. Le lien entre ces événements et l'évolution des Hominoïdes d'Afrique n'est pas net ; cependant, les traces de pas laissées par des Hominidés bipèdes découvertes par Mary Leakey et ses collègues à Laetoli, en Tanzanie, datent très certainement de 3,75 millions d'années. En outre, le squelette presque complet de « Lucy » et les autres spécimens d'*Australopithecus afarensis,* découverts par Donald Johanson et ses collègues, au Hadar, en Éthiopie, sont datés, avec un peu moins de précision, de trois à quatre millions d'années. Il existe une controverse taxonomique à propos de « Lucy » et des Hominidés du Hadar : représentent-ils une seule nouvelle espèce ? Celle d'*Australopithecus afarensis* ? S'agit-il d'une sous-espèce septentrionale d'*Australopithecus africanus* ? Y avait-il deux ou plusieurs espèces ? Sans tenir compte de ces questions et tout en reconnaissant parfaitement que la situation n'est pas encore claire, je ne présenterai ici qu'une version possible.

Australopithecus afarensis était assez primitif : les mâles adultes étaient sans doute entre 50 et 100 % plus gros que les femelles ; les différents individus pesaient entre 25 et 50 kilogrammes et la taille de leur cerveau était environ la même que celle des grands Singes africains. Cependant le poids des adultes est si variable que l'on ne sait pas si le rapport entre la taille du cerveau et le poids du corps était supérieur ou inférieur à celui des grands Singes africains. Pour certains caractères de la face et du palais, ces Hominidés primitifs ressemblent à des Chimpanzés. Globalement, cependant, le crâne de ces Hominidés, tel qu'on l'a reconstruit, ressemble plus à celui d'une femelle de Gorille : *Australopithecus afarensis* possédait des dents plus grosses que les Chimpanzés et il était également plus robuste.

La dentition présente plusieurs caractères que l'on considère comme primitifs, bien que les canines des deux sexes aient possédé une couronne assez basse et qu'elles ne se soient pas projetées vers l'avant comme chez les grands Singes. Les molaires étaient assez grosses et recouvertes d'une couche épaisse d'émail, probablement à la suite d'une adaptation à la mastication de grandes quantités d'aliments parfois assez durs : fruits, graines, pousses, gousses, tubercules, etc.

Il est impossible de prouver que les empreintes de Tanzanie furent celles d'Hominidés identiques à ceux du Hadar, mais la morphologie des chevilles, genoux et coudes de « Lucy » et de ses compagnons indique que la population du Hadar était certainement bipède. Les os des pieds présentent la même adaptation à la bipédie ainsi qu'une caractéristique supplémentaire assez curieuse : les os des orteils et les métatarses sont longs et courbés. Comparés aux membres du genre *Homo*, les bras d'*Australopithecus afarensis* étaient longs et les jambes courtes ; ses mains étaient puissantes et, si l'on en juge d'après les proportions des os des mains et la morphologie des articulations, les mouvements dont étaient capables ces Hominidés étaient sans doute plus précis que ceux des Chimpanzés actuels.

Les Hominidés du Hadar vivaient dans un environnement de bois et de savanes assez différent de celui du Pliocène, composé surtout de forêts ; ils appartenaient à une communauté de Mammifères qui était structurellement comparable aux communautés ultérieures du Pléistocène. De telles communautés commencèrent à se développer en Afrique orientale au Miocène supérieur et il est possible que d'autres Hominidés encore inconnus en aient fait partie. Par analogie avec les Mammifères actuels, il est peu probable que les Hominidés du Hadar aient été monogames.

Aucune pierre transformée en outil n'a été retrouvée en association avec les Hominidés du Hadar, mais cela ne prouve pas que ces Hominidés n'aient pas utilisé d'outils. Supposons en effet

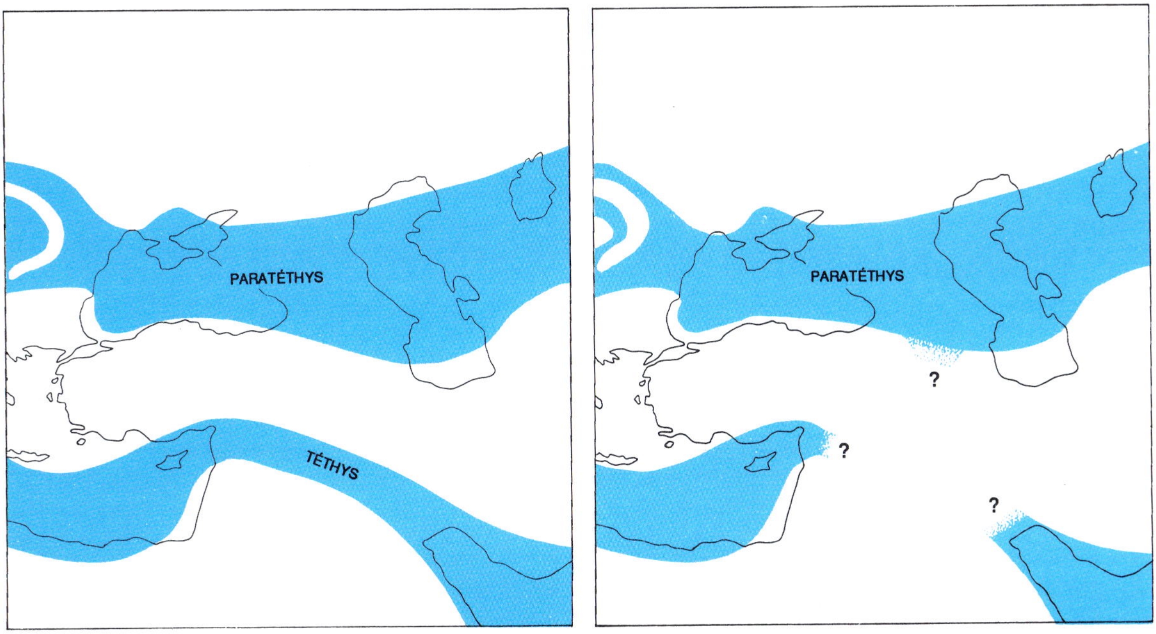

4. LA JONCTION DE L'AFRIQUE ET DE L'EURASIE eut lieu il y a un peu moins de 20 millions d'années, alors que le vaste océan appelé Téthys *(en couleur)* séparait les deux masses continentales *(à gauche)*. Au début du Miocène, il y a environ 17 millions d'années, cet océan s'est rétréci *(à droite)*, et les animaux et certains hominoïdes africains ont migré entre l'Afrique et l'Eurasie par un pont de terre.

qu'*Australopithecus afarensis* ait utilisé la même sorte d'outils que les Chimpanzés actuels : des tiges, des pousses, des feuilles, du bois et des pierres qui permettent de rechercher la nourriture, de la préparer et de manifester certains comportements ; supposons même que les Hominidés du Hadar aient utilisé ces outils de façon encore plus intensive que les Chimpanzés actuels. Comment reconnaître ces outils quatre millions d'années plus tard, même si par miracle ils avaient été préservés ?

L'utilisation de tels outils « naturels » pourrait avoir été l'un des principaux comportements ayant stimulé la bipédie et la réduction des canines, mais cette hypothèse reste aujourd'hui très controversée. Les Hominidés du Hadar étaient-ils des pré-chasseurs et des tueurs, des charognards opportunistes ou des végétariens assez pacifiques ? La monogamie apparut-elle avec la bipédie ? Les mâles de couples rapportaient-ils la nourriture de leur femelle au site de leur campement ? Les Hominidés du Hadar ou de Laetoli partageaient-ils la nourriture, les animaux et les plantes récoltés ou avaient-ils un mode de vie plus individualiste ? Chacune de ces hypothèses, et nous n'en avons cité que quelques-unes, a ses partisans et ses détracteurs. Il est sage de ne pas trop chercher à se représenter ce qu'étaient exactement ces premiers Hominidés et leur mode de vie, tant que l'on n'aura pas déterminé de façon plus précise la nature de leurs adaptations de base. Nous devons surtout résister à la tentation de nous représenter ces Hominidés du Hadar et de Laetoli comme des Hommes modernes ayant simplement vécu bien avant nous.

L'apparition d'*Homo*

A une certaine époque, il y a 2,5 ou 2 millions d'années, les Hominidés d'Afrique connurent une période de radiation adaptative modeste. Il y a deux millions d'années, au moins deux, sans doute trois, et peut-être même plus de trois espèces d'Hominidés vivaient simultanément (en aucune région d'Afrique on n'a cependant trouvé les traces de plus de trois espèces simultanées). En Afrique orientale, une espèce d'*Australopithecus, Australopithecus boisei,* robuste, avec de grosses dents, vivait en même temps qu'un Hominidé possédant un gros cerveau, dont un crâne du Kénya assez typique a été catalogué sous le numéro ER-1470. Richard Leakey et ses collègues, qui ont découvert ce crâne, l'ont attribué à l'espèce *Homo habilis,* nom forgé en 1964 par L. Leakey, Philip Tobias et John Napier. Une troisième espèce d'Hominidés, avec de petites dents et un petit cerveau, vivait sans doute en Afrique occidentale à la même époque. En outre, vivait en Afrique du Sud une autre espèce d'*Australopithecus, Australopithecus robustus,* ainsi peut-être qu'*Homo habilis.* Il y a environ 1,75 million d'années, *Homo habilis* disparut d'Afrique et fut remplacé par un Hominidé au cerveau encore plus gros : *Homo erectus.* On commence à mieux connaître les Hominidés de ces différentes espèces. Cette image n'est naturellement pas très précise et, en tous cas, il n'est pas question d'y regarder de trop près sous peine, comme pour les photographies reproduites dans les journaux, de ne plus voir qu'un ensemble de points sans signification.

Examinons tout d'abord le cas d'*Australopithecus boisei.* Plus grand qu'*Australopithecus afarensis* ou que les autres espèces d'*Australopithecus* d'Afrique du Sud, *Australopithecus boisei* possédait un cerveau assez petit et les mâles étaient nettement plus gros que les femelles. Cette espèce apparut environ il y a plus de deux millions d'années et survécut, apparemment avec peu de changements morphologiques, pendant un million d'années. *Australopithecus boisei* a peut-être creusé des trous avec des bâtons et il s'est peut-être servi de pierres comme marteau, mais on n'a pas retrouvé de preuves qu'il ait utilisé des outils de façon systématique.

Bien qu'*Australopithecus boisei* ait été plus gros que les autres espèces d'*Australopithecus,* il a eu un comportement similaire. A l'Université de Stony Brook, Alan Walker et Frederick Grine ont étudié les dents des diverses espèces d'*Australopithecus ;* toutes semblent avoir été très comparables à des dents de grands Singes végétariens, avec des régimes alimentaires approximativement identiques, fondés sur une intense mastication. Il est cependant possible que leur régime alimentaire ait comporté plus de racines et de tubercules et moins de fruits que le régime des grands Singes arboricoles.

Pourquoi *Australopithecus boisei* est-il apparu et quels étaient ses ancêtres ? Son évolution a-t-elle résulté de modifications du climat et de l'habitat ? A-t-elle résulté de la disparition ou de l'apparition de certaines plantes qui lui servaient de nourriture ? Pourquoi *Australopithecus boisei* s'est-il éteint après un million d'années de stabilité apparente ? Nous ne savons aujourd'hui répondre à aucune de ces questions. La recherche de fossiles en Afrique de l'Est reste intense et l'on peut espérer que nous comprendrons bientôt mieux comment vécut *Australopithecus boisei,* quels furent ses ancêtres et comment s'est effectuée la transition.

On connaît également très mal l'évolution d'*Homo habilis* à partir de ses ancêtres (qui pourraient également être les ancêtres d'*Australopithecus boisei*). Les divers *Australopithecus* sont difficiles à imaginer, c'est-à-dire qu'il est difficile de les « reconstruire » comme s'ils vivaient encore, car aucun animal leur ressemblant ne vit plus aujourd'hui. Pourtant, on peut se les représenter de façon un peu floue comme d'étranges grands Singes ; il est encore plus difficile d'imaginer ce que fut *Homo habilis. Homo habilis* ressemble à *Australopithecus* par de nombreux traits ; par exemple, sa face et ses dents sont très comparables ; en revanche, son cerveau est nettement plus volumineux, avec une moyenne de 700 cm^3 environ. Il n'existe aucune association nette entre le crâne d'*Homo habilis* et les autres os de l'espèce, mais les os des membres qui sont censés lui avoir appartenu, contrairement à ceux d'*Australopithecus,* ressemblent à ceux d'espèces plus tardives du genre *Homo* (à l'exception de l'Homme moderne *Homo sapiens*). Selon certains paléoanthropologues, la ressemblance correspond à une évolution de la locomotion ainsi qu'à des variations de la taille du pelvis des femelles (cette variation a été déterminée par l'étude de la taille des nouveau-nés).

Les premiers sites archéologiques datent de l'époque où *Australopithecus boisei* et *Homo habilis* sont apparus en Afrique ; ces sites sont des concentrations de pierres usées ou altérées, souvent groupées avec des restes d'animaux. La majorité des chercheurs pensent que ces sites fournissent des informations sur un changement de régime alimentaire où la part de la nourriture animale s'est accrue ; ce changement concerne plus *Homo habilis* qu'*Australopithecus boisei* : le changement de régime alimentaire ainsi que l'augmentation de la taille du cerveau sont liés. Pour ce qui est du reste, le concensus général disparaît : *Homo habilis* était-il un chasseur-cueilleur qui transportait la nourriture vers le campement afin de la partager et qui pratiquait la division du travail, les mâles pratiquant la chasse et les femelles la cueillette ? Cette question est l'équivalent de la suivante : *Homo habilis* avait-il un comportement « moderne » ou était-il encore fondamentalement végétarien, n'ajoutant de viande à son régime alimentaire qu'à la manière des charognards ?

Les données archéologiques elles-mêmes sont ambiguës : les mêmes rassemblements d'outils et d'os pourraient avoir été le fait de charognards opportunistes à des fins de consommation indivi-

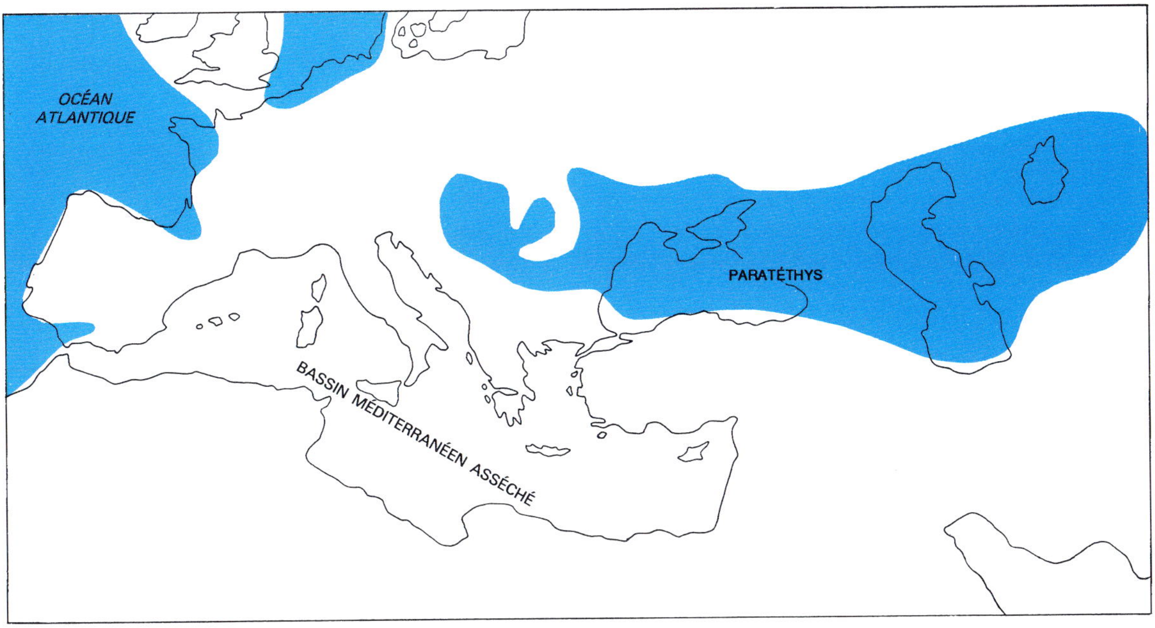

5. A LA FIN DU MIOCÈNE, il y a 5,5 millions d'années, l'assèchement de la mer Méditerranée après sa clôture et sa séparation de l'Atlantique a dû avoir des effets catastrophiques sur le climat et l'écologie de l'Afrique. On ne connaît pas avec certitude ses effets sur les Mammifères, et notamment sur les Hominoïdes, mais les Hominidés sont sans doute apparus environ un million et demi d'années plus tard.

duelle, la nourriture n'étant que peu transportée et partagée ; ces sites pourraient tout aussi bien résulter de la présence de campements, sièges d'intenses interactions sociales. Ainsi, l'image que nous pouvons reconstituer d'*Homo habilis* reste assez floue ; il nous faudra davantage de matériel fossile et de sites archéologiques pour parvenir à des conclusions plus fiables. Même la transition entre *Australopithecus* et *Homo habilis* est obscure : les deux espèces sont trop différentes des animaux actuels. Qu'est-il arrivé à *Homo habilis* ? Il n'a survécu que pendant quelques millions d'années avant d'être remplacé par une espèce plus durable, *Homo erectus. Homo habilis* était-il l'ancêtre d'*Homo erectus* ? De nombreux chercheurs le pensent, mais cela n'est pas absolument prouvé.

Vers l'Homme moderne

Homo erectus est la première espèce d'Hominidés que l'on retrouve dans de nombreuses zones du globe. Elle apparut tout d'abord en Afrique – les données archéologiques nous permettent de l'affirmer – il y a sans doute environ 1,6 million d'années. Quoi qu'il en soit, l'espèce était présente il y a un million d'années en Afrique du Sud et du Sud-Est, et vécut dans cette zone jusqu'il y a sans doute 300 000 ans. Pendant cette période, c'est-à-dire pendant plus d'un million d'années, la morphologie des individus de l'espèce semble avoir très peu changé, comme on le constate sur les os retrouvés.

La taille du corps et la robustesse d'*Homo erectus* ressemblent beaucoup à celles des représentants plus tardifs du genre *Homo* (à l'exception des *Homo sapiens* modernes). Le cerveau d'*Homo erectus* était plus gros que celui d'*Homo habilis* (il mesurait en effet plus de 800 centimètres cubes en moyenne), ses incisives étaient aussi grosses que celles des premiers Hominidés, mais ses molaires et sa face étaient plus petites. *Homo erectus* a fabriqué des outils en pierre taillée, assez gros et symétriques : des bifaces autrefois appelés « coup de poing ». En outre, certaines populations d'*Homo erectus* semblent avoir utilisé le feu. Des populations d'*Homo erectus* plus tardives ont même mis au point des techniques complexes pour produire et retoucher les outils en pierre, mais l'espèce donne une grande impression de stabilité dans le temps, tant en ce qui concerne son comportement que sa morphologie. A l'Université de l'Arizona, Arthur Jelinek a proposé de qualifier ce comportement par l'adjectif « paléoculturel », car il diffère beaucoup des rapides changements « culturels » de l'Homme moderne.

Les paléoanthropologues qui décrivent l'évolution de l'Homme au cours des 1,5 derniers millions d'années « changent parfois de vitesse » sans s'en rendre compte. Les problèmes décrits précédemment concernant l'évolution des Hominoïdes et des Hominidés, constituent des questions de macroévolution : il s'agit en effet de problèmes d'adaptation générale, de tendances évolutives et de spéciation. Les Hominidés que sont les *Homo erectus,* les *Homo sapiens* « archaïques » (groupe auquel appartient l'Homme de Néandertal) et les *Homo sapiens* « modernes » constituent sans doute un continuum et les différences entre ces lignées sont des différences de microévolution. Néanmoins, certains des travaux les plus intéressants de paléoanthropologie ont trait à la dernière grande étape de l'évolution humaine : le passage, entre – 45 000 et – 40 000 ans, de l'*Homo sapiens* archaïque à l'*Homo sapiens* moderne.

À l'Université du Nouveau Mexique, Erik Trinkhaus a montré que les Néandertaliens (et peut-être leurs contemporains dans certaines parties de l'Ancien Monde) étaient sans doute aussi différents de nous du point de vue du comportement qu'ils l'étaient du point de vue morphologique. Le squelette des Néandertaliens était beaucoup plus robuste que le nôtre et la fixation des muscles aux os indique qu'ils étaient beaucoup plus forts ; leurs dents étaient plus grandes et fortement usées, sans doute (par analogie aux Esquimaux vivants) parce qu'ils les utilisaient pour des activités autres que l'alimentation (par exemple la mastication des peaux d'animaux pour les attendrir). Lors de la transition vers l'*Homo sapiens* moderne, la robustesse du squelette, de la face et de la dentition des Néandertaliens disparut. La morphologie du pelvis des femelles se transforma également. Cela indique peut-être que les naissances devinrent plus difficiles ou que la durée de la gestation était passée de 11 à 9 mois (on a déterminé la valeur de 11 mois par référence à l'ensemble des Mammifères, pour lesquels on a établi une relation entre la taille du corps de la mère, la taille du fœtus et la durée de la gestation).

Les enregistrements archéologiques témoignent également d'importants changements comportementaux. Par exemple, on a découvert de nombreux outils de pierre et d'os élaborés ; les méthodes de chasse avaient changé, ainsi que l'utilisation et la maîtrise du feu, l'usage vestimentaire, la taille des populations, la nature des campements, les lieux d'installation et les activités artistiques et rituelles. Toutes ces informations indiquent l'apparition d'une espèce possédant des possibilités (ainsi que des potentialités) comportementales modernes et qui descendrait d'espèces ancestrales qui n'ont pas, tout au moins de notre point de vue, certaines caractéristiques typiquement humaines.

Aucun résumé ne pourra présenter toutes les informations disponibles, dans leur complexité et leur richesse, sur cette dernière transition, même si celle-ci est une transition de microévolution. Pourtant, c'est elle qui reste la mieux connue et la plus compréhensible de toutes les transitions des 30 derniers millions d'années. Les chercheurs qui étudient des époques où il n'existe aucun fossile, peuvent vraiment envier ceux qui étudient cette dernière période de l'évolution humaine. Vue d'assez loin, cette période est la crème sur le gâteau, mais ce n'est que la crème. Le « gâteau » lui-même – c'est-à-dire les premières étapes de l'évolution humaine – reste pour l'instant difficile à « digérer ».

4

Les Hominidés du Turkana oriental

La région qui borde le lac Turkana, dans le nord-est du Kenya, est un véritable trésor de fossiles des premiers représentants du genre Homo et de leurs proches parents ; ces fossiles sont vieux d'un million et demi d'années ou davantage.

par Alan Walker et Richard E.F. Leakey

Le continent africain abonde en vestiges fossilisés de mammifères disparus : l'un des dépôts fossilifères les plus riches se trouve au Kenya, prés de la frontière éthiopienne. Le premier Européen à visiter cette région fut un géographe hongrois du XIXe siècle, le comte Samuel Teleki, qui atteignit au début de 1888 la rive orientale peu engageante d'un lac saumâtre non indiqué sur les cartes. Usant de ses prérogatives d'explorateur, il donna à cette étendue d'eau de 8 600 kilomètres carrés le nom de lac Rodolphe, en hommage au fils héritier de l'empereur d'Autriche-Hongrie François-Joseph, l'archiduc Rodolphe (qui devait, moins d'un an plus tard, se suicider à Mayerling). Au cours de la dernière semaine de mars 1888, Samuel Teleki et son groupe passèrent à côté d'un important point de repère sur la rive du lac, le promontoire de Koobi Fora. Ils prirent des notes sur la géologie locale et ramassèrent quelques coquillages fossiles, mais aucun vestige de mammifères.

Aujourd'hui, le nom de Teleki est tombé dans l'oubli et le gouvernement du Kenya a rebaptisé le lac Rodolphe : lac Turkana. Mais la région de Koobi Fora est mondialement connue de tous ceux qui étudient les premiers hommes. Ses fossiles de mammifères comprennent une partie des ossements de quelque 150 hominidés, lointains parents de l'homme actuel. Ces ossements constituent l'ensemble le plus riche et le plus varié de fossiles des premiers hominidés qu'on ait jamais découverts.

Les gisements fossilifères du lac Turkana oriental (initialement Rodolphe oriental) auraient pu être découverts à tout moment après l'expédition de S. Teleki. Il fallut cependant attendre 1967 pour qu'on les remarque. Cette année-là, le gouvernement éthiopien accorda à un groupe international l'autorisation d'étudier la géologie d'un lieu reculé au sud du pays : la vallée de l'Omo ; l'Omo est une rivière qui se jette dans le lac Turkana. Dans cette région, l'érosion avait mis au jour des couches sédimentaires dont l'âge s'étendait du Pléistocène (il y a un million d'années) au Pliocène (il y a quatre millions d'années).

Le ravitaillement des campements de l'Omo était assuré par un avion qui survolait la région du Turkana oriental ; c'est au cours de l'un de ces survols que Richard Leakey (l'un des auteurs) observa qu'une partie du terrain se composait de couches sédimentaires entaillées par des cours d'eau et susceptibles de contenir des fossiles. Une brève prospection en hélicoptère révéla que les sédiments mis à nu contenaient non seulement des fossiles de mammifères, mais aussi des outils de pierre. Cette reconnaissance fut suivie en 1968 par une expédition dans cette vaste région torride et inhospitalière. Sur une superficie totale de plusieurs milliers de kilomètres carrés, l'expédition délimita quelques 800 kilomètres carrés de sédiments fossilifères, principalement au voisinage de Koobi Fora, d'Ileret et au sud, dans la baie d'Allia. On découvrit aussi des restes fossiles de nombreuses espèces mammifères, la plupart en parfait état de conservation. Seule la récolte de fossiles d'hominidés fut décevante : on ne trouva que trois

1. LES RÉGIONS FOSSILIFÈRES du Turkana oriental apparaissent sous forme de zones bleu clair autour du lac Turkana (ancien lac Rodolphe) taches claires sur cette photographie prise par satellite. A l'extrémité septentrionale du lac on voit le delta de l'Omo, fleuve qui prend sa source en Éthiopie. Le promontoire court et étroit, sur la rive orientale du lac, est Koobi Fora, où est installé le camp de base des chercheurs.

mâchoires, fort abîmées de surcroît. Toutefois, la richesse globale de ces gisements de fossiles montrait bien qu'il valait la peine de les prospecter plus avant.

Le gros travail consistant à replacer dans leur contexte géologique à la fois les fossiles et les outils de pierre découverts au Turkana oriental, débuta en 1969. Cette saison de fouilles fut couronnée par la mise au jour des premiers outils de pierre trouvés en place dans cette série de couches et par la découverte de deux crânes d'hominidés. C'est alors que l'on prit conscience de l'importance primordiale de cette région pour l'étude de l'évolution humaine.

On créa un organisme officiel : le Programme de Recherches de Koobi Fora, dont la direction est assurée conjointement par l'un d'entre nous (Richard Leakey) et Glynn Isaac, de l'Université de Californie à Berkeley. Depuis sa fondation, cet organisme a rassemblé des chercheurs venus de nombreux pays et représentant des disciplines très variées : géologie, géophysique, paléontologie, anatomie, archéologie, écologie et taphonomie. (La taphonomie est une nouvelle discipline consacrée à l'étude des processus qui engendrent la transformation des communautés vivantes de plantes et d'animaux en ensembles fossiles.) Cette collaboration entre spécialistes au sein de ce programme a été remarquablement fructueuse dans la mesure où les chercheurs ont appris à connaître les possibilités (de même que les limites) des domaines de recherche autres que les leurs.

La zone couverte par le programme s'étend de la frontière Kenya-Éthiopie, au nord, à un site situé au sud de la baie d'Allia où la surface du sol est d'origine volcanique. La frontière occidentale est constituée par la rive du lac et la frontière orientale est délimitée par un autre affleurement volcanique. Notre camp de base est installé sur le promontoire même de Koobi Fora, flèche de terre qui pénètre dans le lac sur quelques centaines de mètres. Les trois principales zones de sédiments fossilifères ont leurs propres frontières naturelles : vues d'avion, ces zones apparaissent comme des taches claires au milieu du terrain volcanique plus foncé. Pour faciliter le repérage, nous les avons divisées en unités plus petites, identifiées par des chiffres sur nos cartes et faciles à reconnaître sur

2. L'ÉQUIPE DE PROSPECTION DE SURFACE du Programme de Recherches de Koobi Fora, en plein travail dans la zone d'Ileret. La découverte d'un maxillaire d'hominidé a incité à ramasser et tamiser la couche superficielle de terre meuble et de roches dans l'espoir d'y repérer d'autres fragments de fossiles. Les géologues notent la position stratigraphique du site et y installent une borne.

le terrain à leur végétation, à leurs cours d'eau à sec et à d'autres caractéristiques.

Dans de telles études, il est primordial d'établir un cadre chronologique grâce auquel on pourra classer correctement les trouvailles fossiles les unes par rapport aux autres. Ce sont les géologues et les géophysiciens du programme qui établissent cette chronologie. La géologie du Turkana oriental est simple dans ses grandes lignes mais extrêmement complexe dans nombre de ses détails locaux. Cette complexité résulte notamment des brusques variations latérales de faciès qui apparaissent dans les couches sédimentaires mises à nu, des discordances, des failles entraînant d'assez faibles déplacements, et surtout, pour nombre de ces sédiments, de l'absence de tuf volcanique, ces couches de cendre si utiles lorsque l'on veut corréler les strates entre elles.

Le travail délicat qui consistait à dresser les cartes géologiques et à établir les correspondances stratigraphiques a été effectué par un certain nombre de nos collègues, mais surtout par Bruce Bowen, de l'Université d'État d'Iowa, en collaboration avec Ian Findlater, de l'Institut International Louis Leakey pour la préhistoire africaine de Nairobi, Kay Behrensmeyer, de l'Université de Yale et Carl Vondra, de l'Université d'Iowa. Toutefois, à cause de la complexité du terrain, certains des plus importants fossiles d'hominidés n'ont pu être « localisés » avec précision dans le cadre stratigraphique établi par les géologues. Dans ces cas-là, nous avons attribué aux spécimens des positions temporelles, en nous fondant sur des critères non stratigraphiques.

Les sédiments riches en fossiles reposent sur des roches plus anciennes d'origine volcanique. Les sédiments eux-mêmes sont de types variés, car ils se sont déposés dans divers environnements anciens : cours d'eau et leurs plaines d'inondation, fonds de lacs, deltas et anciennes rives lacustres. La plupart des couches plongent doucement vers l'actuel lac Turkana. A plusieurs reprises, au cours des siècles, des prolongements de divers deltas et plaines côtières se sont constitués vers l'ouest dans l'ancien bassin lacustre ; à d'autres périodes, au contraire, les eaux du lac s'écoulèrent vers l'est. Il en résulte un lacis complexe de sédiments lacustres et de sédiments fluviatiles.

3. CET OS MAXILLAIRE exhumé par l'érosion de la roche sédimentaire qui l'entourait autrefois a été photographié là où on l'a découvert. Il s'agit d'un fragment de mandibule appartenant à un individu robuste du genre *Australopithecus* ; son enfouissement fortuit dans les sédiments, il y a presque deux millions d'années, l'a conservé jusqu'à ce jour. Les fossiles de ce type sont très nombreux.

Le principal élément permettant de corréler les divers niveaux est la présence de couches caractéristiques composées de tufs : les matériaux volcaniques ont été périodiquement entraînés dans le bassin lacustre à partir du terrain situé au nord et à l'est. Certaines couches de tuf sont étendues, d'autres localisées. Les incertitudes dans l'établissement des correspondances entre les couches de tuf à différents emplacements apparaissent surtout dans les zones de Koobi Fora et de la baie d'Allia, les plus éloignées des sources d'érosion de la cendre volcanique. En même temps, on peut dater les roches volcaniques par datation isotopique, d'où l'importance de ces couches de cendre.

Jack Miller, de l'Université de Cambridge et Frank Fitch, du Collège Birkbeck de Londres ont dirigé la plupart des opérations de datation du tuf (fondées sur la désintégration en argon du potassium radioactif). D'autres données chronologiques sont fournies également par l'étude de l'orientation magnétique de certaines particules et par l'étude des traces de fission dans les fragments de zircon contenus dans la cendre volcanique. Les diverses mesures sont souvent ambiguës, mais, de façon générale, on peut au moins établir la position chronologique relative d'un fossile trouvé entre deux couches de tuf, même si l'âge précis du fossile demeure incertain.

Les principaux niveaux-repères de tuf sont au nombre de cinq. Le plus ancien, qui sert de frontière entre les sédiments de Kubi Algi (au-dessous) et les sédiments de Koobi Fora (au-dessus), est le tuf de Surgaei. Le second niveau de tuf divise le membre (unité géologique composée d'un ensemble de couches) inférieur de la formation sédimentaire de Koobi Fora à peu près en deux ; c'est le tuf de Tulu Bor, vieux de 3,2 millions d'années. La couche suivante, le tuf KBS, tient son nom du site Kay Behrensmeyer où il a été reconnu pour la première fois. Il marque la frontière entre les membres inférieur et supérieur de la formation de Koobi Fora, et son âge exact reste à déterminer.

En 1970, Jack Miller et Frank Fitch ont procédé à l'analyse potassium/argon du tuf KBS, montrant qu'il avait 2,61 ($\pm$ 0,26) millions d'années. Leurs plus récents calculs n'indiquent plus que 2,42 ($\pm$ 0,01) millions d'années. En même temps, une datation à partir d'autres échantillons du site KBS, effectuée par Garniss Curtis, de l'Université de Californie à Berkeley, donne deux résultats qui correspondent à des âges plus faibles : 1,82 ($\pm$ 0,04) million et 1,60 ($\pm$ 0,05) million d'années.

Au-dessus du tuf KBS, peu fiable, le niveau-repère suivant est le tuf Okote, qui divise à peu près en deux le membre supérieur des sédiments de Koobi Fora. Le tuf Okote est âgé de 1,6 à 1,5 million d'années. La cinquième couche, la plus élevée, marquant approximativement la frontière entre les sédiments de Koobi Fora et ceux de Guomde qui les recouvrent, est le tuf Chari-Karari, qui a entre 1,3 et 1,2 million d'années.

Si nous présentons cette stratigraphie avec autant de détails c'est parce que la plupart des fossiles d'hominidés découverts à ce jour dans le Turkana oriental sont situés entre le tuf Tulu Bor, à l'extrémité la plus ancienne de la colonne géologique, et le tuf Chari-Karari à l'extrémité la plus récente. Vingt-six spécimens, dont un remarquable crâne mis au jour en 1972, appelé KNM-ER 1970, proviennent de sédiments qui s'étendent au-dessous du tuf KBS. (L'appellation est une abréviation du numéro de matricule officiel : « Kenya National Museum – East Rudolf » n° 1470.) Quelque 34 autres spécimens, dont plusieurs crânes, proviennent de sédiments situés au-dessus du tuf KBS mais au-dessous du tuf Okote. Malheureusement pour ceux qui voudraient savoir à quelle vitesse ont évolué les diverses familles d'hominidés, la différence entre la date la plus ancienne et la date la plus récente avancée pour le tuf KBS est de quelque 1,3 million d'années.

Cette fourchette de temps dépasse de beaucoup celle proposée, il y a peu d'années, pour l'ensemble de l'évolution humaine. Même avec les critères actuels, cet écart de 1,3 million d'années suffit pour indiquer qu'il a existé des différences considérables dans les vitesses d'évolution des diverses familles hypothétiques d'hominidés. On n'a, à ce jour, pas résolu ce problème, malgré nombre d'autres témoignages. Par exemple, nos collègues John Harris, du Memorial Institute Louis Leakey et Timothy White, de l'Université de Californie à Berkeley, ont effectué une étude détaillée de l'évolution des différentes espèces de cochons d'Afrique, selon eux c'est la date la plus récente du tuf : KBS qui s'accorderait le mieux avec leurs données fossiles. Les études de traces de fission sur les zircons du tuf KBS seraient au contraire en faveur des dates les plus anciennes. Pour le moment, il nous faut admettre que le tuf KBS a soit environ 2,5 millions d'années, soit entre 1,8 et 1,6 million d'années.

Chronologie relative et chronologie absolue mises à part, d'autres aspects de recherche nous ont permis de mieux connaître les différents environnements des hominidés du Turkana oriental. On peut, par exemple, classer la plupart des spécimens d'hominidés soit dans le genre *Australopithecus*, soit dans le genre *Homo*. Kay Behrensmeyer, Ian Findlater et Bruce Bowen ont entrepris des études microstratigraphiques qui ont permis à Kay Behrensmeyer d'associer de nombreux spécimens à un environnement spécifique d'enfouissement sédimentaire. Des analyses préliminaires indiquent que les spécimens identifiés comme *Homo* ont été fossilisés plus souvent dans des sédiments de rives lacustres que dans des sédiments fluviatiles, tandis que les spécimens identifiés comme *Australopithecus* se trouvent aussi bien dans l'un et l'autre de ces environnements sédimentaires. Ces constatations sont très utiles pour reconstituer la vie des premiers hominidés, en effet, il est plus vraisemblable qu'une créature vivante soit enfouie à proximité du lieu où elle a passé la plupart de sa vie qu'en un lieu plus éloigné. Ainsi, Behrensmeyer a pu émettre l'hypothèse que, dans cette région de l'Afrique, les premiers représentants du groupe *Homo* vivaient de préférence au bord du lac.

En raison des caractéristiques inhabituelles de cette région très marquée par l'érosion (« badlands »), il convient de décrire comment nous avons recueilli les fossiles d'hominidés. La première étape est un travail de prospection de surface ; l'équipe de prospection kenyane est dirigée par Kimeu Kimeu ; son travail consiste à repérer les endroits où l'érosion naturelle a laissé des ossements et des dents de mammifères épars sur la surface aride des couches sédimentaires. Kimeu a l'art de reconnaître même de petits fragments d'os d'hominidés parmi les fouillis d'ossements mis au jour à ces endroits.

Une fois que les prospecteurs ont établi la présence d'un fossile d'hominidé, l'un des géologues du programme détermine sa position par rapport à la section stratigraphique locale et prend note de l'emplacement. Puis on choisit généralement entre deux méthodes. Lorsque le fragment d'os a été totalement dégagé par les eaux de la gangue sédimentaire qui le retenait, on retourne et on tamise toute la surface environnante dans l'espoir de récupérer d'autres fragments ; ce faisant, il faut être attentif aux fragments qui pourraient encore se trouver *in situ*, c'est-à-dire

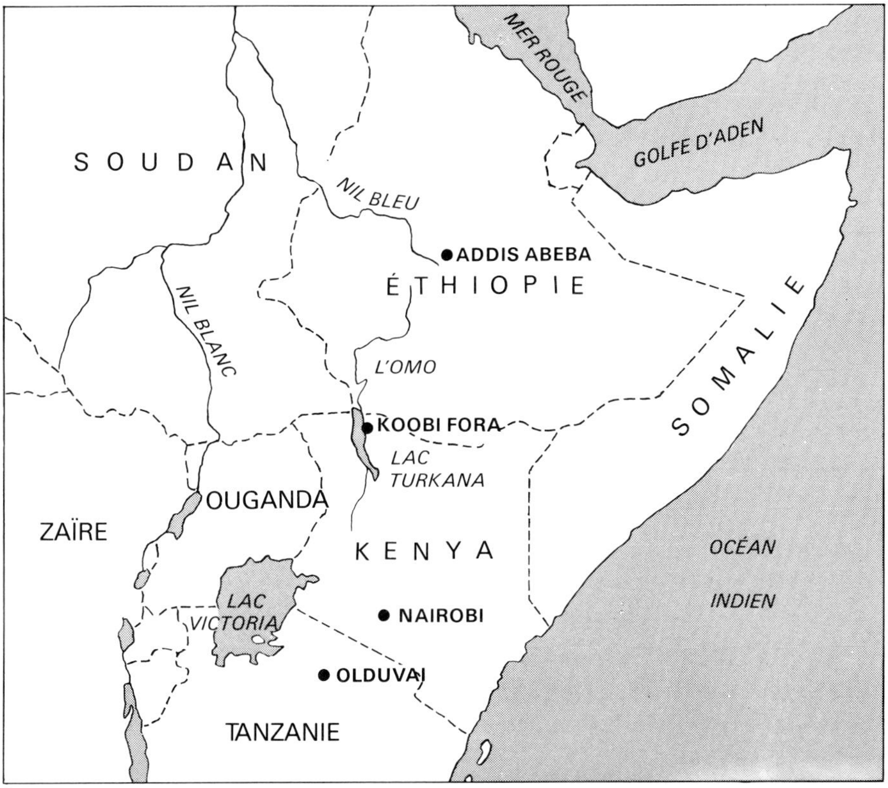

4. LA RÉGION DE KOOBI FORA, dans le Turkana oriental, s'étend près de la frontière séparant le Kenya de l'Éthiopie. Les fossiles qui y sont recueillis sont analysés à Nairobi.

partiellement ou entièrement noyés dans la roche.

Lorsque la découverte initiale est un fragment de fossile *in situ*, la procédure est différente : on entreprend la fouille à une échelle presque microscopique, avec des instruments de dentiste. Les fossiles d'hominidés du Turkana sont souvent si peu minéralisés qu'il faut enduire les ossements d'un produit préservateur à mesure que l'on creuse pour les empêcher de se fragmenter davantage. Quant au liquide préservateur, il faut l'appliquer avec beaucoup de soin pour éviter les dégâts que pourrait causer l'impact dû à la chute d'une goutte.

Après la fouille, chaque site est désigné par une borne en ciment portant un numéro de matricule fourni par le Muséum National du Kenya. La tâche suivante, généralement effectuée dans notre laboratoire à Nairobi, consiste à rassembler les fragments de spécimens. Imaginez un puzzle à trois dimensions, dont beaucoup de morceaux manquent et sans image sur la boîte ! Sous le microscope, on retire le reste de la gangue qui adhère encore aux spécimens, le plus souvent à l'aide d'un marteau-piqueur miniature à air comprimé. (Le nettoyage à l'acide, méthode courante en laboratoire, est hors de question, car l'os fossile est moins résistant à l'acide que la gangue.) Enfin, on s'efforce de reconstituer les différents os durcis en collant les uns aux autres les fragments adjacents.

La collection de fossiles du Turkana oriental est-elle représentative des populations d'hominidés qui occupaient la région il y a plus d'un million d'années ? Grâce à la taphonomie, cette science relativement nouvelle qui s'efforce de déterminer selon quels processus des communautés de plantes et d'animaux se conservent ou non à l'état de fossiles, on commence à apporter quelques éléments de réponse à cette question. Cependant, de nombreuses anomalies viennent compliquer l'étude des échantillons fossiles. Par exemple, certaines circonstances font que seules quelques parties d'un individu seront conservées. Ou alors un spécimen aura été gravement déformé par la pression subie au cours d'une longue période d'enfouissement. Parmi les anomalies faciles à déceler dans les collections du Turkana oriental, il faut noter le nombre disproportionné de mandibules d'*Australopithecus robustus*. Cet hominidé avait de puissantes mâchoires et des dents exceptionnellement grandes ; sa mâchoire inférieure était particulièrement massive. Il est probable que la relative abondance de ces mâchoires et de ces dents parmi les sédiments du Turkana oriental résulte davantage de leur résistance mécanique, et donc de leur capacité à bien supporter la fossilisation, que d'une prédominance d'*Australopithecus robustus* dans la population.

Autre singularité dans notre collection de fossiles : les différentes parties du squelette sont représentées de façon inégale. Les dents étant de loin les éléments les plus durs, il n'est pas surprenant que leur proportion soit élevée ; au contraire, vertèbres, os de pieds et de mains sont rares. Ces tendances sont-elles dues aux processus de destruction associés à l'enfouissement puis à l'exposition à l'air ? Il nous paraît logique d'ajouter un troisième facteur : il est possible que les carnivores et les charognards aient dévoré en partie les cadavres des hominidés avant que les sédiments ne les aient recouverts.

Quelle fraction de la population d'hominidés vivant dans le Turkana oriental il y a plus d'un million d'années notre collection de fossiles représente-t-elle ? La réponse, basée sur les études des populations actuelles de babouins et de chiens sauvages, est que cette fraction est extrêmement petite. En admettant un intervalle convenable entre les générations, si la densité de la population d'hominidés était faible, comme c'est le cas chez les chiens sauvages actuels, notre collection représenterait les deux dix-millièmes, ou 0,02 % de la population initiale. Si la densité de la population d'hominidés était élevée, comme chez les babouins, le pourcentage tombe à deux dix-millionnièmes. Quant à la fraction de la population représentée par les crânes à peu près complets de notre collection, elle est sans doute encore plus infime : entre un cent-millième et un cent-millionième du total. Cet échantillonnage revient à choisir un individu pour représenter toute la population actuelle de la France et de l'Angleterre. Or, c'est sur ce petit échantillonnage que doivent se fonder nos hypothèses concernant l'évolution des hominidés.

5. LES FOSSILES DU TURKANA ORIENTAL se trouvent dans une imbrication de roches sédimentaires, certaines provenant de la rive du lac et du delta, d'autres du lit des cours d'eau : ces sédiments se sont déposés au cours de périodes successives suivant les oscillations du niveau du lac. Les principaux repères géologiques sont des lits de tuf volcanique, balayés par les eaux venues de l'est et du nord à travers certaines parties de la région. Deux des trois grandes zones fossilifères sont la région d'Ileret *(en haut)* et celle de Koobi Fora *(en bas)*. La carte a été établie d'après les travaux de Ian Findlater ; les numéros désignent les découvertes de fossiles d'hominidés dans les deux zones. Les nombreuses failles qui hachent la région sont signalées par les traits noirs : sont également signalées *(en couleur)* les couches sédimentaires de la formation de Koobi Fora.

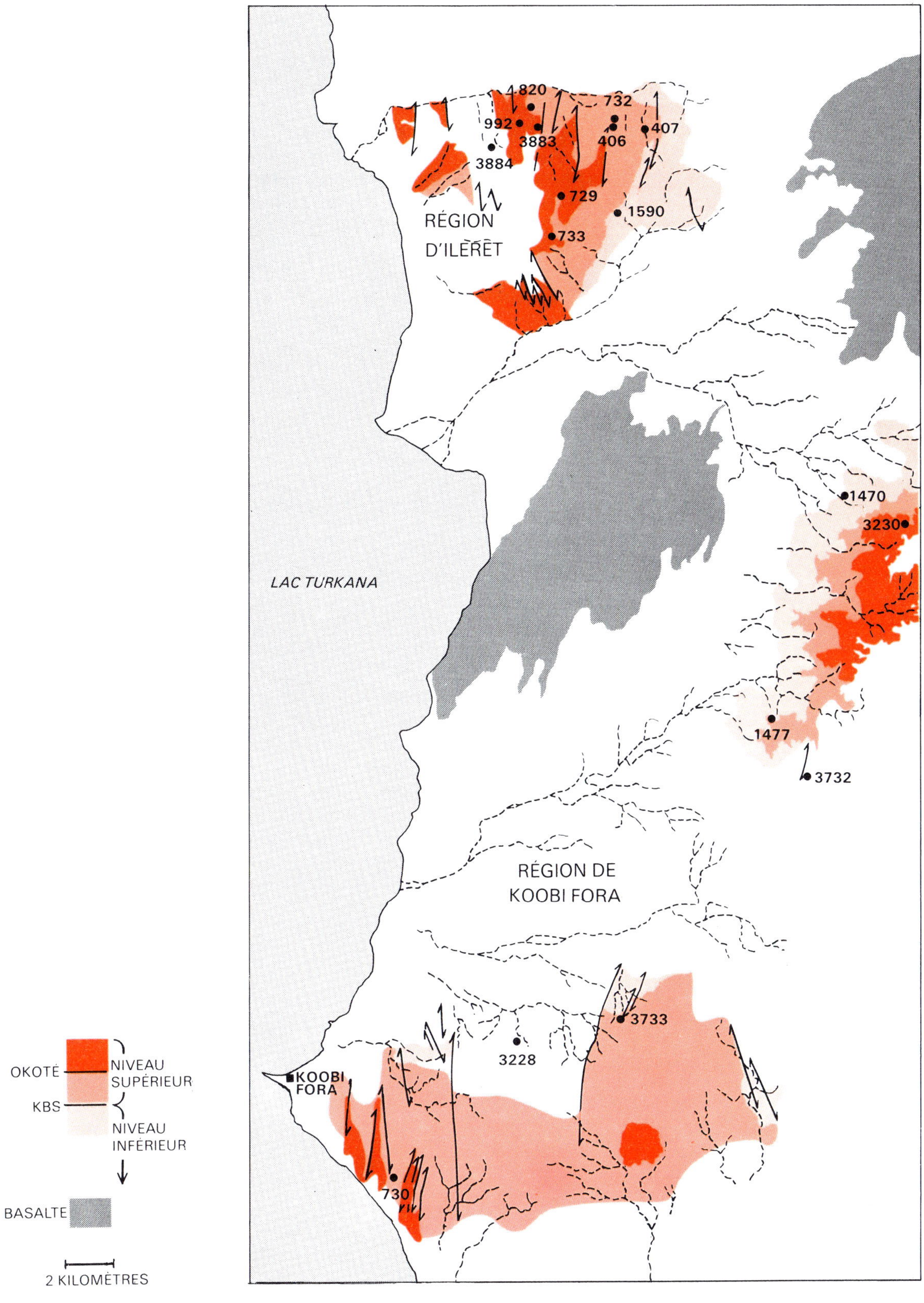
820
732
992
3883
406
407
3884
729
1590
RÉGION
D'ILERET
733
LAC TURKANA
1470
3230
1477
3732
RÉGION DE
KOOBI FORA
3733
3228
KOOBI
FORA
730
OKOTÉ
NIVEAU
SUPÉRIEUR
KBS
NIVEAU
INFÉRIEUR
BASALTE
2 KILOMÈTRES

Pour échafauder semblables hypothèses, il faut garder présentes à l'esprit un certain nombre de questions fondamentales. Combien d'espèces différentes d'hominidés se trouvaient réunies au Turkana oriental ? Ces espèces, quel que fût leur nombre, ont-elles vécu durant de longues périodes ou ont-elles été remplacées par d'autres ? Certaines de ces espèces, sinon toutes, présentent-elles des signes d'évolution au cours de ce laps de temps de quelque 1,5 million d'années, ou peut-être seulement de 700 000 ans ? Si leur évolution a été marquée par des transformations, quelle en fut la nature ? Comment les premiers hominidés se nourrissaient-ils ? Étaient-ils des herbivores à métabolisme bas ou des omnivores à métabolisme relativement élevé ? Si plusieurs espèces coexistaient, occupaient-elles chacune une niche écologique distincte ? Et dans ce cas, qu'est-ce qui les séparait ?

Les questions ne s'arrêtent pas là. Il en est d'autres, plus spécifiquement anatomiques, auxquelles on n'a pas encore répondu. Les fossiles d'hominidés présentent-ils des caractères morphologiques qui puissent être reliés à l'emploi d'outils et à leur comportement de chasseurs-« charognards » (ces caractéristiques du comportement étant fondées sur des documents archéologiques) ? Pouvons-nous, par exemple, déceler quelque preuve d'une évolution notable du cerveau au cours de cette période ? Des transformations morphologiques, révélant une variation du mode de locomotion ou de l'usage de la main, pourraient-elles nous éclairer sur l'origine de certains caractères spécifiquement humains ? (Dans le cadre de cet exposé, nous entendons par « caractères humains » non seulement la marche en station verticale et l'emploi d'outils, mais aussi un cerveau plus développé et la faculté de communiquer par la parole.)

Pour répondre à ces questions et à bien d'autres il faut commencer par la première d'entre elles : c'est un problème fondamentalement taxinomique qui consiste à déterminer le nombre d'espèces représentées dans la collection de fossiles d'hominidés au Turkana oriental. Nous avons déjà dit que ceux-ci appartiennent à deux genres : *Australopithecus* et *Homo*. Comment ces deux genres peuvent-ils se subdiviser ?

Différents facteurs rendent la question difficile : le nombre insuffisant d'échantillons, l'état fragmentaire des divers spécimens, l'existence de dissemblances morphologiques y compris parmi des individus appartenant a la même espèce, tout comme entre les deux sexes d'une même espèce. N'oublions pas non plus que tout spécialiste peut se tromper ou céder à ses préjugés. Par exemple, l'ordre même des découvertes des hominidés du Turkana oriental a influencé nos hypothèses et nous avons dû les réadapter pour pouvoir tenir compte de nos découvertes ultérieures.

A cet égard, l'ordre dans lequel se sont succédées les découvertes concernant les hominidés dans le Turkana oriental est riche d'enseignements. Les premiers spécimens identifiés furent des individus de l'espèce *Australopithecus robustus*. C'est dans les sites d'Afrique du Sud que l'on a découvert, il y a plusieurs dizaines d'années, les premiers fossiles de cette espèce. Ils se caractérisent par de larges faces aux mâchoires robustes ; molaires et prémolaires sont très grosses, mais les incisives et les canines ont à peu près la même taille que chez l'homme moderne. Si le squelette facial est grand, la boîte crânienne est relativement petite : la capacité moyenne est d'environ 500 centimètres cubes, alors qu'elle est de 1 360 centimètres cubes chez l'homme moderne. Les muscles masticateurs étant manifestement proportionnés aux grandes molaires et aux mâchoires massives, beaucoup d'individus de l'espèce *Australopithecus robustus* avaient non seulement les pommettes saillantes et écartées, mais aussi une crête osseuse courant longitudinalement au sommet de la boite crânienne qui assurait une plus grande surface d'insertion aux muscles masticateurs.

On a également trouvé des spécimens d'*A. robustus* en Afrique orientale, notamment ceux que Louis et Mary Leakey ont découverts dans la gorge d'Olduvai. Dans l'ensemble, ils sont encore plus grands que ceux d'Afrique du Sud et leurs molaires sont plus massives. Un exemple bien connu est le « Zinjanthrope », un crâne d'Olduvai auquel la plupart des savants reconnaissent un lien étroit avec les spécimens d'*A. robustus* provenant d'Afrique du Sud. (Mentionnons toutefois que pour certains savants, le « Zinjanthrope » appartient à une espèce voisine d'*Australopithecus, A. boisei.*) Ces précisions taxinomiques mises à part, on a effectivement découvert dans les sédiments du Turkana oriental bon nombre de fossiles pouvant être classés dans cette espèce d'hominidés.

Lors des premières fouilles du Turkana oriental, on découvrit en outre des crânes d'hominidés plus petits et moins robustes. En fait, l'un de ces crânes, déformé par la compression, fut mis au jour à proximité d'un crâne robuste d'*Australopithecus*, KNM-ER 406 (mais pas dans le même horizon stratigraphique). Tout d'abord, il ne fut pas facile d'établir la position taxinomique de ce spécimen écrasé. Cependant, la découverte d'un

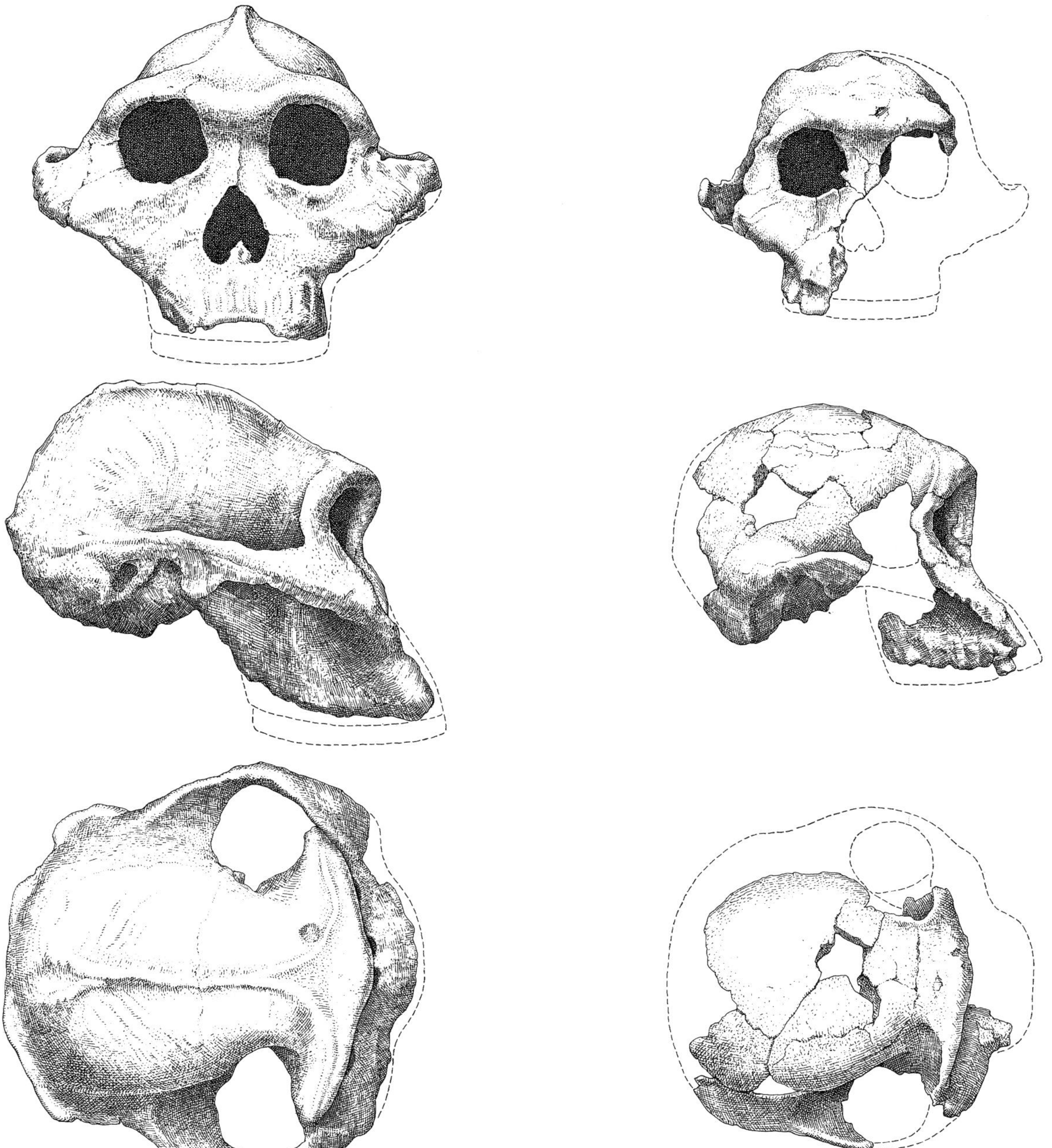

6. FOSSILES D'HOMINIDÉS, découverts dans le Turkana oriental. A gauche, le spécimen numéro 406 du Muséum National du Kenya (KNM-ER 406) est un crâne robuste aux os faciaux bien conservés. A droite, KNM-ER 732, est un crâne fragmentaire, dont il subsiste une très petite partie de la face et qui est moins robuste que KNM-ER. 406. Tous deux sont classés dans le genre *Australopithecus*.

deuxième spécimen « gracile » (par opposition à robuste) nous donna à penser que le dimorphisme mâle-femelle pouvait expliquer ce contraste. De ce deuxième spécimen, il subsistait la plus grande partie du côté droit de la boîte crânienne et du squelette facial et une partie d'une prémolaire de la mâchoire supérieure ainsi que les racines des molaires. De toute évidence, bien que cet individu fût nettement moins robuste que KNM-ER 406, ses prémolaires et ses molaires étaient à peine moins massives. Si on suppose que l'espèce *A. robustus* présente des différences morphologiques entre mâles et femelles aussi importantes que chez les gorilles, les spécimens robustes et à crête osseuse du Turkana oriental pourraient être des mâles et les spécimens plus graciles, des femelles.

Ces divers spécimens d'*Australopithecus* étaient beaucoup plus anciens que tous ceux que l'on avait mis au jour auparavant en Afrique orientale (l'âge des spécimens sud-africains n'est pas encore déterminé), mais leur découverte ne posait aucun problème taxinomique. Cette bienheureuse simplicité disparut en 1972, avec la découverte du crâne KNM-ER 1470. Celui-ci fut découvert par Bernard Ngeneo, sous forme de fragments disséminés, sur des sédiments érodés plus anciens, appartenant au membre inférieur de la formation de Koobi Fora. Ces fragments d'os étant relativement fragiles, nous avons supposé qu'ils avaient été débarrassés tout récemment de leur gangue par les eaux.

Ce spécimen KNM-ER 1470 est une grande boîte crânienne, de structure légère, dont il subsiste une bonne partie du squelette facial. Notre collègue Ralph Holloway, de l'Université de Columbia, a estimé sa capacité à environ 775 centimètres cubes. Le squelette facial est très grand, et les proportions des dents de devant et des molaires sont données par les alvéoles dentaires qui subsistent et par les alvéoles et les racines brisées des molaires. Ces proportions sont à l'opposé de celles d'*A. robustus* : incisives et canines sont très grandes, tandis que les prémolaires et les molaires ne sont qu'assez grandes. Même si la taille de la denture évoque un impressionnant appareil masticatoire, la boîte crânienne ne porte aucune trace d'une crête à laquelle s'attacheraient d'importants muscles masticateurs. De même les pommettes, bien qu'incomplètes, n'évoquent pas une face aussi large que celle qui caractérise *A. robustus*.

On a beaucoup écrit sur la portée de la découverte de KNM-ER 1470. Nous estimons quant à nous que certains des spécimens d'hominidés trouvés dans la gorge d'Olduvai sous forme de fragments appartiennent au même type de crâne. S'il est nécessaire d'adopter un terme taxinomique pour désigner ces hominidés, le nom de l'espèce pourra bien être *habilis*. (*Homo habilis* est le nom que Louis Leakey et ses collègues John Napier, de l'Université de Londres et Phillip Tobias, de l'Université du Witwatersrand, ont donné à une espèce primitive du genre *Homo*. Ce nom n'a pas fait l'unanimité parmi les spécialistes de paléontologie humaine et a même soulevé de vives controverses.)

Nous n'arrivons pas nous-mêmes à nous accorder sur le genre auquel il faut rattacher KNM-ER 1470. Richard Leakey préfère classer cette espèce dans le genre *Homo*, Alan Walker dans le genre *Australopithecus*. Mais ce désaccord n'est qu'une question de nomenclature ; nous sommes absolument du même avis quant à l'importance, sur le plan de l'évolution, de ces découvertes désormais nombreuses. Depuis 1972, on a trouvé, dans les niveaux appartenant au membre inférieur de Koobi Fora, deux autres crânes incomplets présentant la même grande cavité cervicale et la même voûte mince.

C'est à peu près à l'époque de la découverte de KNM-ER 1470 qu'un désaccord surgit entre nos collègues et nous-mêmes quant à la classification de certaines mandibules bien conservées, provenant de la région du Turkana oriental. La cause initiale du différend fut un petit crâne : KNM-ER 1813. Il appartient à un hominidé à petit cerveau ayant la capacité crânienne moyenne d'*Australopithecus* : 500 centimètres cubes. Le squelette facial et le palais sont assez grands. Toutefois, les dents du haut, conservées avec le palais, sont relativement petites et ressemblent étonnamment à celles de l'un des spécimens d'*Homo habilis* provenant d'Olduvai, OH-13. Or, lors de la controverse initiale qui portait sur les premiers spécimens d'*Homo habilis*, OH-13 représentait une espèce que même les sceptiques tenaient pour quasi-identique, sinon tout à fait identique, à l'espèce *Homo erectus*, membre honorable du genre *Homo*, identifié pour la première fois à Java et en Chine septentrionale.

Les ressemblances entre KNM-ER 1813 et OH-13 ne se limitent pas aux dents. Les parties qui peuvent se comparer, le palais, une bonne partie de la base et presque tout l'arrière du crâne, sont identiques chez les deux spécimens. Nous en avons conclu que les reconstitutions habituelles d'OH-13, attribuant au spécimen une grande capacité crânienne et un crâne semblable à *erectus*, sont erronées. Ce n'est pas tout. La mâchoire inférieure d'OH-13 subsistait : on a déduit de ses petites dimensions et des détails de la denture qu'*habilis* était proche de la lignée *erectus*. Comme nous pouvons le constater maintenant, les mâchoires inférieures comparables, découvertes au Turkana oriental, prouvent bien que la mandibule OH-13 aurait parfaitement pu s'articuler sur un crâne à petit cerveau et à voûte mince, comme celui de KNM-ER 1813.

Pour en finir avec ces énigmatiques spécimens du Turkana oriental, nous estimons qu'ils présentent de grandes ressemblances avec certains des

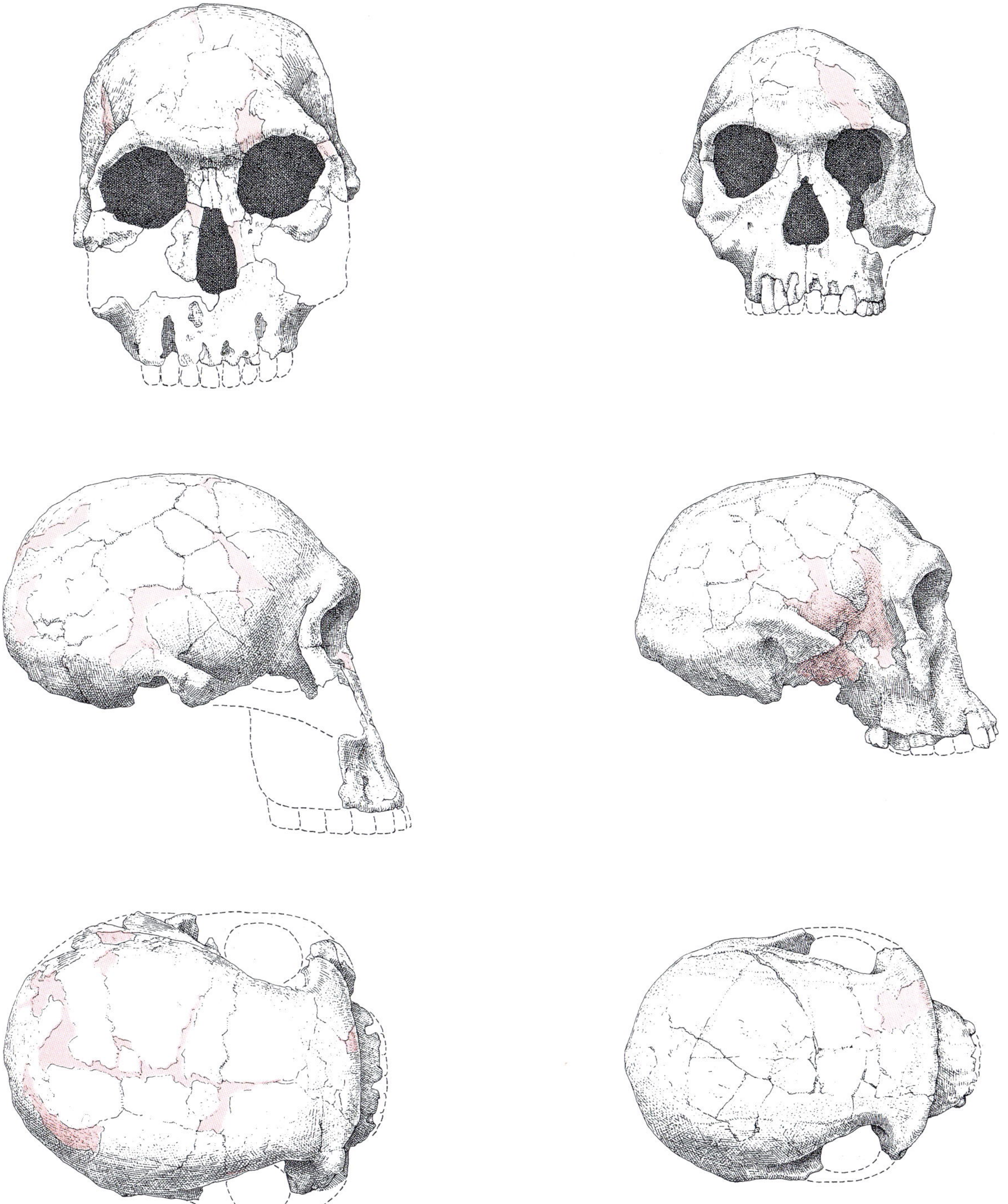

7. CES FOSSILES D'HOMINIDÉS D'AGE DIFFÉRENT sont KNM-ER 1470, à gauche, et KNM-ER 1813, à droite. Le premier crâne provient du membre inférieur de la formation de Koobi Fora ; il ne peut avoir moins de 1,6 million d'années et en a peut-être plus de 2,5 millions. Sa capacité crânienne est d'environ 775 cm³, alors que la capacité moyenne d'*Australopithecus* est d'environ 500 centimètres cubes. Le deuxième crâne est temporairement attribué au membre supérieur de la formation Koobi Fora, ce qui signifie qu'il n'a pas moins de 1,2 million d'années et pourrait en avoir plus de 1,6 million. Sa capacité crânienne est voisine de 500 cm³. Il ressemble à d'autres fossiles d'hominidés africains âgés de 1,5 à 2 millions d'années.

spécimens plus petits d'*Australopithecus* provenant de sites d'Afrique du Sud, spécimens généralement classés dans l'espèce gracile *A. africanus*. Confrontés à tant de possibilités, nous devons être prudents avant de porter des jugements taxinomiques. Cette prudence s'impose non seulement quand les témoignages se limitent à quelques dents isolées, mais aussi quand ils sont plus abondants : mâchoires inférieures et supérieures avec leur denture encore en place.

Au cours de la saison de fouilles 1975, nous avons découvert un crâne remarquablement complet : KNM-ER 3733. Il prouvait de façon irréfutable qu'un membre de notre propre genre était présent au Turkana oriental lors de la formation des premiers niveaux du membre supérieur de Koobi Fora. Ce crâne ressemble étonnamment à certains des crânes d'*Homo erectus* trouvés près de Pékin dans les années 1930, et appartient certainement à cette espèce. La boîte crânienne est grande, basse et a d'épaisses parois osseuses. Sa partie principale est constituée par l'occipital, saillant, et sa capacité est d'environ 850 centimètres cubes. Les arcades sourcilières surplombent les orbites et un sillon apparaît nettement derrière elles, à l'endroit où l'os frontal s'élève vers le sommet de la voûte.

La face du KNM-ER 3733, petite, est en retrait par rapport aux arcades sourcilières. Les alvéoles de certaines des dents du haut subsistent. Les dents de devant qui manquent étaient relativement grandes, mais les dents du fond (dont certaines sont encore en place) sont de proportions modestes. Les troisièmes molaires ont disparu mais étaient manifestement de taille fort réduite. Elles avaient percé depuis assez longtemps pour creuser des sillons dans les deuxièmes molaires situées devant elles, mais l'os alvéolaire montre que leurs racines étaient très petites. C'est un point important, car une diminution de la taille de ces dents est un phénomène courant chez les populations humaines d'aujourd'hui.

Ce bel exemplaire d'*Homo erectus* en provenance du Turkana oriental précède d'un demi-million d'années l'exemplaire de la même espèce découvert dans la gorge d'Olduvai et d'environ un million d'années ceux de la Chine septentrionale. En outre, KNM-ER 3733 n'est pas unique. On a trouvé peu après un autre spécimen d'*erectus* dans le Secteur N° 3 des couches fossiles d'Ileret. C'est le KNM-ER 3883. Le spécimen d'Ileret provient à peu près du même horizon géologique que le KNM-ER 3733. La forme du crâne est très semblable, mais les arcades sourcilières, le squelette facial et les apophyses mastoïdes sont un peu plus massifs. On n'a pas encore déterminé la capacité crânienne du KNM-ER 3883 mais il n'y a pas de raison qu'elle soit très différente de celle du 3733. La similitude entre les deux spécimens du Turkana oriental et des spécimens beaucoup plus jeunes trouvés à une grande distance de là, incite fortement à penser qu'*Homo erectus* a été une espèce humaine morphologiquement stable au cours d'une période d'au moins un million d'années.

Si on laisse de côté les problèmes soulevés par divers spécimens fragmentaires, comment peut-on répartir sur le plan taxinomique les nouvelles découvertes d'hominidés du Turkana oriental ?

Évidemment, on pourrait, à la lumière de nos connaissances actuelles, proposer une série d'affectations taxinomiques tout en sachant que ces affectations risquent d'être modifiées. Néanmoins, nous ne procèderons pas ainsi et nous envisagerons ce problème taxinomique d'une façon légèrement différente.

Parmi les fossiles provenant du membre supérieur de la formation de Koobi Fora, nous pensons avoir identifié des spécimens que nous pouvons rattacher à trois espèces différentes. Cependant, il est possible que nous nous soyons trompés sur la quantité et la qualité des variations à l'intérieur de l'une ou l'autre des trois espèces. C'est pourquoi nous souhaitons considérer les cinq éventualités suivantes :

1. Les trois formes ne sont que des produits de notre imagination. Une seule espèce d'hominidé se trouvait dans ces régions ; ce que nous prenons pour des types distincts sont simplement des variations morphologiques à l'intérieur de cette espèce.

C'est, naturellement l'hypothèse de l'espèce unique. Ses partisans les plus fervents ont été Loring Brace et Milford Wolpoff, de l'Université du Michigan. Exposée brièvement, cette hypothèse se fonde sur le principe suivant : depuis qu'on a déterminé les caractères spécifiques de l'homme – marche en station verticale, enfance prolongée, grand cerveau et petites canines – il n'y a plus eu qu'une seule espèce d'hominidé. Cette hypothèse, selon ses défenseurs, explique l'apparition de la culture. Dès que celle-ci a fait partie intégrante du genre humain et – l'on peut en trouver la preuve dans les ossements fossiles en y recherchant les caractères anatomiques humains fondamentaux qui se sont développés avec la culture – la niche écologique de l'homme est devenue si vaste, que, dans la lutte pour les ressources disponibles, l'espèce possédant un fond culturel a toujours triomphé des autres espèces.

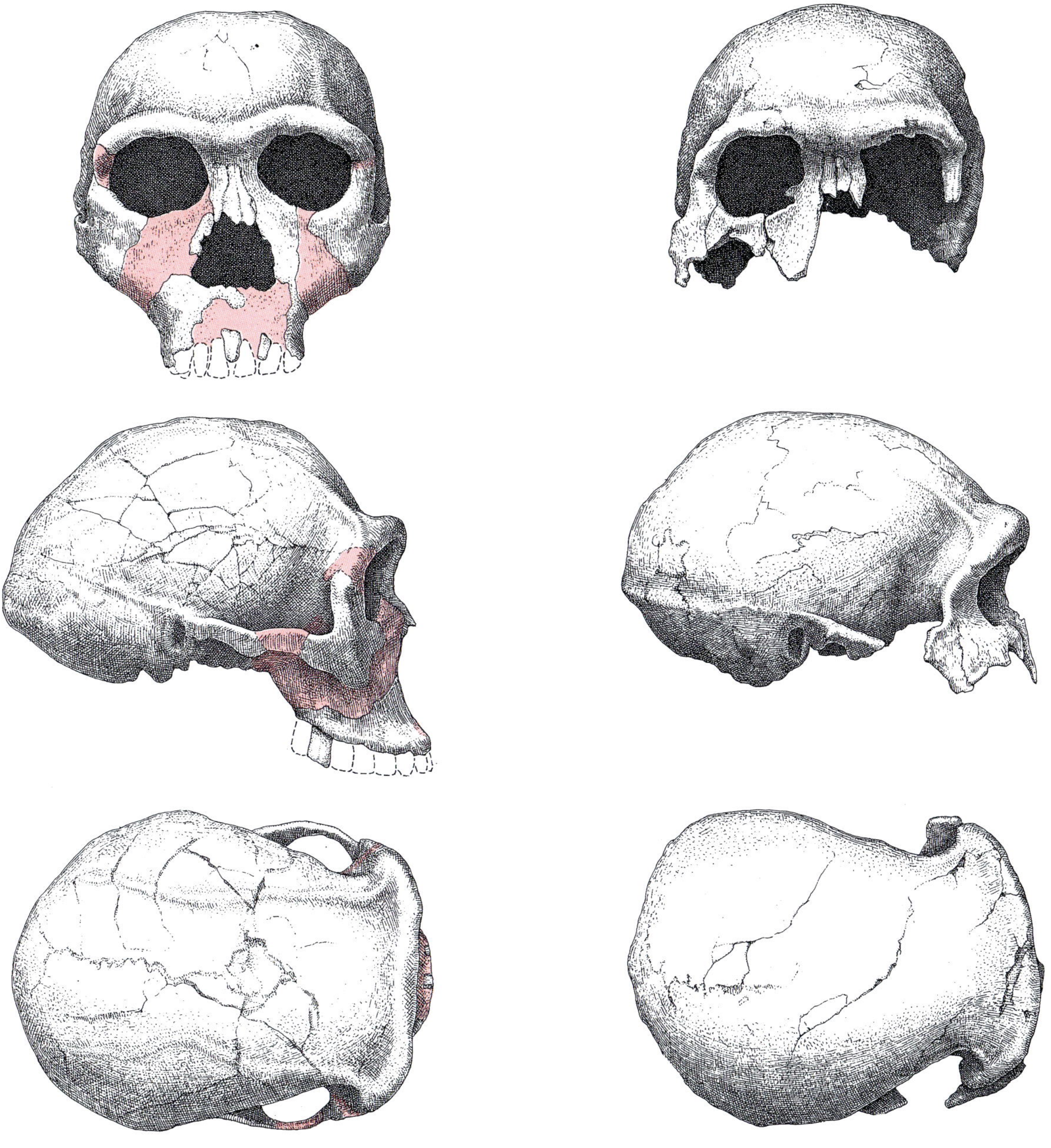

8. DEUX CRÂNES DU GENRE HOMO provenant des gisements de fossiles du Turkana oriental représentent l'ancienne espèce humaine *Homo erectus,* hominidé fossile que l'on a d'abord découvert à Java et en Chine. Il s'agit de KNM-ER 3733 et KNM-ER 3883. Tous deux ont plus de 1,5 million d'années, c'est-à-dire un million d'années en plus que les spécimens provenant de Chine. Leur grand âge incite fortement à penser que l'évolution de *Homo erectus* a commencé en Afrique. La capacité crânienne de KNM-ER 3733 est d'environ 850 cm³ ; celle de KNM-ER 3883 n'a pas encore été mesurée, mais est sans doute voisine. Certains spécimens d'*Homo erectus* découverts en Afrique et à Java ont des capacités crâniennes dépassant 1 000 cm³.

2. Deux de ces trois formes sont les représentants de la même espèce ; la troisième représente une autre espèce : selon cette hypothèse, l'espèce séparée est *Homo erectus* ; les deux autres formes doivent donc appartenir à une seule espèce, extrêmement variable et au dimorphisme sexuel accentué. Les spécimens très robustes seraient des mâles et les plus graciles, des femelles.

Pour que cette version de l'hypothèse du dimorphisme sexuel soit acceptable, il faut admettre dès le départ une très grande variabilité au sein de cette espèce. Les différences de capacité crânienne des spécimens robustes et des spécimens graciles restent dans des limites vraisemblables, si on les compare à celles observées chez les populations actuelles de grands singes sexuellement dimorphes. En revanche, les différences de grosseur des dents sont en dehors de ces limites.

3. Deux des trois formes appartiennent à une même espèce, comme ci-dessus, mais les formes robustes représentent l'une des deux espèces tandis que les spécimens d'*Homo erectus* et les formes graciles constituent ensemble une autre espèce, extrêmement variable.

Dans cette hypothèse de dimorphisme, la principale variation posée en postulat est la taille et la forme de la boite crânienne. Pour que cette hypothèse soit plausible, il faut admettre que, chez les premiers humains, la capacité crânienne des mâles était à peu près le double de celle des femelles.

4. Deux des trois formes appartiennent à la même espèce, comme ci-dessus, mais les formes graciles représentent l'une des deux espèces et la seconde espèce extrêmement variable se compose des formes robustes et des spécimens d'*Homo erectus*. Les principales variations posées en postulat portent cette fois sur la boîte crânienne, les mâchoires et les dents. Pour que l'hypothèse soit plausible, il faut accepter de classer dans la même espèce les formes à petit cerveau et grandes mâchoires et les formes à grand cerveau et petites mâchoires.

5. Les trois formes représentent trois espèces distinctes.

Maintenant que nous avons énuméré les cinq hypothèses possibles, nous pouvons évaluer leurs chances d'être exactes. Pour cela, nous garderons présents à l'esprit à la fois les témoignages fossiles et ce que nous savons de la variabilité des populations de primates actuels. Nous pensons qu'il est fort improbable que l'hypothèse de l'espèce unique soit exacte : tout d'abord, selon cette hypothèse, il faudrait admettre l'existence de

			ILERET									
	ÂGE (MILLIONS D'ANNÉES)	TUF	1/1A	3	5	6/6A	7A	8	10	11	12	15
FORMATION DE GUOMDE					● 3884	× 999						
NIVEAU SUPERIEUR, FORMATION DE KOOBI FORA	1,22 - 1,32	CHARI						— — —	— —		— — —	— — —
			● 725 × 739 ● 728 × 741 ● 805 × 993 ● 3883	● 992 ● 1467 × 740		● 731 ● 1466	● 404			● 726 × 1465		
	1,48 - 1,57	MOYEN / INFÉRIEUR	× 1463		— — —	● 818 ● 2593		● 729 ● 807 ● 733 ● 808 × 803 ● 806 ● 809	— —	● 1468	— — —	— — —
			● 819 ● 820 ● 1817 ● 2595	● 1819		● 727 ● 2592 ● 801 ● 3737 ● 802 × 1464 ● 1170 × 1823 ● 1171 × 1824 ● 1816 × 1825 ● 1818			● 406 ● 407 ● 732 × 815		× 1591 × 1592	
NIVEAU INFÉRIEUR, FORMATION DE KOOBI FORA	2,42 (FITCH, MILLER) 1,6-1,8 (CURTIS)	ÉQUIVALENT DE KBS	— — —	— — —	— — —	— — —	— — —	— — —	— — —	— — —	● 1593	● 2597 ● 2599 ● 2598 × 2596
											● 1590	

9. L'INVENTAIRE DES FOSSILES D'HOMINIDÉS provenant du Turkana oriental apparaît sur ce tableau : les spécimens, désignés par des numéros de matricule, sont classés suivant la zone numérotée dans laquelle on les a découverts. Leurs emplacements ne dénotent aucune position temporelle relative autre qu'une localisation entre les couches-repères de tuf datées (ou des repères équivalents) : le spécimen est

variations très importantes au sein des espèces. Ensuite, nous ne sommes pas seuls à penser que les adaptations constatées sur les crânes des deux formes extrêmes *(Homo erectus* et *Australopithecus robustus)* sont différentes. Chez *H. erectus*, la taille de la boite crânienne semble l'emporter sur l'appareil masticatoire, comme chez l'homme actuel, chez *A. robustus*, c'est le contraire.

De même, nous ne croyons guère à l'exactitude de la quatrième hypothèse pour les raisons que nous venons d'évoquer. En outre, des obstacles autres qu'anatomiques s'y opposent. On peut aussi se demander pourquoi l'on ne découvre aucun spécimen d'*A. robustus* à Java et en Chine, où les spécimens d'*H. erectus* sont relativement abondants. Si la réponse est que de tels spécimens s'y trouvaient, mais que, pour une raison ou pour une autre, ils n'ont pas été fossilisés ou n'ont pas été mis au jour, comment se fait-il qu'*A. robustus* soit l'hominidé le plus courant des archives fossiles d'Afrique orientale ?

La troisième hypothèse est séduisante mais, à notre avis, elle a peu de chances d'être exacte. Sans compter la difficulté d'expliquer l'énorme dimorphisme dans la taille du cerveau, il faudrait en outre répondre à la question suivante : pourquoi n'a-t-on pas découvert ces formes graciles d'*Australopithecus* parmi les fossiles de Java et de Chine ?

La deuxième hypothèse, pensons-nous, est plus plausible que la troisième. Bien que la variabilité des dimensions et des proportions de la denture n'ait pas d'équivalent chez les populations dimorphes actuelles, il est possible qu'un dimorphisme dentaire plus important ait existé chez des hominidés aujourd'hui disparus à l'intérieur d'une superfamille englobant les hominidés et les grands singes. Louis de Bonis, du laboratoire de Paléontologie de l'Université de Paris VI, a récolté en Madédoine une série de maxillaires d'hominiens du Miocène. Ses échantillons proviennent d'une zone peu étendue ; si les mandibules appartiennent toutes à la même espèce, elles présentent un degré de dimorphisme dentaire

KOOBI FORA

TUF	118	129	130	131	105	117	116	103	104	119	127	121	123	124
KARARI		— — —												
								× 1807						
OKOTE				● 3230	— — —	— — —	— — —	× 737	— — —					
	● 1648		● 1805 ● 1806		● 405 × 738 ● 1477 × 1476 ● 1478 × 3736 ● 1479 ● 1480 ● 2607			● 403 ● 730 ● 734 ● 1515 ● 1820 ⊗ 1808 × 736	● 164 ● 1804 ● 810 ● 3733 ● 811 × 813 ● 812 × 997 ● 814 ● 816 ● 998	● 1509	● 1507 ● 1508 ● 1814	● 1506 × 1809	● 1501 × 1503 ● 1502 × 1504 ● 1811 × 1505 ● 1813 × 1810 ● 1821 × 1822 ⊗ 1812	● 817
KBS						— — —						POSITION PROVISOIRE		
		● 417	● 1462 ● 1800 ● 2601 ● 2660 × 1500	● 1469 × 1471 ● 1470 × 1472 ● 1474 × 1473 ● 1482 × 1475 ● 1801 × 1481 ● 1802 ● 1803 ● 1873	● 3731 ● 3732 ● 3734	● 2602 ● 2604	× 3735							
TULU BOR (3,18 MILLIONS D'ANNÉES)	— — —		— — —	— — —	— — —	● 2603 ● 2605 ● 2606								

● CRÂNE, FRAGMENTS DE CRÂNE MÂCHOIRES OU DENTS
× AUTRES OSSEMENTS
⊗ OSSEMENTS DES DEUX TYPES

plus ancien que la couche de tuf située au-dessus (dont on connait l'âge) et plus jeune que le tuf situé au-dessous (dont on connait l'âge). Les numéros en couleur désignent les fossiles illustrés sur les figures 6, 7 et 8. Les pointillés montrent la corrélation entre les tufs d'Ileret et ceux de Koobi Fora. La position des spécimens énumérés à l'extrême droite est provisoire faute de niveaux-repères.

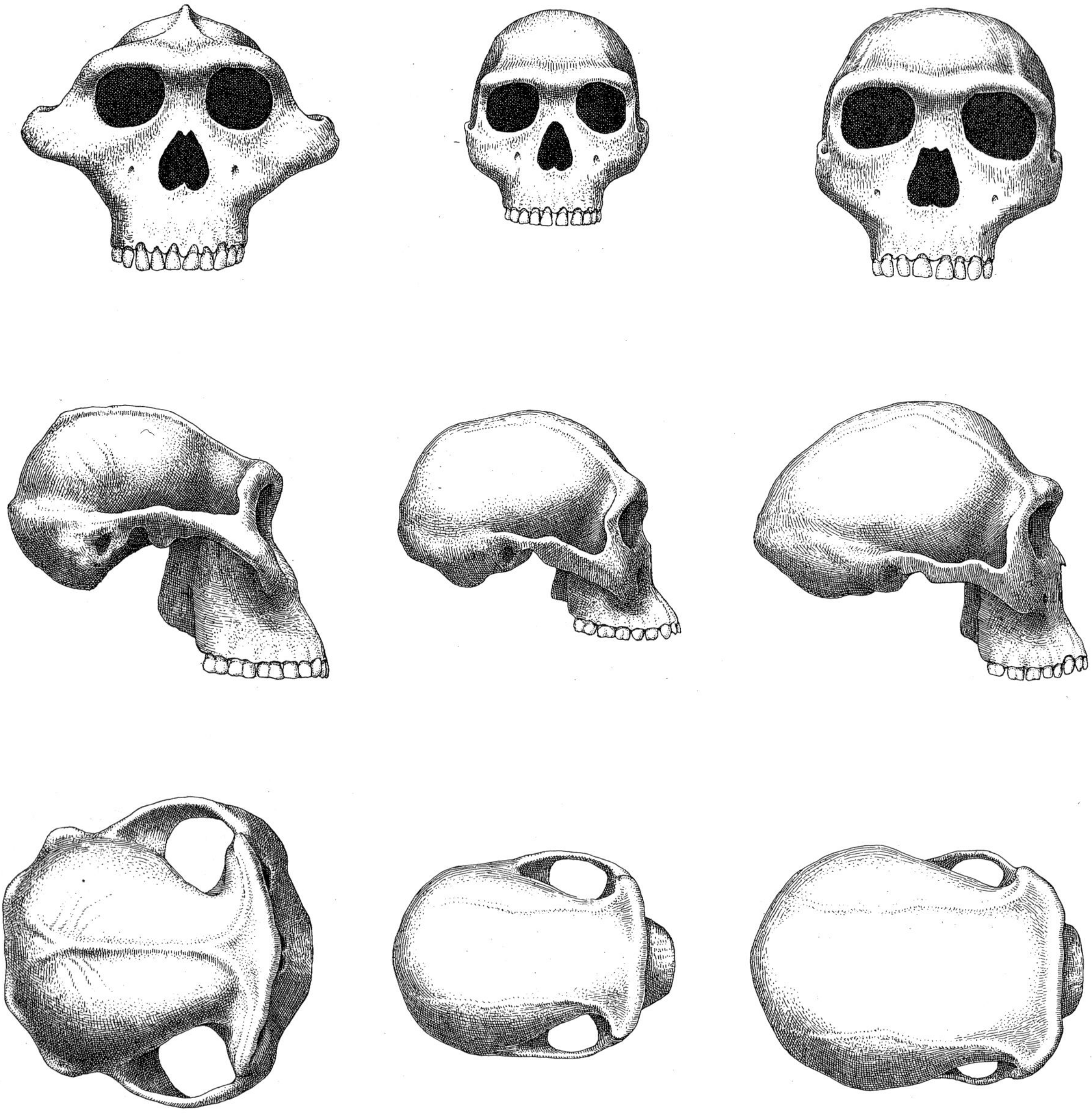

10. IL EXISTE TROIS FORMES D'HOMINIDÉS parmi les fossiles mis au jour dans le niveau supérieur de la formation de Koobi Fora. La figure montre ces fossiles tels qu'ils apparaîtraient si on les reconstituait ; les mâchoires inférieures sont absentes. Il y a 5 façons de rattacher ces trois formes à des espèces déterminées : soit elles appartiennent toutes trois à une même espèce extrêmement variable, soit elles appartiennent à deux espèces suivant trois combinaisons possibles, soit, enfin, chaque forme peut constituer une espèce distincte. Pour les auteurs, cette dernière hypothèse des trois espèces est la plus vraisemblable.

supérieur à celui que l'on constate chez les grands singes anthropoïdes actuels.

L'hypothèse la plus vraisemblable, pour ce qui nous concerne, est la dernière, la cinquième : il s'agit de trois espèces distinctes. Ainsi classées, les spécimens de chaque groupe ne présentent pas plus de différences dans la taille du cerveau et de l'appareil masticatoire que chez les anthropoïdes actuels. Bien que la collection de fossiles provenant du membre inférieur de la formation de Koobi Fora soit beaucoup moins riche que celle du niveau supérieur, l'hypothèse des trois espèces cadrerait avec les spécimens que l'on y a trouvés ; la troisième espèce, distincte des spécimens robustes et graciles, serait représentée par les spécimens *habilis*.

Plusieurs conséquences découlent de nos suppositions. Par exemple, si nous admettons qu'au Turkana oriental, *Homo erectus* était contemporain de certains des plus grands représentants d'*Australopithecus*, nous sommes alors obligés de réfuter l'hypothèse de l'espèce unique. Nous pensons qu'*H. erectus* et *A. robustus* avaient tous deux des caractères spécifiquement humains. Si c'était le cas, ils devaient occuper des niches écologiques séparées. En conséquence, ou bien l'une des espèces était sans fondement culturel mais a quand même fini par acquérir des caractères humains, ou bien il est faux de prétendre qu'à l'intérieur d'une très vaste niche écologique, la culture donne la prédominance à l'hominidé qui la possède.

Nous préférons la première solution et nous donnerons à *Australopithécus* le rôle de l'hominidé dans la culture. Cependant, dans ce cas, nous devons chercher à déterminer qu'elles sont les pressions qui, dans la sélection naturelle, ont provoqué l'apparition des caractères humains fondamentaux.

Quelle est l'origine géographique de *Homo erectus ?* Certains supposent que l'espèce est née en Asie et a émigré en Afrique. Cette hypothèse nous paraît inutilement compliquée. Tout d'abord, elle néglige l'existence d'*habilis*. Chose plus grave, elle impliquerait qu'une population de ces hominidés à grand cerveau, qui ont sans doute taillé les outils de pierre découverts dans les couches anciennes du Turkana oriental, aurait évolué indépendamment en Afrique, précisément à l'époque qui nous permet de l'intégrer dans une relation ancêtre-descendant avec *Homo erectus*, puisqu'elle ne serait brutalement restée là, sans jouer aucun rôle dans l'évolution humaine.

A notre avis, les populations d'*habilis* précèdent directement *Homo erectus*. Si la première série d'âges attribués aux couches où l'on a trouvé le spécimen d'*habilis* KNM-ER 1470 s'avère exacte, alors la transition d'*habilis* à *erectus* aurait pu être progressive, couvrant une période bien supérieure à un million d'années. Si ce sont les autres dates qui sont exactes, alors la transition aura été vraiment très rapide.

Nous nous sommes attachés ici à donner un aperçu des documents fossiles rassemblés sur les hominidés de Turkana oriental, au détriment d'autres travaux en cours et dont les résultats promettent de répondre à certaines des questions que nous avons posées. Le Programme de Recherches de Koobi Fora poursuit ses activités sur le

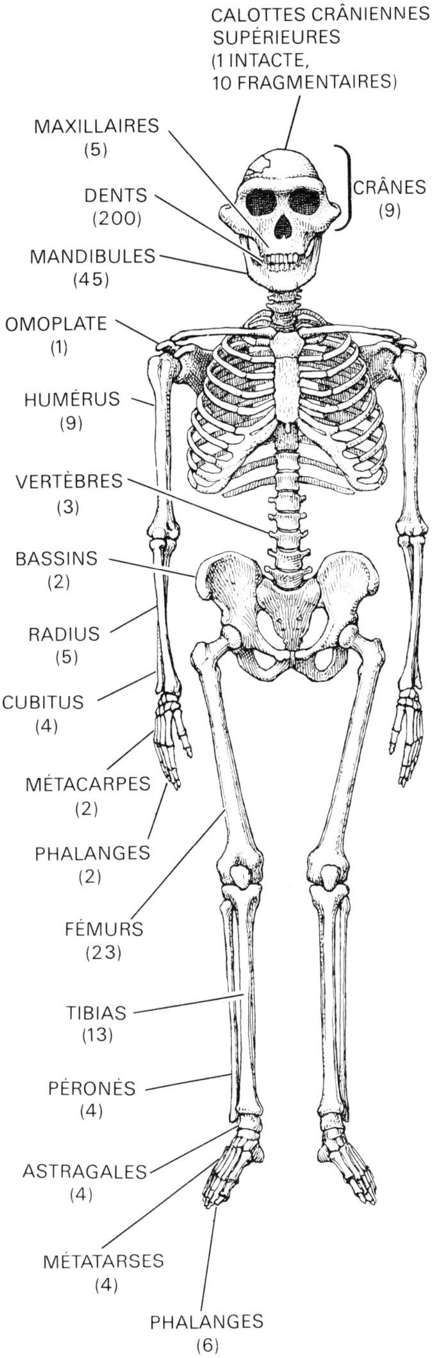

11. LA DISPROPORTION dans la conservation à travers les âges des fossiles d'hominidés exhumés jusqu'à présent dans le Turkana oriental est mise en évidence sur cette figure. Les dents, parties les plus dures du squelette, sont les plus nombreuses. Puis viennent les mâchoires inférieures, la plupart appartenant à l'espèce robuste d'*Australopithecus.* Les vestiges les plus rares sont les os pelviens, les os des mains et des pieds, les vertèbres et les os des avant-bras.

terrain ; parallèlement, un certain nombre d'études particulières sont effectuées en dehors de l'Afrique. Michael Days, travaillant à l'hôpital Saint-Thomas à Londres, examine les membres fossiles trouvés au Turkana oriental et les os qui leur sont associés pour voir ce qu'ils peuvent nous apprendre sur l'aptitude des diverses espèces à marcher en station verticale. Bernard Wood, de l'hôpital du Middlesex à Londres, a entrepris l'analyse complète des crânes et des mâchoires pour trouver les limites extrêmes et la moyenne de la variabilité et du dimorphisme. Ralph Holloway étudie des moulages intérieurs de boîtes crâniennes pour retrouver les étapes de l'évolution du cerveau. L'un de nous deux (Richard Leakey) est toujours co-directeur du programme de recherches, tandis que l'autre (Alan Walker) analyse les mécanismes biologiques de la mastication en examinant au microscope électronique à balayage les dents fossiles trouvées au Turkana oriental pour savoir, d'après le modelé que leur a donné l'usure, quel était le régime alimentaire des hominidés. L'ensemble de ces études a pour but de reconstituer, aussi fidèlement que possible, la biologie de ces très anciens hominidés dans l'espoir de détecter ce qui les a rendus humains.

5

Quand l'Homme se leva...

Il y a trois millions d'années, notre ancêtre Lucy marchait sur ses jambes aussi bien que nous, aujourd'hui. La bipédie fut peut-être la première différence entre les singes et l'Homme.

Owen Lovejoy

Quelle est la plus spécifique des caractéristiques de l'Homme ? On pense souvent à la taille de son cerveau, ou à la faculté de construire et d'utiliser des outils complexes ; on oublie parfois que la bipédie, la marche sur les jambes, est spécifique des êtres humains et de leurs ancêtres les plus proches. Les autres primates sont essentiellement quadrupèdes, car la bipédie présente de nombreux inconvénients : nous sommes moins rapides et moins agiles que bien des singes, et grimpons difficilement dans les arbres, où de nombreux primates trouvent leur nourriture.

Depuis un siècle environ, on affirme que la bipédie apparut parce qu'elle libérait les mains de nos ancêtres, qui pouvaient ainsi utiliser les outils qu'ils avaient conçus grâce à leur volumineux cerveau. Cependant les découvertes de fossiles des 20 dernières années ont infirmé cette théorie : il y a au moins trois millions d'années, les australopithèques, nos plus anciens ancêtres, étaient bipèdes, alors que leur cerveau était encore réduit et qu'ils ne fabriquaient apparemment pas d'outils en pierre.

Quand nos lointains ancêtres se sont-ils dressés ? Les hominidés qui vivaient il y a trois millions d'années étaient-ils totalement bipèdes ou se remettaient-ils parfois à quatre pattes pour courir ou pour grimper aux arbres ? L'étude de ces questions aidera à comprendre le rôle de la bipédie dans l'évolution de l'Homme. S'il s'avère que les australopithèques marchaient debout couramment, l'origine de la bipédie pourrait remonter aux plus anciens des hominidés, dont la lignée a probablement divergé de celle des primates il y a huit à dix millions d'années. L'apparition de la bipédie aurait été un événement déterminant de l'évolution humaine.

Je soutiens que la bipédie a accompagné un ensemble d'adaptations comportementales qui ont déclenché l'évolution des hominidés vers l'Homme. Parmi ces adaptations figure le regroupement en familles, c'est-à-dire la monogamie durable et la prise en charge des enfants par les deux parents. Le mâle se chargeait de rapporter des aliments très nutritifs, la femelle nourrissait et défendait tous ses enfants ; elle en engendrait en outre plus que par le passé. Pour rapporter de la nourriture ramassée loin de son abri, le mâle devait avoir les mains libres ; il fallait donc qu'il marche dressé. Cette évolution s'est vraisemblablement produite bien avant l'époque correspondant au dépôt des plus anciens fossiles d'hominidés retrouvés.

Les contraintes de la bipédie

Les australopithèques étaient sans doute déjà bipèdes à l'époque où vivait Lucy, la femelle dont le squelette fossilisé nous a aidés à comprendre le passage à la bipédie. En 1974, après avoir longtemps recherché des fossiles d'ancêtres humains dans le triangle des Afars, en Éthiopie, une équipe internationale de paléontologues, dirigée par Donald Johanson, de l'Institut des origines de l'Homme de Berkeley, a découvert le squelette de

Lucy, officiellement baptisée A.L.288-1. Le squelette n'est pas complet, mais il a fourni de nombreuses informations fondamentales. Il comprend notamment plusieurs os des membres inférieurs, un des deux os iliaques (les deux os symétriques qui forment le bassin) et le sacrum (les vertèbres inférieures soudées à l'arrière du bassin). Ces éléments sont si différents chez les bipèdes et les quadrupèdes que l'analyse du bassin de Lucy nous révèle comment elle se déplaçait.

Les caractéristiques d'un bassin sont adaptées aux mouvements de la marche bipédique. Pour se déplacer, tous les mammifères terrestres doivent exercer sur le sol une force opposée au sens du déplacement : ils déplient les articulations situées entre le sol et leur centre de gravité. L'allongement d'un des membres inférieurs produit une réaction du sol qui propulse le torse dans une direction déterminée par l'angle entre la jambe et le sol.

Lorsqu'ils sont à quatre pattes, la plupart des primates ont leur centre de gravité situé en avant des membres postérieurs ; l'extension de ceux-ci engendre une réaction dont la composante horizontale est importante. Comme les articulations des hanches et des genoux sont repliées au début de chaque cycle, l'extension des membres est longue et puissante.

Au contraire, le centre de gravité d'un homme debout est à l'aplomb de ses pieds. Si, debout, nous étendons complètement les jambes en étirant les genoux et en faisant pivoter la cheville, la composante verticale de la réaction du sol est importante et nous nous retrouvons sur la pointe des pieds. Pour avancer, nous déplaçons notre centre de gravité vers l'avant ; une jambe restée en arrière s'étend pour engendrer la réaction du sol, et l'autre jambe s'avance afin d'éviter la chute. La force de réaction n'est pas très grande, parce que sa composante la plus importante est verticale et que la jambe propulsive est presque toujours tendue : l'articulation de la hanche est en extension complète et celle du genou l'est quasiment.

Quand la bipédie est apparue, le rôle de la plupart des muscles des membres inférieurs a changé ; comme la structure et la position des muscles se modifiaient pour s'adapter aux nouvelles fonctions, le bassin s'est déformé. Ces modifications apparaissent nettement lorsque l'on compare notre bassin à celui de l'animal le plus proche de l'Homme, le Chimpanzé.

La masse musculaire s'est considérablement modifiée pour maintenir le tronc vertical : le grand fessier, un muscle peu développé chez le Chimpanzé, s'est transformé en un muscle puissant, le plus gros du corps humain. Une extrémité du grand fessier est reliée à l'arrière du bassin, qu'il recouvre presque entièrement, et l'autre extrémité s'attache sur le bord postérieur et la face interne du fémur. Ce muscle est un extenseur de la hanche, et de nombreux anatomistes jugeaient qu'il était le principal muscle propulsif de l'Homme ; en ouvrant l'angle de la hanche, le grand fessier de la jambe propulsive aurait effectué une poussée sur le sol.

En fait, comme la hanche est presque complètement en extension quand nous marchons ou quand nous courons, le grand fessier sert peu à déclencher une poussée sur le sol. Il est hypertrophié, chez l'Homme, parce que, lors de la course, le tronc tend à s'incliner chaque fois que l'on relève une jambe. Le grand fessier stabilise le tronc.

Une importante modification du bassin a facilité cette fonction stabilisatrice du grand fessier. Le bassin est constitué de deux os iliaques dont le sommet, l'ilion, est aplati et très large ; l'espace limité par les deux os iliaques est rempli par les viscères. Les ilions de l'Homme sont beaucoup plus courts que ceux du Chimpanzé et des autres primates ; or plus les ilions sont longs, plus le torse l'est aussi, de sorte que lorsqu'un singe se dresse, son centre de gravité est bien au-dessus des hanches. D'un point de vue mécanique, le tronc des singes constitue un long bras de levier. Si nous avions un tronc aussi long que celui des singes, notre grand fessier se fatiguerait rapidement. Le raccourcissement des ilions humains s'est accompagné de celui du torse ; le centre de gravité s'est abaissé, de sorte que les contraintes exercées sur le grand fessier ont diminué.

Des modifications successives

Le second groupe de muscles fixés aux longs ilions des grands singes s'est également modifié, lors de l'évolution vers la bipédie. Chez le Chimpanzé, ces muscles – le moyen et le petit fessiers – relient le sommet des ilions à la face externe de la partie supérieure des fémurs. Cette disposition en fait de puissants extenseurs de la hanche en position quadrupède : comme les os iliaques sont longs, la course de ces muscles est importante. Cette caractéristique quasi universelle du squelette des primates n'est plus indispensable à l'Homme, car l'angle d'extension de la hanche varie peu dans la locomotion bipède. Les muscles fessiers antérieurs ont progressivement joué un nouveau rôle.

Pour comprendre ce nouveau rôle des moyens et petits fessiers, imaginons un être humain en train de marcher, vu de face. Peu après que le talon

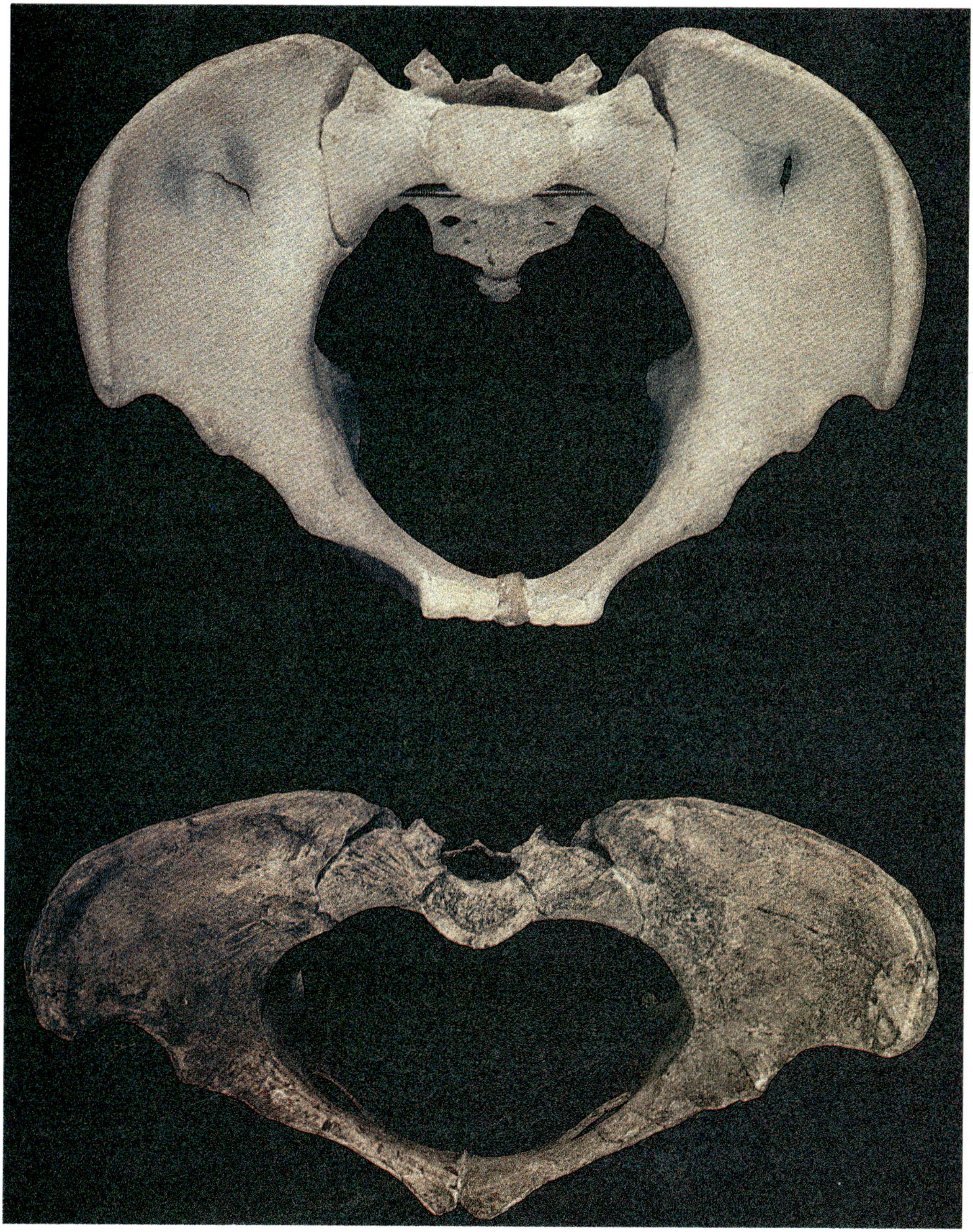

1. LE BASSIN d'une femme moderne (*en haut*) et celui de Lucy (*en bas*), séparés par trois millions d'années d'évolution, présentent les mêmes adaptations à la bipédie. La différence la plus visible – l'arrondissement de la filière génitale – est due à l'augmentation du volume crânien des nouveau-nés ; il y a trois millions d'années le crâne des nouveau-nés était à peine plus gros que celui des chimpanzés actuels. Avec Barbara Brown, l'auteur de cet article a restauré le bassin de Lucy à partir des fragments fossilisés.

de la jambe propulsive a touché le sol, la jambe arrière se soulève et s'avance. Le tronc ne repose alors que sur une hanche, et le poids du tronc, passant par le plan médian du corps, n'est plus opposé à la réaction exercée par le sol : à chaque pas le bassin et le tronc basculeraient du côté opposé à la jambe porteuse si les muscles fessiers antérieurs, « abducteurs », ne les en empêchaient.

Quand les muscles fessiers antérieurs, initialement propulseurs, sont progressivement devenus des muscles stabilisateurs, leurs positions ont changé. Quand on compare un bassin humain et un bassin de Chimpanzé vus de dessus, on remarque une nette réorientation des ilions humains : chez le Chimpanzé, ces os sont plats et à peu près dans le plan du torse ; chez l'Homme, les ilions ont pivoté, de sorte que le point d'attache supérieur des muscles petits et moyens fessiers a avancé (*voir la figure 6*) ; le point d'attache inférieur de ces deux muscles est la face externe du haut du fémur, là où le fémur se courbe pour s'emboîter dans le bassin. Ces muscles abducteurs sont disposés sur les côtés, chez l'Homme, plus à l'extérieur que l'articulation de la hanche ; ils empêchent le bassin de basculer lorsque le tronc ne repose que sur une jambe.

Cette réorientation des ilions s'est accompagnée de deux autres modifications du bassin, qui n'étaient pas directement imposées par la bipédie. Premièrement le simple basculement des ilions aurait réduit l'espace qui les sépare à l'avant, et les viscères n'auraient plus eu la place de se disposer. Aussi, quand les ilions ont basculé, le sacrum (qui sépare les deux os iliaques à l'arrière du bassin) s'est élargi, alors que les ilions se sont déformés : ils se sont incurvés en même temps que les abducteurs étaient repoussés vers l'extérieur et qu'une cavité volumineuse apparaissait à l'intérieur du bassin.

Parce qu'il augmentait la distance entre les deux articulations de la hanche, cet élargissement du bassin a imposé une contrainte supérieure aux abducteurs : les forces que doivent exercer les abducteurs de la hanche pour maintenir le bassin horizontal dépendent de la distance entre le centre de gravité et les articulations de la hanche ; plus ces articulations sont éloignées, plus le bras de levier du tronc est important et plus la contraction des abducteurs doit être intense pour équilibrer le poids du tronc. Les abducteurs se fatiguent plus vite au cours de la marche, et les articulations des hanches subissent des contraintes importantes du fait du long bras de levier du poids du tronc, d'une part, et de la contraction plus puissante des abducteurs d'autre part.

Quand on observe le pelvis humain de face, on découvre les solutions retenues par l'Évolution : les attaches des abducteurs se sont déplacées vers l'extérieur des hanches, de sorte que le bras de levier de ces muscles s'est allongé ; l'abduction en a été renforcée. Deux caractéristiques du bassin humain facilitent ainsi l'abduction : premièrement l'évasement de l'ilion vers l'extérieur écarte les attaches supérieures des abducteurs vers l'extérieur de la hanche ; deuxièmement le col du fémur est plus long chez l'Homme que chez le Chimpanzé, ce qui écarte également l'attache inférieure des abducteurs et augmente leur puissance.

Muscles propulseurs et muscles extenseurs

Les muscles fessiers antérieurs ont ainsi changé de fonction lors du passage de la quadripédie à la bipédie : propulseurs chez le Chimpanzé, ces muscles sont des stabilisateurs du bassin chez l'Homme. Les ischio-jambiers, entre le bas du bassin et l'arrière du fémur, ont également changé de fonction : chez le Chimpanzé, ces muscles sont des propulseurs puissants, qui assurent l'extension des hanches, et qui plus encore que les muscles fessiers antérieurs, poussent sur le sol. Chez l'Homme, au contraire, ils ne servent pas à étendre les jambes, mais à en commander le mouvement.

Lorsque nous marchons, nous ramenons rapidement la jambe arrière vers l'avant, dès qu'elle ne supporte plus le poids du corps ; comme cette jambe reste en extension presque totale, contrairement aux membres postérieurs d'un quadrupède, son centre de gravité est loin du bassin. Une jambe étendue est comme un grand pendule, avec un moment d'inertie important, de sorte que les muscles qui lancent la jambe en avant et ceux qui l'arrêtent doivent être très puissants. Le muscle psoas iliaque, qui s'étend de l'intérieur du bassin jusqu'au fémur, juste au-dessous de la hanche, ramène la jambe arrière vers l'avant. Lorsque la jambe est avancée, elle est freinée, puis stoppée par la contraction des ischio-jambiers. La position de ce muscle est quasi identique chez les primates et chez l'Homme.

Chez les bipèdes, la stabilisation du bassin et la commande des jambes occupe ainsi plusieurs groupes de muscles servant à la propulsion du Chimpanzé. Seuls deux groupes de muscles, les quadriceps et les fléchisseurs plantaires – les mollets –, ont conservé une position telle qu'ils poussent sur le sol. Les quadriceps cruraux sont formés de quatre muscles, qui occupent presque toute la partie antérieure de la cuisse ; ils se réunissent, au-dessus de la rotule, en un solide

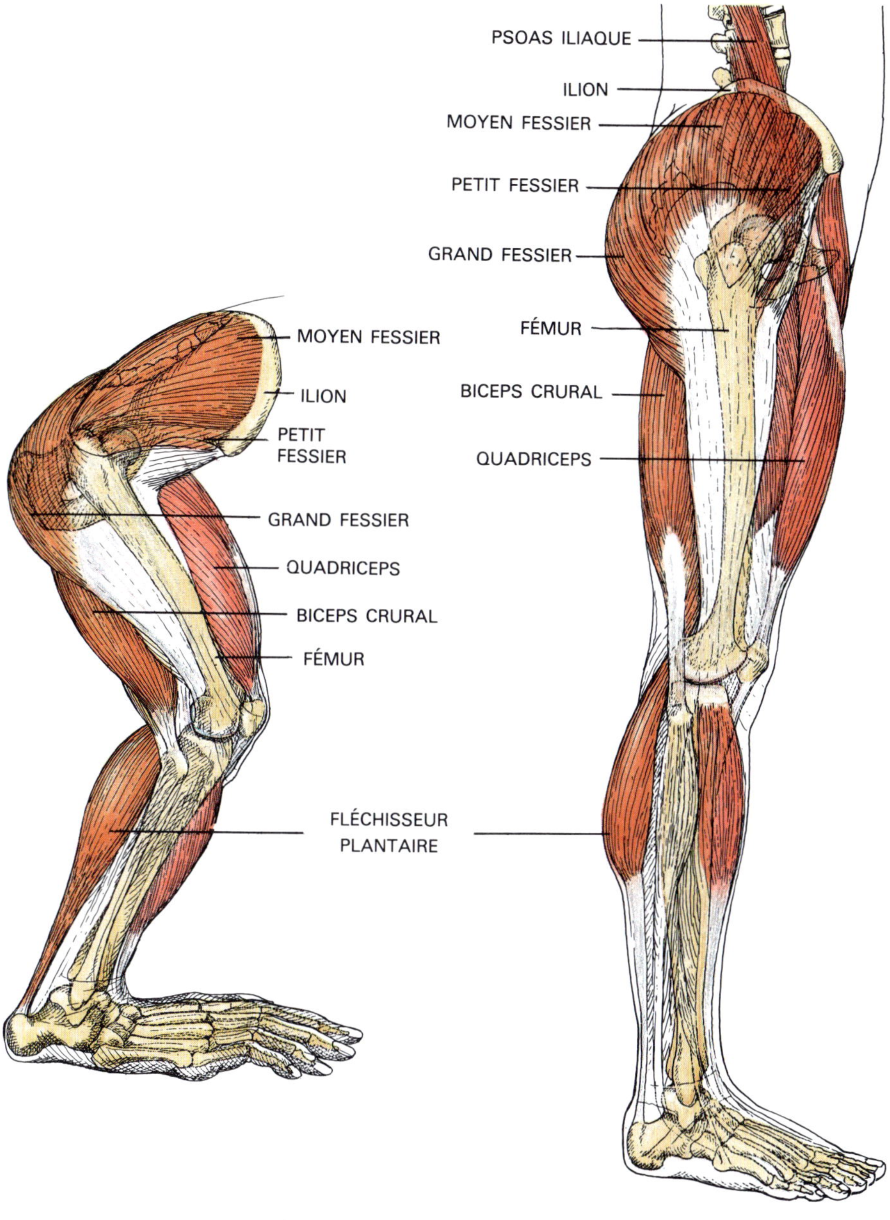

2. LE BASSIN ET LES MEMBRES INFÉRIEURS d'un chimpanzé (*à gauche*) diffèrent de ceux d'un Homme (*à droite*), car la mécanique de la locomotion quadrupède et celle de la marche bipède ne sont pas les mêmes. Les principaux muscles pelviens du Chimpanzé sont le moyen et le petit fessiers, qui propulsent l'animal par extension de la hanche ; les muscles de la loge postérieure de la cuisse, notamment le biceps crural, participent à cette extension. Au contraire, chez l'Homme, le grand fessier est devenu le muscle principal : il maintient le buste en position verticale. Le raccourcissement des ilions a en outre abaissé le centre de gravité, ce qui stabilise le corps. D'autres muscles puissants, comme le moyen et le petit fessiers, les muscles de la loge postérieure de la cuisse et les muscles psoas iliaques, assurent la marche bipède. Seuls deux groupes de muscles, les quadriceps et les fléchisseurs plantaires, ont conservé leur fonction de propulsion.

tendon qui descend devant la rotule, et s'ancrent sur l'extrémité supérieure antérieure du tibia (l'os principal de la jambe).

Lorsque la jambe porteuse passe en arrière du tronc, au cours de la marche ou de la course, le quadriceps se contracte pour raidir la jambe. Simultanément les fléchisseurs plantaires attachés au talon par le tendon d'Achille, se contractent

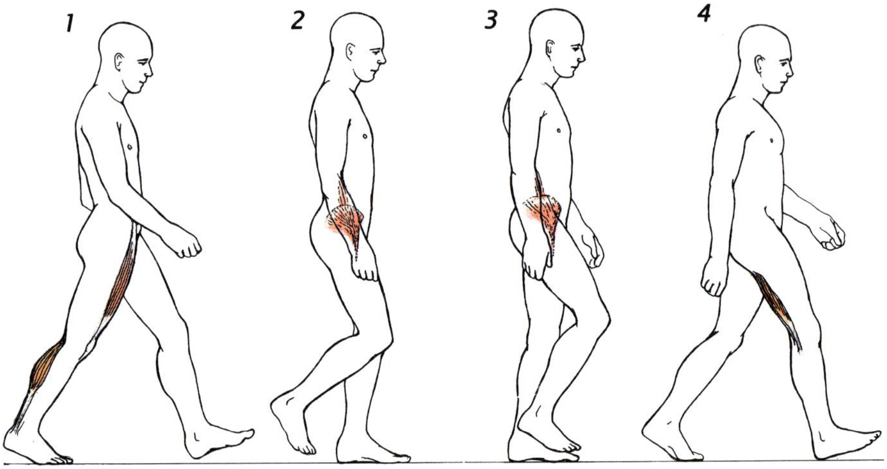

3. ACTIVITÉ MUSCULAIRE au cours de la marche chez l'Homme : lorsque la jambe porteuse (ici la jambe droite) s'étire en arrière du tronc (*1*), les fléchisseurs plantaires et le quadriceps crural se contractent ; la poussée que la jambe exerce sur le sol propulse le corps vers l'avant. Les fléchisseurs plantaires relèvent le pied, qui tourne autour de la cheville, et les quadriceps étendent la jambe. Le poids passe alors sur la jambe gauche, et le pied droit quitte le sol. La contraction du psoas iliaque commence alors à tirer la jambe droite vers l'avant (*2*), tandis que le genou se replie passivement (*3*). A la fin du balancement de la jambe droite vers l'avant, les muscles de la loge postérieure de la cuisse se contractent pour arrêter la jambe, et le pied se pose (*4*). C'est alors la jambe gauche qui propulse le corps.

afin d'ouvrir l'angle de la cheville. L'extension du genou et la rotation du pied allongent la jambe porteuse, qui pousse sur le sol.

Les avantages de Lucy

Lucy et ses semblables possédaient-ils déjà ces adaptations musculaires ? De Lucy, on a retrouvé le sacrum presque intact, mais le seul os iliaque qui restait était cassé et certains fragments étaient même écrasés : une quarantaine de morceaux étaient agglomérés dans la gangue de pierre qui les avait préservés. On peut souvent reconstruire les fossiles dans cet état en séparant les morceaux, puis en assemblant les pièces du puzzle, mais ce ne fut pas le cas pour Lucy : on ne pouvait séparer les morceaux de la gangue sans les endommager. J'ai dû mouler les différents fragments, puis assembler ces moulages selon une disposition anatomique correcte ; j'ai ensuite construit une pièce symétrique et reconstitué le bassin complet d'un hominidé qui vécut il y a trois millions d'années.

Ce bassin porte toutes les marques de la bipédie que l'on retrouve chez l'Homme moderne ; les ilions sont notamment beaucoup plus courts que ceux des grands singes. Comme nous l'avons vu, ce raccourcissement a dû abaisser le centre de gravité du tronc, et faciliter la station debout. En outre, les ilions se sont courbés, de sorte que les attaches des muscles abducteurs étaient déplacées sur le côté, pour maintenir le bassin en équilibre lorsqu'il ne reposait que sur une jambe. Sur le bassin de Lucy, les attaches du grand fessier, des abducteurs et des quadriceps cruraux sont visibles et indiquent que ces muscles avaient déjà une taille et une disposition tout à fait similaires à celles qu'ils ont aujourd'hui. Il en est de même pour les psoas iliaques, les muscles fléchisseurs des hanches qui ramènent la jambe arrière vers l'avant à chaque pas : en avant de l'articulation de la hanche, le bord du bassin de Lucy comporte un sillon limitant l'insertion du psoas iliaque, identique à celui d'un bassin d'Homme moderne.

Du point de vue du redressement du bassin, Lucy semble même avoir été mieux adaptée que nous à la bipédie : ses ilions étaient plus évasés que les nôtres, ses cols de fémurs étaient plus longs, de sorte que les muscles abducteurs de la hanche étaient plus efficaces ; à l'inverse, comme les hanches étaient plus écartées, le bras de levier du poids du tronc était supérieur. En mesurant précisément sur le bassin reconstitué les bras de levier respectifs des abducteurs et du tronc de Lucy, on constate que ses abducteurs étaient globalement plus performants que les nôtres : comme ils avaient moins d'effort à fournir pour stabiliser le bassin, la pression exercée sur les hanches était inférieure à ce qu'elle est aujourd'hui.

Pourquoi l'avantage que possédait cette ancêtre de l'Homme a-t-il disparu ? Parce que le cerveau humain a considérablement grossi au cours des trois derniers millions d'années. Certes le bassin de Lucy était très bien adapté à la bipédie, ses ilions évasés et ses longs cols de fémurs amélioraient l'action des abducteurs, mais le bassin était elliptique (vu de dessus) : la filière génitale était large, dans le plan transversal, mais pas dans le plan longitudinal. Cette forme elliptique

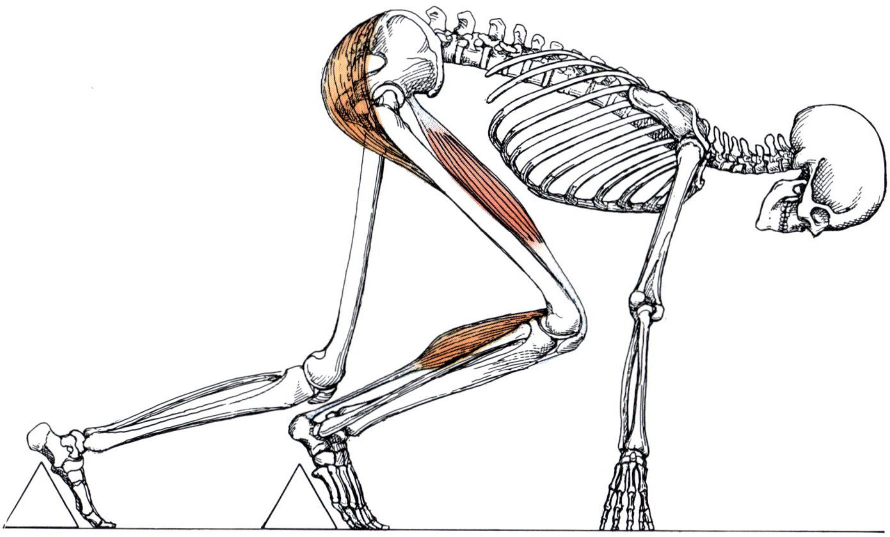

4. CES COUREURS dans les starting-blocks retrouvent les avantages de la quadrupédie : comme les hanches et les genoux sont repliés, la détente est longue et puissante ; comme le centre de gravité se trouve en avant des jambes, la composante horizontale de la force de réaction exercée par le sol est supérieure. Lorsque nous marchons ou courons normalement, nous perdons ces avantages, car la position debout impose l'extension presque complète des hanches et des genoux ; le centre de gravité est alors presque à l'aplomb des jambes, et la composante horizontale de la force de réaction du sol est réduite.

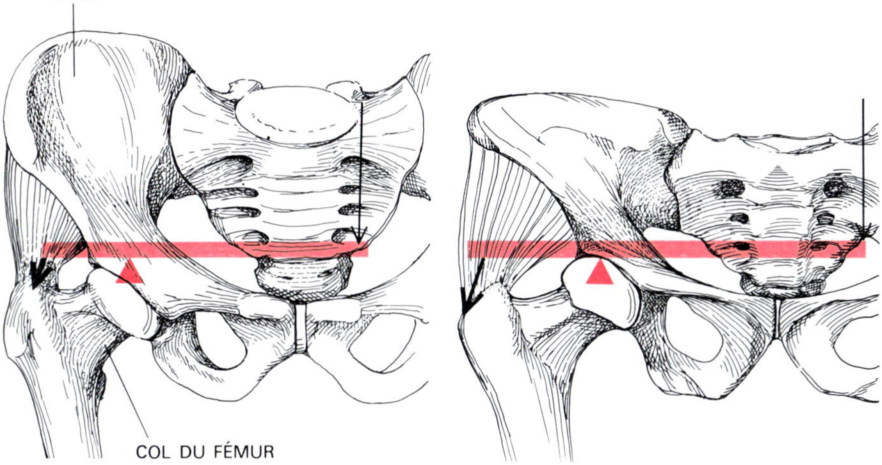

5. LES MUSCLES ABDUCTEURS (moyen et petit fessiers) maintiennent le corps en équilibre, lorsque le bassin ne repose que sur une seule jambe. L'articulation de la hanche joue le rôle d'un pivot sur lequel repose le bassin ; celui-ci est soumis à l'action du poids du tronc et de la jambe non porteuse, d'un côté, et à la contraction des abducteurs, de l'autre (*à gauche*). Les abducteurs sont très puissants, parce qu'ils doivent s'opposer au couple du poids du corps, qui s'exerce loin de l'articulation : le bras de levier du poids est important. Ce bras de levier était encore plus long chez Lucy (*à droite*), mais l'action des abducteurs était facilitée par l'évasement des ilions et l'allongement du col du fémur.

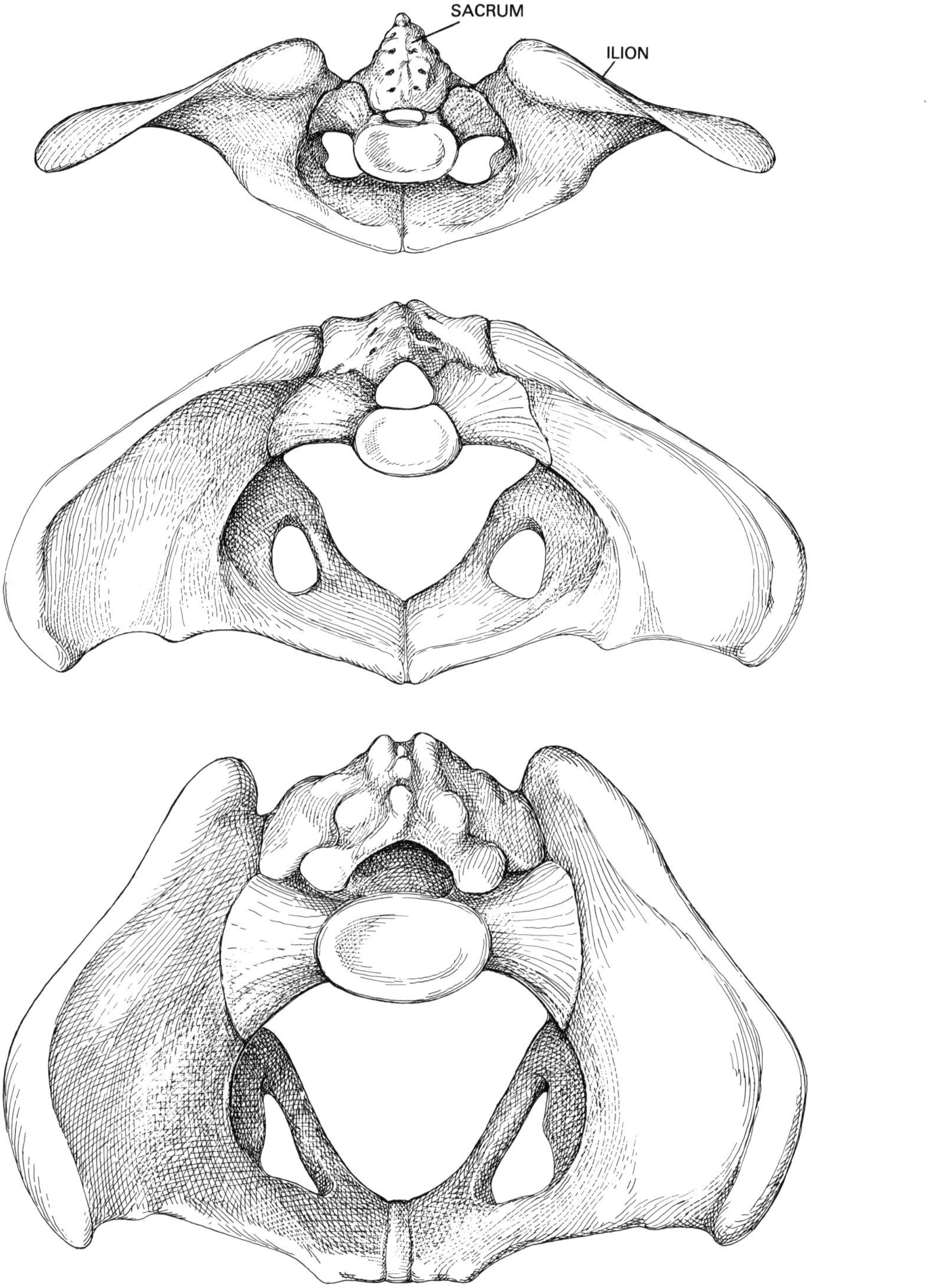

6. LE REMODELAGE DES ILIONS a accompagné l'apparition de la bipédie. Chez un grand singe quadrupède comme le Chimpanzé (*en haut*), les ilions (*vus de dessus*) sont presque plats et dans le même plan que le dos de l'animal. Chez Lucy (*au milieu*), ils étaient recourbés vers l'avant, de sorte que les attaches des muscles abducteurs, qui maintiennent le bassin horizontal au cours de la marche, étaient déplacées sur les côtés. Comme seules les extrémités des ilions étaient recourbées, les viscères se disposaient entre elles ; en outre, le sacrum, qui sépare les os iliaques, était élargi. Toutes ces modifications se retrouvent dans le bassin de l'Homme moderne (*en bas*), étiré dans le sens longitudinal afin d'arrondir le canal génital.

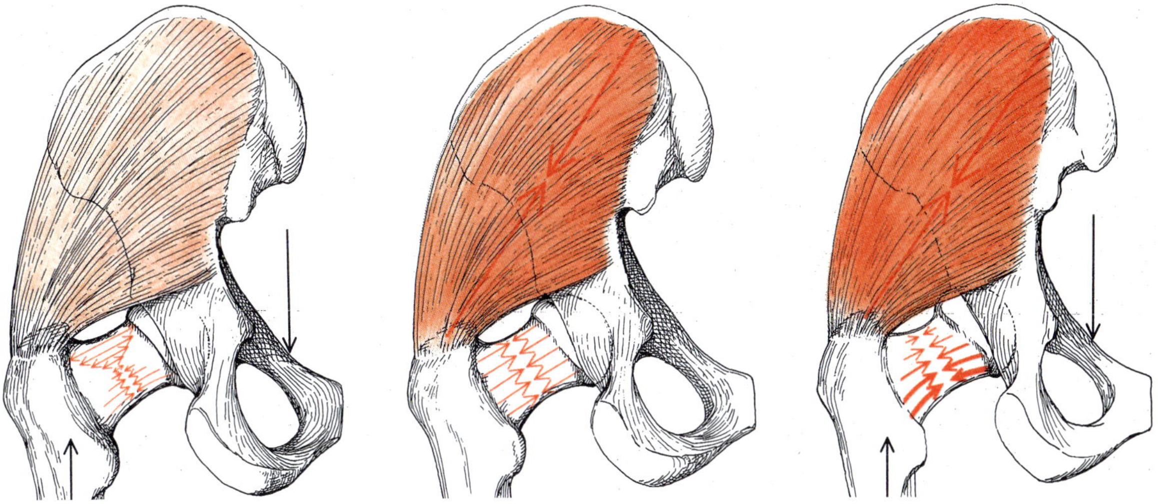

7. LE COL DU FÉMUR (*représenté ici vu de l'arrière*) **est soumis à deux types de contraintes, au cours de la marche bipède. La torsion qu'exerce le poids du corps sur le col crée une traction de la partie supérieure du col du fémur et une force de compression sur la partie inférieure (*à gauche*). Simultanément les abducteurs, qui agissent quasi parallèlement au col du fémur, compriment le col selon son axe (*au milieu*). La composition de ces deux types de forces produit un gradient de contraintes : la compression est faible dans la partie supérieure, et importante dans la partie inférieure (*à droite*), l'épaisseur des flèches étant proportionnelle à l'intensité des contraintes.**

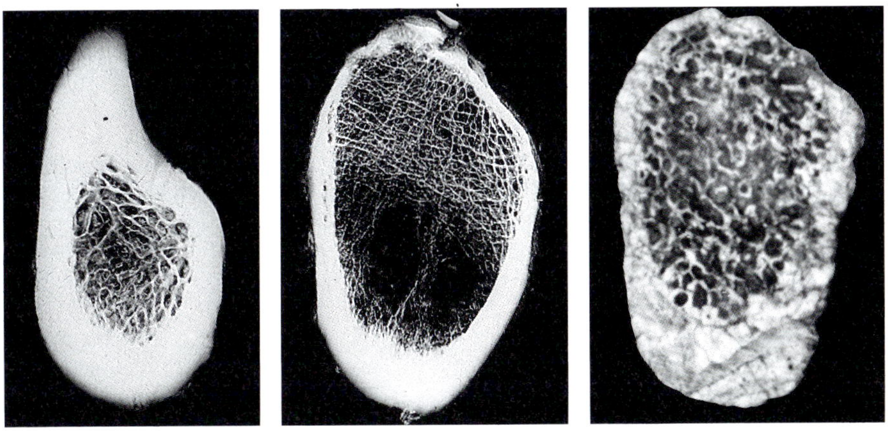

8. LA STRUCTURE INTERNE DU COL DU FÉMUR diffère selon que la locomotion est bipède ou quadrupède. Une coupe d'un col du fémur de Chimpanzé (*à gauche*) révèle une épaisse paroi osseuse, renforcée par une crête dans la partie supérieure. Grâce à sa structure, le col du fémur résiste aux fortes contraintes créées par les sauts et les déplacements dans les arbres. Chez l'Homme, au contraire, la paroi osseuse de la partie supérieure du col du fémur est mince (*au milieu*) ; le col est adapté aux contraintes de la marche et de la course bipèdes, car les abducteurs compensent les tractions s'exerçant sur le haut du col. Un col du fémur fossile d'un contemporain de Lucy (*à droite*) a la même structure que celui d'un Homme moderne.

n'était pas gênante, car le cerveau des hominidés n'avait pas encore beaucoup évolué, et que le crâne des nouveau-nés était à peine plus gros que celui des jeunes chimpanzés actuels ; l'accouchement était peut-être un peu plus difficile que pour les singes, mais beaucoup moins que pour la femme d'aujourd'hui.

La filière génitale s'est arrondie à mesure que le volume du crâne a augmenté : le bassin s'est progressivement étiré dans le sens avant-arrière, et il s'est un peu rétréci ; simultanément l'évasement des ilions s'est atténué, de sorte que le bras de levier des abducteurs a diminué (ces modifications sont moins prononcées chez les hommes, dont les abducteurs ont partiellement conservé leur avantage ancestral). Supportant des contraintes supérieures exercées par les abducteurs, la tête du fémur s'est progressivement élargie. Aujourd'hui le bassin humain est adapté à la fois à la bipédie et au passage de nouveau-nés au crâne volumineux, mais l'accouchement humain est un des plus difficiles du règne animal.

Le col du fémur

Le bassin de Lucy ressemble tant à un bassin d'Homme moderne, il est si différent de celui d'un chimpanzé, que l'on peut conclure que nos lointains ancêtres marchaient parfaitement debout. Cette forme de locomotion leur était-elle habituelle ? Était-elle unique ? Les réarrangements musculaires qui les avaient adaptés à la bipédie nuisaient à la quadripédie, mais ils ne les empêchaient pas de grimper dans les arbres en utilisant leurs quatre membres, comme la plupart des primates.

Toutefois Lucy et ses congénères devaient passer assez peu de temps dans les arbres, car selon les lois générales de l'évolution, une espèce ne s'adapte à un comportement particulier – comme la bipédie – qu'en le pratiquant régulièrement. Pour que le squelette de Lucy soit si bien adapté à la bipédie, il a fallu que ses ancêtres passent déjà la plus grande partie de leur temps à marcher sur le sol et non à grimper aux arbres. D'autres caractéristiques anatomiques de Lucy confirment plus directement cette idée.

On a notamment étudié le col du fémur, où se concentrent l'essentiel des contraintes de la locomotion bipède : à chaque pas, lorsque le poids du tronc repose sur une jambe, l'articulation de la hanche transmet le poids au col du fémur. Celui-ci est comme une poutre en porte-à-faux, dont une extrémité est fixée à un support (le corps du fémur), tandis que l'autre supporte une charge. Du fait de cette structure, des contraintes de torsion importantes s'appliquent au point d'ancrage : la partie inférieure est comprimée, la partie supérieure est étirée ; comme la contrainte augmente avec la longueur du porte-à-faux, le long col du fémur de Lucy était soumis à des contraintes de torsion supérieures à celles qui s'exercent sur le col du fémur de l'Homme moderne.

Le col du fémur du Chimpanzé est beaucoup plus court que le nôtre, et sa robustesse lui permet de supporter toutes les contraintes imposées par les déplacements acrobatiques de l'animal, sur le sol ou dans les arbres. L'os est constitué d'os spongieux entouré d'une épaisse couche d'os compact. Comme la partie dense de l'os résiste moins bien à la tension qu'à la compression, la couche osseuse de la partie supérieure du col, qui est soumise à d'importantes forces de tension, est beaucoup plus épaisse. Avec cette épaisse crête d'os (qui apparaît comme une pointe sur la coupe de la figure 8), le col du fémur du Chimpanzé est comme une poutre en I : le matériau n'est qu'aux endroits où il doit résister aux contraintes de torsion.

Comme le col du fémur humain est plus long que celui du Chimpanzé, il doit résister au couple supérieur exercé par le poids du corps et aux contractions plus puissantes des abducteurs ; on pourrait s'attendre à ce qu'il soit encore plus robuste que celui du Chimpanzé. Il n'en est rien : sur les coupes de col du fémur humain, on observe que seule la partie inférieure comporte une paroi épaisse d'os compact ; le reste du col du fémur est limité par une paroi plus mince entourant un réseau de minuscules os plats, les travées osseuses. Avec cette structure alvéolaire, le col du fémur humain est naturellement moins résistant que celui des chimpanzés ; de surcroît, la partie supérieure du col, qui subit les contraintes les plus importantes, est encore moins ossifiée que le reste de la structure. Comment le col du fémur humain résiste-t-il alors aux contraintes importantes dues à sa longueur et à sa fonction ?

Lucy était bipède

La résistance du col du fémur humain est due aux muscles abducteurs, qui n'interviennent que dans la locomotion bipède : chez l'Homme, les fibres de ces muscles ne sont pas verticales, mais très inclinées, voire quasi parallèles au col du fémur. En se contractant, ces muscles poussent la tête du fémur dans son alvéole, et compriment le col selon son axe. Cette compression s'ajoute au couple de torsion (la tension de la partie supérieure du col et la compression de la partie inférieure), de sorte que les contraintes de tension, au sommet du col du fémur, sont parfaitement compensées, et que la contrainte augmente progressivement du sommet du col, à la base du col du fémur, où la contrainte est maximale, mais purement compressive. Or la couche d'os compact est plus épaisse à la base du col, et l'os spongieux lui-même résiste bien à la compression.

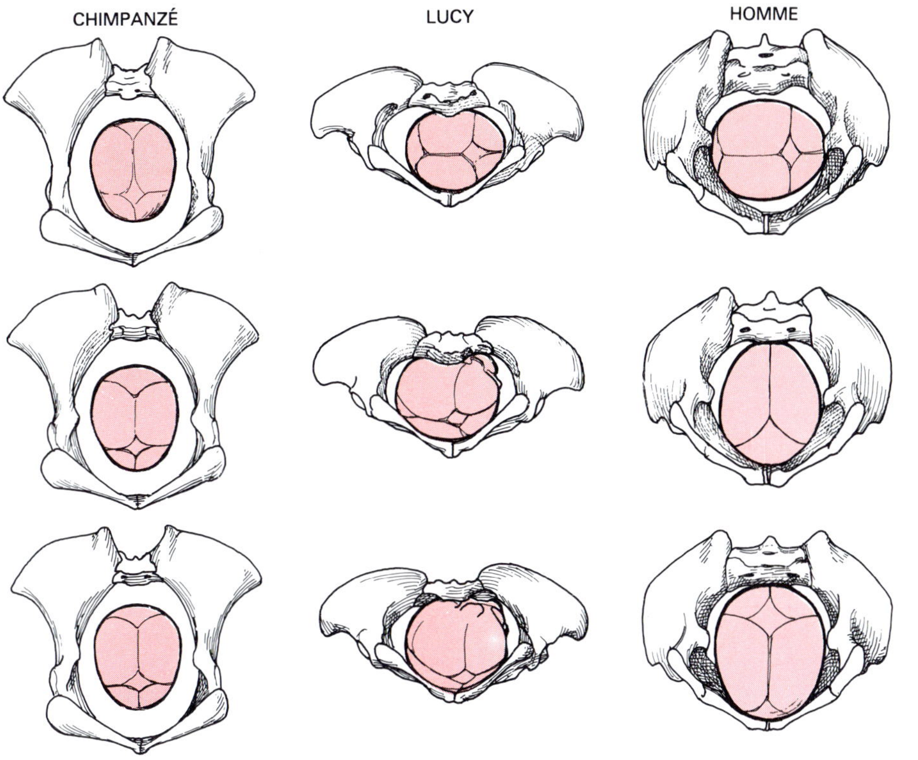

9. LORS DE LA NAISSANCE, le crâne de l'enfant traverse la filière génitale, au centre du bassin. La reproduction a participé, avec la bipédie, au remodelage du bassin. Le bassin d'un chimpanzé femelle (vu par en dessous), comporte une large filière génitale, où la tête du fœtus passe sans difficulté dans le détroit supérieur (*en haut*), puis dans les détroits médian (*au milieu*) et inférieur (*en bas*). L'accouchement était plus difficile pour Lucy, car ses ilions courts et évasés, bien adaptés à la bipédie, avaient rétréci le canal génital dans le sens longitudinal. Pour passer, la tête du nouveau-né devait d'abord être transversale, puis basculer. Le développement du cerveau humain a façonné une filière génitale plus arrondie. L'étirement du bassin a atténué l'évasement des ilions et a réduit l'efficacité des abducteurs. Malgré cela, l'accouchement d'un nouveau-né humain reste difficile, douloureux, et le crâne du fœtus doit tourner dans le canal génital.

Avec les abducteurs, d'autres muscles compriment le col du fémur lorsqu'il supporte le poids du corps. Le plus important d'entre eux est le muscle pyramidal, qui se fixe à l'avant du sacrum et sur la partie externe du col du fémur ; ainsi disposé, il comprime directement le col. L'action simultanée de tous ces muscles permet à cet os apparemment fragile de résister aux forces auxquelles il est soumis lorsqu'il supporte le poids du corps.

Du fait de la répartition de l'os dans le col du fémur, cet os est vulnérable lorsque les abducteurs et les autres muscles ne sont plus synchronisés : les fractures du col du fémur, très fréquentes chez les personnes âgées, ne sont pas toujours dues à la détérioration du tissu osseux ; parfois elles se produisent parce que la coordination musculaire s'est détériorée. Le col du fémur est aujourd'hui tel, qu'il condamne l'Homme à marcher. En outre, il n'est pas conçu pour que nous montions aux arbres et y fassions des acrobaties, car les contraintes de torsion ne sont alors plus compensées par les abducteurs.

Comme le col du fémur des australopithèques était encore plus long que celui de l'Homme moderne, il subissait des contraintes de torsions encore supérieures. Si nos ancêtres avaient eu l'habitude de grimper aux arbres, leur col du fémur aurait subi des contraintes non compensées par des compressions musculaires synchronisées, et il aurait fallu que la structure osseuse du col soit encore plus robuste que celle des grands singes. Or ce n'était pas le cas : près de l'endroit où l'on a trouvé le fossile de Lucy, on a découvert plusieurs fémurs qui furent brisés au cours de leur enfouissement et dont la structure interne apparaît ; tous comportent, dans la partie supérieure, la mince paroi osseuse caractéristique de l'Homme moderne. Par conséquent, le col du fémur était exclusivement adapté à la bipédie : non seulement Lucy pouvait marcher debout, mais elle n'avait même que cette possibilité.

Nous n'avons considéré que le bassin de Lucy, car les marques de la bipédie y sont particulièrement nettes. Cependant d'autres parties de son squelette ou des squelettes d'autres australopithèques présentent des adaptations exclusives à la bipédie. Le genou, par exemple, a évolué pour supporter des contraintes intenses apparaissant lors de l'extension complète ; le fémur n'est pas dans le prolongement exact du tibia, de sorte que le pied est à la verticale du centre de gravité lorsque le corps ne repose que sur une jambe. La cheville s'est également modifiée, pour supporter tout le poids du corps, et la voûte plantaire aide à amortir la charge ; en outre, le gros orteil n'est plus opposé aux autres orteils, comme il l'est chez les grands singes, mais est désormais parallèle aux autres : le pied n'est plus un système de préhension servant au déplacement dans les arbres, mais un levier de propulsion du corps pour la marche bipède. Enfin les bras sont moins adaptés au déplacement dans les arbres, car ils sont plus courts que ceux des singes, tout comme les doigts.

On suppose que les ancêtres de Lucy avaient abandonné les arbres et la quadrupédie depuis dejà longtemps, probablement dès le début de l'évolution humaine. Pourquoi la bipédie, avec tous ses inconvénients, est-elle apparue bien avant que nos ancêtres n'utilisent leurs mains pour manipuler des outils ou des armes ? Je pense qu'il s'agissait d'une adaptation nécessaire à l'évolution d'un nouveau comportement, le partage des tâches entre le mâle, qui approvisionne sa famille, et la femelle, qui met au monde plus d'enfants, grâce auquel les premiers hominidés se multiplièrent et se diversifièrent. Cette hypothèse reste à démontrer, mais la preuve est faite que la bipédie fut l'une des premières étapes anatomiques de l'évolution de l'Homme.

6

Les empreintes de pas fossiles de Laetoli

Au Nord de la Tanzanie, des cendres volcaniques datant de 3,5 millions d'années renferment des milliers de traces d'animaux et des empreintes d'Hommes préhistoriques.

par Richard Hay et Mary Leakey

Près du Lac Eyasi, en Tanzanie, affleure une série de couches de cendres volcaniques dans laquelle on a déjà trouvé des restes d'Hominidés, parmi les plus anciens connus (entre 3,5 et 3,8 millions d'années). Ces couches de cendres renferment aussi d'autres restes encore plus exceptionnels : des empreintes de pas fossilisés. On a découvert d'ores et déjà, dans certains dépôts de cendres, plusieurs dizaines de milliers de traces d'animaux. La préservation de ces traces normalement éphémères, de l'empreinte du pied d'un Hominidé à la trace légère laissée par un insecte, nous donne un aperçu très détaillé de la vie dans la savane africaine bien avant le Pléistocène. La question qui se pose est simple : comment des traces aussi fragiles ont-elles pu échapper à la destruction ?

La grande unité géologique, baptisée la série de Laetoli, couvre environ 1500 kilomètres carrés sur le plateau d'Eyasi, sorte de grande table soulevée par des mouvements tectoniques et limitée par une faille au Nord-Est du Lac Eyasi. Cette série recouvre un substrat rocheux précambrien ; l'ensemble de la région est bordée et dominée vers l'Est, par plusieurs grands volcans. Les affleurements les plus riches en fossiles se trouvent dans une petite zone de 70 kilomètres carrés, appelée Laetoli et située à une altitude comprise entre 1700 et 1800 mètres, et plus ou moins à cheval sur la ligne de faîte qui sépare le bassin du Lac Eyasi et celui de la gorge d'Olduvaï, plus au Nord.

A Laetoli, les couches de roches volcaniques ont au moins 130 mètres d'épaisseur et c'est principalement dans la partie supérieure de la série de couches, sur 45 à 60 mètres de hauteur, que l'on trouve les traces fossiles. Cette dernière partie de la série est constituée pour les trois quarts de tufs éoliens, c'est-à-dire de cendres volcaniques balayées et redéposées sous l'effet des vents. La plupart des autres lits de cendres intercalés entre les niveaux de tufs éoliens sont constitués de tufs aériens, c'est-à-dire de dépôts non remaniés et restés quasiment intacts après leur dépôt à partir du nuage éruptif. Les tufs éoliens sont constitués en grande partie de particules de la taille d'un grain de sable : 0,125 à 0,25 millimètre dans les tufs fins et 0,25 à 0,5 millimètre dans les tufs moyens. Ces dépôts éoliens ont recouvert des ossements d'animaux, des œufs d'oiseaux, des escargots et divers autres objets présents alors sur le sol. Tous les tufs (éoliens et aériens) proviennent d'un seul volcan : le Sadiman, situé à environ 20 kilomètres à l'Est de Laetoli.

En 1935, cette région fut explorée par Louis Leakey, le géologue Peter Kent et Mary Leakey. Ils constatèrent que les fossiles animaux trouvés à Laetoli étaient plus anciens que ceux découverts dans le niveau inférieur (Lit I) de la gorge d'Olduvaï. En 1938-1939, une expédition, conduite par Ludwig Kohl-Larsen de l'Université de Tübingen, collecta dans ce secteur un grand nombre de fossiles dont un fragment provenant de la mâchoire supérieure d'un Hominidé. En 1974, Mary Leakey trouva de nouveau des restes d'Hominidés, dans un meilleur état de conservation que les précédents. Depuis 1975, une fouille systématique de la zone est entreprise, ce qui a permis de dégager de nombreux fossiles d'Hominidés, principalement des dents et des mâchoires inférieures, ainsi qu'une impressionnante variété d'autres restes animaux.

C'est en 1976 qu'Andrew Hill de l'Université Harvard a découvert les premières pistes d'animaux dans une couche de tuf, appelée depuis le « tuf aux empreintes ». L'année suivante, Peter Jones de l'Université d'Oxford et Philip Leakey trouvèrent dans cette même couche d'autres empreintes, probablement d'Hominidés, fort mal conservées. En 1978, Paul Abell de l'Université de Rhode Island découvrit à peu de distance une empreinte attribuable de façon certaine à un Hominidé. Un plus ample travail de déblaiement de la couche permit de dégager d'autres empreintes d'Hominidés disposées en deux longues pistes parallèles.

Plusieurs couches de tuf étudiées contiennent de la biotite, un minéral riche en potassium grâce auquel on peut dater les roches avec la méthode du potassium-argon. Il s'agit d'une méthode de datation géochronologique fondée sur la désintégration du radio-isotope potassium 40 qui se transforme en argon. En utilisant des échantillons de biotite prélevés, d'une part dans une couche située juste sous les plus bas niveaux fossilifères et, d'autre part, au sommet de la formation fossilifère, Garniss Curtis et Robert Drake, de l'Université de Californie, ont daté la période de formation de ce tuf à empreintes : il se serait déposé entre 3,8 millions d'années et 3,5 millions d'années.

Une faune diversifiée

Dans l'ensemble, les animaux fossilisés dans les tufs de Laetoli sont identiques à ceux qui vivent de nos jours dans la région. Par ordre d'abondance décroissante, les restes de Vertébrés découverts proviennent de Bovidés (antilopes et espèces apparentées), de Lagomorphes (lièvres), de girafes, de rhinocéros, de chevaux, de cochons et de deux espèces de Proboscidiens (des éléphants et des Dinothériums, ces derniers ayant aujourd'hui disparu). En revanche, on constate l'absence significative dans ces dépôts des restes de crocodiles, d'hippopotames ou d'autres animaux aquatiques.

1. TROIS SORTES DE TRACES ANIMALES sont visibles à la surface de cette strate de tuf. Dans la partie inférieure gauche du cliché, on distingue des empreintes de pattes d'oiseau. Dans la partie supérieure gauche de la photographie, on aperçoit les traces laissées par un petit animal, peut-être une antilope naine. Au centre, près du repère gradué, on remarque l'empreinte du pied d'un babouin.

A Laetoli, on compte une cinquantaine de couches de tufs aériens qui alternent avec des tufs éoliens. Beaucoup d'entre elles existent dans la zone riche en fossiles, ce qui permet d'établir des corrélations stratigraphiques. La plupart de ces couches ont une épaisseur de un à dix centimètres et elles ne présentent aucune stratification interne, signe manifeste que chacune d'elles est la conséquence d'une seule éruption du Sadiman. Trois d'entre elles cependant présentent une stratification interne ; d'une épaisseur de 12 à 13 centimètres, ces couches résultent d'une série d'épisodes éruptifs très rapprochés. Alors que les particules de cendres formant les tufs éoliens ont la taille de petits grains de sable, les particules des tufs aériens ont une taille supérieure, identique à celle des sables grossiers (0,5 à 1 millimètre). Ces particules sont composées de fragments de laves vitrifiées ; elles sont pauvres en silice et contiennent de la mélilite, un minéral riche en calcium.

La plupart des tufs aériens contiennent des fragments d'une roche volcanique très particulière nommée carbonatite. Cette roche est composée de carbonate de calcium, mélangé ou non avec du carbonate de sodium. Les carbonatites sont des roches très rares. On ne connaît qu'un seul volcan au monde ayant recraché de telles laves lors d'éruptions récentes : il s'agit de l'Oldoinyo Lengaï, situé à 90 kilomètres au Nord de Laetoli. Ces carbonatites, comme celles de la série de Laetoli, sont riches en carbonate de sodium. Cette observation nous fournit un indice précieux sur la conservation des pistes d'animaux dans les tufs de cette région : en effet, une carbonatite, qui renferme à la fois du carbonate de calcium et du carbonate de sodium, réagit avec l'eau d'une façon

2. CETTE EMPREINTE D'ÉLÉPHANT, découverte dans la couche n° 1 de l'unité supérieure, se serait imprimée dans les cendres volcaniques humides à la saison des pluies. D'autres traces, dues probablement à des lièvres sont visibles à l'intérieur de la grande empreinte. L'échelle graduée a 20 cm de long.

caractéristique. Le carbonate de calcium crée un fin précipité tandis que le carbonate de sodium se dissout dans la solution. Après évaporation, il se forme des cristaux de trona (Na_2CO_3, $NaHCO_3$, $2H_2O$) qui cimentent les couches de cendre.

Le « tuf à empreintes » est l'une des trois couches de tufs aériens de Laetoli à présenter des stratifications internes. Bien que des empreintes de pas fossiles aient été retrouvées dans les deux autres couches, le tuf à empreintes est comparativement d'une exceptionnelle richesse. Épaisse généralement de 12 à 15 centimètres, cette couche se trouve vers le sommet des niveaux fossilifères ; elle est surmontée par un dépôt de cendres plus important, atteignant par endroits 50 centimètres d'épaisseur. Les fines strates de cendres qui composent la couche de tuf se sont déposées au début d'un cycle éruptif dont l'épaisse couche de cendres qui les recouvre marque la phase paroxysmale.

La stratigraphie des dépôts

Le tuf à empreintes se divise en deux unités distinctes : une unité inférieure de sept à dix centimètres d'épaisseur et une unité supérieure de quatre à six centimètres. Le contact entre les deux unités est net et la partie sommitale de l'unité supérieure présente localement des traces d'érosion. Ces deux unités diffèrent par leur composition et leur structure lithologiques ainsi que par les empreintes qu'elles contiennent. Le niveau inférieur se subdivise en 14 fines couches de 2 à 15 millimètres d'épaisseur. Comme on retrouve ces couches dans l'ensemble de la zone de Laetoli, chacune d'elles représente probablement le résultat d'une seule éruption volcanique. La plupart de ces couches ont à leur surface des irrégularités, comme des empreintes de pas, qui provoquent de légères variations d'épaisseur. Leur présence montre que ces formations n'ont subi presque aucun remaniement après leur dépôt.

Sur cinq de ces couches, on trouve de très nombreuses traces de gouttes de pluie ; trois autres strates portent des empreintes analogues, mais en moins grand nombre. Les petits cratères creusés par les gouttes de pluie sont nets et proches les uns des autres ; ces traces se seraient formées lors de violentes averses, assez fortes pour humidifier la cendre mais pas assez abondantes pour entraîner un ruissellement et éroder le dessus des couches de cendres. Les empreintes de pas apparaissent à la surface de la couche numéro 14 (dernière couche de l'unité inférieure du tuf à empreintes) et de 7 des 13 couches sous-jacentes. Ces empreintes sont particulièrement abondantes au sommet des couches numéros 9 et 14. Quelques rares empreintes ont par ailleurs été trouvées à l'intérieur de certaines couches.

L'unité supérieure du tuf à empreintes présente une structure géologique un peu différente. Cette unité se compose de quatre couches seulement qui correspondent chacune à une seule éruption volcanique. L'ensemble reflète une série d'éruptions très rapprochées dans le temps. Ces couches ont toutes été érodées après de fortes pluies par les eaux de ruissellement qui ont disséminé les cendres sur une grande étendue. Les deux couches inférieures présentent des irrégularités superficielles mais, paradoxalement, elles sont plus épaisses à l'aplomb des traces en creux, comme des empreintes de sabots, qu'au-dessus des microreliefs, comme les bords de ces empreintes de pieds ; ces microreliefs sont d'ailleurs partiellement tronqués au sommet de la couche numéro 2 et cette surface a toutes les caractéristiques d'une surface d'érosion. Là où il y a eu remaniement des dépôts de cendres, les couches sont finement stratifiées et l'on observe parfois des accumulations de tufs dans des chenaux d'écoulement, larges et peu profonds, creusés dans les couches de cendres sous-jacentes. Les empreintes de pas sont nombreuses au sommet des couches numéro 1 et 2 de l'unité supérieure. On a également trouvé en cet endroit des traces de gouttes de pluie à la surface de la couche numéro 2.

Comme nous l'avons mentionné précédemment, les cendres du tuf à empreintes sont composées en grande partie de fragments de laves à mélilite, un minéral riche en calcium. Ces fragments ont une forme ovoïde ou sphérique et, pour la plupart, une taille comprise entre 0,1 et 0,3 millimètre (granulométrie des sables fins ou moyens). Par ailleurs, des fragments de grands cristaux de calcite ayant une forme arrondie ou plate et des dimensions comprises entre 0,01 et

3. CES EMPREINTES D'HOMINIDÉS formant des traces parallèles se suivent sur 25 mètres à la surface des cendres volcaniques indurées du gisement *G*. Ce site est l'un des 16 endroits de Laetoli où des traces de divers animaux ont été découvertes dans une série de couches de cendres regroupées sous le nom de « tuf à empreintes ». Les traces situées à droite des pistes d'Hominidés sont celles d'un Hipparion (un Equidé à trois doigts). La piste de gauche a été faite par le plus petit des trois marcheurs ; l'autre est due à un individu plus grand, dont les empreintes sont en partie effacées par celle d'un troisième individu de taille inférieure. Marchaient-ils ensemble ? Nous ne savons pas. Cette photographie est publiée grâce à l'amabilité de John Reader et de la *National Geographic Society*.

0,02 millimètre, sont présents parfois en quantités importantes dans la couche numéro 1 de l'unité inférieure. Des fragments cristallins analogues se retrouvent localement dans les couches 2 à 5.

Ces cristaux de calcite sont relativement riches en strontium et en baryum, ce qui est la marque minéralogique distinctive des carbonatites. L'analyse au microscope de la texture de ces cristaux montre que la calcite a remplacé un minéral riche en sodium (comme la nyérérite) originellement présent dans les carbonatites. Ces fragments de calcite ne représentent sans aucun doute qu'une faible partie des cendres de carbonatites présentes juste après la phase de dépôt. La plupart de ces cendres ont très certainement disparu en réagissant avec les eaux d'infiltration, au cours de processus physicochimiques comme ceux aboutissant, par exemple, à la formation des cristaux de trona.

Le trona, soluble dans l'eau, a été dissous depuis longtemps ; les couches du tuf à empreintes sont maintenant cimentées par de la calcite et, plus rarement, par de la phillipsite (un aluminosilicate de calcium et de sodium de la famille des zéolites). Dans certains horizons, les particules de cendres « flottent » dans une matrice abondante. A notre avis, ces horizons seraient d'anciens dépôts de cendres riches, à l'origine, en fragments de carbonatite qui auraient été dissous et remplacés par le ciment. Ce genre de formation lithologique est courant dans l'unité inférieure du tuf, mais plutôt rare dans l'unité supérieure. Ces dépôts devaient être initialement moins riches en cendres de carbonatite.

Une rapide accumulation

La surface du sol située sous le tuf à empreintes est presque plate. Les plus importantes irrégularités sont des saignées d'une dizaine de centimètres de profondeur, semblables à de petits sillons. Sans doute s'agit-il de sentes animales tracées à travers la savane du Pléistocène. La présence de petites racines fossilisées reflète, semble-t-il, l'existence de quelques touffes d'herbe, mais le sol devait être dans l'ensemble assez

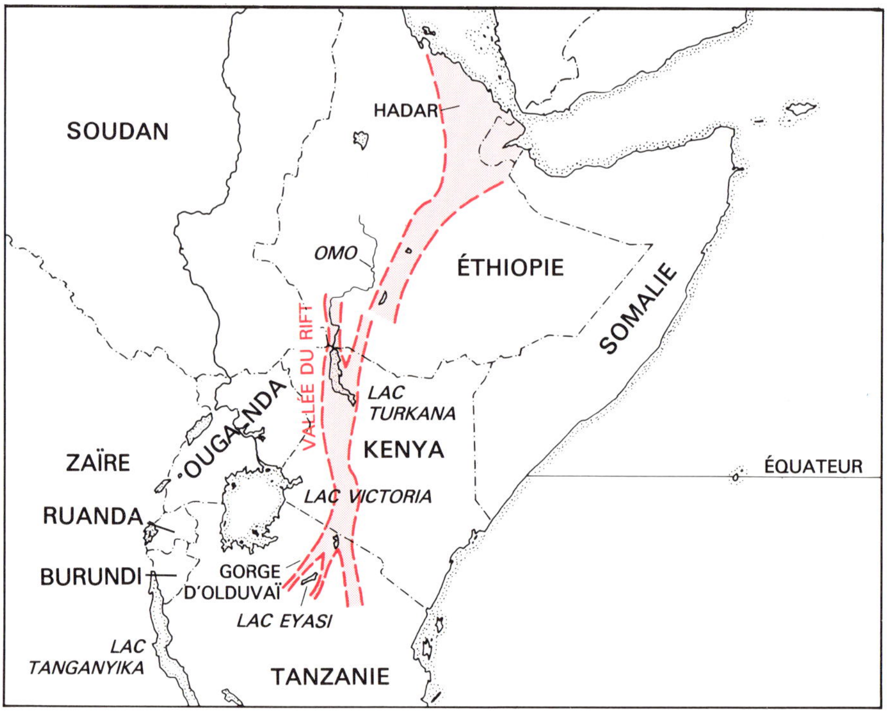

4. LE LAC EYASI est situé au Sud-Est du Lac Victoria en Tanzanie, près de l'extrémité méridionale de la vallée du Rift qui s'étend à travers le Kenya et l'Éthiopie jusqu'à la mer Rouge. Des restes d'Hominidés ont été trouvés en grand nombre dans cette région ou à proximité. Parmi les lieux les plus connus, citons Hadar et la vallée de l'Omo en Éthiopie, l'Est du Lac Turkana au Kenya, la gorge d'Olduvaï et les alentours de Laetoli en Tanzanie. Dans ce dernier secteur, on rencontre une quantité importante de fossiles d'animaux ainsi que leurs traces laissées sur le sol pendant leur migration.

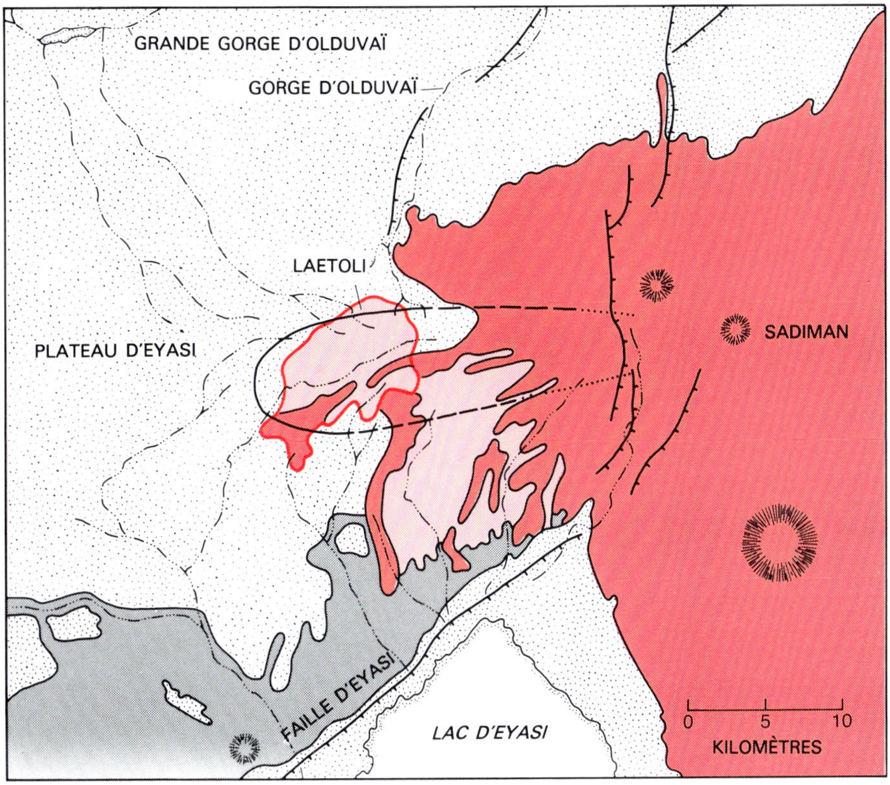

5. LA SÉRIE DE LAETOLI est formée par des dépôts de cendres volcaniques *(en couleur claire)* qui affleurent sur 1500 km² au Nord du Lac Eyasi. Ces dépôts reposent à l'Ouest sur un socle de roches précambriennes *(en gris)* et sont recouverts à l'Est par des roches volcaniques *(en couleur sombre)*. Les strates les plus riches en fossiles se situent dans une zone de 70 km² *(entourée par une ligne de couleur sur la figure)*. Le « tuf à empreintes » est situé près du sommet des couches fossilifères de Laetoli. Son épaisseur dépasse en général 12 cm dans la région située à l'intérieur de l'ovale cerné par un trait noir. Les cendres volcaniques qui forment la série de Laetoli provenaient du volcan Sadiman.

dénudé quand les premières couches de cendres commencèrent à se déposer. En effet, si le tapis herbeux avait été dense, les brins d'herbe auraient fragmenté le fin manteau de cendres et les Herbivores de la savane auraient tondu le tapis végétal.

Des coprolithes de lièvres, de girafes et d'antilopes naines comme les dik-dik abondent à la base du tuf à empreintes. On retrouve également des rameaux et des branches fossilisés provenant d'arbres et d'arbustes. On a aussi trouvé dans les strates sommitales de l'unité inférieure des restes fossiles d'acacia (quelques brindilles, des épines et des feuilles), un arbre typique de la savane. L'une des strates renfermait par ailleurs des coprolithes de lièvres et peut-être de girafes.

Le tuf à empreintes s'est déposé en un court laps de temps, peut-être en quelques semaines, entre la fin de la saison sèche et le début de la saison des pluies. La parfaite conservation des empreintes de pas et des gouttes de pluie ne peut s'expliquer que si les couches de tuf ont été recouvertes par des cendres peu après l'impression des empreintes. La rapidité du processus est confirmée indirectement par l'étendue géographique des dépôts : en effet, bien que la plupart des couches n'aient que quelques millimètres d'épaisseur, celles-ci recouvrent une superficie de 70 kilomètres carrés.

La brièveté du phénomène est attestée par un autre signe. Les rares brins d'herbe trouvés à la base des dépôts incitent à placer la première éruption du volcan pendant la saison sèche. Les traces de pluie dans l'unité inférieure du tuf à empreintes seraient très probablement dues à de courtes averses survenant à la fin de la saison sèche. En revanche, dans l'unité supérieure, les traces d'érosion dues à l'action des eaux de ruissellement témoignent de précipitations plus abondantes, vraisemblablement au début de la saison des pluies. En outre, l'importante érosion visible à la base de l'unité supérieure, entre les couches 2 et 3, est imputable sans aucun doute à de très fortes pluies. Quant à la rareté des traces de pluie à la surface des dépôts de cette unité, elle s'expliquerait par le fait que les sédiments gorgés d'eau n'avaient plus assez de consistance pour conserver la trace des impacts des gouttes de pluie.

Une zone de passage

Comme le tuf à empreintes est bien cimenté, il résiste mieux à l'érosion que les couches situées au-dessus et au-dessous, aussi de grandes surfaces ont-elles été préservées. Quand le tuf est directement exposé aux intempéries, il se délite assez facilement, les clivages de la roche se font en suivant les plans de stratification, ce qui permet de mettre au jour d'éventuelles empreintes à la surface des couches ainsi dégagées. A l'heure actuelle, nous avons examiné les empreintes provenant de 16 gisements différents de la région de Laetoli ; chacun de ces gisements est identifié par une lettre (de *A* à *P*).

Le gisement *A* est le plus vaste ; on y observe des pistes très nettes qui couvrent une superficie d'environ 800 mètres carrés. Pour estimer la densité des empreintes, nous avons réalisé deux dénombrements : l'un sur 17 mètres carrés dans le gisement *A* et l'autre sur 20 mètres carrés dans le gisement *D* (qui couvre au total 113 mètres carrés). Les petites empreintes ovales dues aux lièvres (et peut-être aux dik-diks) sont en moyenne au nombre de 21 par mètre carré sur le site *A* et de 30 par mètre carré sur le site *D*. Quant aux autres empreintes, en général plus grandes, la moyenne est respectivement de 1,8 et 3,6 par mètre carré sur les sites *A* et *D*. Si nous considérons une moyenne de 23 empreintes par mètre carré, nous obtenons finalement un total d'environ 18 400 empreintes conservées sur le seul site *A*.

Ces traces appartiennent à 17 familles animales différentes dont, pour la plupart, on retrouve par ailleurs les restes fossilisés dans les couches géologiques de Laetoli. En outre, la répartition verticale des empreintes dans les différentes couches est en accord avec l'hypothèse d'un dépôt à la fin de la saison sèche et au début de la saison des pluies. En effet, dans l'unité inférieure, les traces sont dues pour l'essentiel à des lièvres, des pintades, des rhinocéros et d'autres animaux qui fréquentent la savane herbeuse durant la saison sèche. En revanche, dans l'unité supérieure, les traces sont caractéristiques d'une faune de grands herbivores (éléphants, chevaux) ou de prédateurs (babouins, Hominidés) qui fréquentent la savane à la saison humide, quand l'herbe est abondante et les proies nombreuses. On n'a découvert aucune empreinte de ces animaux dans l'unité inférieure. De plus, dans l'unité supérieure, les empreintes des grandes antilopes sont beaucoup plus abondantes. Ces différences sont probablement le reflet des migrations de la saison humide, migrations caractéristiques de la savane d'Afrique orientale. Ces traces dessinent un ensemble de pistes et de sentes et sont dues à des animaux marchant à des allures normales. Par conséquent, les chutes de cendres résultant des éruptions du Sadiman ne furent pas assez importantes pour entraver le cours normal de ces migrations saisonnières et empêcher le passage des grands herbivores à travers la savane de Laetoli.

Des traces d'Hominidés

Les cinq empreintes de pieds découvertes en 1977 et attribuées à des Hominidés sont situées sur le site *A*. En 1978, deux pistes parallèles, dues également à des Hominidés, ont été dégagées dans le gisement. Ces deux pistes sont distantes de 25 centimètres et se suivent sur 25 mètres. Les empreintes les mieux conservées ont des bords nets et une profondeur de un à trois centimètres. Le talon arrondi, la forme de la voûte plantaire et le gros orteil pointant vers l'avant sont caractéristiques du pied humain. L'une des pistes a été faite par un individu de petite taille ; l'autre, en revanche, résulte d'une superposition de deux séries d'empreintes : la première laissée par un individu de haute stature, la seconde par un individu plus petit. Ces traces d'Hominidés prouvent qu'il y a 3,5 millions d'années, les ancêtres de l'Homme vivant en Afrique orientale marchaient debout. Tant par leur stature que par la taille de leur cerveau, ces Hominidés ont des caractéristiques morphologiques encore fort éloignées des standards humains postérieurs. Suppo-

6. CES QUATRE DIAGRAMMES résument l'évolution géologique de la région d'Eyasi. A l'époque de la formation des dépôts de cendres de la série de Laetoli, voici environ 3,5 à 3,8 millions d'années *(a)*, la région était une zone de savane herbeuse plate. Une période d'intense activité volcanique intervint 1,2 million d'années plus tard *(b)*. Encore 1,2 million d'années après *(c)*, la faille bordière de la vallée du Rift commença à jouer, provoquant la formation du plateau d'Eyasi et l'apparition d'un lac en contrebas. Par la suite, la zone du Lac Eyasi a continué à s'enfoncer et l'érosion *(d)* a donné à la région son aspect actuel.

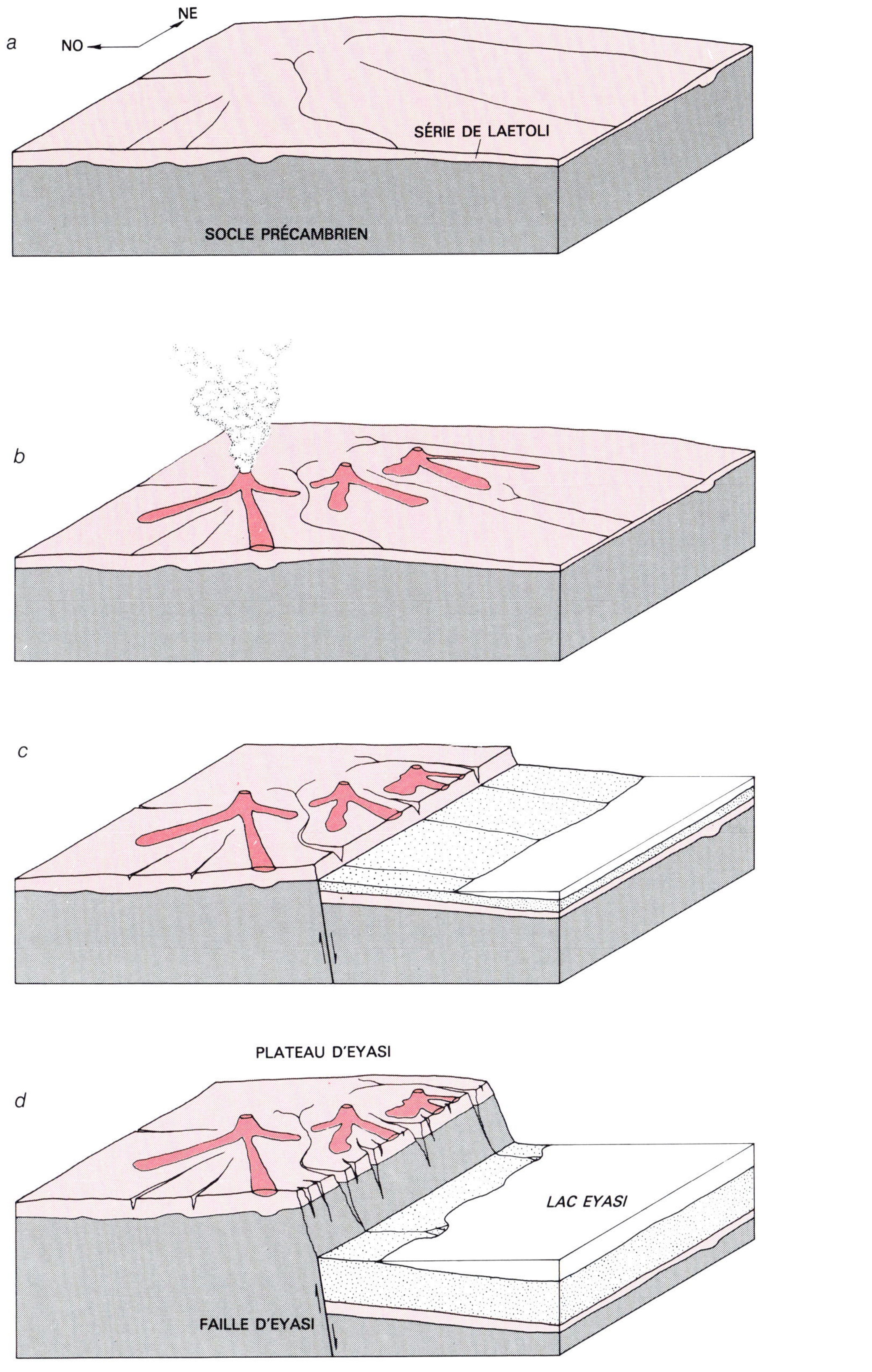
a
NE
NO
SÉRIE DE LAETOLI
SOCLE PRÉCAMBRIEN
b
c
PLATEAU D'EYASI
d
LAC EYASI
FAILLE D'EYASI

sons qu'à l'instar des hommes actuels la longueur des pieds des Hominidés de Laetoli soit 15 % de la longueur du corps, la plus petite des trois créatures qui laissèrent leur empreinte dans le gisement *G* devait mesurer 1,20 mètre de haut et la deuxième 1,40 mètre. Quant au troisième individu, le plus grand, on ne peut pas mesurer correctement la longueur de ses empreintes car elles ont été en partie effacées par les traces du deuxième.

L'apparition de la posture verticale si tôt dans le cours de l'évolution humaine revêt une grande importance. Cette posture libérait les mains, permettant ainsi de porter, de fabriquer et d'utiliser des outils. En dépit de recherches approfondies, nous n'avons trouvé aucun outil en pierre dans les gisements de Laetoli. Nous sommes enclins à croire que les Hominidés qui traversèrent cette région d'Afrique ne fabriquaient pas encore d'outils. Il n'en reste pas moins que la station debout leur laissait tout loisir d'utiliser le premier outil à leur portée : à savoir, leurs mains.

Les empreintes d'animaux retrouvées dans les tufs de Laetoli sont de toutes les tailles. Parmi les traces de grande taille, on trouve des empreintes d'éléphants, de Dinothériums, de girafes et de rhinocéros. Les plus petites marquent le passage de petits félins, de lièvres, de pintades, de francolins (oiseaux un peu plus petits qu'une pintade) et d'un insecte (peut-être un bousier).

Un heureux concours de circonstances

La préservation d'empreintes fossiles nécessite un concours de circonstances très particulier. Tout d'abord, le sol doit être suffisamment mou et homogène pour garder des empreintes nettes. En second lieu, celles-ci doivent être enfouies avant d'être effacées ou détruites par l'érosion. Enfin, le matériau qui les recouvre doit pouvoir se séparer facilement des formations portant les empreintes pour que l'on puisse les dégager sans les détruire. La plupart des empreintes fossiles découvertes à ce jour sont marquées dans des sédiments boueux qui ont durci en séchant, avant d'être recouverts par du sable ou de la boue. Le tuf à empreintes de Laetoli constitue donc une exception du point de vue lithologique puisque les empreintes sont gravées dans des cendres volcaniques dont la granulométrie, analogue à celle de sables fins ou moyens, est tout à fait inhabituelle et permet la conservation de telles traces.

En effet, la nature d'une empreinte faite dans du sable dépend en grande partie de l'humidité du matériau. Un sable sec et meuble conservera les traces de petits animaux, mais pas celles, plus profondes, de grands animaux car les rebords abruptes de ces empreintes s'effondreront vers l'intérieur. En revanche, dans du sable très humide, beaucoup plus cohérent, les traces des grands animaux seront bien marquées alors que celles des animaux plus petits seront invisibles. Pour assurer la conservation de ces deux sortes de traces, le sable doit être légèrement humide.

La netteté des traces laissées par les petits animaux dans le tuf à empreintes indique que la cendre était assez meuble au moment de leur passage. En outre, les rebords abrupts bien nets de certaines empreintes d'animaux plus grands prouvent que la cendre possédait malgré tout une bonne cohésion. (La présence de petites pentes à l'intérieur de quelques-unes des grandes empreintes correspond, semble-t-il, à des micro-affaissements dans de la cendre meuble.) La plupart des grandes empreintes sont bordées par un bourrelet saillant dû à la pression du pied ou du sabot sur le sol. Les couches de cendres ne devaient être meubles que sur quelques centimètres car les plus grandes empreintes (celles des rhinocéros et des éléphants) n'ont guère plus de cinq centimètres de profondeur.

Une longue alchimie

Il n'est pas facile d'admettre que chacune des dix couches de cendre conservant des empreintes ait atteint les conditions d'humidité optimale nécessaires à la fossilisation des traces. Mais cela était-il strictement nécessaire ? Il semble que non ! Ainsi, quand on mélange de la cendre de bois ou du ciment portland avec du sable sec, on renforce la cohésion de ce dernier ; de la même manière, la présence de fragments de carbonatite aurait accru la cohésion des cendres volcaniques au moment même de leur dépôt, en créant une sorte de matrice qui facilitait la fixation des fines particules de cendre. Par la suite, la cohésion de ces cendres aurait été renforcée par les réactions entre les eaux d'infiltration et les particules de carbonatite (à condition que celles-ci soient à

7. CETTE COUPE STRATIGRAPHIQUE du tuf à empreintes a été relevée dans un endroit où l'épaisseur des formations atteint presque 15 centimètres. Parmi les 14 subdivisions de l'unité inférieure, huit portent des empreintes, surtout les niveaux *A* et *B*. Parmi les subdivisions de l'unité supérieure, deux seulement renferment des empreintes fossiles. Les traces d'Hominidés apparaissent au niveau *B*. Les valeurs numériques à gauche de chaque couche indiquent l'épaisseur moyenne de ces strates dans le gisement *A* de Laetoli.

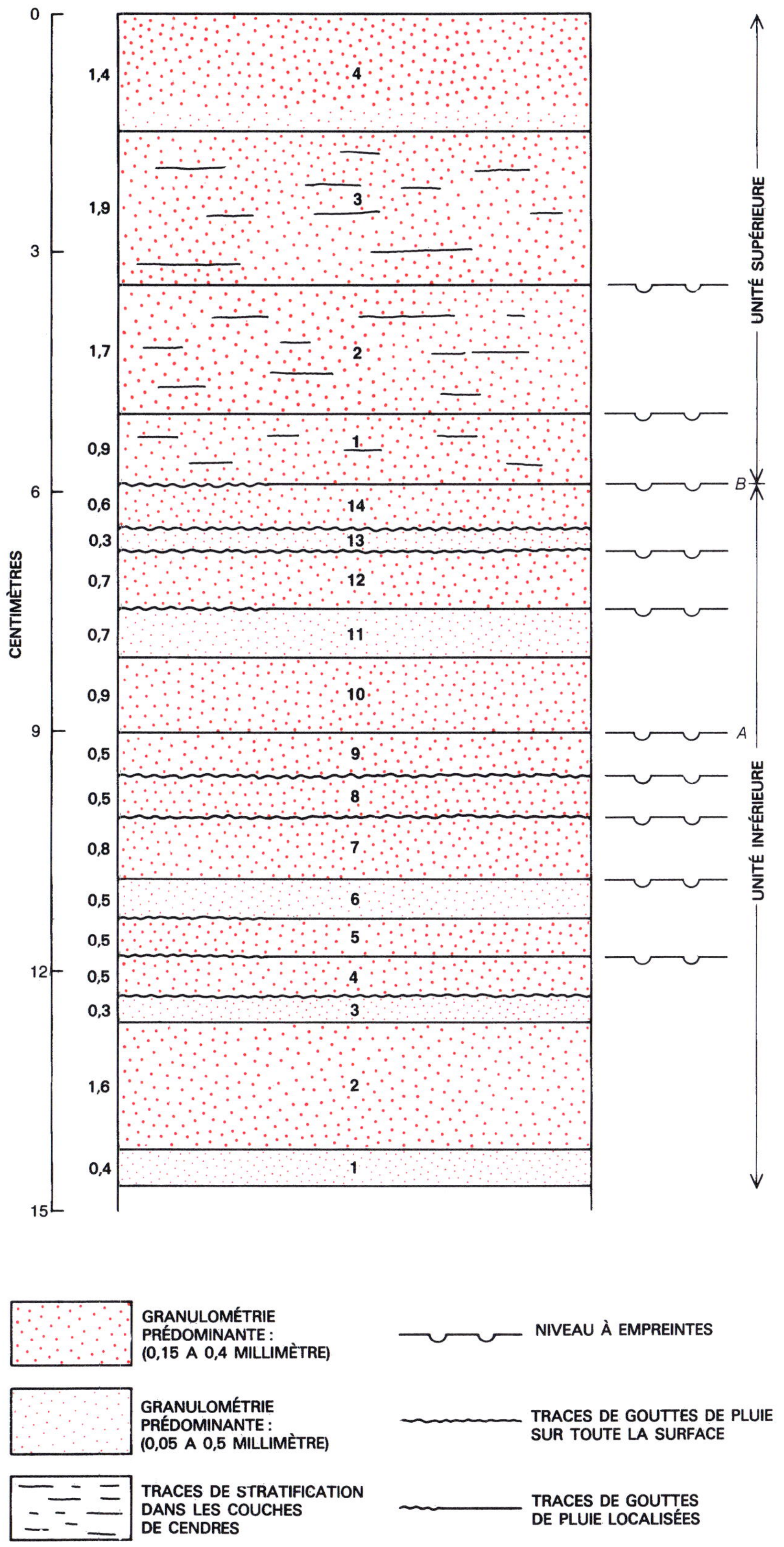
CENTIMÈTRES
0
3
6
9
12
15
1,4
1,9
1,7
0,9
0,6
0,3
0,7
0,7
0,9
0,5
0,5
0,8
0,5
0,5
0,5
0,3
1,6
0,4
4
3
2
1
14
13
12
11
10
9
8
7
6
5
4
3
2
1
B
A
UNITÉ SUPÉRIEURE
UNITÉ INFÉRIEURE
GRANULOMÉTRIE PRÉDOMINANTE : (0,15 A 0,4 MILLIMÈTRE)
GRANULOMÉTRIE PRÉDOMINANTE : (0,05 A 0,5 MILLIMÈTRE)
TRACES DE STRATIFICATION DANS LES COUCHES DE CENDRES
NIVEAU À EMPREINTES
TRACES DE GOUTTES DE PLUIE SUR TOUTE LA SURFACE
TRACES DE GOUTTES DE PLUIE LOCALISÉES

8. CE PARASOL protège du soleil Mary Leakey *(à gauche)*, R. Clarke du Musée National de Bloemfontein *(au centre)* et deux de leurs collègues pendant qu'ils dégagent les pistes d'Hominidés de leur manteau de cendres. Cette photographie a été prise sur le gisement *G* de Laetoli en 1979, un an après la découverte des empreintes d'Hominidés.

grain fin) et la formation par précipitation d'une fine matrice secondaire de carbonate de calcium. Dans le même temps, sauf si le lessivage par les eaux de pluie avait été trop important et qu'il avait entraîné toute les substances solubles, le carbonate de sodium recristallisait sous la forme de cristaux de trona, au fur et à mesure que l'eau s'évaporait. Cela provoquait l'apparition d'un ciment superficiel dans lequel pouvaient se fixer les empreintes jusqu'à leur ensevelissement sous la couche de cendres suivante.

Pendant les milliers d'années qui ont suivi, diverses réactions ont modifié la minéralogie des couches de cendres du tuf à empreintes. Tout d'abord, les réactions entre les fragments de carbonatite et les eaux d'infiltration ont produit en abondance de la calcite ; dans un premier temps, celle-ci a servi à cimenter la cendre, ensuite elle a remplacé les matières végétales et organiques contenues dans les tufs. Des insectes et d'autres animaux continuant à creuser des terriers dans les cendres, les tufs se trouvaient, par endroits, exposés aux intempéries. Les cendres volcaniques et la mélilite se sont alors transformées en argile (en montmorillonite), tandis qu'un zéolite (la phillipsite) se déposait, contribuant à renforcer davantage la cohésion de la roche. Ensuite, la calcite a fini par remplir presque tous les interstices restants, transformant les couches de cendre en une roche dure bien cimentée. Par endroit, la calcite s'est accumulée entre les couches de cendres, donnant naissance à de minces horizons discontinus de calcaire. Ce genre de dépôt garnissait plusieurs empreintes d'Hominidés du gisement *G*, ce qui a facilité leur dégagement.

En résumé, l'existence du tuf à empreintes résulte d'un ensemble de conditions exception-

9. CES SILLONS PARALLÈLES, de six centimètres de long, marquent le passage d'un insecte sur les cendres volcaniques encore meubles. Il s'agirait peut-être des traces d'un bousier.

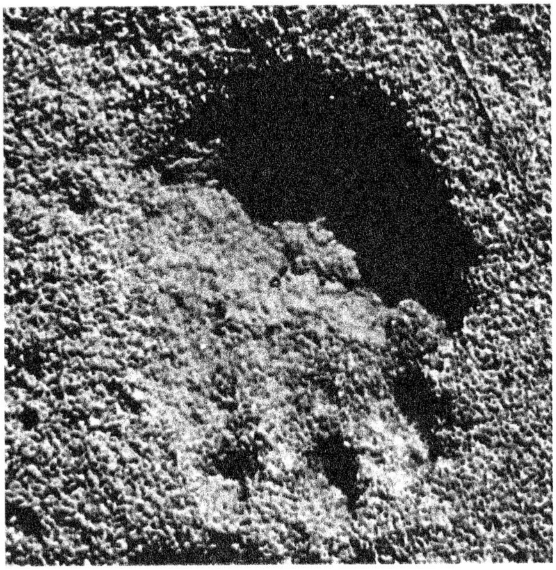

10. CETTE EMPREINTE de patte de 3,5 centimètres de long est un exemple des nombreuses traces d'animaux trouvées dans les tufs de Laetoli. Cette empreinte est celle d'un petit félin.

nelles. Il y a environ 3,5 millions d'années, la région de Laetoli était fréquentée par une faune abondante et diversifiée. Les pluies de cendres volcaniques qui tombaient de temps à autre sur cette région n'étaient pas assez importantes pour chasser les animaux. L'excellente conservation des empreintes laissées dans les cendres fraîchement tombées résulte du mélange des carbonatites, des roches ignées rares, avec des cendres volcaniques tout à fait banales. Les dépôts portant les empreintes furent recouverts à intervalles rapprochés par de nouvelles chutes de cendres. Finalement, une pluie de cendres très importante enfouit profondément le tuf à empreintes, le protégeant de l'érosion. Les processus physico-chimiques qui assurèrent ensuite la consolidation de ces dépôts les transformèrent en une roche dure. Quand l'érosion a dégagé ces couches de tufs, une extraordinaire fenêtre s'est ouverte alors sur le monde des premiers Hominidés.

7

La naissance de la culture

Comment les premiers hommes fabriquaient-ils et utilisaient-ils leurs outils de pierre il y a plus de deux millions d'années ? En taillant eux-mêmes des pierres, les spécialistes de l'archéologie expérimentale ont notamment découvert que l'Homme est devenu droitier il y a plus de 1,5 million d'années.

par Nicholas Toth

Les outils ne sont pas l'apanage d'*Homo sapiens* : divers animaux, mammifères ou non, utilisent des pierres ou des brindilles pour des activités variées, notamment pour attraper leur nourriture. Les animaux les plus proches de l'Homme, les Chimpanzés, confectionnent des instruments simples pour se saisir des insectes comestibles, pour recueillir de l'eau ou pour leur toilette ; cette capacité est transmise, les jeunes imitant leurs aînés. Quelle différence existe-t-il alors entre les animaux et l'Homme ? En premier lieu, les Chimpanzés n'ont pas un absolu besoin d'outils pour survivre, alors que sans les outils, la survie de l'Homme moderne serait menacée, voire impossible : comment vivrions-nous dans un endroit sauvage sans quelques outils ?

Il est intéressant d'analyser les étapes de la progression et les réponses ne peuvent venir que des études de l'évolution de l'Homme en Afrique il y a entre deux et trois millions d'années ; à cette époque, nos ancêtres ont adopté un mode de vie fondé sur une innovation capitale : la fabrication d'outils de pierre. Cette nouvelle technique semble être apparue en même temps qu'une modification du régime alimentaire et de l'anatomie. A quoi et dans quel contexte les premiers outils de pierre servaient-ils ? On l'ignore en raison d'un cruel manque d'informations comparatives : en effet, les premiers Hominidés (les représentants de la famille dont *Homo sapiens* est aujourd'hui l'unique espèce) n'étaient ni exactement semblables aux Hommes modernes ni semblables aux Chimpanzés ou aux Babouins.

En vue de comprendre cette étape importante de l'évolution de l'Homme, les archéologues ont essayé de se mettre à la place des anciens Hominidés et de rechercher comment ces derniers fabriquaient et utilisaient les premiers outils. Sur le site de Koobi Fora, au Nord du Kenya, nous avons, au cours de nombreuses expériences, fabriqué et utilisé des outils primitifs (à Koobi Fora, les plus anciens vestiges archéologiques datent de 1,9 million d'années). Les résultats de notre étude « d'archéologie expérimentale » sont intéressants : il semble que nos ancêtres utilisaient beaucoup les éclats de la pierre taillée et non seulement le nucléus résultant de la taille, comme on le pensait encore récemment. En outre, c'est il y a deux millions d'années environ que la plupart de nos ancêtres semblent être devenus droitiers.

1. L'AUTEUR DÉPÈCE UN ÉLÉPHANT avec les outils de pierre qu'il a fabriqués lui-même, et un assistant récupère la viande pour la peser (le gros éléphant africain est mort naturellement ; aucun des animaux utilisés pour l'étude des outils de pierre n'a été tué délibérément). Les techniques de dépeçage, à l'aide d'éclats de pierre ou d'outils plus gros, sont apparues en Afrique, il y a environ 2,5 millions d'années.

Les débuts de l'archéologie expérimentale

L'histoire de l'archéologie expérimentale est courte, mais mouvementée : la discipline naquit au XIXe siècle. A cette époque, certains archéologues commencèrent à tailler la pierre pour découvrir comment les outils préhistoriques avaient été fabriqués ; parmi les expérimentateurs les plus entreprenants du siècle dernier, des faussaires fabriquèrent même des outils de pierre à des fins commerciales, et la discipline tout entière en fut déconsidérée. En fait, ni les tentatives honnêtes ni les malversations n'étaient très méthodiques et, à quelques exceptions près, l'idée d'expériences archéologiques est restée lettre morte avant la seconde moitié du XXe siècle. Après 1950, en revanche, des pionniers de la préhistoire africaine, comme Desmond Clark, de l'Université de Berkeley et Louis Leakey, donnèrent à l'étude expérimentale des anciens outils de pierre une base rigoureuse et scientifique.

Malgré ces études, la plupart des travaux récents n'ont pas pleinement tiré parti des possibilités de la méthode expérimentale. La plupart des chercheurs n'étudiaient, par exemple, que la fabrication d'un type d'outil unique, afin de découvrir comment il avait jadis été réalisé, et, parmi les outils étudiés, beaucoup étaient relativement plus complexes que les outils les plus anciens. Parallèlement, D. Clark et d'autres archéologues confièrent des outils préhistoriques véritables à des chasseurs-cueilleurs africains afin de comprendre comment ces spécimens anciens avaient été initialement utilisés. Notre étude est bien plus large : nous avons voulu fabriquer et utiliser la totalité des premiers outils afin de découvrir l'ensemble des possibilités techniques dont disposaient nos ancêtres.

Koobi Fora, situé sur la rive Nord-Est du lac Turkana, dans le Nord du Kenya, s'avéra un excellent site d'expérimentation : sur ce site, Glynn Isaac, de l'Université de Berkeley, et Richard Leakey, du Musée du Kenya, dirigeaient une équipe internationale de recherche comprenant des paléontologues, des anatomistes, des géologues, des géochimistes et des archéologues ; leur programme de recherche intégré avait débuté en 1969. Utilisant des techniques modernes, l'équipe dirigée par G. Isaac et par John Harris, de l'Université de Milwaukee, avait fouillé les sites préhistoriques de Koobi Fora et recueilli des vestiges archéologiques extraordinaires (voir *Le partage de la nourriture chez les Hominidés*, par Glynn Isaac, *Pour la Science* n° 8, juin 1978).

Il y avait beaucoup à apprendre de ce « trésor » : on connaissait 20 sites datant de 1,4 à 1,9 million d'années, dans des situations géographiques et sédimentaires très variées (ce qui fournit une information comparative importante). Tous les types de roches utilisés dans la préhistoire pour la fabrication des outils de pierre sont encore accessibles dans le lit des rivières actuelles. Le principal matériau dont disposaient les Hominidés était une lave assez grossière, mais ils utilisaient également d'autres types de roches, comme le silex, la quartzite et l'ignimbrite (une roche volcanique qui se forme à partir de nuées ardentes).

Les sites archéologiques de Koobi Fora se trouvent aujourd'hui au milieu de terres incultes semi-arides, entre des montagnes volcaniques, à l'Est, et le lac Turkana, à l'Ouest. Il y a 1,4 à 1,9 million d'années, cette zone était écologiquement très différente de ce qu'elle est aujourd'hui, et beaucoup plus riche. La plaine était couverte par la savane, et les rivières qui coulaient des

2. L'AFRIQUE fut le berceau de l'humanité : la plupart des premiers événements importants de l'évolution humaine s'y sont produits. Ces sites de l'Age de la pierre datent probablement de plus d'un million d'années.

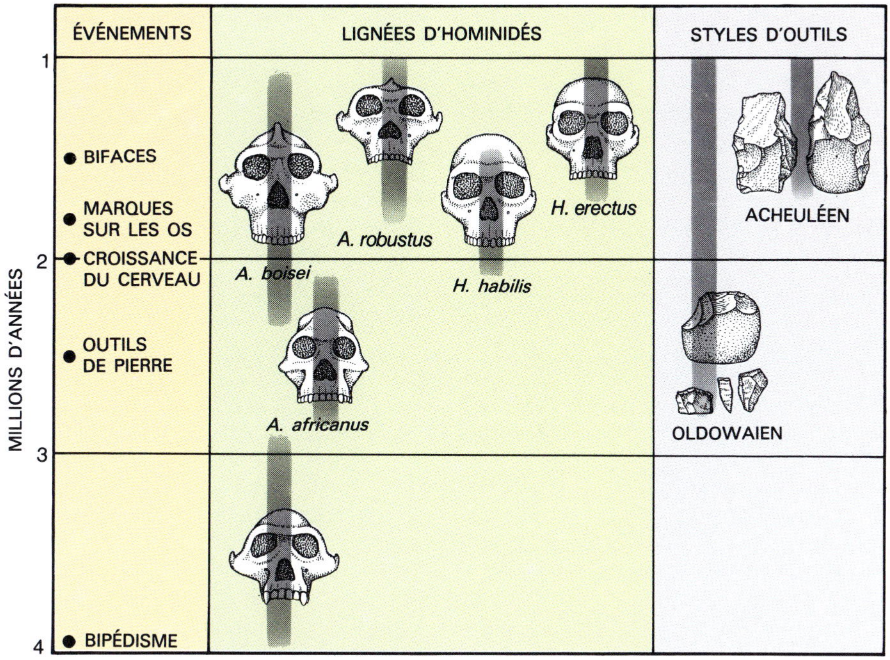

3. LE CERVEAU S'EST DÉVELOPPÉ en même temps que les techniques, et l'on suppose que les deux processus se sont mutuellement entretenus. Pendant plus d'un million d'années, alors qu'apparaissaient les premiers outils de pierre, deux lignées d'Hominidés coexistaient en Afrique. Une des lignées, *Australopithecus boisei*, avait probablement un régime alimentaire composé de végétaux durs. L'autre lignée, celle d'*Homo habilis*, était caractérisée par un cerveau plus gros et un régime alimentaire plus riche ; *Homo habilis* est l'ancêtre de l'Homme moderne. Les premières techniques de taille de la pierre produisaient des outils à partir des galets. Puis les Hominidés ont commencé à réaliser des outils plus complexes.

montagnes vers ce qui deviendrait le lac Turkana étaient bordées d'étroites forêts. La faune, variée, comprenait des formes anciennes d'éléphants, des rhinocéros, des hippopotames, des buffles, des girafes, des zèbres, des gnous, des lions, des léopards, des crocodiles, des hyènes, des phacochères, des porcs-épics, diverses espèces d'antilopes, de grands félins aux dents en forme de sabre et des primates comme les babouins et les singes colobes.

La découverte des premiers outils de pierre

A Koobi Fora, deux formes différentes d'Hominidés, toutes deux bipèdes (les individus marchaient dressés sur leurs membres postérieurs) semblent avoir coexisté au Paléolithique inférieur. La première espèce était une forme robuste (très musclée), au petit cerveau, appelée *Australopithecus boisei*. Leurs molaires et leurs muscles maxillaires puissants, ainsi que des traces d'usure sur les dents font penser que les Australopithèques plus récents (le groupe comprend les *Australopithecus boisei* et des Hominidés au petit cerveau appelés *Australopithecus robustus*) se sont spécialisés, avec un régime alimentaire composé surtout de végétaux relativement coriaces.

L'autre primate bipède, *Homo habilis*, était probablement l'ancêtre direct de l'Homme ; il était beaucoup plus élancé, ou gracile, que ses cousins Australopithèques et son cerveau était plus gros. Il y a 1,6 million d'années environ, cette espèce semble avoir produit un descendant, *Homo erectus*, le prédécesseur immédiat de l'*Homo sapiens*. D'après leurs caractéristiques anatomiques, ces deux formes anciennes du genre *Homo* semblent avoir été omnivores, consommant des aliments plus variés que les Australopithèques, avec une proportion assez importante de denrées nutritives riches, comme les produits animaux.

Pendant un million d'années environ, jusque vers – 1,2 million d'années, les Australopithèques ont cohabité en Afrique avec les individus du genre *Homo* (on trouve parfois leurs restes dans les mêmes sites) ; du point de vue de la technique et de l'adaptation évolutive, cette période de coexistence est très intéressante. Les outils les plus anciens datent d'environ 2,4 millions d'années et ont été trouvés dans la vallée de l'Omo, en Éthiopie : sur ces sites, les archéologues ont trouvé des fragments de galets de quartzite et d'autres roches qui avaient été délibérément taillés. Malheureusement on n'a retrouvé aucun os d'animal à côté des outils, et l'on ne connaît pas l'usage qui en était fait.

Les sites comme Koobi Fora ou les gorges d'Olduvai ne présentent pas ce défaut : on y a trouvé non seulement de simples objets en pierre datant de 1,8 à 1,9 million d'années, mais également des os fossiles bien conservés. On qualifie généralement d'oldowaienne la technique révélée par ces découvertes, par référence au site de Tanzanie où Louis et Mary Leakey décrivirent, pour la première fois, de tels objets. La plupart des artefacts oldowaiens sont des blocs de lave, de quartz ou de quartzite, frappés à l'aide d'un percuteur ; on a ainsi récupéré un galet aménagé et des éclats détachés de celui-ci. Parfois les éclats avaient eux-mêmes été repris et transformés en galets aménagés.

Il y a 1,5 million d'années environ, une nouvelle technique, la technique acheuléenne, apparut à Olduvai : cette technique est caractérisée par le fait que la matière première était en général non pas un petit caillou de rivière, mais un gros éclat détaché d'un rocher. Les éclats acheuléens mesurent souvent plus de 20 centimètres de long et constituaient un excellent matériau pour la réalisation des gros outils que les préhistoriens appellent pics, bifaces ou hachereaux.

En raison de la coexistence des individus du genre *Homo* et des Australopithèques pendant une grande partie de cette période de développement technique, on connaît mal les auteurs de ces outils de pierre, mais plusieurs observations semblent désigner *Homo* comme le principal réalisateur d'outils. En effet, on n'a pas retrouvé d'outils de pierre sur les sites d'Australopithèques antérieurs à l'apparition du genre *Homo*, et la fabrication des outils de pierre a continué à s'épanouir après l'extinction des Australopithèques, il y a environ un million d'années ; en outre, chaque fois que l'on trouve des fossiles d'Hominidés et des objets en pierre dans les mêmes couches géologiques, les fossiles semblent être ceux d'Hominidés du genre *Homo*. Enfin les représentants du genre *Homo* possédaient un cerveau plus gros que les Australopithèques, et ils semblent plus à même d'avoir fabriqué des outils.

Approvisionnement et taille

Nous avons étudié les techniques anciennes de taille de la pierre par une approche expérimentale globale, considérant le travail de la pierre comme un système complet : nous avons expérimenté la recherche de la matière première, la fabrication, l'utilisation et le rejet d'outils, terminant l'étude par l'enfouissement géologique des artefacts ; le transport des pierres pouvait s'intercaler à n'importe quel point de la chaîne, entre l'acquisition de la matière première et le rejet de la pierre éclatée. Nous avons étudié chaque phase du système et, comme la grande majorité des sites de Koobi Fora ont produit des artefacts oldowaiens, nous nous sommes surtout intéressés à cette technique. Toutefois nous n'avons pas complètement négligé l'Acheuléen, comme nous le verrons dans la suite de cet article.

Considérons d'abord le problème des matières premières. Sur quelle distance les Hominidés transportaient-ils la matière première avant de façonner leurs outils ? Comme les sites paléolithiques de Koobi Fora jouxtaient des rivières au temps de leur occupation, les Hominidés ont dû principalement rechercher les matériaux dans les barres de graviers, dans les rivières, de sorte que la distance de transport n'était peut-être que de quelques mètres. En revanche, pour d'autres sites, comme ceux situés dans des deltas de rivières ou près des bords de l'ancien lac Turkana, les Hominidés devaient, semble-t-il, parcourir plusieurs kilomètres pour trouver des roches appropriées. Pour plusieurs sites des gorges d'Olduvai, à la même époque, la distance de transport fut également de cet ordre de grandeur.

Afin de déterminer de quels types de roches disposaient les premiers hominidés fabricants d'outils, j'ai comparé les graviers des lits des rivières actuelles et ceux qui se seraient trouvés à la surface, au temps de l'occupation par les Hominidés. Pour les échantillons modernes, comme pour les échantillons préhistoriques, le type de roche prédominant est une lave sombre. Dans l'ensemble, plus de 90 % des cailloux de rivière sont constitués par cette lave, les 10 % restants étant des ignimbrites, du silex et de la quartzite. Bien que les roches les plus rares soient généralement plus faciles à tailler que la lave et qu'elles produisent des arêtes plus tranchantes, les premiers Hominidés de Koobi Fora ne semblent pas les avoir particulièrement employées : la quantité d'objets réalisés dans un type de roche donné est directement proportionnelle à l'abondance de cette roche dans les couches préhis-

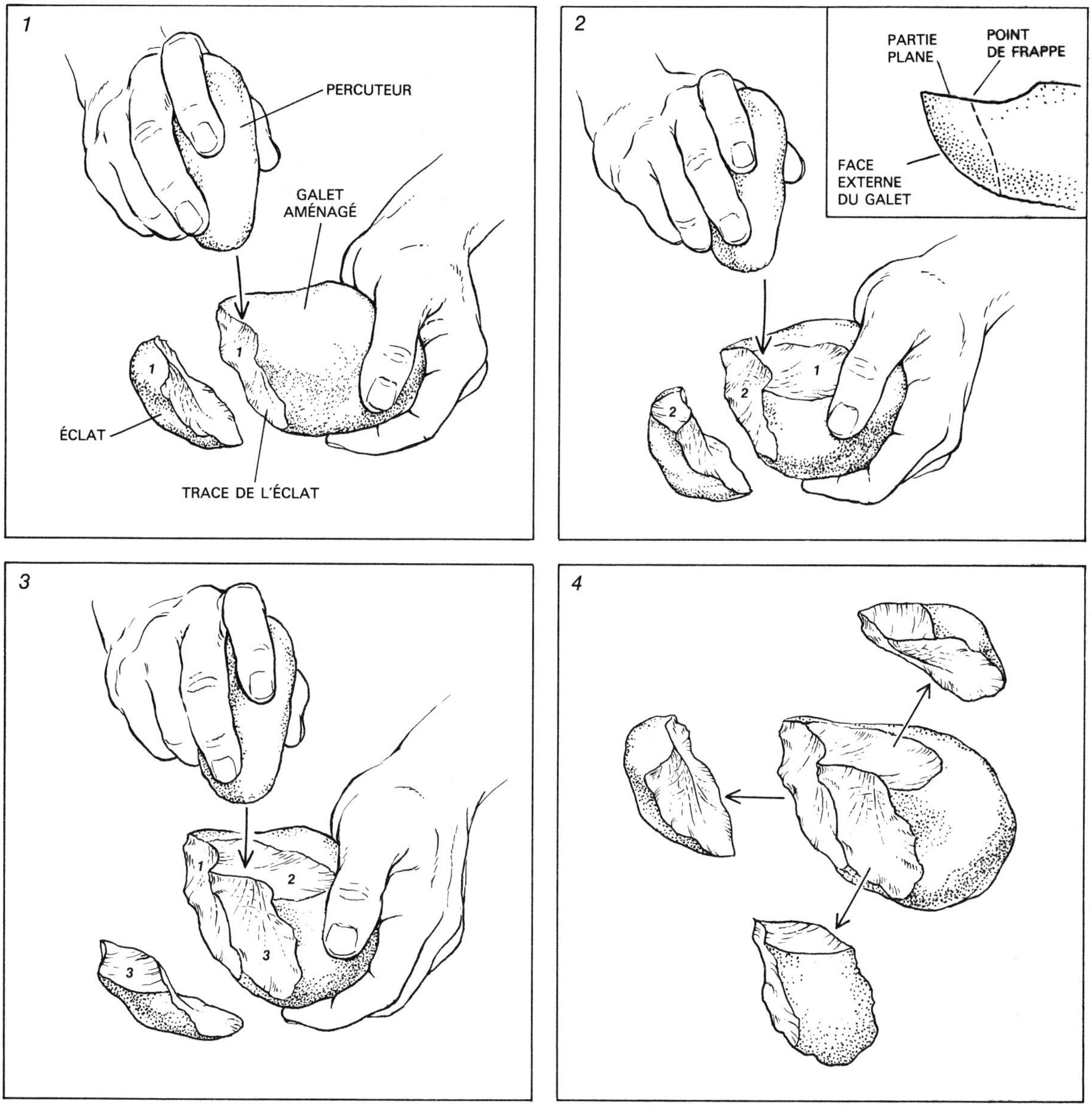

4. LA TAILLE BIFACIALE était une des principales méthodes des fabricants d'outils. Ceux-ci utilisaient généralement une technique de percussion : ils tenaient d'une main une pierre servant de percuteur et, de l'autre, le bloc de roche à tailler (*1*). Après avoir détaché un éclat, ils retournaient le bloc pour profiter du bord franc créé (sur la figure, on a repéré par des chiffres identiques les éclats et les parties du nucléus d'où ils proviennent) ; ils enlevaient alors un autre éclat (*2*). Pour tailler facilement une pierre, il faut rechercher une partie où l'angle entre la surface frappée et la surface externe du nucléus est inférieur à 90 degrés (*schéma en haut à droite*). En retirant plusieurs éclats (*3, 4*), on produit des objets bifaciaux.

toriques (les Hominidés des gorges d'Olduvai semblent avoir été plus éclectiques).

Contrairement à ce que ferait croire l'observation précédente, les artisans proto-humains de Koobi Fora connaissaient bien les propriétés de leurs matériaux, et ils savaient notamment éviter les blocs de lave comportant des défauts, impropres à la taille. En effet, l'intérieur des blocs très altérés s'oxyde parfois à tel point que la roche se brise de façon imprévisible quand on la taille ; or cette très forte oxydation est souvent marquée par une fine cassure, appelée fissure d'altération, à la surface. Les roches présentant des fissures d'altération sont courantes dans les barres de la rivière de Koobi Fora, mais les fragments caractéristiques qu'ils produisent sont rares parmi les artefacts découverts. Il semble donc que les premiers tailleurs de pierre rejetaient déjà les matériaux de médiocre qualité.

La deuxième opération du système est la fabrication des outils. En taillant des milliers d'outils de pierre, nous avons testé, sur les matières premières du type de celles qu'utilisaient les Hominidés, les méthodes qu'ils avaient dû employer. Afin de découvrir quelles étaient les techniques utilisées à Koobi Fora, nous avons testé la percussion (on frappe un galet avec un percuteur, à coups secs et en biais), la technique de l'enclume (on cogne le galet contre une enclume de pierre fixe) et la technique bipolaire (on frappe avec un percuteur un galet posé sur une enclume). Nous avons analysé les surfaces de cassures des galet, des éclats et des fragments produits par les trois techniques, et évalué l'efficacité respective des diverses méthodes : la principale technique employée à Koobi Fora était sans doute la percussion, qui est aussi la plus efficace pour le travail des blocs de lave.

On classe généralement les galets produits par percussion par leur type morphologique : choppers, discoïdes, polyèdres et racloirs sur galet. Les premiers archéologues expérimentaux supposaient tacitement que les premiers fabricants d'outils utilisaient seulement les galets aménagés, délaissant les éclats et les fragments ; ils pensaient que ces galets taillés très anciens reflétaient le « modèle mental » des anciens fabricants d'outils, ces derniers n'ayant pu créer que des formes géométriques simples.

L'apparition des droitiers

Nos travaux confirment que l'on a beaucoup trop insisté sur les galets taillés et que les éclats ont également été beaucoup utilisés. C'est probablement même l'idée inverse qu'il faut retenir : les éclats ont sans doute été les principaux outils, et les galets taillés (souvent, mais pas toujours) ont constitué des sous-produits de leur fabrication (des « nucléus »). En effet, de nombreux types caractéristiques de nucléus apparaissent inopinément quand on taille un galet, de sorte que la forme de nombreux galets anciens ne donne peut-être aucune indication sur l'intention du réalisateur ou sur la fonction de l'objet. Inversement les éclats aux bords les plus minces s'avèrent souvent des outils coupants très efficaces, comme nous allons le voir.

Les expériences effectuées avec des tailleurs de pierre inexpérimentés ont établi que de nombreuses formes de nucléus olduviens ne sont pas nécessairement le fruit d'intentions spécifiques. Afin de mieux comprendre comment on apprend à débiter la pierre, nous avons également fait tailler des outils de pierre par des personnes n'ayant aucune formation de taille de la pierre. Au début, la plupart d'entre elles ont produit des galets taillés très grossiers et irréguliers, ressemblant peu aux outils de l'Age de la pierre, mais, après quelques heures seulement, la plupart des débutants avaient repéré les principes de base de la taille de la pierre. Par la suite, ils ont réalisé l'ensemble des formes de galets taillés d'Olduvai. Or nombre de ces formes sont apparues fortuitement au cours de leur apprentissage !

Bien que les anciens outils de Koobi Fora ne témoignent pas d'une grande habileté technique, les anciens Hominidés semblent avoir maîtrisé les techniques de base. Pour tailler correctement la pierre par percussion, il faut réunir trois conditions (*voir la figure 4*) : premièrement le galet doit posséder un bord aigu (avec un angle inférieur à 90 degrés), près duquel le percuteur peut frapper ; deuxièmement le galet doit être frappé en biais, à environ un centimètre du bord ; troisièmement le coup doit être appliqué en direction d'une partie massive. A l'examen des objets de Koobi Fora, on constate que leurs réalisateurs avaient acquis les connaissances et l'habileté nécessaires pour remplir ces trois conditions et produire des éclats homogènes de bonne qualité.

Les trois principes précédents peuvent être mis en œuvre de deux façons au moins : lors de la taille bifaciale alternée et lors de la taille unifaciale. Dans le cas de la taille bifaciale alternée, on détache alternativement des éclats de chaque côté du nucléus, afin de tailler deux faces symétriques ; dans le cas de la taille unifaciale, au contraire, on taille toujours la même face du nucléus. Les éclats résultant de la taille bifaciale alternée ne permettent pas de savoir si l'artisan était droitier ou gaucher, mais dans le cas de la taille unifaciale, cette information est facile à obtenir, car on distingue facilement les éclats de droitiers et les éclats de gauchers, à partir des arêtes apparaissant sur l'éclat (*voir la figure 5*).

Cette différence est à l'origine d'une découverte très intéressante à propos du développement humain : quand nous avons analysé la proportion des différents types d'éclats résultant de mon propre débitage, nous avons trouvé que je produisais 56 % d'éclats de droitier (je le suis effectivement) et 44 % d'éclats de gaucher. La

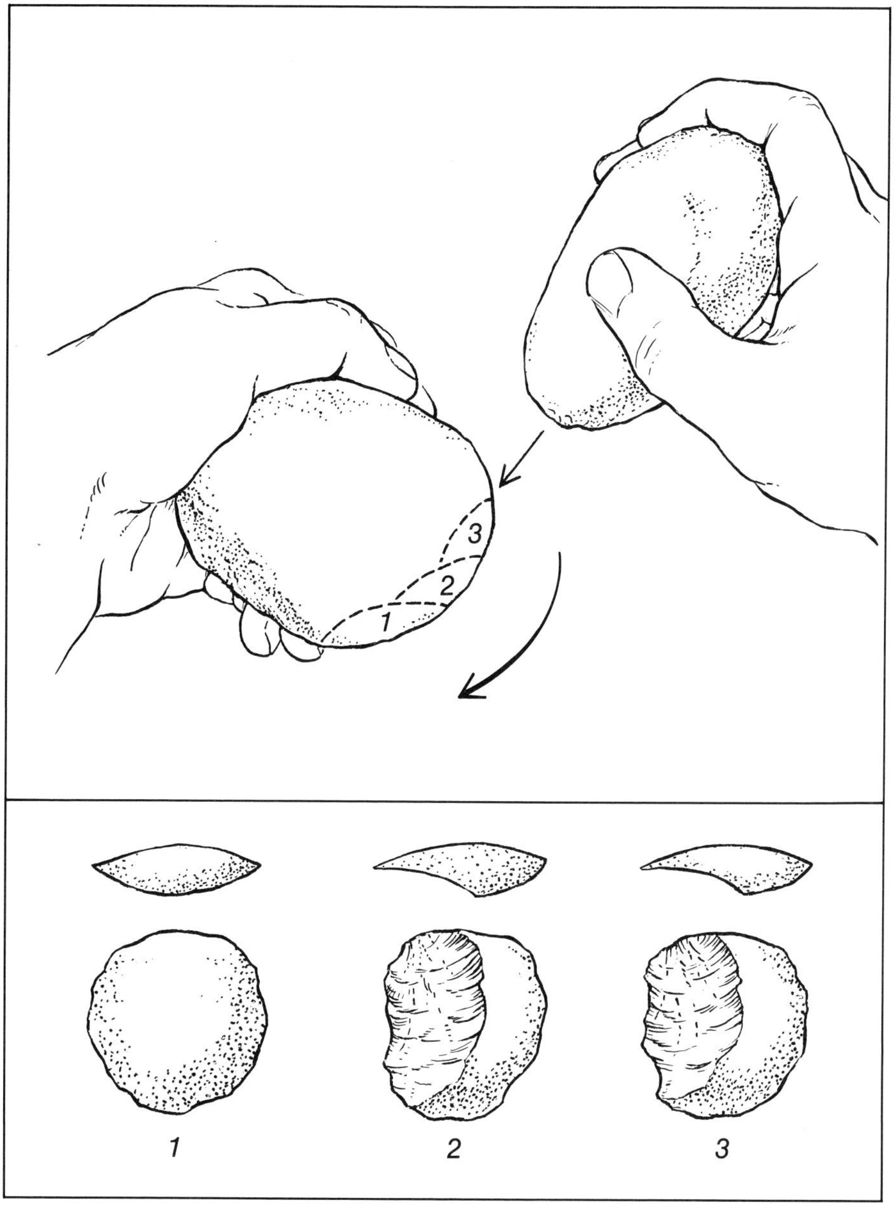

5. LA TAILLE UNIFACIALE produit des éclats qui permettent de caractériser le fabricant d'outils. Pour tailler une pierre, les droitiers tiennent le percuteur dans la main droite, qui est dominante, et le nucléus dans la main gauche. Ils ont tendance à faire tourner le nucléus dans le sens des aiguilles d'une montre à mesure qu'ils enlèvent les éclats sur une face. Les gauchers procèdent à l'inverse. Le type d'éclat produit indique donc la main qui tenait le percuteur. Les éclats numérotés 2 et 3, sur la figure inférieure, sont typiques d'un tailleur de pierre droitier (sur les éclats de gauchers, le profil est inversé). L'étude d'un grand nombre d'éclats préhistoriques a permis de constater que les anciens Hominidés semblent être devenus plutôt droitiers, il y a entre 1,9 à 1,4 million d'années environ.

différence entre les nombres d'éclats de gauchers et d'éclats de droitiers est faible, mais il faut tenir compte du fait que la taille était surtout bifaciale et produisait par conséquent des quantités comparables d'éclats de droitiers et d'éclats de gauchers. En étudiant les éclats trouvés à Koobi Fora, nous avons retrouvé presque le même rapport : 57 % des éclats étaient de type « droitier ». Comme on retrouve cette proportion pour d'autres ensembles d'outils de l'Age de pierre, il semble que l'Homme ait été surtout droitier il y a plus de 1,4 à 1,9 million d'années environ.

L'apparition de la prévoyance

La latéralisation de l'Homme est un problème paléoanthropologique capital, car la forte prédominance de l'une des mains semble son apanage. Les animaux ont bien des préférences individuelles pour un des deux membres, mais les proportions d'animaux gauchers et droitiers, dans les diverses populations, sont égales ; au contraire, 90 % des êtres humains sont droitiers, apparemment pour des raisons génétiques. De surcroît, la latéralisation des mains résulte d'une profonde latéralisation du cerveau humain : chez la plupart des Hommes modernes, l'hémisphère cérébral gauche (qui commande la main droite) est le centre des propriétés psychomotrices et, notamment, du langage ; l'hémisphère droit est plus spécialisé dans la représentation de l'espace. L'apparition d'une préférence pour la main droite, chez les Hominidés de Koobi Fora, montre que la latéralisation est apparue progressivement. De surcroît, l'étude du transport des outils fait penser que la latéralisation du cerveau a peut-être permis ensuite le développement de la prévoyance, c'est-à-dire la capacité de conceptualiser le futur.

Le transport des pierres est un sujet qui nous a particulièrement intéressés : nous l'avions abordé quand nous avions étudié les distances de transport des matières premières, mais nous avons voulu en savoir plus. Or les crêtes de fracture portaient encore des informations utiles : l'évidence à la base de notre analyse était que ce sont les morceaux de la surface (du « cortex ») qui se détachent en premier quand on débite une pierre. Nous avons examiné la répartition des différents éclats, les éclats corticaux et ceux de profondeur, produits lors de notre propre taille de pierre, et avons comparé cette répartition à celle des outils découverts. Si les Hominidés avaient effectué l'ensemble des étapes de fabrication sur un même site, tous les types d'éclats auraient dû être présents. En revanche, s'ils avaient transporté les galets et s'ils les avaient travaillés progressivement, la répartition devait être différente : les « sites de finition » auraient dû comporter moins d'éclats corticaux.

6. CES OUTILS DE STYLE OLDUVIEN ont été fabriqués par l'auteur, qui a reproduit toute la série des formes d'outils sur galet d'Olduvai, ainsi que celle de différents éclats. Selon la terminologie traditionnelle, les formes de galets de la rangée supérieure seraient appelées (*de gauche à droite*) percuteur, galet aménagé unifacial, galet aménagé bifacial, polyèdre, racloir sur bloc et discoïde. La rangée inférieure comporte un racloir sur éclat (*à gauche*) et six éclats bruts. Contrairement à ce que l'on pensait encore récemment, il semble que les éclats furent tout aussi importants que les galets aménagés.

7. CES OUTILS DE STYLE ACHEULÉEN également fabriqués par l'auteur, comprennent, à la rangée supérieure, un biface ovalaire, un biface lancéolé, un hachereau et un pic. Sur la rangée du bas, apparaissent une sphéroïde, un racloir sur éclat et trois éclats.

C'est en fait la seconde hypothèse qui fut confirmée : par comparaison avec les modèles informatiques d'éclats réalisés à partir de la fabrication d'outils, on a déterminé que les sites de Koobi Fora comportent des proportions anormalement importantes d'éclats profonds. La conclusion est que les anciens Hominidés devaient transporter avec eux des nucléus partiellement taillés, peut-être dans des sacs rudimentaires. Lors des haltes du groupe, les Hominidés poursuivaient la taille des nucléus, et, dans les zones d'occupation prolongée ou fréquente, une grande quantité de matériel taillé a formé les accumulations d'artefacts que les archéologues appellent sites.

Si l'on en juge par la localisation des artefacts et par leur chronologie, les Hominidés vivant dans la région de Koobi Fora avaient des capacités d'organisation et de planification bien supérieures à celles des Chimpanzés modernes. Certains Chimpanzés réalisent en effet des outils en vue d'un usage ultérieur, mais il s'écoule rarement plus d'une ou deux minutes entre la fabrication et l'emploi de ces outils. De plus, les Chimpanzés transportent rarement des objets sur plus de 100 mètres, alors que les anciens Hominidés semblent avoir transporté les matériaux plus ou moins constamment, en vue d'un usage éventuel. Le développement de ces aptitudes mentales a dû précéder et préparer à l'utilisation des outils. Puis, comme l'a montré Sherwood Washburn, de l'Université de Berkeley, l'utilisation des outils a sans doute suscité de nouvelles forces de sélection, qui ont favorisé le développement du cerveau.

Très probablement, un des aspects de ce cycle de rétroaction – un cycle d'importance majeure en matière d'adaptation – a été l'affectation des outils à des tâches de plus en plus variées. En nous fondant sur des données concernant les chasseurs-cueilleurs contemporains et des primates non humains, nous avons dressé une liste des fonctions que les outils ont pu remplir chez les anciens Hominidés africains, puis nous avons effectué diverses expériences afin de savoir quels types d'outils étaient les mieux adaptés à chaque fonction. Nous avons étudié le dépeçage des animaux, le travail du bois, le travail du cuir, l'ouverture des noix et le creusage. Après des centaines de tests, nous sommes arrivés aux conclusions suivantes.

Les fonctions des outils

Toutes nos expériences de dépeçage ont porté sur des animaux morts naturellement ou tués de façon classique, à des fins d'alimentation. Les animaux étudiés étaient des animaux domestiques comme les chèvres, les moutons, les porcs, les vaches et les chevaux, ou des espèces sauvages comme les cerfs, les zèbres, les oryx, les gnous et même les éléphants. Nous avons découvert que chaque tâche de boucherie nécessitait un outil particulier.

Les éclats bruts, tranchants, sont utiles pour ouvrir les cadavres. Puis, pour le démembrement et le dépeçage, c'est avec les éclats bruts ou les éclats retouchés, avec une arête tranchante aiguë, que l'on obtient les meilleurs résultats. Pour récupérer les restes de viande séchée sur les carcasses, une activité que, selon Lewis Binford, de l'Université du Nouveau Mexique, les Hominidés pratiquaient beaucoup, les gros éclats ou les galets taillés sont appropriés. Pour briser des os et récupérer la moelle, ou pour ouvrir le crâne et récupérer la cervelle, les meilleurs outils sont les galets bruts ou les gros nucléus.

La réalisation de bâtons à creuser et d'épieux nécessite également différents outils : de gros galets aménagés à bords tranchants pour couper les branches d'arbres, des éclats et des grattoirs pour l'effilage, et une surface de pierre grossière pour l'affûtage final. Les outils les plus efficaces pour râcler la graisse et la viande de la peau, ou pour enlever les poils de la peau, sont des éclats simples ou retouchés. Les percuteurs en pierre brute et les enclumes permettent de casser les noix dures, mais, quand il s'agit de creuser pour recueillir de l'eau ou des parties souterraines de végétaux (racines et tubercules), les objets de pierre ne sont généralement pas aussi performants que les cornes d'antilopes, les os de membres brisés provenant de gros animaux ou les bâtons effilés.

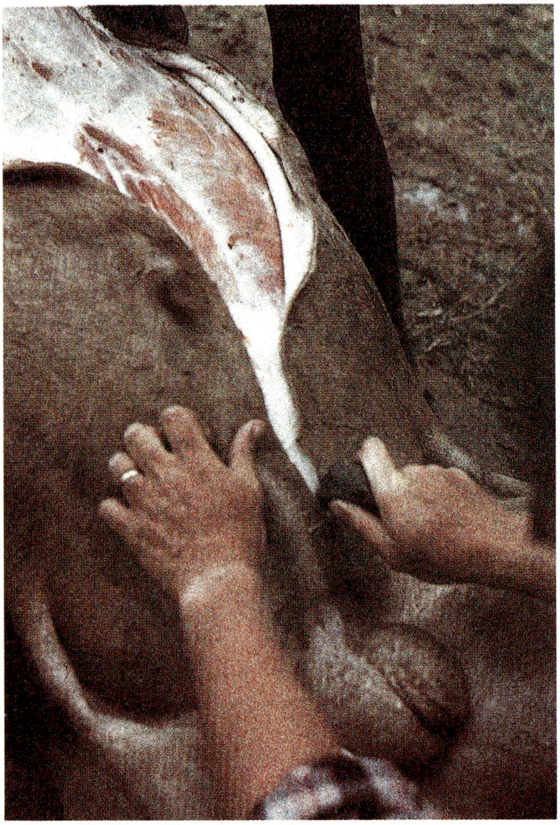

8. LES DIVERSES TACHES DE BOUCHERIE nécessitent des outils de pierre particuliers. Pour fendre le cuir d'un gnou (*à gauche*), les éclats bruts conviennent. Pour détacher la patte d'un bovidé (une gazelle par

Les premiers Hominidés étaient-ils armés de pieux, de massues, de lances et de projectiles en pierre ? Au cours de notre étude, nous n'avons pas essayé de tuer des animaux avec des armes primitives, mais nous avons fait quelques expériences afin d'étudier le problème de l'abattage des animaux. Nous avons constaté que l'on pouvait enfoncer, sur environ 30 centimètres, des pieux de bois à embouts en corne dans l'abdomen de vaches et de chèvres mortes. Sur les éléphants adultes, on ne pouvait faire pénétrer les épieux que de trois ou quatre centimètres, mais les anciens Hominidés étaient peut-être plus forts que nous ; les armes primitives pouvaient être plus redoutables entre leurs mains qu'entre les nôtres.

Nous avons également testé divers types de récipients. Pour transporter l'eau, la nourriture ou les nucléus en cours de taille, nous avons utilisé des coquilles d'œufs d'autruches ou de tortues, des morceaux d'écorce ou des peaux d'animaux. Une branche employée comme broche et portée sur l'épaule permettait de transporter la viande. Aussi modestes soient-ils, les récipients ont certainement joué un rôle fondamental au cours de l'évolution humaine. En fait, les premiers outils ont peut-être même été des récipients permettant aux groupes d'Hominidés de transporter avec eux la nourriture, afin de moins dépendre de leur environnement immédiat.

Les études fonctionnelles permettent de comprendre comment les anciens outils ont pu être utilisés, mais elles n'indiquent pas comment ils l'ont réellement été. Toutefois deux découvertes récentes viennent corroborer nos travaux. La première résulte d'études au microscope du poli caractéristique formé sur les arêtes des outils de pierre lors de leur utilisation. Avec Lawrence Keeley, de l'Université de l'Illinois, qui avait poursuivi l'étude du Soviétique M. Semenov, (voir *Les fonctions des outils en silex au Paléolithique*, par Lawrence Keeley, *L'aube de l'humanité*, Bibliothèque *Pour la Science*), nous avons examiné

exemple), un biface est plus adapté. Pour briser les os des membres de bovidés afin de récupérer la moelle et ouvrir les crânes, les galets bruts ou, comme ici, les gros galets aménagés sont plus efficaces.

les polis de micro-usure sur divers instruments provenant de Koobi Fora.

Le plus vieux métier du monde

L'analyse des micro-usures n'est pas toujours appropriée pour l'étude des laves à grain moyen, dont sont constitués la majorité des outils de Koobi Fora, car la roche est trop hétérogène et trop grossière pour que l'on puisse l'étudier profitablement au microscope ; en outre, l'altération chimique peut modifier la surface des objets de lave, au cours du temps. Cependant les quelques roches à grains fins (les silex notamment) ont fourni des informations utiles. Sur les 59 objets non altérés présents à Koobi Fora, neuf comportaient un poli d'usure : quatre présentaient une usure analogue à celle que produit le dépeçage des animaux, trois correspondaient au travail du bois et deux à la coupe de végétaux plus tendres. Malgré le nombre limité d'échantillons étudiés, nous pensons que les Hominidés découpaient la viande, réalisaient des outils en bois et coupaient des herbes (pour étendre la viande et la protéger de la terre pendant que l'on dépeçait le cadavre, ou pour en faire des litières) depuis au moins 1,5 million d'années.

9. CE GROS ÉCLAT détaché d'un bloc est caractéristique de l'industrie acheuléenne. Il y a environ 1,5 million d'années, les Hominidés ont commencé à tailler des éclats plus gros et à en faire des silex taillés sur les deux faces ou bifaces, des pics et des hachereaux comme ceux présentés sur la figure 6.

La seconde découverte méthodologique récente porte sur la modification inverse : celle des os par les outils. Henry Bunn, de l'Université du Wisconsin, Richard Potts, de l'Institut Smithsonian, et Patricia Shipman, de l'Université Johns Hopkins, ont montré que les os fossiles de Koobi Fora et des gorges d'Olduvai portent des traces de coupure laissées par les outils de pierre des Hominidés qui dépouillaient, démembraient et dépeçaient les cadavres. Ce travail confirme que la boucherie est une activité ancienne et importante. En outre, certains grands os à moelle présentent des types de fractures qui pourraient avoir été provoquées par des percuteurs en pierre. Comment les Hominidés se procuraient-ils les animaux ? Étaient-ils des charognards ou des chasseurs ? On en débat encore, mais il semble que le débitage des animaux s'effectuait avec des outils de pierre.

Ces résultats, combinés à nos études expérimentales, permettent d'imaginer comment apparut la technique de la taille de la pierre. Il est probable que le développement des outils de pierre taillée résulte d'un changement dans l'exploitation des ressources alimentaires : les Hominidés, qui étaient des cueilleurs, ont progressivement adopté un régime plus carné, qu'ils aient été charognards ou bien chasseurs. Ce changement de régime alimentaire, qui date très vraisemblablement de plus de deux millions d'années, a peut-être été lié à des modifications climatiques importantes, car le climat de l'Afrique semble s'être beaucoup asséché il y a environ 2,5 millions d'années. Selon Elisabeth Vrba, de l'Université de Yale, ce changement aurait entraîné à la fois des extinctions massives d'animaux et une explosion de spéciation marquée par l'apparition de nouvelles espèces animales.

La taille de la pierre a pu constituer, pour les Hominidés, une adaptation aux nouvelles conditions en leur permettant d'occuper des niches écologiques qui étaient auparavant le domaine des carnivores et des charognards. Biologiquement les Hominidés ne sont pas bien équipés pour vivre dans de telles niches écologiques, car leurs petites canines, leurs molaires plates et leur absence de griffes en font des carnivores inefficaces. En outre, comme l'a remarqué L. Keeley, on trouve rarement des objets aux bords tranchants dans la nature. Les anciens Hominidés utilisaient peut-être, comme les Chimpanzés modernes, des percuteurs en pierre brute pour couper les plantes, et la cassure accidentelle des percuteurs ou des enclumes a pu produire des fragments tranchants dont les propriétés coupantes furent fortuitement découvertes.

Nos ancêtres suppléèrent leur équipement biologique avec des pierres aux arêtes tranchantes, pour remplacer les crocs, et des roches plus grosses servant de « mâchoires », pour broyer les os. L'importance des éclats apparaît nettement dans les travaux effectués par L. Keeley : les neuf objets de Koobi Fora qui présentaient des traces d'usure étaient de simples éclats ; or aucun de ces objets n'aurait été considéré comme un « outil » dans les classifications traditionnelles des formes d'Olduvai. En outre, de nombreuses stries fines et parallèles, sur les os des sites d'Olduvai, semblent être des traces de coupure faites par des éclats bruts.

Une fois que la notion de taille de la pierre fut assimilée, une rétroaction fondamentale entre l'utilisation d'outils et l'accroissement du cerveau a pu commencer. Une deuxième révolution technique eut lieu il y a environ 1,5 million d'années : le développement des instruments acheuléens. Nous avons montré que de nombreux pics, bifaces et hachereaux sont d'excellents outils pour le dépeçage des gros mammifères. Il est probable que cette deuxième révolution soit associée au dépeçage plus systématique des gros cadavres, soit trouvés, soit chassés.

Des études très diverses montrent que les modifications biologiques et les changements de régime alimentaire accompagnèrent le développement des premières techniques. Les prochaines études le confirmeront certainement, tout en modifiant nos interprétations, mais la fascination pour les outils de pierre découverts dans les sites anciens africains perdurera. Ces outils sont les premiers signes de culture, c'est-à-dire de transmission d'un comportement acquis. La culture et la technique modernes sont si complexes qu'on oublie souvent qu'elles eurent une origine, puis qu'elles évoluèrent, mais toutes les techniques modernes, notamment celles mises en œuvre d'exploration du Système solaire, du cœur des atomes, du patrimoine génétique ou de l'organisme humain, constituent le prolongement d'un événement fondamental : l'apparition des outils de pierre taillée, il y a deux à trois millions d'années.

8

L'homme de Pékin

*Pendant 230 000 ans d'occupation d'une grotte, l'*Homo erectus pekinensis *a laissé un grand nombre d'ossements et d'outils qui nous renseignent sur son évolution biologique, technique et peut-être même sociale.*

par Wu Rukang et Lin Shenglong

Près de la station de chemin de fer de la ville de Zhoukoudian (Choukoutien), à une cinquantaine de kilomètres au Sud-Ouest de Beijing (Pékin), se trouve une grotte qui est l'un des sites les plus longuement occupés par l'homme ou par ses ancêtres. En effet, alors que les cités modernes n'ont généralement pas plus de quelques milliers d'années, la grotte de Zhoukoudian a été habitée presque continuellement pendant plus de 200 000 ans. Les multiples couches de dépôts riches en fossiles indiquent que les premiers habitants s'y sont abrités il y a 460 000 ans et que les derniers ne l'ont abandonnée qu'il y a 230 000 ans, lorsque les graviers et les sédiments qui remplissaient la grotte les ont forcés à partir. Les Hominidés qui vivaient là appartiennent à l'espèce *Homo erectus pekinensis*, ou homme de Pékin. (On appelle aujourd'hui cette ville Beijing, mais l'appellation homme de Pékin subsiste.)

Cette durée d'occupation particulièrement longue permet de suivre le développement d'une seule et même communauté pendant une période qui « couvre » une partie non négligeable de l'évolution du genre *Homo*. Cette période est suffisamment longue pour qu'on puisse discerner des changements progressifs de la morphologie dans les fossiles eux-mêmes, en particulier une augmentation de la capacité crânienne. Autre caractéristique tout aussi importante : il est possible de reconstituer certains événements de l'évolution culturelle de l'espèce. Ainsi, les dépôts de la grotte de Zhoukoudian montrent que l'homme de Pékin maîtrisait le feu et qu'il l'utilisait pour cuire ses aliments ; d'autre part, les restes fossilisés d'os d'animaux indiquent que les occupants de la grotte de Zhoukoudian chassaient efficacement le gros et le petit gibier, et des graines fossilisées suggèrent l'existence d'une autre composante dans leur régime alimentaire. En outre, un grand nombre d'outils de pierre taillée dévoilent en partie leurs techniques de fabrication et, à partir de l'analyse des matériaux trouvés dans la grotte, on peut même avancer des hypothèses sur l'organisation sociale de la communauté ; par exemple, certaines informations confirment les hypothèses sur le partage de la viande et la division du travail entre les sexes.

Au cours des cinq dernières années, plus de 120 chercheurs chinois, dont nous-mêmes, représentant 17 universités et instituts de recherche, ont entrepris une étude complète du site de Zhoukoudian ; ces travaux sont financés par l'Institut de Paléontologie des Vertébrés et de Paléoanthropologie de l'Académie des Sciences chinoise. Les recherches effectuées concernent l'étude des premiers hommes et de leurs outils, celle des anciens climats, des grottes et des terrains dans lesquels ces grottes se sont formées, des pollens ainsi que la datation des vestiges archéologiques. Nous allons présenter ici les découvertes les plus importantes et tenter de dresser un portrait de l'homme de Pékin dans son environnement naturel.

Dans le schéma d'ensemble de l'évolution des primates supérieurs, l'homme de Pékin et les autres représentants de l'*Homo erectus* représentent une étape de développement relativement tardive. La lignée des hominoïdes, ancêtres de l'homme et des singes anthropoïdes, s'était séparée des autres primates depuis quelque 35 millions d'années. Les hominoïdes marchaient à quatre pattes et se nourrissaient de fruits et de graminées. La lignée des Hominidés, dont le seul représentant actuel est l'homme moderne, s'est séparée de celle des autres hominoïdes comme le gorille ou le chimpanzé, entre dix et huit millions d'années avant notre ère. Les plus anciens Hominidés avaient apparemment une boîte crânienne réduite, d'une capacité évaluée à 350 centimètres cubes; ils pouvaient marcher sur leurs membres postérieurs et étaient peut-être capables de transporter des objets en marchant. Ce n'est que quatre millions d'années environ avant notre ère qu'apparut un Hominidé plus évolué, classé dans le genre *Australopithecus*; les plus anciens restes de l'*Australopithecus* ont été retrouvés en Éthiopie, dans la vallée de la rivière Awash. Le squelette de cet Hominidé pouvait manifestement supporter une locomotion exclusivement bipède et sa capacité crânienne était proche de 500 centimètres cubes.

Au cours des 100 dernières années, on a retrouvé, en Europe, en Asie et en Afrique, de nombreux crânes et fragments de squelettes plus évolués que ceux de l'Australopithèque. Pendant un temps, chaque découverte ou presque donnait lieu à une nouvelle division taxonomique, mais on a maintenant regroupé pratiquement tous ces spécimens récents dans la même espèce : *Homo erectus*. On a pu établir, à partir de l'étude chronologique des niveaux dans lesquels furent découverts ces fossiles, que cette espèce est apparue il y a au moins 1,5 million d'années. L'*Homo erectus* se déplaçait en position verticale, comme le suggère le nom même de l'espèce, mais son crâne était encore très primitif, avec une capacité crânienne comprise entre 850 et 1100 centimètres cubes; il savait fabriquer des outils de pierre plus sophistiqués que les galets aménagés des premiers Hominidés. Certains spécimens récents d'*Homo erectus*, dont l'homme de Pékin, ont conçu une culture très élaborée caractérisée par l'habitation dans des grottes et la chasse; ils savaient également utiliser le feu pour cuire leur nourriture, quoiqu'on ne sache pas encore s'ils savaient allumer un feu.

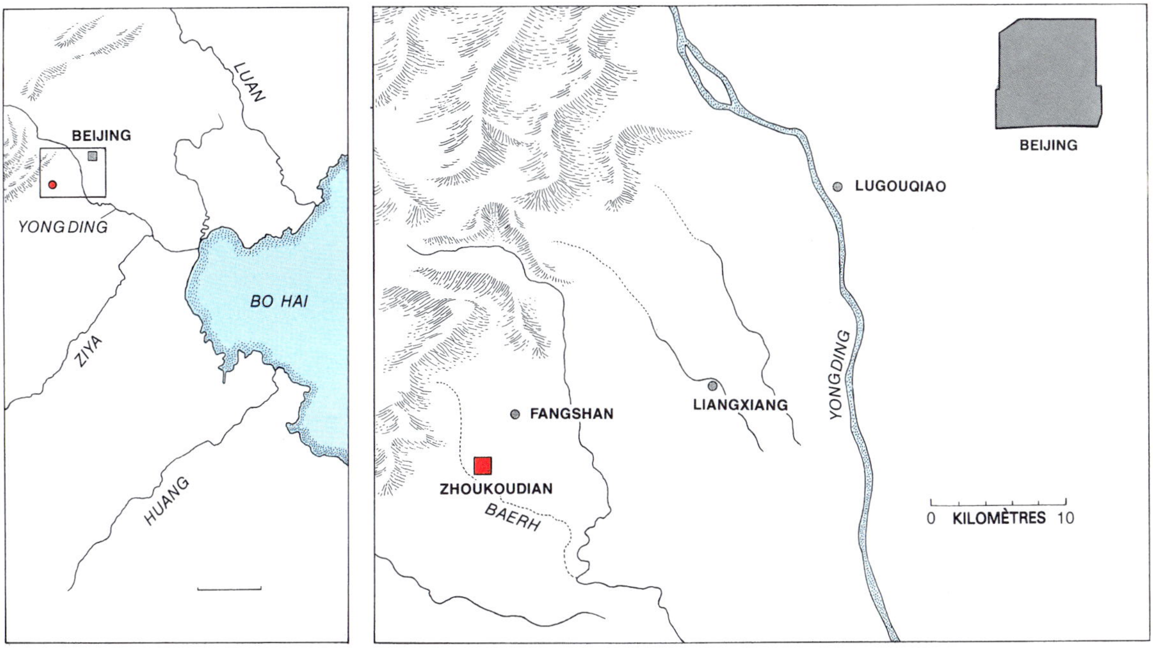

1. LA GROTTE DE L'HOMME DE PÉKIN EST SITUÉE à proximité de la petite ville de Zhoukoudian, à une cinquantaine de kilomètres au Sud-Ouest de Beijing *(à droite)*; Zhoukoudian dépend administrativement de Fangshan, qui se trouve à environ 150 kilomètres de la côte *(à gauche)*. C'est dans la partie Nord-Ouest de la ville que se trouve la Colline des Os de Dragons, ainsi nommée à cause des fossiles de Mammifères que les autochtones venaient y ramasser, croyant qu'il s'agissait d'os de dragons aux grandes vertus médicinales. Le site n° 1 de Zhoukoudian est la grotte qui fut habitée par l'homme de Pékin.

Nous ne pouvons pas retracer en détail le cours de l'évolution depuis l'*Homo erectus* jusqu'à l'homme moderne ; disons simplement qu'il y a environ 200 000 ans est apparu un type d'homme à la face moins robuste (moins « bestiale ») et à la capacité crânienne plus importante que ceux de l'*Homo erectus*. Les membres de cette espèce, les premiers représentants de l'*Homo sapiens*, commencèrent à se répandre en Europe, en Asie et en Afrique il y a un peu moins de 100 000 ans. Ils savaient construire des abris en terrain découvert, allumer un feu et fabriquer des outils de pierre très sophistiqués. En raison de leur ressemblance morphologique avec l'homme moderne et des progrès de leur culture, on les considère comme faisant partie des ancêtres directs de l'*Homo sapiens* moderne.

La grotte de Zhoukoudian

La grotte de Zhoukoudian, dans laquelle on a retrouvé les restes de l'homme de Pékin, se trouve dans une formation calcaire appelée « Colline des Os de Dragons ». Avant d'être connue comme un site d'habitation des premiers hommes, elle a longtemps été l'un des endroits favoris des chercheurs d'os de dragons. Les dragons occupaient une place importante dans la culture chinoise traditionnelle et on attribuait à leurs ossements (qui étaient en réalité ceux de divers Mammifères fossiles) de grandes vertus médicinales. D'ailleurs, ce sont ces chercheurs d'os de dragons qui découvrirent les premiers restes de l'homme de Pékin, sans toutefois en reconnaître la signification.

Au début du XXe siècle, un certain nombre de paléontologues et d'anthropologues, dont J. Anderson, un géologue suédois, et Walter Granger, un paléontologue du Muséum américain d'Histoire Naturelle, se rendirent à Zhoukoudian à la recherche de restes d'hommes primitifs. Au cours d'une étude de routine dans la Colline des Os de Dragons en 1921, J. Anderson, W. Granger et O. Zdansky, paléontologue autrichien et assistant de J. Anderson, furent dirigés, par des habitants de la région, vers une grotte soi-disant « remplie d'os de dragons ». Ils n'y découvrirent rien d'intéressant à l'exception de quelques fragments de quartz ; comme ces fragments étaient éloignés de leur contexte géologique, J. Anderson les considéra comme des outils d'un homme primitif.

Malgré les fouilles effectuées dans cette grotte, les découvertes ne progressèrent que lentement. En 1923, O. Zdansky découvrit deux dents humaines ; en 1927, lorsqu'on entreprit une fouille systématique, le paléontologue suédois Birger Böhlin découvrit une molaire inférieure bien conservée, que Davidson Black, alors professeur d'anatomie à la Faculté de médecine de Pékin, attribua à une nouvelle espèce, *Sinanthropus pekinensis*. La grotte fut fouillée sans interruption de 1927 à 1937, date à laquelle les travaux furent stoppés par l'invasion japonaise en Chine. Pei Wenzhong, qui fut responsable des fouilles de Zhoukoudian de 1928 à 1935, découvrit le premier crâne complet au cours de l'hiver 1929, apportant ainsi une base solide à l'étude scientifique de l'homme de Pékin.

Depuis la fondation de la République Populaire de Chine en 1949, l'Institut de Paléontologie des Vertébrés et de Paléoanthropologie a repris les travaux de fouilles dans la grotte. On a ainsi découvert, jusqu'en 1966, les restes de plus de 40 individus mâles et femelles de tous âges, associés à des dizaines de milliers d'outils en pierre et à des preuves d'utilisation du feu. De plus, on a découvert les fossiles de deux espèces de plantes (et les pollens de nombreuses autres espèces) et de 96 types de Mammifères. Cette abondance de fossiles, ajoutée au sérieux des études dont ils ont fait l'objet, permet de reconstituer certains éléments des 200 000 ans d'histoire de l'homme de Pékin.

La grotte elle-même, appelée officiellement site n° 1 de Zhoukoudian, est une gigantesque cavité karstique creusée dans une structure calcaire formée pendant l'Ordovicien, il y a environ 500 millions d'années. Le « paysage » karstique, qui tire son nom d'une région de Yougoslavie (le Karst) le long de la côte dalmate, est formé par l'action de l'eau souterraine sur des formations massives de calcaire soluble. La grotte karstique habitée par l'homme de Pékin mesure 140 mètres de long d'Est en Ouest. Sa plus grande largeur, à l'extrémité Est, est de 40 mètres ; sa plus petite largeur, à l'extrémité Ouest, fait à peine plus de deux mètres.

La grotte d'origine était cependant très différente et elle n'était pas habitable, au début, par l'homme de Pékin. La formation de la caverne à l'intérieur de la colline débuta au Pliocène, il y a environ cinq millions d'années, lorsque l'eau, ruisselant par les fissures horizontales et verticales, a dissous le calcaire et l'a entraîné en solution. L'érosion horizontale a ainsi créé une longue grotte plus étroite à ses deux extrémités que dans sa partie centrale, tandis que l'érosion verticale, en suivant les fissures à pic, a creusé de profonds conduits en forme d'entonnoirs, au fond rugueux et inégal. La grotte d'origine n'était qu'une cavité dans la Colline des Os de Dragons, dépourvue d'ouvertures vers la surface. L'érosion continuelle de la colline par l'ancienne rivière Zhoukou a arasé un contrefort sur la pente Est de la colline au début du Pléistocène, exposant ainsi la paroi Est de la grotte à l'action de l'érosion. Par suite, une fissure diagonale se développa, approximativement à l'emplacement actuel de la petite entrée Est de la grotte ; cette fissure devint de plus en plus large et finit par relier la grotte à la rivière Zhoukou. Des dépôts de sable et de terre apportés par la rivière s'accumulèrent dans la grotte et en égalisèrent progressivement le fond, créant ainsi un sol plat et spacieux. C'est à cette époque que l'homme de Pékin s'y est installé.

Au début, l'homme de Pékin entrait dans la grotte par l'Est et vivait principalement dans la partie Est. Il y a environ 350 000 ans, un effondrement massif se produisit dans cette partie Est de la grotte (appelée maintenant *Dove Hall*) : un énorme amas de roche miné par l'érosion tomba de la voûte, bloquant complètement l'entrée Est. L'homme de Pékin dut donc abandonner ce qui avait été la partie la plus spacieuse de la grotte, mais put pénétrer à nouveau dans la grotte par une fissure dans la section centrale. Il vécut ensuite dans la partie Ouest, jusqu'à ce que la

2. CETTE GROTTE CREUSÉE DANS LE CALCAIRE a été occupée par l'homme de Pékin, une forme d'*Homo erectus*, entre 460 000 ans et 230 000 ans avant notre ère. Elle a été découverte au début des années 1920 ; les fouilles effectuées au cours des 50 dernières années ont prouvé que l'homme de Pékin avait l'usage du feu ; elles ont permis de dégager un ensemble de 100 000 outils de pierre, des os et dents fossilisés de plus de 40 individus et des restes fossilisés d'animaux et de plantes qui entraient probablement dans l'alimentation de l'homme de Pékin. Cette photographie montre l'entrée Est de la grotte qui était l'entrée principale lors de la première période d'occupation par l'homme de Pékin. Cette entrée fut abandonnée à la suite d'un effondrement important il y a quelque 300 000 ans.

grotte soit complètement comblée par les détritus laissés par l'homme et par les sédiments calcaires, il y a 230 000 ans.

La grotte resta alors complètement obturée, jusqu'à ce que les fouilles la dégagent. Les dépôts où l'on retrouva les restes de l'homme de Pékin avaient environ 40 mètres d'épaisseur ; ils furent divisés en dix couches par Pierre Teilhard de Chardin et par le paléontologue chinois Yang Zhongjian en 1929. L'archéologue chinois Jia Lanpo analysa, en 1951, les dépôts situés au-dessous de la 10e couche et définit trois nouvelles couches (11 à 13). Les différents chercheurs identifient tous ces dépôts à la période Zhoukoudian. Bien que cette période doive appartenir, selon l'avis général, au Pléistocène moyen, c'est-à-dire dater d'environ 500 000 ans, jusqu'à une époque récente la chronologie était si vague qu'elle ne donnait aucune idée précise de l'évolution de l'homme de Pékin lui-même.

Plusieurs dizaines de chercheurs membres de cinq institutions, ont récemment achevé une série de travaux de chronologie et nous disposons ainsi pour la première fois d'une datation comparativement exacte pour chacune des couches. On a daté la 10e couche en comptant les traces laissées dans les minéraux cristallins par la désintégration des noyaux d'uranium 238, le plus abondant des isotopes de l'uranium. Le rythme de ces événements de fission est constant et donc le nombre de traces est une mesure du temps qui s'est écoulé depuis la formation des minéraux. On a ainsi trouvé que cette 10e couche s'était déposée il y a 460 000 ans.

Des chercheurs de l'Institut de Géologie de l'Académie des Sciences chinoise ont montré, par une autre technique de datation appelée méthode de la série de l'uranium, que la neuvième et la huitième couche s'étaient déposées il y a 420 000 ans. Dans cette méthode, on mesure les proportions relatives de l'uranium 234 et du produit de sa désintégration radioactive, le thorium 230 : comme cette désintégration se produit à un rythme constant et connu, les proportions de ces deux éléments indiquent le temps qui s'est écoulé depuis la formation des minéraux contenant de l'uranium.

On a utilisé une autre méthode pour dater la septième couche dont l'âge s'est avéré compris entre 370 000 et 400 000 ans. Dans cette méthode, on examine le magnétisme rémanent des minéraux de la couche. L'axe magnétique principal des minéraux magnétiques s'aligne, lors de leur cristallisation, sur la direction du champ magnétique terrestre, et les inversions périodiques de celui-ci laissent ainsi des traces dans les roches qui indiquent l'époque de leur formation. On a également utilisé la méthode de la série de l'uranium pour dater les trois couches supérieures : les résultats indiquent un âge absolu de 230 000 ans.

Les fossiles de l'homme de Pékin

Les fossiles de l'homme de Pékin découverts au cours des 50 dernières années se répartissent comme suit : 6 crânes complets ou pratiquement complets et 12 fragments de crânes, 15 fragments de mâchoires, 157 dents, trois fragments d'humérus, une clavicule, sept fragments de fémurs, un fragment de tibia et un os semi-lunaire (un os du carpe ayant la forme d'une demi-lune). On a découvert ces fossiles en 15 endroits très dispersés de la grotte; ils proviennent de plus de 40 individus mâles et femelles décédés à des âges variés. On peut, à partir de ces fossiles, reconstituer la morphologie de l'homme de Pékin. Comme d'autres types d'*Homo erectus* du Pléistocène moyen, l'homme de Pékin possédait un squelette très semblable à celui de l'homme moderne, la différence principale résidant dans les os des membres dont la paroi était plus épaisse et le canal médullaire plus étroit. Le crâne, en revanche, était très différent de celui de l'homme moderne : il était beaucoup plus aplati et ses parois plus épaisses, avec des arcades sourcilières protubérantes et une angulation occipitale marquée. La capacité crânienne était plus grande que celle de l'*Homo habilis,* une espèce apparue il y a 1,8 million d'années, et même plus grande que celle de l'homme de Java, une forme quelque peu plus ancienne d'*Homo erectus* ; cependant, la capacité

3. L'ÉVOLUTION DE L'HOMME peut être retracée par les modifications morphologiques du crâne *(à gauche)* et l'augmentation de la capacité crânienne *(à droite).* Le premier Hominidé, *Australopithecus,* apparu il y a quelque quatre millions d'années, avait un crâne aplati, une mâchoire prognathe et une faible capacité crânienne (entre 450 et 750 centimètres cubes). Environ 1,5 million d'années plus tard apparut l'*Homo erectus* dont deux représentants, l'homme de Java et l'homme de Pékin, étaient comparativement évolués, tant par leur structure faciale que par leur capacité crânienne comprise entre 850 et plus de 1000 centimètres cubes ; ils différaient par l'âge, la forme du crâne et la taille du cerveau. Il y a seulement environ 100 000 ans qu'est apparu l'homme de Neandertal, le premier membre de l'espèce *Homo sapiens* ; à cette époque, la boîte crânienne était beaucoup plus grande et la mâchoire était moins prognathe. L'homme moderne, c'est-à-dire la sous-espèce *Homo sapiens sapiens,* est apparu il y a environ 40 000 ans.

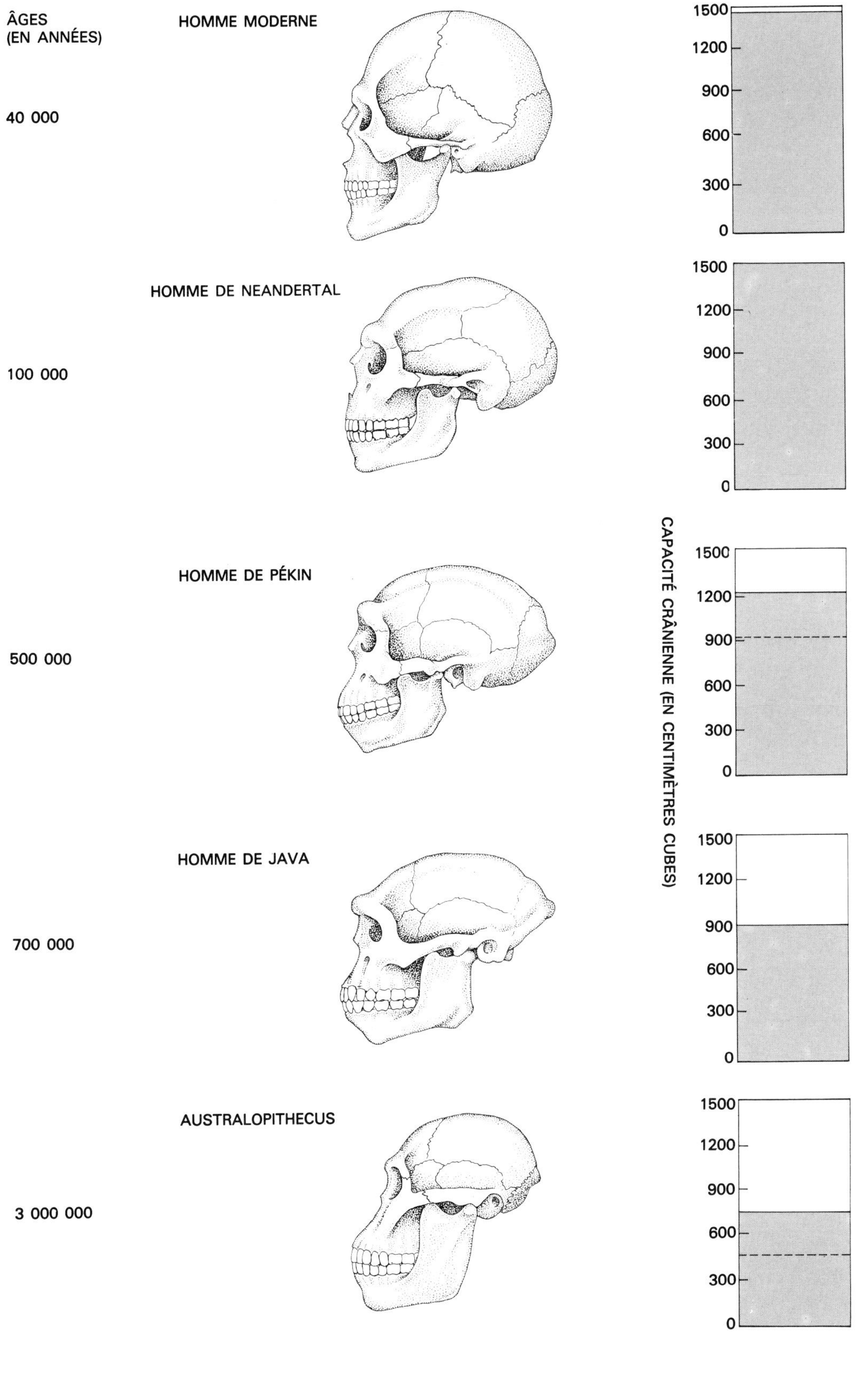
ÂGES
(EN ANNÉES)
HOMME MODERNE
40 000
HOMME DE NEANDERTAL
100 000
HOMME DE PÉKIN
500 000
HOMME DE JAVA
700 000
AUSTRALOPITHECUS
3 000 000
CAPACITÉ CRÂNIENNE (EN CENTIMÈTRES CUBES)
1500
1200
900
600
300
0

1

2

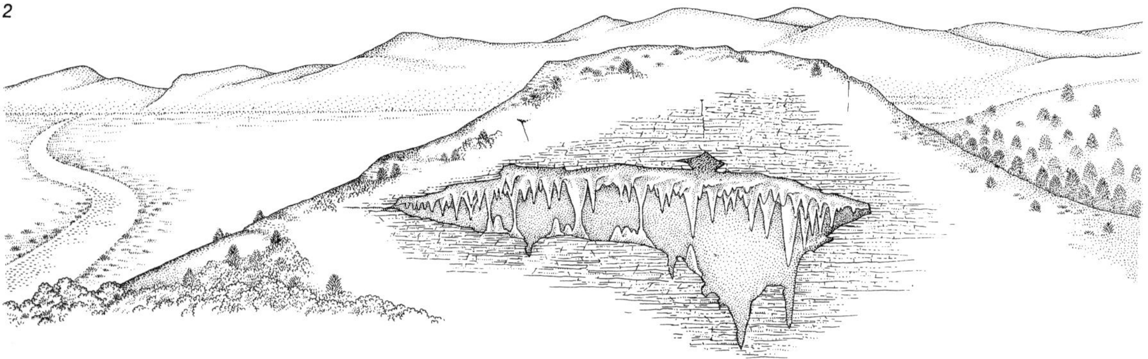

3

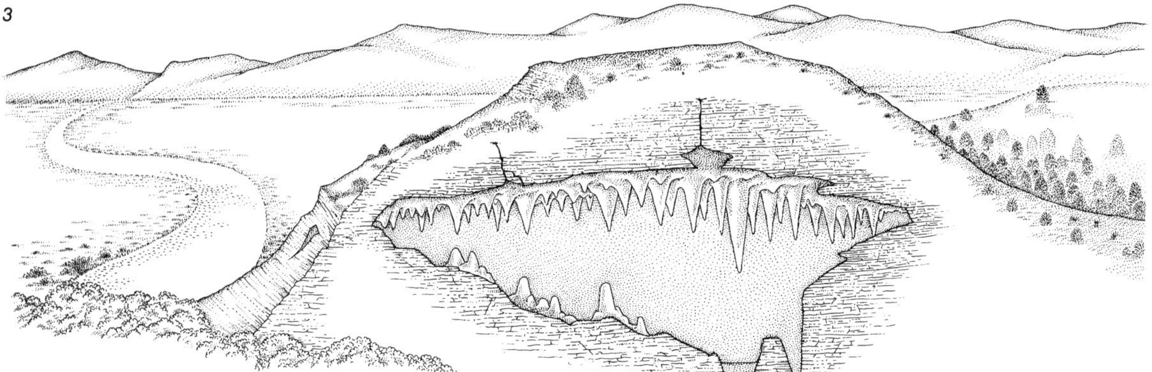

4. L'ÉVOLUTION DE LA GROTTE de Zhoukoudian est ici schématisée en six étapes. La Colline des Os de Dragons, dans laquelle la grotte fut créée, est une structure calcaire formée il y a environ 450 millions d'années *(1)*. La dissolution du calcaire par les eaux souterraines provoqua la formation de la grotte à l'intérieur de la colline, il y a environ cinq millions d'années *(2)*. Il y a trois millions d'années, la saillie de la face Est de la colline fut détachée par l'érosion de l'ancienne rivière Zhoukou, et une petite entrée apparut sur la pente Est, puis s'agrandit progressivement *(3)*. Le sable et la boue déposés par la rivière à

4

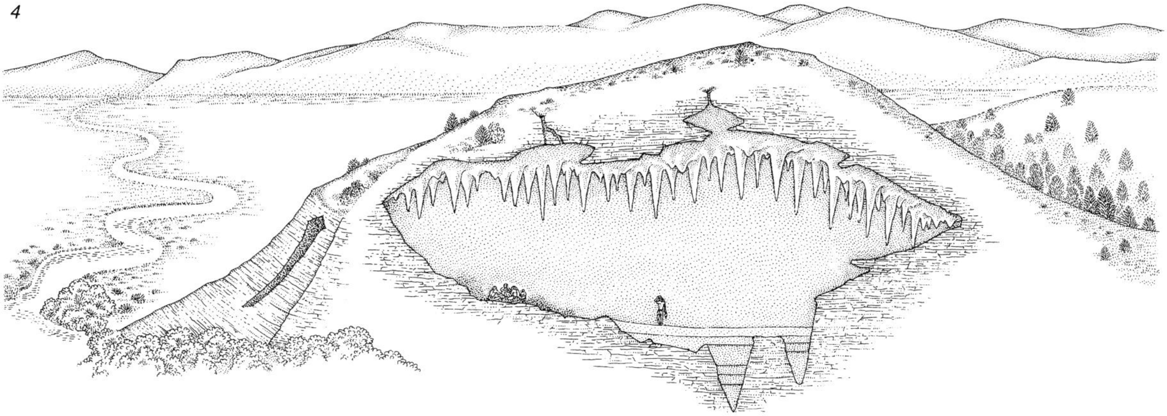

5

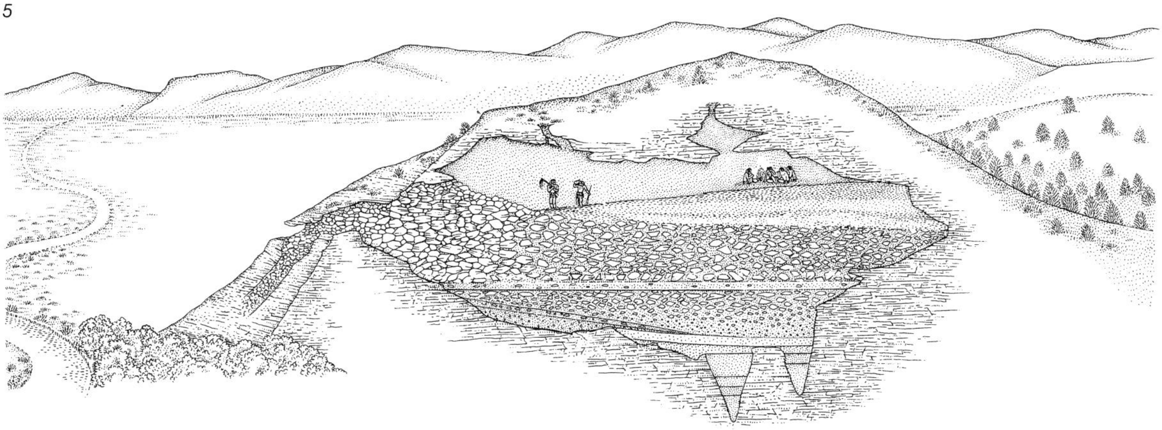

6

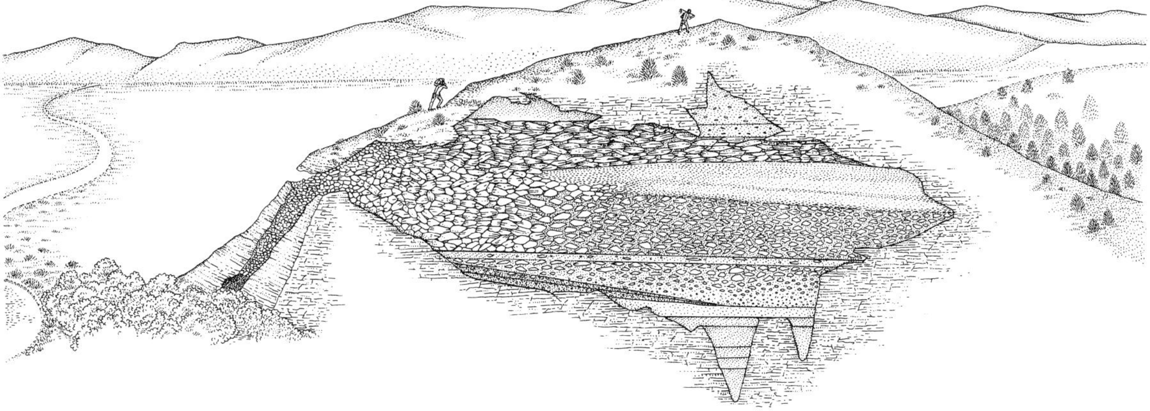

l'intérieur de la grotte nivelèrent peu à peu les irrégularités creusées dans le sol par l'érosion du calcaire. Il en résulta un abri spacieux, adopté par l'homme de Pékin il y a environ 460 000 ans *(4)*. L'entrée Est et la partie Est de la grotte constituèrent les principales zones d'habitation, jusqu'à ce que l'effondrement du toit, il y a 300 000 ans, force les habitants à se réfugier dans la partie Ouest, qui était accessible grâce à une fissure dans la section centrale *(5)*. A l'époque de son abandon, il y a 230 000 ans, la grotte était comblée par les éboulis de rochers et par les détritus laissés par l'occupation humaine *(6)*.

5. L'UTILISATION DU FEU PAR L'HOMME DE PÉKIN est attestée dès le début de l'occupation de la grotte par quatre couches de cendres identifiées dans les dépôts ; la couche la plus importante a environ six mètres d'épaisseur et la plus mince un peu plus d'un mètre.

crânienne de l'homme de Pékin était encore beaucoup plus petite que celle de l'homme moderne. Les dents étaient plus grandes et plus robustes que celles de l'*Homo sapiens* et présentaient des traces d'un bourrelet d'émail, appelé cingulum, à la base de la couronne, ce qui est un caractère primitif chez l'homme préhistorique.

Tous les restes fossiles de l'homme de Pékin découverts jusqu'à présent ont été analysés par l'un d'entre nous (Wu Rukang) et par Dong Xingren de l'Institut de Paléontologie des Vertébrés et de Paléoanthropologie, l'accent étant mis sur le problème de la capacité crânienne. Précisons que la taille du cerveau ne saurait être considérée comme un indicateur absolu de l'intelligence : un Hominidé n'est pas nécessairement plus intelligent qu'un autre parce qu'il possède un crâne de plus grandes dimensions. Néanmoins, l'homme moderne, dont la capacité crânienne moyenne est de 1450 centimètres cubes, doit avoir évolué à partir d'une forme plus ancienne d'homme au crâne plus petit. Il y a donc une tendance générale à l'augmentation, et la connaissance de la capacité crânienne d'une espèce ou d'une sous-espèce donnée peut nous renseigner sur sa place dans l'évolution de l'homme.

On admet généralement que la capacité crânienne de l'homme et de ses ancêtres est restée stable, entre 500 et 800 centimètres cubes, pendant la période comprise entre 3 et 1,5 millions d'années avant notre ère. C'est la capacité crânienne que l'on a mesurée sur les fossiles d'*Australopithecus* et d'*Homo habilis*. L'homme de Java, c'est-à-dire le type d'*Homo erectus* apparu il y a environ un million d'années, avait quant à lui une capacité crânienne d'environ 900 centimètres cubes et, lorsque l'homme de Pékin apparut, la capacité moyenne avait atteint 1054 centimètres cubes.

Il faut toutefois souligner qu'il s'agit là d'une valeur moyenne calculée à partir des six crânes relativement complets trouvés à Zhoukoudian. Or, l'un de ces crânes est celui d'un enfant mort à l'âge de huit ou neuf ans : comme le crâne d'un enfant est évidemment plus petit que celui d'un adulte, on obtiendrait, en ne tenant compte que des cinq autres crânes, une capacité moyenne de 1088 centimètres cubes pour l'homme de Pékin.

Comme les fossiles de l'homme de Pékin couvrent une longue période de temps, on peut même retracer une évolution morphologique, et en particulier une augmentation de la capacité crânienne au cours de l'occupation du site. La capacité moyenne pour les quatre crânes découverts dans les huitième et neuvième couche (datées de plus de 400 000 ans) est de 1075 centimètres

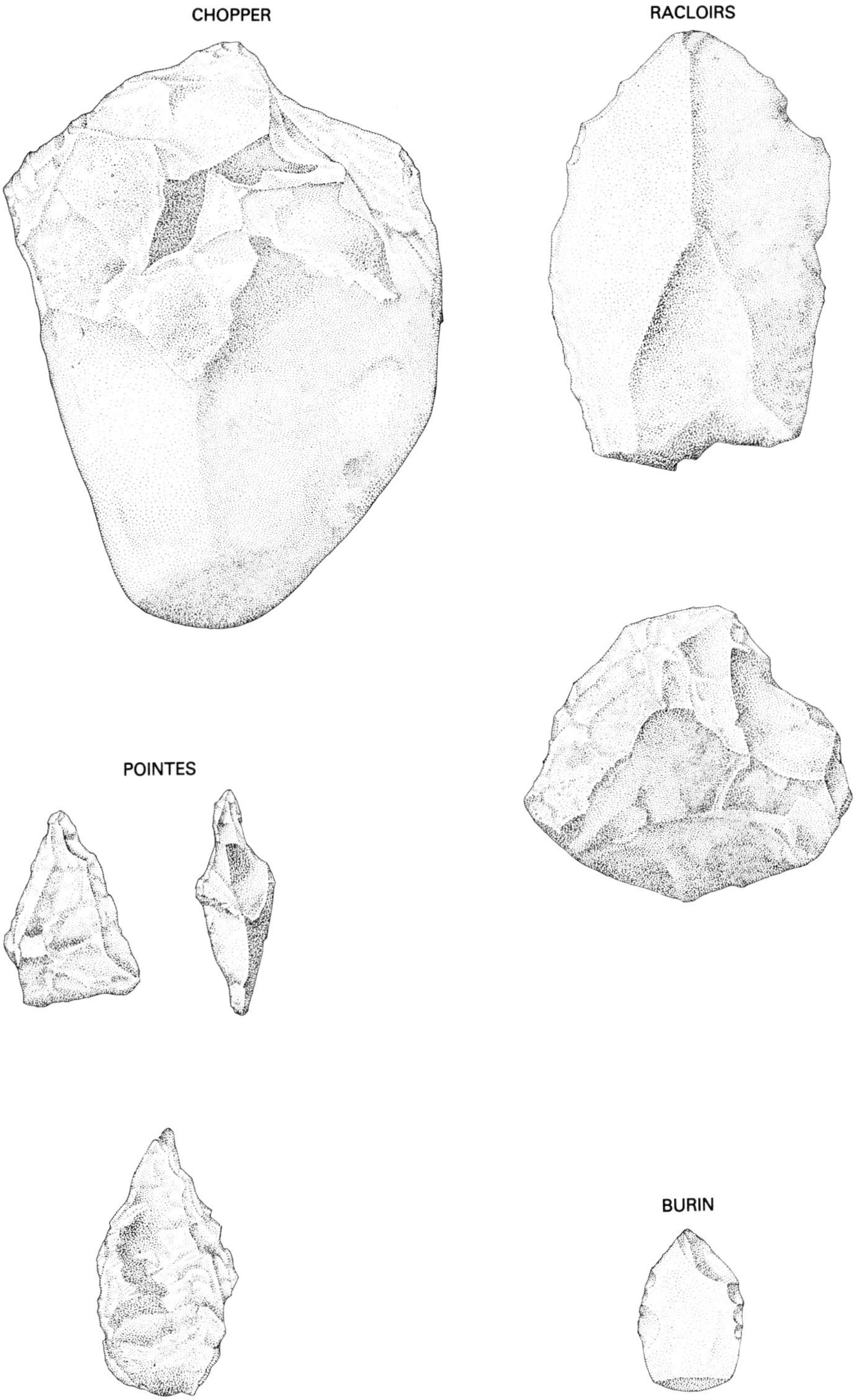

6. LES OUTILS DE PIERRE fabriqués par l'homme de Pékin sont de quatre types principaux : le chopper *(en haut à gauche)*, le racloir *(à droite)*, la pointe *(en bas à gauche)* et le burin *(en bas à droite)*. Ces outils étaient taillés dans du quartz veiné, du cristal de roche, du silex ou du grès. Une partie des éclats étaient utilisés tels quels ; d'autres étaient ensuite retouchés en outils plus spécialisés tels que pointes et burins. L'outillage lithique était constitué essentiellement de petits outils, d'une longueur inférieure à 40 millimètres et d'un poids inférieur à 20 grammes, quoique la plupart des outils les plus anciens aient été plus grands.

cubes, alors que le crâne retrouvé dans la troisième couche (vieille de 230 000 ans) a une capacité de 1140 centimètres cubes. Il semble donc que l'anatomie de l'homme de Pékin se soit rapprochée de celle de l'homme moderne après 200 000 ans d'occupation de la grotte.

Les anthropologues considèrent que l'évolution morphologique des premiers hommes a été beaucoup plus lente et donc moins visible que la transformation de leur comportement et de leur mode de vie. Les techniques de fabrication des outils, et les outils eux-mêmes, constituent donc un indicateur très important de l'évolution humaine. Pei Wenzhong et Zhang Shenshui, de l'Institut de Paléontologie des Vertébrés et de Paléoanthropologie, ont réalisé, il y a trois ans, une étude systématique de la culture lithique de l'homme de Pékin ; ils pensent que l'évolution de l'homme de Pékin est reflétée beaucoup plus nettement par ses outils et les techniques de fabrication de ceux-ci que par ses restes fossilisés.

Les outils de l'homme de Pékin

L'homme de Pékin possédait une industrie lithique avancée, aussi bien en ce qui concerne le choix des matériaux utilisés que les techniques de fabrication. Pour fabriquer ses outils de pierre, l'homme de Pékin utilisait principalement du quartz veiné, du cristal de roche, du silex et du grès, ce qui indique qu'il ne se contentait pas des seuls galets fluviatiles pour ses outils et qu'il devait se déplacer fréquemment pour trouver du quartz et du cristal de roche là où ils étaient mis au jour par suite de l'altération des formations granitiques.

La plupart de ces outils sont des éclats de différentes tailles obtenus par l'une des trois techniques suivantes. La technique de percussion sur enclume consistait à poser sur le sol une grande pierre plate (l'enclume) et à la frapper violemment avec un morceau de grès duquel se détachaient alors un certain nombre d'éclats. On conservait ceux dont la forme et les arêtes étaient appropriées, soit pour les utiliser directement, soit pour les retoucher par la suite. Dans la seconde technique, appelée percussion directe, on tenait un rognon de silex dans une main et on en détachait des éclats en le frappant avec un percuteur de pierre tenu dans l'autre main. La troisième technique de fabrication est appelée percussion bipolaire. Là encore, on plaçait sur le sol une grande pierre plate servant d'enclume ; on maintenait alors (d'une main) sur celle-ci un morceau de quartz veiné que l'on frappait verticalement à l'aide d'un percuteur de pierre tenu dans l'autre main. De cette façon, on pouvait détacher des éclats aux deux extrémités du morceau de quartz : on les appelle des éclats bipolaires.

Bien que certains des éclats retrouvés à Zhoukoudian aient été utilisés tels quels, il est évident que d'autres éclats avaient été « travaillés » pour former des outils plus spécialisés comme des racloirs, des pointes, des choppers (sorte de hachoirs), des burins ou des perçoirs. Les retouches étaient effectuées principalement par la méthode de percussion directe et, en général, sur le dos des éclats plutôt que sur la face d'éclatement déjà travaillée lors de la phase initiale de débitage de l'éclat. Parfois, les deux faces avaient été retouchées.

Pei Wenzhong et Zhang Shenshui ont divisé l'évolution de la culture lithique de l'homme de Pékin selon trois périodes, en fonction des changements survenus dans la taille des outils, le matériau utilisé et la technique de fabrication. Les outils de pierre retrouvés dans les couches huit à onze représentent la culture la plus ancienne, qui prévalait entre 460 000 et 420 000 ans avant notre ère. Cette culture est caractérisée par des outils de grande taille, pesant plus de 50 grammes et mesurant plus de 60 millimètres de long, et par l'utilisation indifférenciée de l'une ou l'autre des trois techniques de fabrication d'outils. A cette période, 15 à 20 % des outils sont fabriqués à partir de matériaux plus tendres comme le grès. Au cours de la deuxième période, entre 370 000 et 350 000 ans avant notre ère, la méthode de percussion sur enclume fut pratiquement abandonnée au profit de la méthode de

7. L'ÉVOLUTION DE L'HOMME DE PÉKIN est suggérée par une augmentation du volume cérébral *(à gauche)* et par le développement d'une culture lithique plus raffinée *(à droite)*. Les dépôts de la grotte sont divisés en 13 couches. On a découvert des crânes dans la couche 10, à la limite de la couche 9 et de la couche 8 et dans la couche 3. Les capacités crâniennes mesurées sont de 915 centimètres cubes pour le crâne le plus ancien, de 1075 centimètres cubes en moyenne pour quatre crânes plus récents et de 1140 centimètres cubes pour le plus récent. Le développement culturel de l'homme de Pékin est divisé en trois périodes. Dans la période la plus ancienne, les outils fabriqués étaient essentiellement des choppers et des racloirs ; 40 % de ces outils étaient de grande taille *(en blanc)*, 30 % de taille intermédiaire *(en gris)* et 30 % de petite taille *(en couleur)*. Dans la période la plus récente apparurent des outils plus complexes, avec une proportion d'outils grands et moyens beaucoup plus faible, respectivement 5 et 17 %, alors que la proportion des petits outils atteignait 78 %.

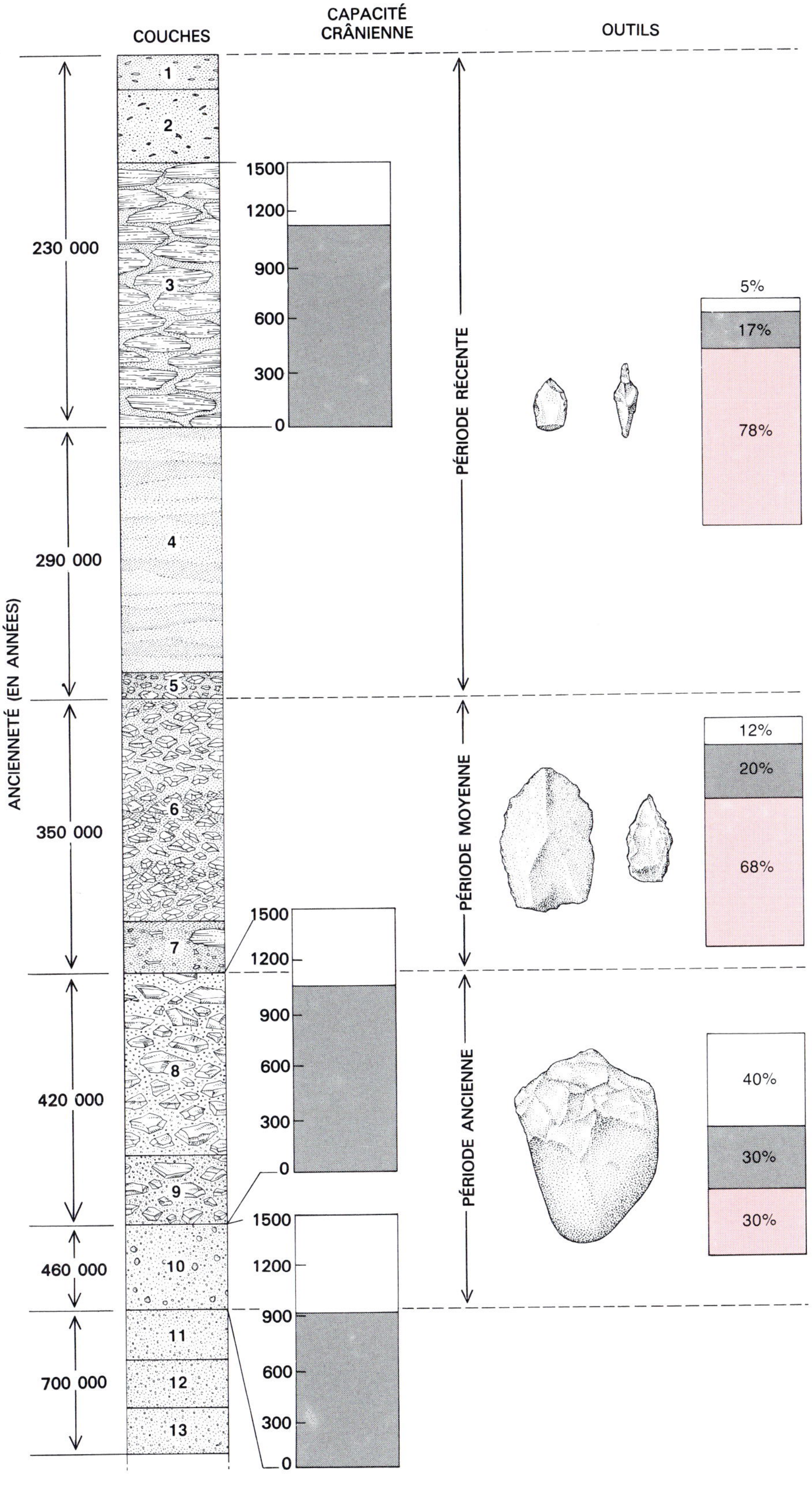
COUCHES
CAPACITÉ CRÂNIENNE
OUTILS
ANCIENNETÉ (EN ANNÉES)
230 000
290 000
350 000
420 000
460 000
700 000
1
2
3
4
5
6
7
8
9
10
11
12
13
1500
1200
900
600
300
0
PÉRIODE RÉCENTE
PÉRIODE MOYENNE
PÉRIODE ANCIENNE
5%
17%
78%
12%
20%
68%
40%
30%
30%

percussion bipolaire qui devint la principale méthode de fabrication. En conséquence, la proportion d'outils pesant moins de 20 grammes et mesurant moins de 40 millimètres de long atteignit 68 %, tandis que celle des outils volumineux tomba à 12 %.

La dernière période, qui a duré de 300 000 à 230 000 ans avant notre ère, fut évidemment la plus avancée : les outils étaient plus petits et les matériaux de meilleure qualité. Parmi les outils de pierre découverts dans les couches numérotées de 1 à 5, les petits outils atteignent la proportion de 78 %, tandis que la proportion des plus grands diminue encore, jusqu'à 5 %. D'autre part, si les outils de cette troisième période étaient toujours fabriqués principalement en quartz, ils étaient moins nombreux a être fabriqués à partir des variétés les plus « grossières », comme par exemple le quartz veiné ; la proportion d'outils en silex atteignait environ 30 % dans les couches supérieures. Dans le même temps, les outils en grès représentaient seulement moins de 1 % du total.

Une autre indication de l'état avancé de la culture de l'homme de Pékin est l'utilisation du feu : de toute évidence, cet art était déjà maîtrisé au tout début de l'occupation de la grotte de Zhoukoudian. En effet, on a découvert quatre épaisses couches de cendres, qui se sont déposées entre 460 000 et 230 000 ans avant notre ère. La plus importante de ces couches, formée entre 310 000 ans et 290 000 ans avant notre ère, atteint six mètres d'épaisseur en certains endroits. Certains dépôts de cendres se trouvent en tas dispersés, ce qui suggère que l'homme de Pékin savait maîtriser le feu et pouvait le conserver pendant longtemps.

Comment l'homme de Pékin faisait-il du feu et comment le maîtrisait-il ? On ne peut pas donner de réponse définitive à cette question, mais on peut émettre une hypothèse. Il semble que l'homme de Pékin ait été trop primitif pour allumer un feu ; il devait probablement utiliser les feux naturels allumés à l'extérieur de la grotte, en général par la foudre. Notre homme capturait vraisemblablement le feu en enflammant une poignée de brindilles ou du petit bois d'allumage qu'il rapportait ensuite à la grotte. Etant donné la rareté des feux naturels, il devait être vital pour lui d'empêcher le feu de s'éteindre ; pour ce faire, il devait y rajouter continuellement du bois, ou alors il couvrait les braises avec de la cendre ou de la terre pour en ralentir la combustion et pouvait ensuite réactiver le feu en soufflant sur les braises. Du charbon de bois trouvé dans la grotte pourrait être une trace de ce deuxième procédé.

Quelle était la nature de l'environnement de l'homme de Pékin ? À partir de l'étude des pollens retrouvés sur le site n° 1 de Zhoukoudian, Kong Zhaochen, de l'Institut de Botanique de l'Académie des Sciences chinoise, et ses collaborateurs ont suggéré que l'homme de Pékin vivait sous un climat de période interglaciaire ; en fait, le climat de cette période ne différait guère du climat actuel de la Chine du Nord. La végétation était constituée de forêts feuillues tempérées et de steppes dans les plaines et les vallées ainsi que de forêts de conifères sur les montagnes.

Un climat tempéré implique un hiver rigoureux chaque année mais procure également un grand nombre de plantes comestibles. Il est possible que l'utilisation d'une grotte comme abri et l'usage du feu reflètent la nécessité de survivre à la froidure hivernale.

Les différentes plantes disponibles procuraient non seulement du bois de chauffage mais aussi des fruits et des graines. On a retrouvé, dans les dépôts de la grotte, une grande quantité de graines carbonisées de micocouliers que l'homme de Pékin avait de toute évidence ramassées et grillées pour les consommer. L'analyse des pollens dans les dépôts indique également la présence d'autres plantes telles que le noyer, le noisetier, le pin, l'orme et le rosier grimpant ; les fruits et les graines de ces espèces ont probablement fait partie du régime alimentaire de l'homme de Pékin.

La chasse était une importante adaptation à l'environnement puisque la viande pouvait fournir plus de calories et de protéines qu'une nourriture végétarienne. L'homme de Pékin n'avait manifestement rien à envier aux grands carnivores sur ce point ! L'abondance des os de Mammifères de diverses tailles découverts dans la grotte indique que, non seulement il chassait le petit gibier, mais aussi était capable de tuer de grands animaux.

Il existe généralement chez les carnivores une relation naturelle entre la taille du prédateur et celle de sa proie : un renard ne peut pas tuer un zèbre, alors que le zèbre est la proie favorite des lions. Grâce à ses armes, l'homme de Pékin a pu échapper aux limitations dues à sa taille et notamment devenir un excellent chasseur de cerfs, alors que certains d'entre eux étaient plus grands et plus rapides que lui. La grande quantité d'os provenant d'au moins 3000 cerfs de deux espèces différentes, le cerf géant mégaceros (*Megaceros pachyosteus*) et le cerf sika (*Pseudaxis grayi*), semble indiquer que le cerf était la proie favorite de l'homme de Pékin.

Les adaptations sociales

Nous avons vu que l'homme de Pékin vivait dans une grotte, utilisait le feu, chassait le cerf, récoltait des graminées et fabriquait des outils spécialisés. Les fossiles et les outils que l'on a découverts témoignent de son adaptation biologique et technique. Il est plus difficile de retracer son adaptation sociale car il n'existe guère d'indices en ce domaine, mais nous pouvons néanmoins avancer trois hypothèses à partir de nos travaux.

D'une façon générale, la cueillette est une activité simple qui peut être accomplie par des individus isolés. La chasse en revanche, et en particulier la chasse au gros gibier, est si compliquée, difficile et hasardeuse qu'elle nécessite la coopération de nombreux individus. On peut donc en conclure que l'homme de Pékin vivait en groupe plutôt qu'en solitaire à l'époque où il a commencé à chasser le cerf. En outre, les milliers de restes fossiles de proies découverts dans la grotte suggèrent que ces chasseurs primitifs préféraient peut-être rapporter leurs proies à la grotte et les partager avec les autres membres de la communauté plutôt que les consommer là où ils les avaient tuées.

En second lieu, la chasse aux animaux rapides et de grande taille comme le cerf devait être difficile pour les femmes, en raison de leurs handicaps physiologiques tels que la grossesse et les soins aux enfants. On peut donc imaginer que les activités de chasse de l'homme de Pékin ont pu provoquer ou favoriser la division sexuelle du travail à l'intérieur du groupe. La division classique des sociétés de chasseurs-cueilleurs actuelles, les hommes s'occupant de la chasse et les femmes de la cueillette, était peut-être déjà établie.

Enfin, l'existence d'une industrie lithique ayant sensiblement progressé pendant une période de plus de 200 000 ans suggère que la forme la plus ancienne d'enseignement s'est peut-être pratiquée dans la grotte de l'homme de Pékin. En effet, il est impensable que chaque génération ait pu réinventer l'enchaînement complet des techniques de fabrication des outils, en commençant par frapper un galet afin d'en faire un outil rudimentaire pour finir par tailler soigneusement un éclat en forme de racloir. Ces techniques de fabrication, tout comme la science et la technique modernes, ont dû être transmises aux jeunes par les anciens.

9

Qui fut l'ancêtre de l'*Homo sapiens* ?

*Comment définit-on des espèces fossiles à partir de leur morphologie ? L'évolution opère-t-elle graduellement ou par sauts successifs ? Les fossiles d'*Homo erectus *posent aussi le problème : les hommes modernes ont-ils une origine commune récente ou se sont-ils individualisés, dans chaque région, à partir de populations archaïques locales ?*

par Jean-Jacques Hublin

Les Hominidés sont la famille de Primates qui comprend le genre *Homo*, dont la seule espèce vivante est *Homo sapiens*. Depuis plus d'un siècle, la paléontologie humaine s'efforce de déterminer les grandes étapes du développement des Hominidés et la place de l'Homme au sein des Primates, mais, au cours des dernières années, les spectaculaires découvertes de fossiles en Afrique du Sud et de l'Est ont attiré l'attention sur les périodes les plus anciennes de l'histoire de l'humanité, entre – 4 et – 2 millions d'années. Parmi les plus anciens Hominidés connus, *Lucy*, le squelette d'Australopithèque découvert en Afrique, en 1981, est devenu un incontournable objet de la vulgarisation scientifique, et les travaux récents indiquent que les gisements d'Afrique ont encore beaucoup à nous apprendre sur l'histoire de l'humanité.

L'évolution humaine, dans les périodes un peu plus proches, semblait se résumer à trois grandes étapes dans l'histoire du genre *Homo* : les *Homo habilis* africains (entre – 2,5 et – 1,6 millions d'années) auraient été suivis par *Homo erectus* (entre – 1,6 et – 0,3 million d'années), une espèce connue en Afrique et en Asie et qui semblait bien caractérisée, puis par *Homo sapiens*, connu surtout par des hommes modernes fossiles comme l'Homme de Cro-Magnon et par des formes à la fois plus primitives et plus spécialisées, telles que les Hommes de Neandertal d'Europe et du Proche-Orient.

Cependant les découvertes qui se sont multipliées dans des niveaux pléistocènes (entre – 1,9 million d'années et – 10 000 ans) d'Afrique, d'Europe et de Chine ont amené les paléoanthropologues à reconsidérer des fossiles anciennement mis au jour et à remettre en cause la simplicité de ce schéma évolutif « en trois étapes ». Paradoxalement, ce sont les groupes d'hommes fossiles historiquement les premiers définis et étudiés, les *Homo erectus* et les *Homo sapiens* primitifs, qui font aujourd'hui l'objet de controverses d'autant plus vives qu'elles touchent directement aux origines des populations actuelles. Les « races » actuelles ont-elle une origine commune récente, ou bien, au contraire, chaque région de l'Ancien Monde a-t-elle été le théâtre du développement d'hommes de type moderne à partir de populations locales archaïques d'*Homo sapiens* primitifs, voire d'*Homo erectus* ? C'est l'une des grandes questions de la paléoanthropologie.

Les *Homo erectus*

La découverte de l'Homme de Neandertal en 1856 (voir *Les origines de l'homme de type moderne en Europe*, p. 153) la publication de *L'origine des espèces par voie de sélection naturelle* par Darwin, en 1859, et la mise en évidence, vers la même époque, des premiers outils paléolithiques par le préhistorien français Jacques Boucher de Perthes

1. EN EUROPE, on n'a pas découvert de fossiles aussi anciens qu'en Afrique de l'Est ou en Extrême-Orient. Les plus vieux spécimens européens connus sont généralement considérés comme des *Homo sapiens* primitifs, car leur boîte crânienne est nettement plus grosse que celle des *Homo erectus* africains et asiatiques. A partir de ces *Homo sapiens* primitifs, les populations de nos régions ont progressivement évolué vers un type particulier : l'Homme de Neandertal. Les fossiles de Tautavel (*en haut à gauche*), dont l'âge avoisine peut-être 400 000 ans, présentent déjà les premiers signes d'une évolution qui aboutira à la mise en place, au début de la dernière glaciation (entre – 80 000 et –35 000 ans) des Neandertaliens typiques ; l'Homme de la Chapelle-aux-Saints (*en haut à droite*) en est certainement un des représentants les plus célèbres. Aux Neandertaliens, répandus jusqu'en Asie centrale, a succédé un Homme de type moderne, originaire du Proche-Orient, l'Homme de Cro-Magnon (*en bas à gauche*). Hommes de Neandertal et Hommes de Cro-Magnon ont cohabité pendant un certain temps, mais les Européens actuels (*en bas à droite*) sont des descendants des Hommes de Cro-Magnon. Ce cas est l'un des seuls, bien attesté, où l'apparition des Hommes modernes dans une région résulte d'un véritable remplacement des populations archaïques locales.

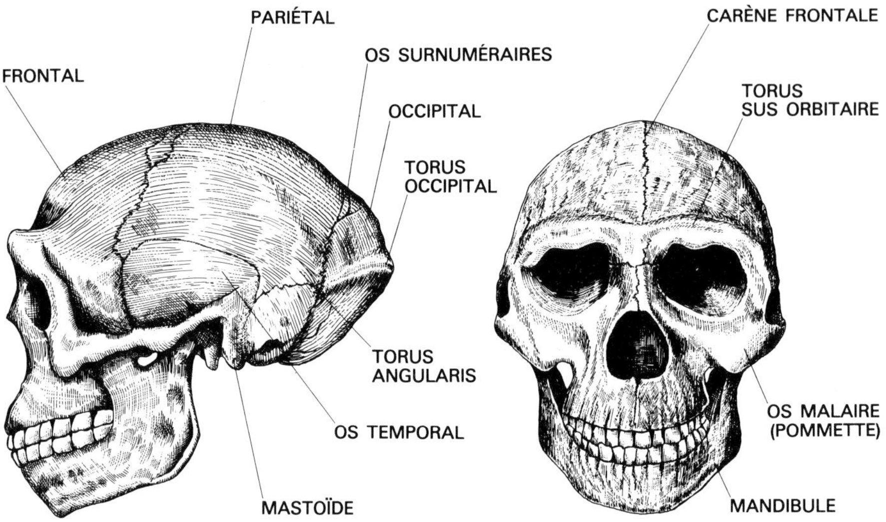

2. LE SINANTHROPE est le premier *Homo erectus* découvert en Chine. Entre les deux Guerres mondiales, le gisement de Zhoukoudian a livré six crânes bien conservés d'*Homo erectus*, auxquels s'ajoutent une demi-douzaine de mandibules, des dents isolées et des fragments de squelette. Grâce à ce matériel exceptionnel, l'anatomiste allemand Franz Weidenreich établit en 1943 la reconstitution présentée sur cette figure. Le crâne du Sinanthrope présente, comme celui de ses cousins indonésiens, des parois très lourdement ossifiées. A l'angle postéro-inférieur du pariétal, court et aplati, comme sur l'occipital bas, large et coudé, on rencontre des « torus » formés par un épaississement de la couche externe compacte de l'os. Malgré son nom, le torus sus-orbitaire, qui surplombe la face, n'est pas de même nature que les autres et contient du tissu osseux spongieux. D'autres parties de la boîte crânienne, notamment la carène frontale et la région de la suture entre le frontal et les pariétaux sont également épaissies. Le crâne présente aussi de nombreux caractères primitifs qui ne sont pas à proprement parler des caractéristiques d'*Homo erectus*. La boîte crânienne est basse et large, avec diverses conséquences sur la forme des différents os. La face est robuste, plate et projetée en avant du crâne, et le torus sus-orbitaire est puissant. La base du crâne est primitive par bien des aspects. La denture est robuste, et la mandibule, dépourvue de menton.

posèrent de façon révolutionnaire la question des origines de l'Homme.

L'anatomiste allemand Ernst Haeckel développait alors l'idée que l'évolution passée d'une espèce était « récapitulée » par son développement embryonnaire. Se fondant sur les grandes ressemblances entre les embryons de grands singes et les embryons humains, Haeckel concluait que l'ancêtre de l'Homme ne pouvait être qu'un « homme singe » qui, selon lui, aurait vécu quelque part dans les territoires engloutis du Sud de l'Asie. En se fondant sur le darwinisme, certains biologistes soutenaient que l'Homme descendait du Gorille ou du Chimpanzé, mais E. Selenka montrait la grande proximité embryologique de l'Homme, de l'Orang-Outan et du Gibbon, dont le naturaliste anglais John Lubbock vantait même le sens musical.

Imprégné des conceptions de Selenka (qui étaient fausses), l'anatomiste hollandais Eugène Dubois (*voir la figure 6*) s'embarqua pour Sumatra, un beau jour de 1889 ; il partait à la recherche du chaînon manquant entre les singes et l'Homme, déjà dénommé *Pithecanthropus alalus* par Haeckel.

Cette entreprise hardie devait aboutir à l'une des plus grandes découvertes de l'histoire de la paléoanthropologie : après quelques fouilles infructueuses, Dubois apprit qu'un crâne humain fossile venait d'être mis au jour à Wadjak, dans l'île de Java, et il obtint d'aller y exercer ses fonctions de médecin militaire. En septembre 1891, ses efforts aboutirent à la découverte d'une dent et, en octobre, à celle d'une calotte crânienne fossilisée ; puis, quelques mois plus tard, il trouva, dans le même gisement, un fémur tout à fait humain qu'il attribua au même type d'Hominidés. Ainsi apparut, en 1894, le *Pithecanthropus erectus*, une « forme intermédiaire de Java », comme l'indiquait Dubois dans sa publication.

Il serait exagéré de prétendre que les conclusions de Dubois furent accueillies avec enthousiasme par le monde scientifique, et le comportement déjà étrange du chercheur s'aggrava. Le crâne qu'il avait découvert fut, à l'époque, parfois tenu pour celui d'un Gibbon géant, et son fémur fossile pour celui d'un Homme moderne. Cette dernière proposition n'a d'ailleurs jamais été vraiment infirmée, mais la première fut révisée. En 1936, le paléontologue G.H.R. von Koenigswald, des Services géologiques des Indes orientales néerlandaises, reprit la prospection à Java. De nouvelles découvertes s'ajoutèrent à celles de Dubois, tandis qu'à des milliers de kilomètres de là, sur la colline de Zhoukoudian (anciennement Choukoutien), près de Pékin, se déroulait depuis 1921 la première grande fouille d'un site à Hominidés fossiles jamais entreprise.

En 1943 parut une monographie de F. Weidenreich sur la morphologie crânienne du Sinanthrope découvert à Zhoukoudian ; l'auteur, ancien directeur du Laboratoire de recherches sur le Cénozoïque de Pékin, y mettait en évidence les rapports étroits entre le Sinanthrope de Zhoukoudian et les fossiles de Java. Plus tard, le paléontologue français Marcellin Boule fut l'un des premiers à avancer que le Pithécanthrope et le Sinanthrope appartenaient probablement à un même genre, mais qu'il pensait étranger à l'origine de l'Homme moderne. Finalement, suivant les propositions de Weidenreich et de Theodosius Dobzhanski, Ernst Mayr, du Museum américain d'histoire naturelle de New York, suggéra en 1950 que ces deux formes étaient des versions différentes d'une même espèce du genre *Homo* : *Homo erectus*. Des fossiles de cette espèce furent mis au jour en Afrique, notamment par les découvertes de Camille Arambourg et de Robert Hoffstetter, à Tighénif (anciennement Ternifine), en Algérie, entre 1954 et 1955, et celles de Louis et Mary Leakey à Olduvai, en Tanzanie, en 1960. Les pièces les plus anciennes découvertes en Europe occidentale ont été parfois aussi attribuées à *Homo erectus*, mais de façon plus contestable.

L'ordre dans lequel s'est opérée cette série de découvertes n'a pas qu'un intérêt historique. Après

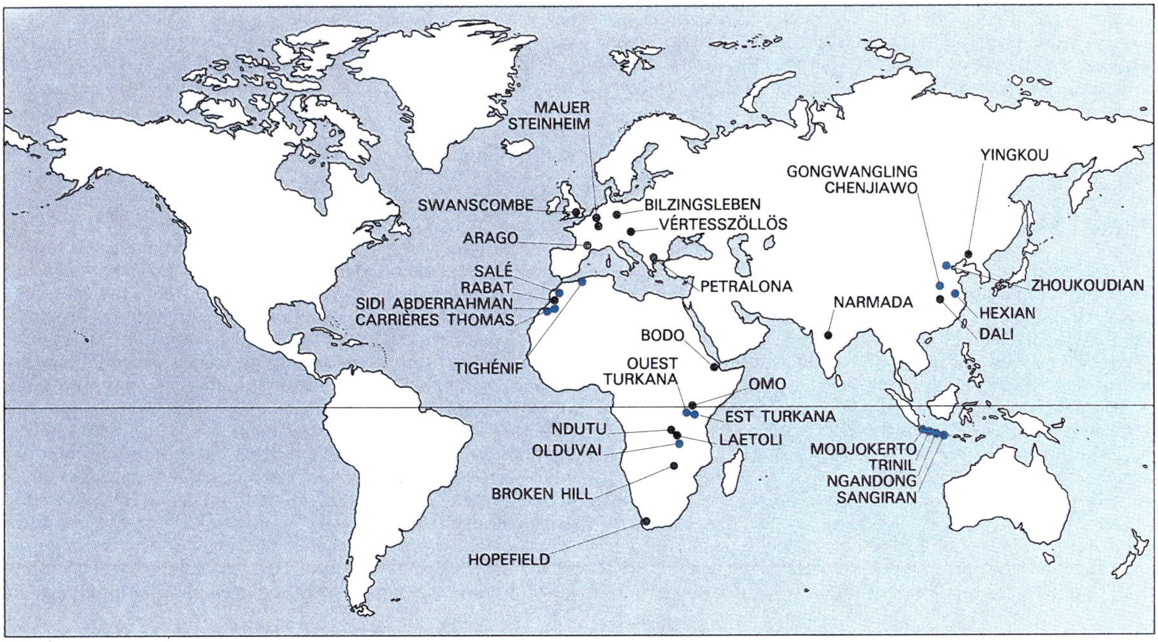

3. LA POSITION DES PRINCIPAUX GISEMENTS ayant livré des restes d'*Homo erectus* (*en couleur*) et d'*Homo sapiens* les plus primitifs (*en noir*) apparaît sur cette carte. Des formes plus récentes, telles que les Hommes de Neandertal, ne sont pas indiquées. Malgré le nombre croissant de découvertes, notre documentation reste très lacunaire. L'immense majorité des fossiles disponibles provient de régions très limitées : Java et la Chine, en Extrême-Orient constituent les zones les plus riches en *Homo erectus*, l'Europe occidentale, l'Afrique du Nord-Ouest et l'Afrique de l'Est, d'autre part. Cette dernière région est celle d'où proviennent les spécimens les plus anciens (–1,6 million d'années). Nous ignorons encore l'aspect des tout premiers habitants de l'Europe, et l'histoire paléoanthropologique ancienne de vastes régions d'Asie et d'Afrique demeure totalement inconnue. Il est certain que lorsque celle-ci pourra être étudiée, notre compréhension d'*Homo erectus* sera bien meilleure. Notons enfin que, dans les régions les plus riches en fossiles de l'Extrême-Orient, la chronologie des différents sites reste mal établie ; de ce fait, il est difficile de savoir si *Homo erectus* est une forme très stable ou si, au contraire, il a évolué graduellement.

sa mise au jour, l'exceptionnelle collection de restes humains de Zhoukoudian fut perdue en 1941, lors de l'invasion de la Chine par le Japon. Heureusement nous en possédons des moulages et, surtout, la description effectuée par Weidenreich demeure un modèle du genre, que peu de travaux modernes approchent. Sa monographie est la référence en matière de craniologie des *Homo erectus* ; c'est sur cet important ensemble de fossiles chinois et indonésiens que l'on a défini l'espèce.

Homo erectus est ainsi tenu pour un homme au squelette très robuste, qui se distinguait surtout de celui d'un homme actuel par la morphologie du crâne. Celui-ci était très massif, avec des parois très épaisses et tout un système de bourrelets osseux ; allongé et bas, il renfermait un cerveau dont le volume était compris entre 700 et 1250 centimètres cubes, alors que les moyennes modernes se situent autour de 1400 centimètres cubes. Sous un front bas et un énorme bourrelet osseux au-dessus des orbites, la face était large, aplatie et très avancée par rapport à la boîte crânienne. La mandibule dépourvue de menton était également très robuste et, dans son ensemble, le système masticateur était puissant, avec une denture beaucoup plus grosse que la moyenne actuelle. Dans le détail, on observe de nombreuses autres différences entre les *Homo erectus* et les Hommes modernes comme l'Homme de Cro-Magnon (*voir la figure 1*) ; la principale différence tient aux proportions élevées du crâne des Hommes de Cro-Magnon, à son profil arrondi et à ses parois minces, avec un cerveau de grande taille, une face redressée, un menton osseux net, un système masticateur plus réduit et un squelette plus gracile.

Au fil des années, de nouveaux spécimens ont été mis au jour. L'une des trouvailles les plus étonnantes est certainement celle d'août 1984 : sur la rive Ouest du lac Turkana, au Kenya, une mission américano-kényanne dirigée par Richard Leakey et Alan Walker, a trouvé le premier squelette complet d'*Homo erectus* ; il s'agit des restes d'un adolescent très bien conservé, dont les résultats de l'étude sont attendus avec impatience. Aujourd'hui, la plupart des manuels décrivent *Homo erectus* comme une espèce qui fut présente dans tout l'Ancien Monde, sauf dans les zones les plus septentrionales et l'Australie ; l'espèce aurait existé, au minimum, de – 1,6 million d'années à – 400 000 ans.

Le concept d'*Homo erectus* est victime de son succès : à l'époque où les seuls hommes fossiles connus étaient quelques Neandertaliens, les Hommes de Cro-Magnon et le Pithécanthrope de Java, la classification était simple, car ces groupes étaient séparés par d'énormes lacunes chronologiques ou morphologiques. Aujourd'hui la relative abondance du matériel, sa répartition géographique et sa dispersion chronologique ont estompé la frontière entre les « espèces » *Homo habilis* et *Homo erectus*, et, surtout, la distinction entre les « espèces » *Homo erectus* et *Homo sapiens*.

L'ancêtre d'*Homo sapiens*

Une espèce est un ensemble d'individus d'aspect semblable ayant en commun des caractères qui les distinguent au sein d'un même genre ; de plus et surtout, des représentants d'une même espèce sont capables d'engendrer des individus féconds. Naturellement, en paléontologie, le critère d'interfécondité n'est pas utilisable et l'on se fonde uniquement sur la morphologie du squelette. Lors de l'évolution d'une espèce mère à une espèce fille, le patrimoine génétique se modifie beaucoup, mais le paléontologue ne peut étudier cette modification qu'à travers son expression anatomique. Au cours du temps, il observe qu'un caractère, au sein d'un groupe d'espèces, passe par une série d'états, chaque état étant « primitif » par rapport à l'état suivant, « dérivé » par rapport à l'état antérieur. Parmi les caractères qui différencient *Homo erectus* de l'Homme moderne, un grand nombre ne sont que des caractères primitifs perdus par l'Homme moderne, mais communs à d'autres Hominidés plus anciens. Il en est ainsi, par exemple, de la projection en avant de la face, ou de l'existence d'un fort bourrelet au-dessus des orbites, dont *Homo erectus* n'a pas l'exclusivité.

En définitive, quelques caractères seulement apparaissent comme des caractères dérivés par rapport à ceux des *Homo habilis* et propres à définir *Homo erectus*. Le premier est la capacité crânienne, sensiblement supérieure à celle des groupes plus anciens et qui représente un stade primitif par rapport à celui des crânes modernes ; toutefois ce caractère est très variable selon les individus. A ce caractère s'ajoutent des traits qui semblent être l'apanage d'*Homo erectus*. C'est notamment le cas de la considérable robustesse des os crâniens, dont l'épaisseur est souvent supérieure à dix millimètres ; cette caractéristique résulte surtout d'un renforcement des couches externes et internes, compactes, et non d'un développement de la partie intermédiaire, spongieuse ; nous verrons plus loin que cette distinction est importante. Citons également le conduit auditif externe, très robuste, et les nombreux

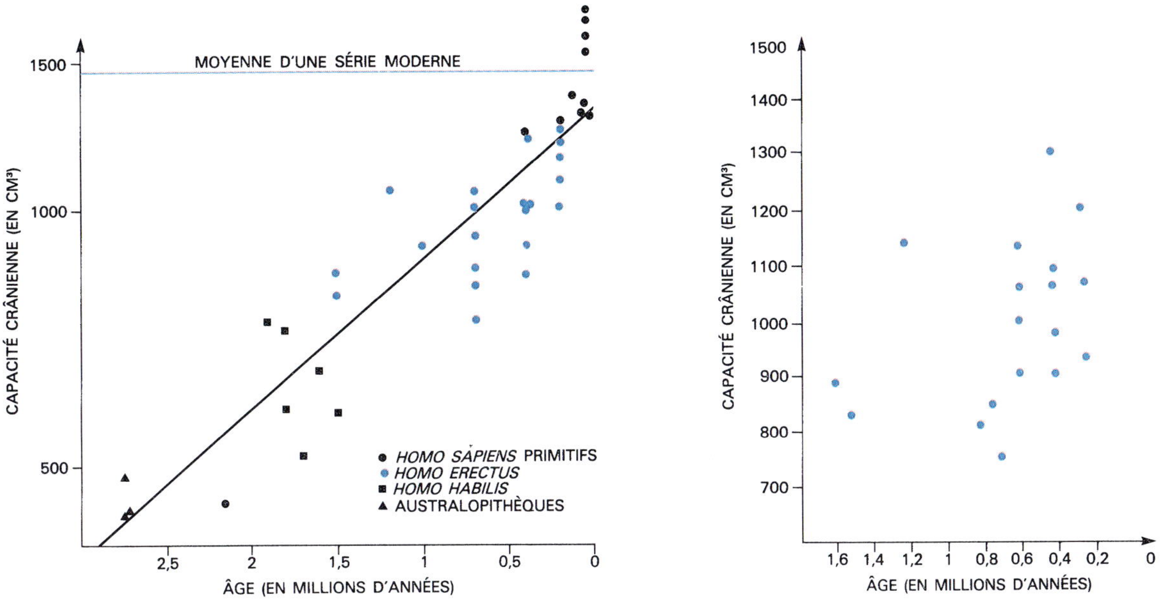

4. L'ÉVOLUTION DU VOLUME CÉRÉBRAL. C. Stringer, du Muséum britannique d'histoire naturelle, a rassemblé (*à gauche*) des données concernant les Australopithèques graciles et les espèces successives du genre *Homo* (*Homo habilis, erectus* et *sapiens*) afin de montrer que le volume du cerveau augmente régulièrement depuis plus de 2,5 millions d'années. Les données présentées (*à droite*) par Ph. Rightmire, de l'Université d'État de New York, pour la période comprise entre – 1,6 à – 0,2 million d'années, tendent au contraire à prouver que la capacité crânienne des *Homo erectus* augmentera peu ; d'un point de vue statistique, cette évolution n'est pas significative. En fait, l'inclusion de certains spécimens dans les *Homo sapiens* primitifs, plutôt que dans les *Homo erectus* évolués, le faible nombre de fossiles très complets et, surtout, les incertitudes qui pèsent sur l'âge précis de beaucoup d'entre eux empêchent de savoir si *Homo erectus* présente une morphologie stable ou s'il a évolué graduellement vers *Homo sapiens.*

reliefs osseux (au rôle encore très controversé) de la surface du crâne. Enfin les os longs du squelette présentent des parois très épaisses, alors que les cavités qu'elles délimitent et qui renfermaient la moelle sont très réduites.

Ces caractères particuliers excluent-ils *Homo erectus* de notre origine ? Un examen attentif du matériel fossile montre qu'ils sont surtout développés chez les formes indonésiennes et chinoises, alors que ces traits sont atypiques, voire absents, en Afrique et en Europe. D'un point de vue phylogénique, cette constatation peut s'interpréter de deux façons.

La première interprétation consiste à penser que l'ensemble des fossiles d'*Homo erectus* est hétérogène et qu'il se divise en *Homo erectus* vrais, présents seulement en Extrême-Orient, et en *Homo* indéterminés, présents surtout en Afrique. Les *Homo erectus* vrais, « trop spécialisés », ne seraient pas des ancêtres d'*Homo sapiens*, tandis que les seconds ne présenteraient en fait que des caractères primitifs par rapport à notre espèce et donneraient une bonne idée de l'apparence que pouvaient présenter nos ancêtres. Cette interprétation est cependant contestable, car des caractères de certains des « *Homo erectus* vrais » asiatiques récents semblent indiquer une évolution vers *Homo sapiens*. Les Hommes de Ngandong (Java), par exemple, ont une capacité crânienne nettement supérieure à la moyenne des autres *Homo erectus* indonésiens : si ces Hommes de Ngandong doivent être exclus de l'origine d'*Homo sapiens*, il faut admettre que leur forte capacité crânienne résulte uniquement d'un « parallélisme », c'est-à-dire de l'acquisition séparée, par deux espèces proches, d'un même caractère, un phénomène banal en paléontologie.

La deuxième interprétation est de considérer que toutes ces formes, asiatiques et africaines, appartiennent bien à une même espèce, ancêtre de l'espèce *Homo sapiens*, mais que leurs caractères les plus originaux, surtout exprimés en Orient, ont subi ce que les paléontologues appellent une réversion, c'est-à-dire une sorte de marche arrière évolutive, un retour d'un état dérivé vers un état primitif.

Devant ces deux interprétations, toutes deux fondées sur plusieurs hypothèses, le « principe de parcimonie » utilisé dans toutes les sciences incite à retenir la solution la plus simple, c'est-à-dire, dans le cas présent, celle qui comporte le moins de pas évolutifs. Cette économie d'hypothèses aboutit théoriquement à rejeter le second modèle, qui fait intervenir un nombre relativement élevé de réversions, au profit du premier, qui ne suppose que quelques parallélismes. Toutefois un certain nombre d'arguments viennent battre en brèche cette comptabilité simpliste.

Quand on considère attentivement la liste des caractères dérivés propres à *Homo erectus*, on découvre d'abord qu'elle peut être réduite, du fait de redondances. Décrire le développement d'un fort bourrelet osseux (le torus occipital) à l'arrière du crâne, remarquer la fermeture de l'angulation de l'occipital par rapport aux formes plus anciennes et constater que c'est sur le torus que se situe le point le plus reculé du contour crânien, c'est exprimer de trois façons différentes le même phénomène anatomique. De surcroît, une fois la liste ainsi apurée, on se retrouve devant une dizaine de caractères qui semblent tous plus ou moins liés à une augmentation de la masse osseuse du squelette. Les couches externes et internes compactes des os crâniens sont épaissies, et c'est un fort épaississement local de la couche externe qui produit des structures telles que le torus occipital. Pour le reste du squelette, on peut également penser que la réduction de la partie

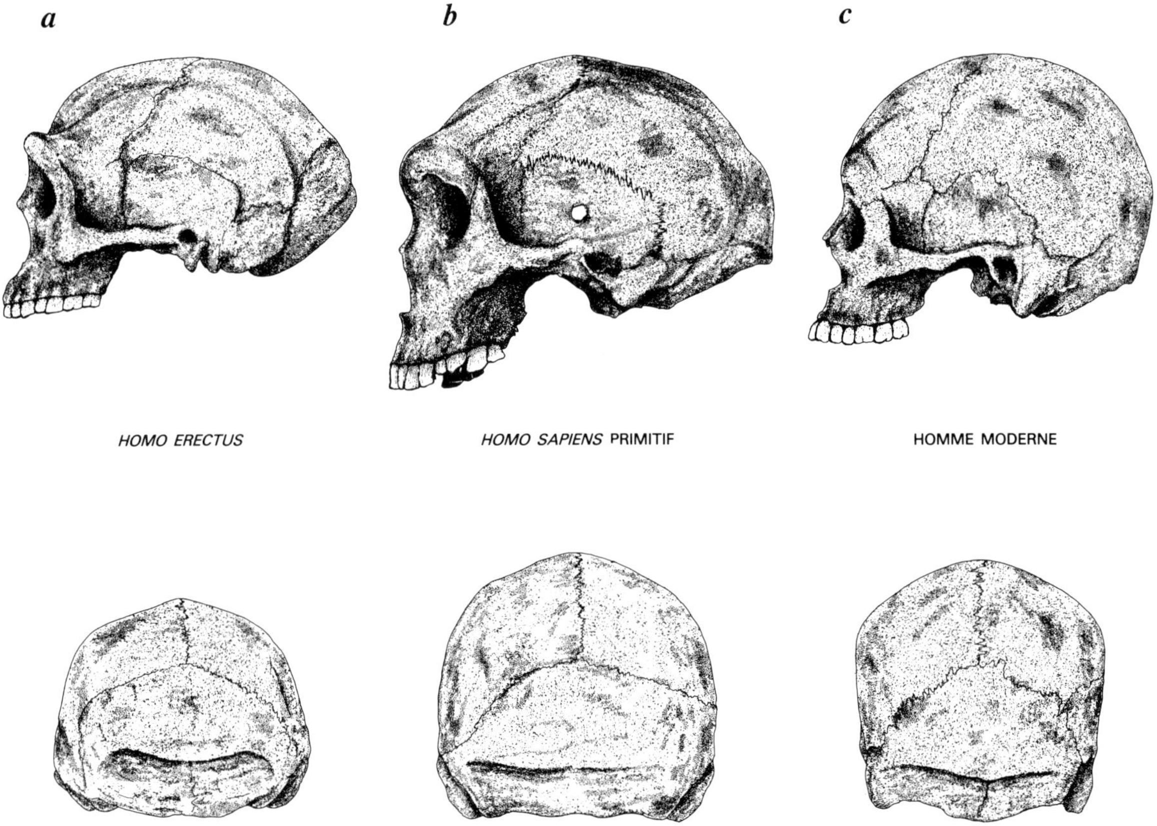

5. LES CRÂNES d'*Homo erectus* (*a*), d'*Homo sapiens* primitifs (*b*) et d'Hommes modernes (*c*) témoignent d'une élévation progressive de la voûte crânienne. En vue postérieure, on voit que c'est la base, avec des parois convergentes vers le haut, qui est la plus large. Chez l'Homme moderne, au contraire, la largeur maximale est en position élevée et, si le contour général reste pentagonal, les parois latérales convergent vers le bas. Le spécimen du milieu (*b*) présente une morphologie intermédiaire, qui résulte de l'expansion du volume cérébral. Ce caractère « dérivé » relie à l'Homme moderne les spécimens considérés comme des *Homo erectus* évolués ou des *Homo sapiens* primitifs. En outre, les *Homo sapiens* primitifs possèdent souvent des traits anatomiques considérés comme l'apanage d'*Homo erectus*, par exemple la présence du torus angularis, un bourrelet osseux à l'angle inférieur du pariétal. Ces caractères, qui ont disparu ultérieurement, ne peuvent donc servir à exclure *Homo erectus* de l'origine d'*Homo sapiens*.

médullaire des os longs au profit des zones corticales procède, en partie du moins, du même phénomène d'hyperossification.

Ce phénomène peut d'ailleurs se produire exceptionnellement chez des Hommes modernes souffrant d'un déséquilibre hormonal : on constate, chez les géants acromégales, un fort épaississement des couches compactes des os crâniens et un développement de structures du type torus. D'autre part, dans quelques populations modernes, comme par exemple des aborigènes d'Australie, certains individus ont encore un torus occipital, moins important, certes, que celui des *Homo erectus*. Des mesures de densité osseuse effectuées au scanner sur leur crâne montrent que celui-ci est, dans son ensemble, sensiblement plus « ossifié » que celui des hommes qui ne présentent pas de torus. Il apparaît même que ce sont justement les zones où se développent des structures particulières chez *Homo erectus* qui, chez ces Hommes modernes au crâne très « ossifié », présentent les accroissements osseux les plus notables. Par conséquent, on peut penser qu'un phénomène physiologique d'hyperossification dont les effets actuels sont réduits concernait l'ensemble du squelette d'*Homo erectus*. L'augmentation de la masse osseuse qui en résultait produisait, dans certains sites anatomiques, l'apparition de structures originales.

Le passage des *Homo erectus* vrais aux *Homo sapiens* n'implique donc pas un grand nombre de réversions, mais probablement une réversion principale aux multiples conséquences. En définitive, la seconde interprétation (les « *Homo erectus* » asiatiques peuvent être les ancêtres d'Hommes modernes) est tout aussi parcimonieuse que la première (les « *Homo erectus* » asiatiques représentent une espèce distincte des formes africaines).

Stase évolutive ou gradualisme ?

Toute une série de découvertes renforcent l'hypothèse de la réversion des caractères. Au fur et à mesure que nos collections se sont enrichies, un groupe de fossiles est apparu, considéré par certains comme des *Homo sapiens* primitifs, par d'autres comme des *Homo erectus* évolués. Cette incertitude montre combien il est difficile de délimiter les deux « espèces ».

La première de ces découvertes date de 1921 : un crâne et quelques autres ossements humains furent mis au jour dans une exploitation de minerai de zinc, à Broken Hill, en Zambie. Puis, au début des années 1930, on découvrit les crânes de Ngandong. La position des pièces de Broken Hill et de Ngandong était assez incertaine dans les classifications : on les rangeait habituellement dans un groupe fourre-tout, les « Neandertaloïdes », considérés comme des Hommes de Neandertal africains et asiatiques. Toutefois les études ultérieures devaient montrer que ces

6. EUGÈNE DUBOIS, après des études de médecine, aurait pu poursuivre une carrière universitaire brillante s'il n'avait été contaminé par le virus de la paléontologie humaine, comme nombre de scientifiques de sa génération. En une décennie, le dogme biblique avait été renversé et, depuis 1860, on cherchait des hommes fossiles partout en Europe. Influencé par les théories de Haeckel et persuadé que notre ancêtre était un « homme-singe » ayant vécu quelque part au Sud de l'Asie, Dubois tenta en vain de rassembler les fonds nécessaires pour entreprendre une expédition en Indonésie. Finalement il s'engagea comme médecin militaire de l'armée coloniale hollandaise et partit, avec femme et enfant, pour les « Indes néerlandaises ». Après bien des efforts, il mit au jour, en 1891, dans l'île de Java, la première calotte crânienne d'*Homo erectus* jamais découverte. Dubois revint en Europe en 1895 et dut alors affronter les critiques et le scepticisme des milieux scientifiques, qui tenaient son « Pithécanthrope » tantôt pour un singe, tantôt pour un homme, mais rarement pour un « homme-singe ». Supportant difficilement la contradiction, Dubois se retira au bout de quelques années avec ses fossiles et le bruit courut même un moment qu'il avait abandonné ses vues et était retourné à une foi religieuse très stricte et avait détruit ses découvertes. Alors que l'*Homo erectus* apparaissait de plus en plus clairement comme un type humain archaïque ayant précédé l'*Homo sapiens*, Dubois continua jusqu'à la fin de sa vie à défendre son « homme-singe ».

formes n'avaient rien de commun avec les véritables Hommes de Neandertal, qui forment un groupe uniquement européen et proche-oriental.

Cette sorte de purgatoire paléontologique s'est assez brusquement peuplé, dans les dernières années, avec la découverte de nouveaux crânes : à Omo-Kibisk (Éthiopie), à Salé (Maroc), à Ndutu (Tanzanie), à Vértesszöllös (Hongrie), à Tautavel (France), à Dali (Chine) et à Sambungmachan (Indonésie). Ces formes présentent toutes au moins une partie des caractères typiques d'*Homo erectus*, tels que la grande épaisseur des parois crâniennes, un torus occipital plus ou moins développé, un bourrelet osseux dans la région postéro-inférieure du pariétal, ou encore une forte carène frontale.

En contrepartie, ces fossiles présentent également des caractères dérivés propres à *Homo sapiens* : leur cerveau était généralement d'assez grande taille ou, tout au moins, possédait des proportions comparables à celles du cerveau d'*Homo sapiens*, et ce développement cérébral a suscité l'apparition de nouveaux caractères de la voûte crânienne, dont les parois sont redressées et dont le sommet est relevé (*voir la figure 5*). En somme, ces fossiles sont ceux d'*Homo erectus* à grand cerveau ou ceux d'*Homo sapiens* au crâne lourdement ossifié. Comme nous l'avons vu, certains caractères définissant *Homo erectus* persistent en outre, sous une forme atténuée chez des Hommes modernes et, parmi ceux-là, figure le torus occipital que l'on retrouve également, bien que faiblement développé, chez des *Homo sapiens* primitifs comme les Neandertaliens.

Tous ces arguments concourent à faire d'*Homo erectus* et d'*Homo sapiens* deux « grades », c'est-à-dire deux stades évolutifs, le long d'une même lignée. A partir de raisonnements un peu différents, quelques paléontologues, comme par exemple A. Thoma, de l'Université catholique de Louvain, ou J. Jelínek, du Musée anthropologique de Brno, ont même proposé de considérer les *Homo erectus* comme de véritables *Homo sapiens*. Cette position est rejetée par les chercheurs qui considèrent *Homo erectus* comme une entité réelle dont la morphologie caractéristique est restée stable pendant plus d'un million d'années. Certains anthropologues ont tenté de démontrer la réalité de cette « stase évolutive », notamment Philip Rightmire, de l'Université de New York, qui a mesuré plusieurs paramètres crâniens et a étudié leur évolution en tenant compte, pour chaque période, de la variation individuelle. Il a ainsi observé que la capacité crânienne (un caractère assez variable) n'augmentait pas de façon significative entre – 1,6 et – 0,2 million d'années (*voir la figure 4*), mais ce genre de travail est fortement contesté, car les échantillons sont rares, et l'impossibilité d'une démonstration statistique du changement n'implique en rien la réalité d'une stase évolutive. Remarquons enfin que l'existence d'une stase évolutive pour un ou quelques caractères ne prouve nullement la stabilité de tous les caractères d'une espèce.

L'interprétation des fossiles est parfois difficile et, de plus, les spécimens utilisés ne sont pas toujours très exactement datés. Le crâne de Salé, par exemple, présente une faible capacité crânienne ; on l'a d'abord daté de – 200 000 ans, mais, en raison de données nouvelles, on le date aujourd'hui à près de – 400 000 ans. Ainsi une estimation différente de l'âge des fossiles et un choix différent des spécimens et des caractères permettent aussi bien la mise en évidence d'une évolution plus graduelle, ce que ne se sont pas privés de faire quelques chercheurs.

Montrons sur les fossiles chinois les problèmes que pose la datation : en Chine, les découvertes d'*Homo erectus* et d'*Homo sapiens* primitifs ont été nombreuses, et aucune théorie ne saurait les ignorer. Les travaux de chercheurs chinois, fondés sur l'observation, dans les sédiments, d'inversions du champ magnétique, et sur diverses techniques de datation physico-chimique ont permis d'établir une chronologie des niveaux où l'on trouve les *Homo erectus* à Zhoukoudian ; ces spécimens dateraient de – 500 000 à – 200 000 ans. Un autre *Homo erectus* chinois, celui de Hexian, serait proche de la forme de Zhoukoudian et contemporain des derniers *Homo erectus* trouvés sur ce site. Par ailleurs, des *Homo sapiens* primitifs chinois, comme ceux de Yingkou et de Dali, pourraient aussi avoir un âge comparable, et il faudrait donc admettre que deux groupes très différents se sont rapidement succédé ou même qu'ils ont été contemporains pendant un certain temps. Cette dernière hypothèse est très contestable, comme nous allons le voir.

Critiquant les techniques employées et constatant la grande homogénéité de la faune et de la flore de Zhoukoudian, J. Aigner, de l'Université de Fairbanks, a récemment avancé que l'ensemble des *Homo erectus* de Zhoukoudian pourrait appartenir à une seule période interglaciaire, dont la durée totale ne saurait dépasser 100 000 ans. Or un fossile aussi important que le crâne de Hexian, découvert en 1980, est daté essentiellement grâce aux corrélations établies avec la stratigraphie de Zhoukoudian ! La figure 7 indique comment, en fonction des hypothèses retenues, les *Homo*

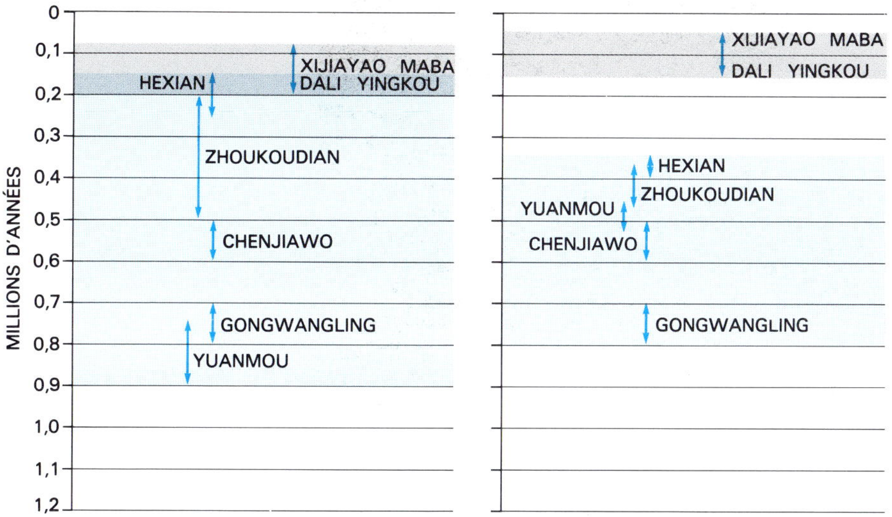

7. LE TERRITOIRE CHINOIS a livré de nombreux fossiles humains attribués à *Homo erectus* (*en couleur*) et à des formes primitives d'*Homo sapiens* (*en noir*), mais on ne connaîtra jamais la provenance exacte et l'âge des pièces recueillies dans les pharmacies traditionnelles. Cependant, même dans le cas de gisements stratifiés comme ceux qui sont présentés ci-dessus, les spécimens sont parfois difficiles à dater, soit que ces découvertes aient été opérées fortuitement par des non-spécialistes, soit que le cadre géochronologique soit trop incertain. Les dents humaines de Yuanmou ont ainsi rajeuni considérablement : datées d'abord à partir de données fauniques et paléomagnétiques de – 1,7 million d'années, elles sont aujourd'hui situées dans la chronologie, soit entre – 0,9 et – 0,73 million d'années, soit même autour de – 0,5 million d'années, selon les arguments retenus. L'âge des fossiles de Zhoukoudian et celui de l'Homme de Hexian sont particulièrement importants à déterminer. Si l'on retient pour Zhoukoudian la chronologie la plus longue (*à gauche*) établie par les chercheurs chinois, alors les *Homo erectus* et les *Homo sapiens* primitifs sont deux ensembles distincts qui se sont succédés assez rapidement ; au contraire, si l'on retient la chronologie la plus courte, proposée par S. Aigner (*à droite*), on peut expliquer la discontinuité morphologique entre les deux groupes par la lacune chronologique qui les sépare.

erectus et les *Homo sapiens* primitifs chinois apparaissent comme deux ensembles qui se recoupent dans le temps ou, au contraire, comme deux groupes bien séparés.

La démonstration d'une stase évolutive entre – 1,6 million d'années et – 400 000 ans pourrait permettre le maintien du concept d'*Homo erectus*, étant entendu qu'il s'agit très probablement, seulement, d'un grade primitif de la lignée menant à *Homo sapiens*. Cependant, dans l'état actuel des connaissances, cette démonstration reste hasardeuse et l'on pressent que l'évolution des formes aujourd'hui regroupées sous le nom d'*Homo erectus* s'est faite par accélérations successives, sans peut-être qu'il y ait eu de véritable stase pour autant.

Continuité régionale et origine des populations modernes

Considérant que *Homo erectus* et *Homo sapiens* représentent deux grades d'une même lignée, on peut se demander si les Hommes modernes ont une origine commune très localisée ou, au contraire, si les *Homo erectus* de chaque région ont produit des Hommes de type moderne de « races » différentes. La solution de ce problème a été recherchée dans le maintien, sur de longues périodes, de caractères anatomiques originaux dans chaque région de l'Ancien Monde.

Les incisives « en pelle » constituent une morphologie particulière que l'on observe chez certains fossiles : la face postérieure de la dent est encadrée par des tubercules latéraux et par un tubercule basal qui accentuent la concavité de cette surface (*voir la figure 9*). Cette particularité des fossiles, rare dans nos régions, est très répandue dans d'autres populations actuelles ou fossiles ; on la retrouve notamment chez les Hommes de Neandertal et, parmi les groupes modernes, chez les Mongoloïdes. On constate aussi la très forte fréquence de ce caractère sur les incisives supérieures humaines qu'ont livrées les gisements préhistoriques chinois, tant pour les périodes récentes que pour des fossiles anciens comme ceux de Yuanmou, de Zhoukoudian, de Yunxian, de Yun Xi, de Tongzi ou de Xijiayao (*voir la carte de la figure 7*).

Cette constance de la morphologie des incisives pourrait passer pour une simple coïncidence, mais la continuité observée se retrouve pour d'autres traits morphologiques notamment la réduction précoce de la hauteur de la face et de la denture postérieure, la fréquente absence de la troisième molaire, le développement et la persistance d'une carène frontale, le faible développement des sinus frontaux, la présence d'os surnuméraires à l'arrière du crâne, la morphologie des os du nez ou encore l'aplatissement de la face, avec diverses conséquences anatomiques. Cette remarque concluait déjà l'étude de Weidenreich sur Zhoukoudian (*voir les figures 2 et 8*).

On observe une continuité semblable entre les hommes fossiles indonésiens et les aborigènes australiens actuels. Le sol de l'Australie a livré de nombreux restes humains qui appartiennent tous

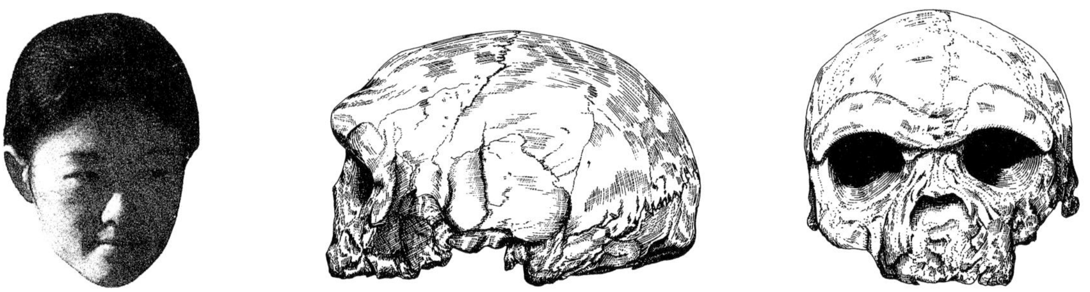

8. UNE GRANDE DISTANCE MORPHOLOGIQUE sépare la gracieuse Mandchoue de gauche et le robuste crâne d'*Homo sapiens* primitif découvert à Dali, dans le Shaanxi, en 1978 ; l'âge de ce crâne est parfois estimé à près de 200 000 ans. Pourtant des anthropologues comme Wu Ru Kang et Wu Xin Zhi, de Pékin, ou M. Wolpoff, de l'Université du Michigan, reprenant des idées déjà avancées par Weidenreich, estiment qu'un certain nombre de traits anatomiques démontrent une continuité évolutive régionale. Chez les Chinois modernes comme sur des Sinanthropes relativement anciens, on observe la persistance d'incisives supérieures « en pelle », la réduction précoce de la face, qui est restée très aplatie, la réduction marquée de la partie postérieure de l'arcade dentaire, avec la fréquente disparition totale de la troisième molaire inférieure, le faible développement des sinus frontaux, une morphologie particulière de la racine du nez ou encore la fréquence des os surnuméraires à l'arrière du crâne. A. Thorne, de Camberra, utilise une argumentation comparable pour relier directement les *Homo erectus* indonésiens aux aborigènes australiens actuels et fossiles.

au type moderne, et le peuplement de ce continent ne semble guère remonter au-delà de – 40 000 ans. Ces restes ne sont pas très homogènes et les Hommes du lac Mungo (entre – 30 000 et – 25 000 ans) sont bien plus graciles que ceux de Kow Swamp, dont l'âge ne dépasse pourtant pas – 10 000 ans. Il est possible que ces différents types d'hommes fossiles correspondent à plusieurs vagues de peuplement venant d'Indonésie et d'Asie, ou encore à l'existence d'isolats ayant fortement dérivé sur le plan génétique ; cependant, si l'on compare ces populations fossiles indonésiennes et australiennes aux populations contemporaines d'Asie, on observe que la réduction des dimensions faciales et des dents postérieures est peu marquée. Une forte avancée des mâchoires, certains traits de l'ouverture nasale et des pommettes, des proportions particulières du frontal et du pariétal signent également, pour certains paléoanthroplogues, la continuité qui relie, à travers le temps, les populations de cette zone.

La théorie de la continuité évolutive régionale interprète ces observations comme la preuve de véritables continuités génétiques locales. Elle a été appliquée, parfois de façon excessive et caricaturale, à chaque région de l'Ancien Monde. Cependant, même si l'on ne retient pas l'hypothèse d'une continuité régionale étroite entre des *Homo sapiens* primitifs, voire des *Homo erectus*, et leurs successeurs modernes, on est troublé par l'opposition qui existe chez les hommes fossiles pour certains caractères entre les populations actuelles et fossiles d'Extrême-Orient et celles d'Afrique et d'Europe. Nous avons vu que le développement particulier du torus occipital et des structures associées caractérise les fossiles chinois ou indonésiens, et les distingue de leurs contemporains occidentaux. Ces caractères ont pratiquement disparu chez l'Homme moderne, mais persistent parfois, de façon atténuée, uniquement dans les populations vivant dans les zones situées autour du Pacifique ; plus ou moins fréquents chez les Asiatiques, les Mélanésiens, les Australiens et les Amérindiens, ils sont quasi-inexistants en Europe et en Afrique. Une opposition semblable entre l'Orient et l'Occident avait d'ailleurs déjà été signalée par T. Stewart, de l'Institut Smithsonian, à propos de la morphologie de la mandibule.

L'Europe nous offre certainement un des exemples de continuité régionale les mieux documentés (*voir la figure 1*), mais celui-ci a conduit à un cul-de-sac évolutif : entre – 300 000 ans et – 35 000 ans s'est développé dans nos régions un type humain tout à fait original, l'Homme de Neandertal. Au cours de cette évolution est apparue dans les populations européennes toute une série de caractères morphologiques, notamment du système masticateur, de la face, de la voûte crânienne et de l'arrière crâne, qui les éloigne progressivement du type moderne. Cette histoire s'achève, dans les débuts du Paléolithique supérieur (c'est-à-dire vers – 35 000 ans), par l'apparition en Europe des Hommes de Cro-Magnon ; ces hommes de type moderne, venus de l'Est, ont une apparence très différente de celle des Neandertaliens, et la participation génétique des Hommes de Neandertal à l'élaboration des populations récentes de l'Europe semble avoir été négligeable. Nos ancêtres furent presque exclusivement des Hommes de Cro-Magnon.

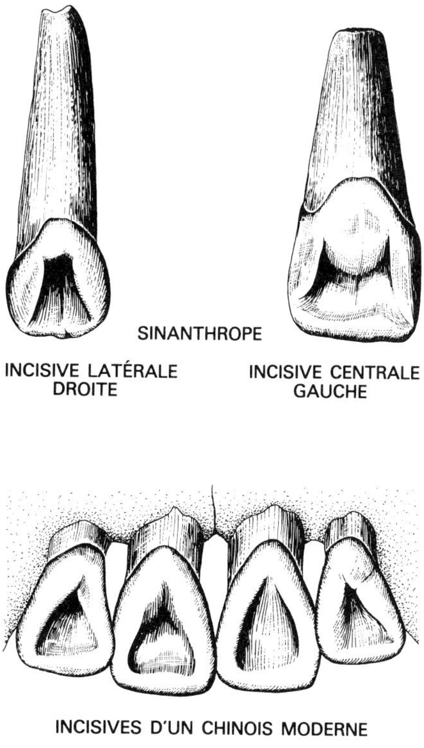

9. LES INCISIVES SUPÉRIEURES du Sinanthrope (l'*Homo erectus* de Zhoukoudian) présentent une morphologie particulière : la forme « en pelle ». Sur la face postérieure de la dent, un tubercule basal et deux bourrelets latéraux déterminent une forte concavité de la surface de l'émail. Ce caractère est particulièrement fréquent chez les populations actuelles de l'Est de l'Asie, et il est constant chez les *Homo erectus* et les *Homo sapiens* primitifs de cette région. Cette persistance est un des arguments retenus par les partisans d'une continuité évolutive régionale. Néanmoins ce trait anatomique est aussi connu chez d'autres *Homo erectus* et chez des *Homo sapiens* primitifs tels que les Neandertaliens.

Via le Proche-Orient, les ancêtres des Hommes de Cro-Magnon venaient peut-être d'Afrique, où l'on connaît déjà des hommes de type moderne vers –100 000 ans. Sur le continent africain, rien ne permet de réfuter une longue continuité évolutive, mais, hormis pour les périodes récentes, l'existence d'une spécificité africaine reste difficile à affirmer. En Afrique du Nord, on remarque que les dimensions des dents de fossiles des différentes périodes sont plus importantes que celles observées dans d'autres régions. On peut cependant se demander s'il s'agit là du signe d'une réelle continuité génétique ou simplement d'un caractère adaptatif, peut-être dû à l'aridité du milieu, acquis par différentes populations vivant successivement dans la même zone. Ce dernier argument vaut évidemment bien moins dans le cas d'une région telle que l'aire australo-indonésienne, car, en ce qui concerne l'environnement au moins, on voit mal quels pourraient être les points communs entre l'île de Java au Pléistocène supérieur et les déserts australiens modernes.

Unité et diversité des premiers Hommes modernes

Le débat autour d'une possible continuité locale entre des *Homo erectus* plus ou moins

10. DANS LE GISEMENT DE ZHOUKOUDIAN, en Chine, on a trouvé de nombreux fossiles d'*Homo erectus*. Dès le début de ce siècle, l'attention des paléontologues occidentaux a été attirée par les fossiles utilisés en poudre, comme médicament, dans la pharmacopée traditionnelle chinoise. Encore aujourd'hui, des dizaines de tonnes de dents et d'ossements sont ainsi consommés chaque année, et ce commerce constitue toujours la source d'intéressantes découvertes, dont la provenance reste malheureusement très imprécise. Dès 1903, le paléontologue munichois Max Schlösser reconnut une dent humaine parmi des spécimens recueillis chez les apothicaires chinois, et juste après la Première Guerre mondiale, le géologue suédois J. Gunnar Anderson découvrit la colline aux fameux « os de dragon » (« Zhoukoudian »), à une cinquantaine de kilomètres au Sud-Ouest de Pékin. Ce massif calcaire recèle un vaste complexe de grottes remplies de sédiments pléistocènes riches en ossements et en outils de pierre. Les fouilles aussitôt ouvertes prirent surtout de l'ampleur à partir de 1926, grâce à la fondation Rockefeller. Pour la seule année 1929, par exemple, 3 000 mètres cubes de sédiments furent extraits du site. Zhoukoudian (autrefois appelé Choukoutien) a livré une magnifique série de fossiles d'*Homo erectus* récents, qui a malheureusement disparu en 1941. Cependant les fouilles ont repris après la Seconde Guerre mondiale et ont fourni de nouveaux spécimens. Zhoukoudian demeure, à plus d'un titre, le plus important gisement préhistorique chinois, et ses niveaux constituent une série stratigraphique de référence pour tous les autres sites du Pléistocène moyen chinois.

évolués et des *Homo sapiens* est une autre façon de poser le problème de l'homogénéité d'*Homo erectus* et de l'existence de cette espèce. Il est certain que la mise en évidence de continuités est un argument très fort en faveur de l'inclusion des *Homo erectus* dans *Homo sapiens*, car plusieurs populations d'une espèce ne sauraient évoluer indépendamment vers des populations d'une autre espèce. Ce fut d'ailleurs là l'argument principal utilisé par A. Thoma.

Les paléoanthropologues sont confrontés à deux modes de classification des différentes populations du Pléistocène et des périodes récentes. Certains privilégient une classification « horizontale », par stade évolutif, et avancent qu'*Homo sapiens* a succédé à une véritable espèce, *Homo erectus* ; ils tentent à grand peine de démontrer l'unité des fossiles attribués à *Homo erectus* et la stabilité de cette espèce. Les tenants de ce découpage horizontal mettent en avant l'homogénéité des Hommes modernes, qui apparaissent comme une entité bien réelle face à leurs prédécesseurs fossiles, même du seul point de vue craniologique. Notons que, selon cette vision, tous les Hommes actuels auraient une origine commune, ayant sans doute une localisation géographique précise. Les travaux sur l'ADN des mitochondries (des organites intracellulaires) semblent confirmer l'origine africaine de tous les hommes modernes, mais la détermination de l'« âge » des différentes populations actuelles demeure un des problèmes les plus difficiles à résoudre par ces méthodes.

Pour ceux qui défendent un découpage vertical, c'est-à-dire la théorie de la continuité évolutive régionale, l'homogénéité des hommes actuels pose problème ; comment imaginer que l'évolution indépendante de différentes lignées d'*Homo erectus* ait donné naissance, par un étonnant phénomène de parallélisme, aux différentes « races » d'Hommes modernes, toutes de la même espèce ? Pourtant, dans certaines régions, les indices de continuité locale sont bien marqués. Grâce à peu de réversions et à l'acquisition de quelques caractères dérivés, il semble que l'on passe directement de ce que l'on appelle encore *Homo erectus* à ce que l'on doit appeler des *Homo sapiens* primitifs.

Cette contradiction tient sans doute en partie à la naïveté qu'il y a à raisonner sur des espèces paléontologiques définies morphologiquement, comme s'il s'agissait d'espèces biologiques. La solution réside peut-être dans l'adoption de théories moins simplistes que celles auxquelles nous a acculés un manque dramatique de données pour les périodes reculées de l'histoire de l'humanité.

Toutes ces populations fossiles étaient très probablement liées les unes aux autres par une chaîne d'interfécondité, et l'on peut remarquer que ce sont dans les zones les plus fermées de l'Ancien Monde que les phénomènes de continuité régionale sont les plus marqués. L'Europe occidentale, comme l'Indonésie, constituent des culs-de-sac géographiques, et il est probable que les échanges de populations et, surtout, de gènes entre ces zones et le reste de l'Ancien Monde, ont été relativement faibles. Au contraire, des zones plus ouvertes ont certainement fait preuve d'un particularisme moins marqué. L'Homme constitue sans doute un exemple d'évolution « réticulée », ne sortant jamais du cadre de l'espèce, c'est-à-dire de l'interfécondité. Néanmoins certains groupes se sont développés en entités plus ou moins originales et distinctes pendant des périodes qui peuvent avoir été longues, du point de vue géologique.

Les différentes populations d'*Homo erectus*, parce qu'elles étaient soumises à des pressions de sélection et à un environnement physique et culturel comparable, et aussi qu'elles ont constamment échangé des gènes, ont acquis des caractères qui ont fait d'elles ce que nous appelons des populations d'*Homo sapiens* primitifs. Il y a un peu plus de 100 000 ans, en Afrique ou en Asie, l'une ou plusieurs de ces populations ont commencé à évoluer assez rapidement vers le type moderne, et leurs gènes se sont alors répandus. Cette diffusion n'implique pas pour autant de vastes mouvements de populations. Selon les régions, les *Homo sapiens* primitifs locaux ont plus ou moins participé à l'élaboration des populations de type moderne. Peut-être forte à l'extrémité orientale de l'Ancien Monde, cette participation a-t-elle entraîné le maintien de certains caractères régionaux entre les populations fossiles et actuelles. Au contraire, elle a été pratiquement nulle en Europe occidentale, région pourtant marquée jusque-là par un fort particularisme. C'est le seul cas attesté où des Hommes de type moderne, peut-être d'origine africaine, semblent avoir réellement remplacé des *Homo sapiens* primitifs locaux, les Hommes de Neandertal.

Lorsque les immensités géographiques et chronologiques pour lesquelles nous ne disposons d'aucun document fossile nous livreront leurs secrets paléontologiques, il apparaîtra certainement bien des cas intermédiaires. La mise en place des Hommes de type moderne s'est effectuée entre – 100 000 et – 35 000 ans selon les régions, et cet événement constitue peut-être la seule rupture réelle de l'évolution du genre *Homo* depuis 1,5 million d'années.

10

Les hommes de Neandertal

Ils ont vécu, de l'Europe occidentale à l'Asie centrale, entre moins 75 000 et moins 35 000 ans avant notre ère. Leurs différences morphologiques avec les populations qui suivirent ne sont pas aussi grandes qu'on le pensait jadis mais restent cependant à expliquer.

par Erik Trinkaus et William Howells

Les premiers ossements des hommes qu'on allait appeler « de Néander thal » ont été découverts en 1856, dans la vallée de la Neander, près de Düsseldorf. L'idée qu'il avait existé des hommes primitifs, différents des hommes actuels, était si neuve que l'homme de Neandertal fut, à l'époque (et longtemps après), considéré soit comme une forme monstrueuse de l'homme moderne, soit comme une créature pas tout à fait humaine. L'idée s'imposant, on finit par le classer non pas dans notre propre espèce, *Homo sapiens*, mais dans une espèce primitive distincte, *Homo neandertalensis*.

Aujourd'hui, on ne peut même plus tenir l'homme de Neandertal pour un être humain particulièrement primitif. Il est apparu longtemps après d'autres membres du genre *Homo*, et même très longtemps après les hominidés du genre *Australopithecus*. Les hommes de Neandertal vécurent à une période assez tardive du Pléistocène. En fait, c'est parce qu'ils apparurent si tard que nous en savons beaucoup à leur sujet.

Au cours de ces dernières années, cette connaissance a été tout à la fois étendue et affinée. On se représente aujourd'hui les hommes de Neandertal comme d'habiles chasseurs de gros et de petit gibier ; ils capturaient leurs proies avec des méthodes qui peuvent nous sembler primitives, bien qu'elles soient encore utilisées. Ils ont pu s'adapter aux rigueurs d'un climat froid durant la dernière période du Pléistocène et ont prospéré de l'Europe occidentale à l'Asie centrale. Ils utilisaient très probablement des peaux d'animaux pour se vêtir et s'abriter, car nous avons la preuve que des populations plus anciennes s'en servaient.

Ils se mettaient à l'abri dans des cavernes, ou l'on a retrouvé la plupart de leurs ossements. Néanmoins, si l'on a très rarement mis au jour hors des cavernes des ossements neandertaliens, c'est surtout parce que les ossements se conservent bien mieux dans celles-ci que dans les sites en plein air. Les hommes de Neandertal vivaient aussi à l'air libre, puisque des sites en plein air abordent en outils de pierre du même type que ceux associés dans les cavernes aux ossements

1. DES VUES DE FACE ET DE PROFIL du crâne d'un adulte de Neandertal sont représentées sur les photographies ci-contre. Ce crâne est Shanidar 1, découvert en 1957 par Ralph Solecki de l'Université de Columbia et ses collègues, dans une grotte en Irak. On voit que la partie gauche de la tête avait été blessée : la blessure a affecté l'orbite et l'os qui l'entoure ; ceux-ci ont cicatrisé avant la mort. Ces spécimens se trouvent au Musée de l'Irak à Bagdad. Nous remercions Muayed Sa'id al-Damirji, Directeur géréral des Antiquités, de nous avoir permis de prendre ces photographies.

neandertaliens. En outre, des foyers et des cercles d'ossements de mammouths retrouvés sur certains sites indiquent que leurs occupants s'installaient dans des tentes de peau. Il est probable que les hommes de Neandertal vivaient la majorité du temps à l'air libre et non dans des cavernes ou sous des abris rocheux.

La plupart des outils neandertaliens étaient des éclats de silex, extraits d'un « nucleus » et façonnés en pointes de javelot, de coutcaux ct dc grattoirs, qui constituent l'outillage du Moustérien (ou Paléolithique moyen). Cet outillage ne représente pas un ensemble uniforme d'outils partout identique car il existe des variations locales à partir de techniques de fabrication similaires. François Bordes, de l'Université de Bordeaux, a ainsi distingué cinq « sous-cultures » rien qu'en France. D'autre part, des outillages un peu différents, qualifiés non sans quelque incertitude de « moustériens », ont été découverts dans toute l'Europe centrale, jusqu'en Asie. La culture moustérienne fut durable, car elle était bien adaptée à cette période tardive de l'évolution culturelle ou Paléolithique.

Il est important d'observer que, si tous les hommes de Neandertal ont fabriqué des outils de type moustérien, tous les tailleurs d'outils moustériens n'étaient pas des hommes de Neandertal. L'outillage du Moustérien représente un niveau général dans la fabrication d'outils de pierre plutôt que l'expression d'une intelligence et d'une habileté qui seraient spécifiquement neandertalienne.

Le mode de vie des Neandertaliens

A partir de – 40 000 ans en Europe orientale et – 35 000 en Europe occidentale, les outils moustériens furent remplacés par des outillages spécifiques de cultures plus variées (dans une certaine mesure) appartenant à ce que l'on appelle le Paléolithique supérieur. Lorsqu'on découvre ces outils plus récents avec des fossiles humains, les ossements trouvés ne sont pas ceux d'hommes de Neandertal mais proviennent d'êtres humains morphologiquement « modernes ». L'innovation essentielle qui caractérise cet outillage est que les éclats détachés du nucleus sont en forme de lames longues et étroites. Il devenait ainsi facile de faire varier la forme définitive des outils et donc d'en avoir un plus grand assortiment. De plus, on économisait ainsi le silex, matière première souvent rare.

Certaines conceptions techniques apparues pour la première fois au Moustérien persistent dans quelques-uns des premiers outillages du Paléolithique supérieur. Dans d'autres types d'outillages, comme l'Aurignacien, la rupture avec le Paléolithique moyen est plus complète. Le Paléolithique supérieur voit aussi la naissance de l'art : peintures rupestres, gravures sur os, statuettes d'os et de pierre, et ornements individuels tels que colliers de perles. Le Paléolithique moyen ne connaît pas ces manifestations, à l'exception peut être de quelques incisions rupestres. Cependant, l'homme de Neandertal enterrait ses morts en leur adjoignant des offrandes. On a ainsi découvert des cornes de capridé dans la tombe d'un jeune garçon en Asie centrale et des fleurs (identifiées par leur pollen) dans une sépulture de la grotte de Shanidar en Irak.

Malgré ces différences, il serait peu justifié de décréter, sur la base des outils de l'homme de Neandertal, que le mode d'existence de ce dernier différait radicalement de celui des populations actuelles de chasseurs. Les outils de pierre neandertaliens, n'étaient certes constitués que d'éclats techniquement plus rudimentaires que ceux du Paléolithique supérieur, mais il en et de même des outils faits depuis quelque 30 000 ans par les membres d'une population moderne : les Aborigènes australiens. De plus, si les Esquimaux disposaient d'outils très élaborés et variés, comparables dans leur évolution à ceux du Paléolithique supérieur, ce n'était certainement pas le cas des premiers habitants du Nouveau Monde. Il semble donc raisonnable de supposer que les hommes de Neandertal se rassemblaient en bandes de chasseurs, analogues à celles des populations de chasseurs modernes. Ils étaient probablement unis par des liens assez lâches en groupes tribaux, ou au moins en groupes possédant un langage commun. A en juger d'après l'étendue et l'homogénéité de leurs vestiges, les hommes de Neandertal formaient une population humaine distincte et nombreuse, qui n'était pas en groupes dispersées. Enfin, alors que l'organisation sociale des populations humaines du Paléolithique moyen est nécessairement sujette à conjectures, les témoignages fournis par les vestiges fossiles sont bien concrets. Mais ici, la question n'est pas : qu'entend-on par « Moustérien », mais qu'entend-on par « Neandertalien » ?

Les Neandertaliens et la classification

Bien qu'il y ait déjà beaucoup plus d'un siècle que l'on connaisse l'existence des hommes de Neandertal, l'importance (du point de vue de l'évolution) de cette découverte, ainsi que de celle

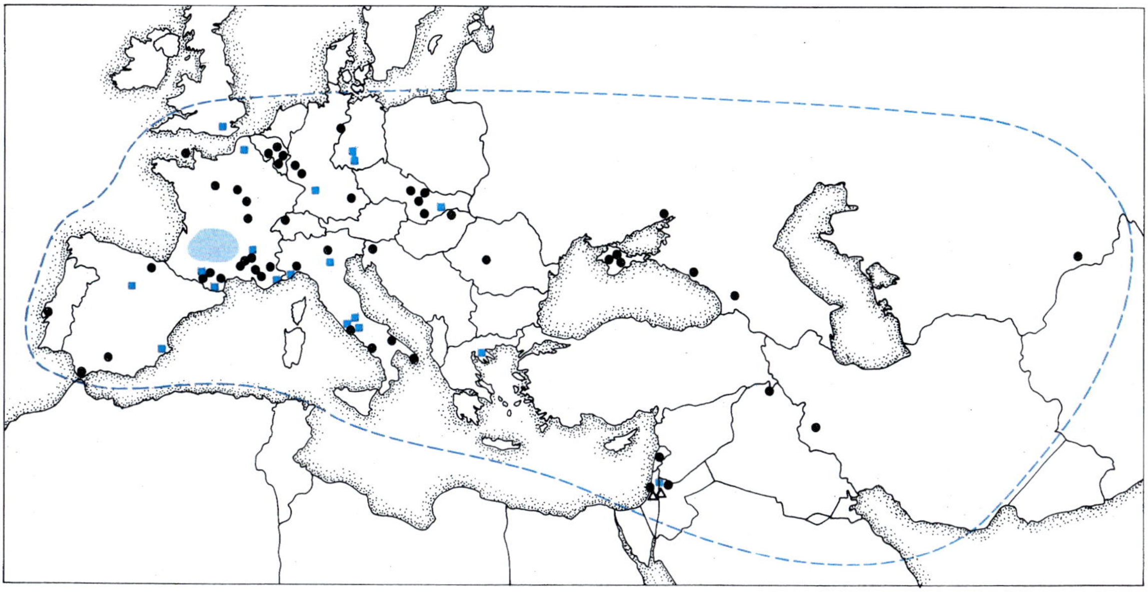

2. LA RÉPARTITION GÉOGRAPHIQUE des sites où l'on a découvert des fossiles neandertaliens est indiquée sur cette carte. Le site le plus à l'ouest se trouve au Portugal, le plus à l'est dans l'Ouzbekistan, en Asie centrale soviétique. La plus grande concentration de vestiges neandertaliens se situe en France, à l'ouest du Massif Central *(zone colorée)*, avec au moins dix sites de Neandertal anciens et 25 sites récents. Ailleurs sur la carte, les sites anciens sont figurés par des carrés de couleur et les sites récents par des points noirs. Les 19 sites anciens ont fourni les vestiges partiels de quelque 75 individus et les 52 sites récents, les vestiges d'au moins 200 de plus, allant de quelques dents isolées à des squelettes complets. Les deux triangles, au Levant, désignent Mugharet es-Skhúl et Jebel Qafzeh ; certains des 30 fossiles découverts dans ces deux sites étaient autrefois classés parmi ceux des Neandertaliens.

d'autres vestiges humains mis au jour dans des sites du Paléolithique, n'est pas apparue avant le début du xxe siècle. A cette époque, on découvrit dans un certain nombre de sites européens de nouveaux fossiles neandertaliens, dont la plupart étaient des squelettes incomplets. Parmi les plus complets, figurait celui d'un homme âgé de 40 à 50 ans, mis au jour en 1908 dans une grotte près du village de la Chapelle-aux-Saints en Corrèze. En utilisant ce squelette comme point de départ, Marcellin Boule (1861-1941), la plus grande autorité française de son époque, publia en 1913 un monographie qui passait en revue la plupart des vestiges neandertaliens alors connus. L'étude de Marcellin Boule comprenait des éléments qui allaient fournir bientôt la description et l'interprétation-type des Neandertaliens.

On ne connaissait pas alors les fossiles humains antérieur, à l'exception de ceux de « l'homme de Java », ou « Pithécanthrope », que Marcellin Boule ne considérait pas comme humains. C'est pourquoi il plaça l'homme de Neandertal, du point de vue taxinomique (c'est-à-dire de la classification), quelque part entre le chimpanzé et l'homme moderne. Dans ce cadre, les différences entre l'homme de Neandertal et l'homme moderne tendaient à rapprocher le premier des grands singes. Boule fut, de plus, induit en erreur tant par les conceptions anatomiques admises de son temps, que par ses propres partis pris concernant l'évolution : il représentait l'homme de Neandertal comme un être plutôt voûté, aux genoux légèrement pliés et aux pieds retournés de telle sorte qu'il marchait davantage sur le bord externe que sur la plante. Les autres spécialistes ou bien ne le contredirent pas ou bien l'approuvèrent avec enthousiasme, et l'opinion de Boule prévalut : les hommes de Neandertal étaient considérés comme une branche aberrante de l'humanité. Il appuya donc de toute son autorité leur classification comme espèce distincte et non pas comme ancêtre possible d'*Homo sapiens*.

Quelques décennies plus tard, la découverte de nombreux autres fossiles humains, à Java et en Chine notamment, déclencha une réaction contre cette doctrine. La plupart de ces formes fossiles étaient plus anciennes et plus primitives que celles de l'homme de Neandertal. Certains anthropologues classèrent désormais l'homme de Neandertal non pas entre l'homme et grands singes, mais entre l'homme moderne et quelque ancêtre probable qui serait par la suite qualifié d'*Homo erectus*, et auquel appartenaient les fossiles indonésiens et chinois. L'homme de Neandertal fut ainsi considéré comme une étape de l'évolution humaine, située assez haut sur l'échelle du temps et dans l'évolution : une « phase neandertalienne ». On en vint même à estimer que certains fossiles plus anciens étaient représentatifs de la même phase dans d'autres régions. Par exemple, le crâne de Broken Hill en provenance de Zambie (« l'homme de Rhodésie ») fut classé Neandertal africain, et les crânes de Solo en provenance de Java devinrent les Neandertaliens orientaux. Cette classification était fondée sur des caractères communs : des arcades sourcilières osseuses développées et une boîte crânienne à voûte aplatie. En outre, on établit que deux importantes populations humaines relativement modernes mais fabriquant encore des outils moustériens constituaient une transition entre les Neandertaliens et les hommes modernes. Ces populations étaient représentées par des squelettes provenant de grottes à Mugharet es-Skhúl et Jebel Qafzeh en Israël.

Suivant cette conception, les populations des premiers hommes morphologiquement modernes seraient issues, selon des branches distinctes, de ces prédécesseurs immédiats, ceci dans diverses régions de l'Ancien Monde et de concert avec des progrès culturels tels que ceux qui apparurent au Paléolithique supérieur en Europe. Tous ces prédécesseurs furent reconnus « Neandertaliens » et, contrairement à l'opinion de Boule, on admit que la plupart, sinon tous, étaient les ancêtres de différentes populations actuelles.

Le type anatomique neandertalien

Aujourd'hui, une attitude beaucoup plus prudente consiste à classer l'homme de Neandertal comme une sous-espèce à l'intérieur de notre propre espèce. On le désigne ainsi communément sous le nom de *Homo sapiens neandertalensis*, et tous les êtres humains actuels sous celui de *Homo sapiens sapiens*. Ces distinctions taxinomiques, toutefois, ne servent qu'à faciliter le groupement d'individus apparentés. Elles ne sont pas des guides particulièrement utiles pour explorer les relations véritables entre l'homme de Neandertal et l'homme moderne. Pour arriver à comprendre ce que signifie le terme de Neandertalien, il nous faut ignorer les anciennes controverses et tenir compte de tout ce que l'on sait aujourd'hui. Par exemple, on peut étudier systématiquement le vaste ensemble de fossiles neandertaliens à la lumière de nos connaissances actuelles sur les fonctions anatomiques des os et des muscles. On peut en outre examiner ces fossiles en les situant sur un plan chronologique plus complet, fondé sur la datation au carbone-14 et sur de récents travaux archéologiques. Cela fait, l'image qui apparaît est tout à fait claire : nous sommes en présence d'un ensemble de populations humaines offrant des traits anatomiques d'un archétype particulier, complexe, et qui s'étend uniformément de Gibraltar à travers toute l'Europe jusqu'au Proche-Orient et à l'Asie centrale. Ce type de population a vécu à une période commençant il y a environ 100 000 ans (ou tout au moins avant le début de la dernière glaciation) et s'achevant suivant la région, il y a 40 000 à 35 000 ans. A l'intérieur de cet espace et de ce temps, tous les vestiges découverts appartiennent sans conteste aux populations neandertaliennes.

Le type anatomique (ou ensemble des caractéristiques du squelette) neandertalien peut à présent être distingué de celui des populations humaines modernes et des types de populations du Paléolithique supérieur européen et de la fin du Moustérien au Proche-Orient. L'homme de Neandertal peut aussi être nettement distingué des êtres humains qui vivaient à la même époque en Afrique et en Asie de l'Est. En effet, chez les Neandertaliens, si certains caractères individuels

3. LA RÉPARTITION DANS LE TEMPS des hommes de Neandertal est représentée sur ce graphique, qui va de – 800 000 à – 10 000. L'échelle de temps est logarithmique, ce qui dilate l'espace disponible pour le Paléolithique moyen et supérieur et le Pléistocène supérieur. La dernière phase glaciaire du Pléistocène supérieur a duré de – 80 000 à – 10 000, et fut interrompue par un intervalle de temps chaud, il y a 35 000 ans. Bien que de nombreux sites de Neandertal en Europe ne soient pas datés avec précision, la plupart sont estimés entre 75 000 et 35 000 ans *(bande colorée)*. Les plus anciens des fossiles de Krapina sont un peu plus anciens que d'autres fossiles neandertaliens d'Europe, mais presque tous sont contemporains. Les noms de ces sites neandertaliens figurent en couleur, comme ceux des autres sites de plus de 80 000 ans, recelant des fossiles que l'on peut classer neandertaliens : Saccopastore, Biache et La Chaise. Des fossiles européens encore plus anciens, de Fontéchevade à Mauer, offrent divers degrés d'affinité tant avec l'homme de Neandertal qu'avec *Homo erectus*. Les sites du Paléolithique supérieur de Velika Pecina, Brno, Predmosti, Skhúl et Qafzeh contiennent tous des fossiles humains de type moderne.

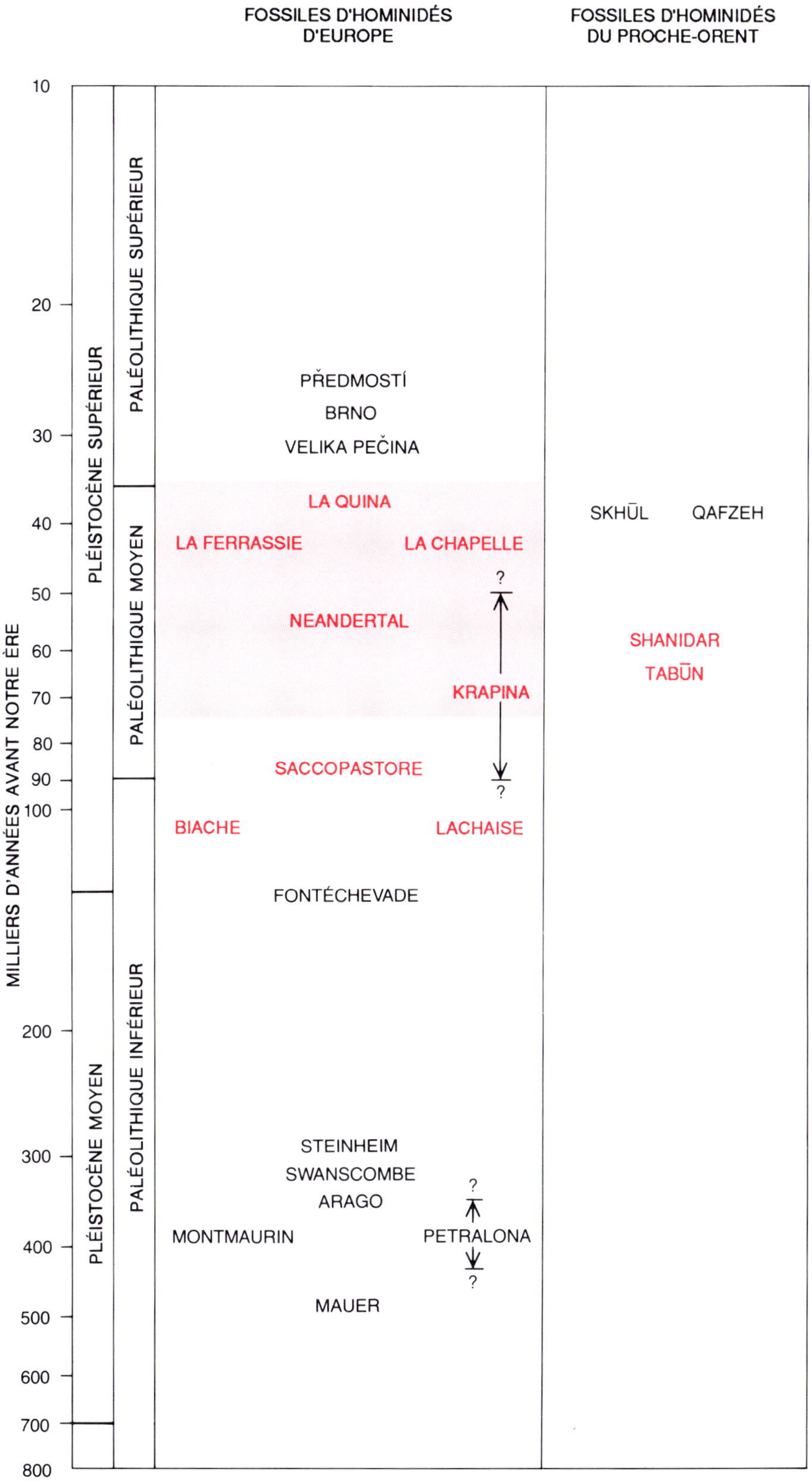
FOSSILES D'HOMINIDÉS D'EUROPE
FOSSILES D'HOMINIDÉS DU PROCHE-ORENT
MILLIERS D'ANNÉES AVANT NOTRE ÈRE
10
20
30
40
50
60
70
80
90
100
200
300
400
500
600
700
800
PLÉISTOCÈNE SUPÉRIEUR
PLÉISTOCÈNE MOYEN
PALÉOLITHIQUE SUPÉRIEUR
PALÉOLITHIQUE MOYEN
PALÉOLITHIQUE INFÉRIEUR
PŘEDMOSTÍ
BRNO
VELIKA PEČINA
LA QUINA
LA FERRASSIE
LA CHAPELLE
NEANDERTAL
KRAPINA
SACCOPASTORE
BIACHE
LACHAISE
FONTÉCHEVADE
STEINHEIM
SWANSCOMBE
ARAGO
MONTMAURIN
PETRALONA
MAUER
SKHŪL
QAFZEH
SHANIDAR
TABŪN

présentent des formes de passage avec ceux de populations voisines, les aspects essentiels restent typiquement neandertaliens. En outre, la population de Neandertal est au moins aussi homogène que les populations humaines actuelles. On a souvent qualifié les hommes qui présentent ce type anatomique de « Neandertaliens classiques ». A notre avis, ce sont là les seuls hommes de Neandertal véritables. Qualifier de Neandertaliens les restes osseux d'une autre époque ou d'une autre région du globe ne peut qu'embrouiller la situation. Le type anatomique neandertalien doit être soigneusement défini ; le crâne et le squelette offrent un aspect général caractéristique. Comparé à son homologue moderne, le crâne est allongé et relativement (mais pas exceptionnellement) bas. La boîte crânienne aplatie et les arcades sourcilières proéminentes lui donnent un aspect rappelant celui d'*Homo erectus*, et il descend probablement d'un tel ancêtre. C'est sur ce fait, sans doute, que repose l'hypothèse d'un stade neandertalien situé entre *Homo erectus* et l'homme moderne. Le cerveau enfermé dans le crâne de l'homme de Neandertal était toutefois en moyenne légèrement plus gros que le cerveau de l'homme actuel. Ce trait anatomique est indiscutablement lié au fait que la musculature de l'homme de Néanderthtal était plus importante que celle de l'homme actuel ; il n'indique en aucune façon une quelconque supériorité de leurs capacités intellectuelles ou comportementales.

La face de l'homme de Neandertal est unique en son genre. Une proéminence de la base de la face fait davantage avancer le nez et les dents (par rapport à la voûte crânienne) que chez les autres fossiles humains, qu'ils soient plus anciens ou plus récents. Les pommettes s'inclinent vers l'arrière au lieu d'être anguleuses comme les « pommettes hautes » modernes. Le front est fuyant vers l'arrière au lieu d'être vertical comme chez l'homme moderne. La proéminence faciale de l'homme de Neandertal pourrait être liée à sa dentition. Celle-ci avance tellement par rapport à la face que dans une vue de profil il y a un interstice entre la dernière molaire (dent de sagesse) et le bord de la branche montante de la mandibule, ou mâchoire inférieure. Cette caractéristique est assez spécifique de l'homme de Neandertal. Un menton osseux distinct, la « marque de fabrique » supposée de l'homme moderne, est plus ou moins prononcé chez l'homme de Neandertal. Son relief pouvait être en grande partie dissimulé par la forme de la mandibule, déterminée par la position très avancée des dents.

On n'a pas encore expliqué cette spectaculaire avancée des dents chez l'homme de Neandertal. Ses molaires n'étaient pas tellement plus grandes que celles de l'homme actuel. Ses dents de devant étaient un peu plus volumineuses qu'aujourd'hui et, par conséquent, l'arcade antérieure des mâchoires plus large et plus ouverte. C. Brace de l'Université du Michigan a suggéré que les dents de devant servaient à autre chose qu'à mordre : peut-être à tenir des objets, voire à apprêter les peaux. Le fait que les tranchants des dents de devant des hommes de Neandertal âgés présentent une usure arrondie inhabituelle confirmerait cette hypothèse. D'après C. Brace, les dents de devant ne furent plus utilisées de cette façon quand apparurent de meilleurs outils au Paléolithique supérieur et elles devinrent donc plus petites tout comme les mâchoires. Il semble, néanmoins, que les outils du Moustérien n'étaient pas de qualité si inférieure, au point d'expliquer cette différence. En outre, certains tailleurs d'outils moustériens, ceux de Skhúl, avaient déjà des dents de devant comparables par la taille et par la forme à celles des populations du Paléolithique supérieur.

Dans l'ensemble, la face de l'homme de Neandertal est grande, mais moins que celle de types plus anciens du genre *Homo*. La partie avant de la mâchoire supérieure est de bonne dimension pour loger les racines relativement longues des dents de devant, notamment des canines. La cavité nasale et les orbites arrondies sont vastes, ainsi que les cavités des sinus. Les sinus frontaux par exemple emplissent les arcades sourcilières à partir du dessus du nez jusqu'au milieu des orbites, avec des cavités « en chou-fleur » à loges multiples. Cependant, ils ne remontent pas dans l'os frontal au-dessus des sourcils comme chez des types plus anciens du genre *Homo*. Dans les crânes modernes, les sinus frontaux sont aplatis, s'étendent souvent au-dessus des sourcils et ont une taille et une forme tout à fait irrégulières.

Pour expliquer la grande face proéminente de l'homme de Neandertal, les chercheurs ont invoqué diverses causes, le plus souvent l'adaptation au froid. Carleton Coon et d'autres ont émis l'hypothèse que la proéminence faciale de l'homme de Neandertal constituait une des adaptations au froid. Les cavités nasales étaient ainsi assez éloignées du cerveau, lequel est très sensible à la température ; en même temps, la taille des cavités fournissait peut-être un espace supplémentaire pour le réchauffement de l'air inspiré. On retrouve cependant la même forme faciale en Europe, avant le dernier assaut du froid glaciaire subarctique, et aussi dans le Proche-Orient, où n'ont jamais régné des conditions subarctiques. La configuration faciale unique de l'homme de Neandertal résulte plus vraisemblablement d'une combinaison de plusieurs facteurs : une interaction extrêmement complexe de tensions provenant de l'appareil masticatoire, une réponse aux conditions climatiques et divers autres facteurs encore indéterminés. Le tri de ces facteurs est l'un des principaux objectifs des recherches actuelles sur l'homme de Neandertal. En attendant, aucune explication cohérente de son type crânien n'a encore pu être proposée.

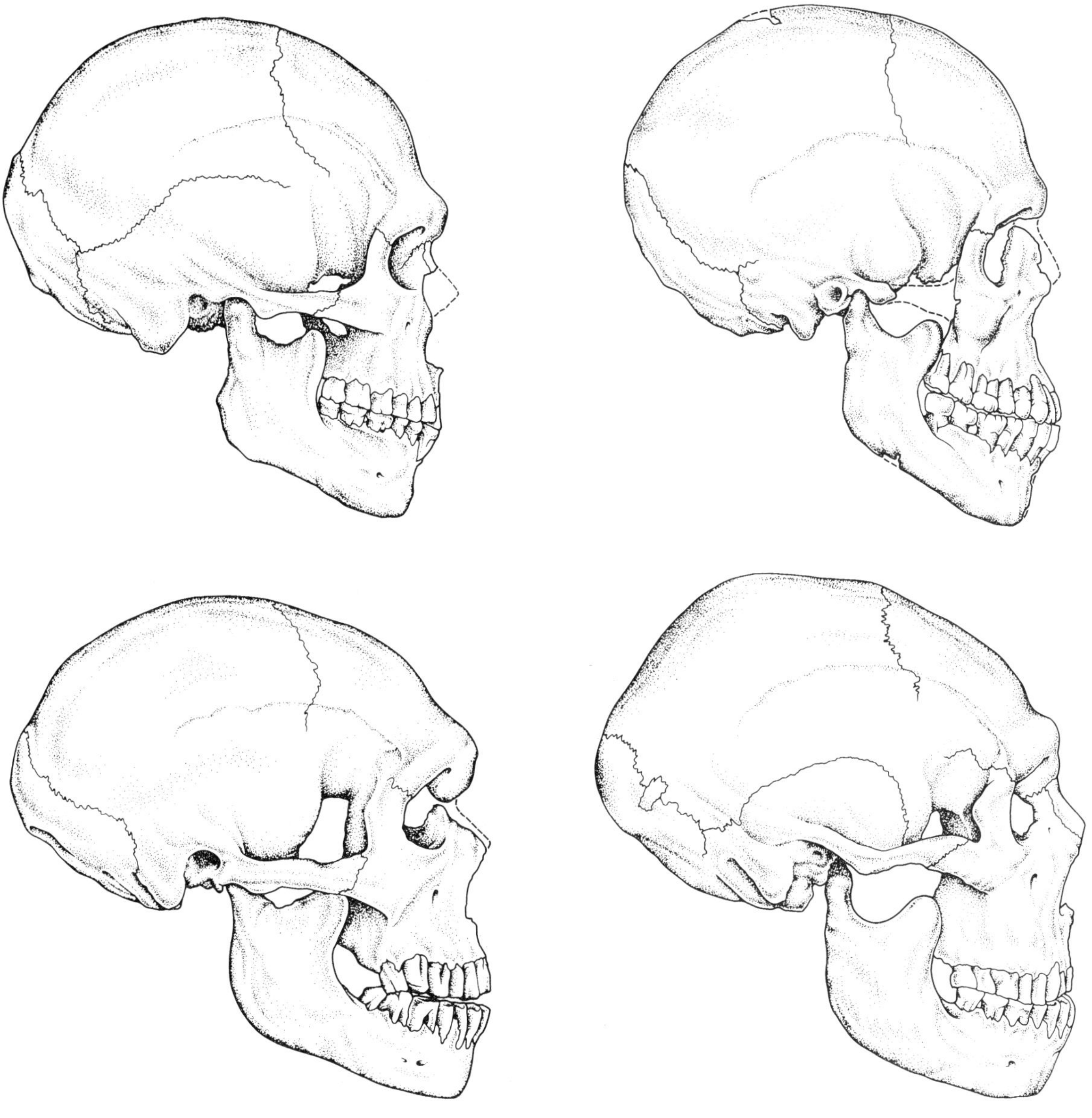

4. QUATRE CRANES FOSSILES sont représentés de profil, tous légèrement restaurés. Les deux du haut, anatomiquement modernes, sont Predmosti 3 de Tchécoslovaquie et Qafzeh 9 d'Israël. Les deux du bas, l'un et l'autre de Neandertal, sont La Ferrassie 1 venant de France (Dordogne) et Shanidar 1 d'Iraq. ***(Photographie figure 1.)*** **Comparés aux crânes modernes, les crânes neandertaliens sont longs, bas et massifs et leur face très avancée, notamment dans la région du nez et des dents. Les crânes anatomiquement modernes ont une boîte crânienne plus haute et plus arrondie ; le nez et les dents sont davantage en alignement avec les orbites. Il faut tous les comparer au précurseur de Neandertal (fig. 5).**

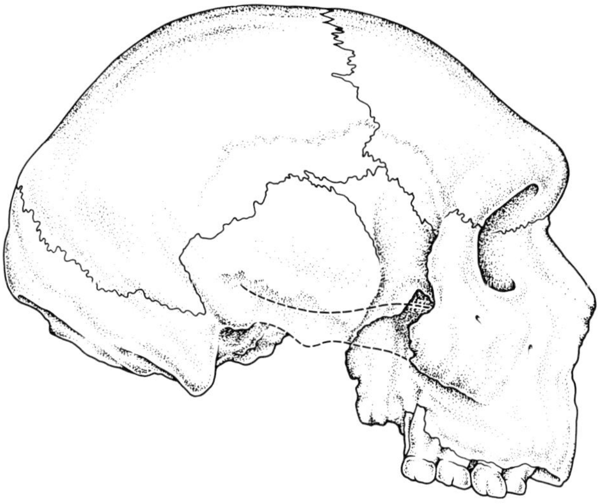

5. CE CRANE DE PETRALONA, provenant de Grèce, peut avoir 400 000 ans. Un certain nombre de caractères rappellent *Homo erectus* : une boîte crânienne large et aplatie, une grande face lourdement bâtie et une grande zone à l'arrière du crâne pour l'attache des puissants muscles du cou. Bien qu'il n'ait aucun caractère spécifiquement neandertalien, il représente la souche des Neandertaliens en Europe.

Le Neandertalien est bien un homme

Pour le reste du squelette, la situation est différente. Le squelette post-crânien reflète en somme la structure qui permet à un grand animal de se tenir en position debout, et *Homo* est un grand animal. C'est également cette structure qui permet aux muscles d'exercer d'énormes tensions sur les os pour déplacer le corps par les mouvements complexes caractéristiques de l'animal humain. Les jambes d'un homme debout, de 75 kilogrammes, n'ont qu'à soutenir son propre poids; mais s'il se met à courir, les forces engendrées par la contraction et la quantité de mouvement des muscles augmentent notablement et atteignent plusieurs fois le poids du corps. Les os du squelette subissent de fortes tensions, et les tendons doivent être fixés assez solidement aux os pour permettre efficacement le mouvement (ou la résistance au mouvement) désiré. Les attaches des tendons laissent sur les os des marques caractéristiques de la puissance et de l'action des muscles. Fait non moins important, l'os vivant soumis à ces tensions continuelles se remodèle, dans certaines limites, afin de mieux résister à ces efforts.

Il existe de nombreuses différences entre les squelettes des hommes de Neandertal et ceux des hommes modernes. Certaines de ces différences ont été interprétées autrefois, par Boule notamment, comme des preuves du caractère primitif de l'homme de Neandertal; mais elles étaient souvent mal interprétées, et il n'était pas possible de juger de leur importance respective. Aujourd'hui, par une étude systématique à la lumière de l'anatomie fonctionnelle, les différences de squelette s'insèrent dans une synthèse cohérente et satisfaisante.

En résumé, Marcelin Boule et d'autres ont fait fausse route : les hommes de Neandertal n'étaient pas moins humains que les hommes modernes, leur tête ne pendait pas en avant, et leurs genoux n'étaient pas pliés ni leurs pieds « retournés » ! Un peu d'arthrose dans les os du cou de l'homme de Neandertal de La Chapelle-aux-Saints a contribué à égarer Boule, mais c'est surtout une interprétation anatomique erronée qui l'a abusé. Il est évident aujourd'hui que l'homme de Neandertal avait des postures, une dextérité manuelle et une gamme de mouvements tout à fait comparables à celles de l'homme moderne. Il en différait cependant par les os plus massifs de ses membres, souvent un peu courbés, notamment ceux de la cuisse et de l'avant-bras.

La robustesse du squelette est un témoignage évident de la grande puissance musculaire de l'homme de Neandertal. Tout indique que, pour leur taille, l'homme comme la femme de Neandertal étaient solidement charpentés et fortement musclés. Du reste, des signes de cette robustesse apparaissent dès l'enfance.

Particularités morphologiques

De nombreuses parties du squelette militent en faveur de cette affirmation. Par exemple, la forme de l'astragale (l'os de la cheville) n'est pas tout à fait semblable à celle de l'homme actuel. Cette différence était tenue jadis pour un signe de primitivisme. Il ne s'agit pourtant que d'un développement des surfaces d'articulation de la cheville permettant de supporter un poids plus considérable. Les os des voûtes plantaires et des orteils présentent des attaches de tendons plus solides pour les muscles qui soutiennent les voûtes et commandent la marche et la course. Les os des doigts présentent des attaches analogues pour les tendons des muscles puissants qui fléchissaient les doigts. On y constate aussi un élargissement des tubérosités portant les bourrelets de l'extrémité des doigts, ou pelotes digitales. Ces deux particularités donnaient aux mains une prise bien plus forte que celle de l'homme moderne, mais qui n'a rien à voir avec celle du gorille ; la commande du mouvement était manifestement la même que la nôtre.

Ce type de commande fine, associée à une grande puissance, apparaît aussi dans une curieuse particularité de l'omoplate. On connaît cette particularité depuis longtemps, mais on ne l'a pas encore expliquée. Chez l'homme moderne, le bord externe de l'omoplate présente habituellement un sillon peu profond sur la face avant (ou costale). Chez l'homme de Neandertal, un sillon plus profond apparaît de façon typique sur la face arrière. Cette particularité semble correspondre, chez l'homme de Neandertal, au grand développement du petit rond, muscle qui va de l'omoplate jusqu'à l'extrémité supérieure de l'humérus. Une partie de l'action de ce muscle consiste à faire rouler le bras (avec la main) vers l'extérieur. Cette action aurait équilibré et neutralisé celle des grands ronds, qui tirent le bras vers le bas ; dans les mouvements consistant par exemple, à jeter ou à frapper, ces muscles font tourner le bras vers l'intérieur. En contrecarrant ce mouvement, le petit rond permettait une commande plus précise du bras et de la main, par exemple pour lancer un javelot ou retailler un outil de silex, sans aucune perte de la grande puissance musculaire.

D'autres parties du corps des Neandertaliens sont construites sur un même thème. Par exemple, la mesure de la forme et de la grosseur des os supérieurs et inférieurs de la jambe montre que

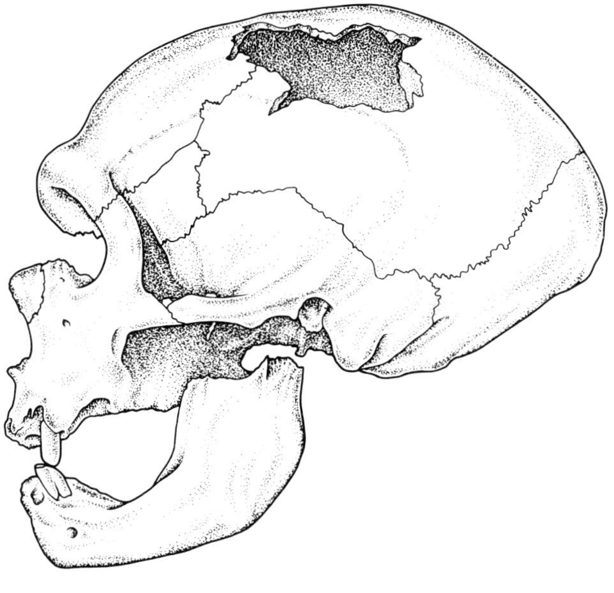

6. LA « BRUTE » NEANDERTALIENNE, le « vieillard » de La Chapelle-aux-Saints en Corrèze, fut découverte en 1908. La base du crâne était déformée par l'arthrose et endommagée par l'ensevelissement, ce qui entraîna des conclusions erronées concernant la position de la tête des hommes de Neandertal en général. La plupart des dents étaient tombées avant la mort, de sorte que le contour de la mâchoire inférieure était devenu anormalement arrondi. C'est l'un des crânes neandertaliens les plus longs que l'on connaisse et il a l'une des faces les plus saillantes. Du fait qu'il a été longtemps le specimen neandertalien le plus complet et le mieux décrit, il est devenu le stéréotype de la sous-espèce *Homo sapiens neandertalensis*.

la différence entre les os des Neandertaliens et les os humains modernes peut aussi s'expliquer en termes de résistance à de plus lourdes charges et par une activité physique plus intense de l'homme de Neandertal.

Une autre différence appelle une explication. Chez l'homme de Neandertal, l'os pubien, à l'avant du bassin, possède une branche supérieure curieusement allongée et amincie, qui forme une partie du pourtour du bassin. C'est le cas pour tous les spécimens neandertaliens, mâles ou femelles, provenant d'Europe et du Proche-Orient, où l'on a pu retrouver cet os fragile. Cette particularité est peut-être une adaptation destinée à faciliter le passage du fœtus lors de l'accouchement. La tête du nouveau-né (sans doute assez volumineuse) passait ainsi plus facilement. La présence de la même particularité chez les hommes pourrait s'expliquer par une faible différenciation génétique entre les deux sexes. En tout cas, ce n'est pas un trait qui se prête à une explication à partir de modèles fondés sur l'action musculaire et le mouvement. Cette particularité semble être un trait anatomique important de l'homme de Neandertal. Les os pubiens provenant de Skhùl et de Qafzeh sont de forme moderne, tout comme ceux des plus anciens fossiles du Paléolithique supérieur provenant d'Europe. On ignore comment est apparue cette particularité, car les os pubiens des plus anciens représentants du genre *Homo* n'ont pas été conservés.

Les vestiges de Neandertal

Il semble aujourd'hui probable que l'on puisse retrouver les ancêtres des hommes de Neandertal de l'Europe occidentale. Les fossiles humains anciens de provenance européenne sont encore rares et fragmentaires, cependant on en a découvert beaucoup au cours de ces dernières années. En outre, certains documents osseux importants étaient autrefois jugés plus « évolutifs » ou d'aspects plus modernes que les spécimens neandertaliens. Après des réexamens sur la base d'analyses de données statistiques à plusieurs variables, ces spécimens apparaissent maintenant plus étroitement apparentés à ceux de Neandertal qu'à tout autre type humain connu. Ces documents comprennent le célèbre crâne de Swanscombe trouvé en Angleterre, celui de Fontéchevade en Charente et celui de Steinheim en Allemagne.

Pour faire une synthèse des indices relatifs aux origines des hommes de Neandertal, on peut commencer par le crâne de Petralona trouvé en Grèce. Son âge est indéterminé, mais il a sans doute au moins 400 000 ans. Il ne présente aucun trait spécifiquement neandertalien, et ressemble davantage à un *Homo erectus* évolué. Viennent ensuite les mâchoires provenant de Montmaurin en Haute-Garonne et de Mauer (près de Heidelberg) en Allemagne. Aucune d'entre elles ne présentent de signe d'extension de la face vers l'avant tel que l'intervalle postmolaire des Neandertaliens. La partie osseuse de la face et deux mandibules provenant d'Arago, dans les Pyrénées françaises, ont quelque 300 000 ans. Comme les crânes de Swanscombe et de Steinheim, les fossiles de l'Arago rappellent certaines formes neandertaliennes, mais la protubérance de la face et des dents n'est pas aussi prononcée.

De la dernière période interglaciaire, qui a commencé il y a environ 130 000 ans, nous sont parvenus plusieurs fossiles qui présentent de nettes ressemblances avec le type de Neandertal. Parmi ces fossiles, il faut citer la moitié arrière d'un crâne, récemment découvert à Biache dans le Nord-Ouest de la France, lequel présente l'aplatissement de la calotte et l'arrière du crâne saillant (le « chignon ») caractéristiques des crânes neandertaliens. Une mandibule provenant d'un autre site, la grotte Bourgeois-Delaunay, près de La Chaise (Charente), possède la disposition des dents caractéristique du Neandertalien. Deux autres crânes, provenant de Saccopastore en Italie, sont très voisins du type neandertalien. Vers la fin de la dernière période interglaciaire, le physique neandertalien apparaît dans son développement complet chez les populations de Krapina. On estime que ces vestiges fossiles découverts dans un abri rocheux à Krapina en Yougoslavie se sont accumulés durant un laps de temps considérable tant avant qu'après le bouleversement apporté par la dernière glaciation. Tous les traits neandertaliens typiques y sont visibles : forme du crâne, avancée de la face, forme des membres et particularités de l'omoplate et de l'os pubien.

On en est réduit aux hypothèses en ce qui concerne les causes de l'évolution de ce type physique. L'activité des muscles puissants de l'homme de Neandertal fournissait à son corps trapu davantage de chaleur dans un climat glaciaire, mais ces caractéristiques existaient avant la dernière glaciation en Europe et on les retrouve également au Proche-Orient, plus tempéré. Ce physique robuste était certainement hérité de populations d'*Homo erectus*. Ces premiers hommes avaient un crâne massif, et les quelques ossements de membres d'*Homo erectus* que l'on a mis au jour sont également massifs. Un tel héritage n'explique toutefois pas les détails du type neandertalien, notamment les détails du crâne.

Quelles que soient les origines du physique neandertalien, sa réussite sur le plan de l'évolutîon est attestée par sa longue stabilité. Depuis l'époque où il s'est implanté, il y a quelque 100 000 ans, jusqu'à – 40 000 à – 35 000 ans, ce type physique s'est perpétué sans aucun signe de changement dans son évolution. Une exception possible est la dimension des dents. Les dents des populations de Krapina sont plus grandes que celles d'hommes de Neandertal plus récents, ce qui donne à penser qu'au bout d'un certain temps, il y eut réduction de la taille des dents neandertaliennes. Dans leurs détails, toutefois, les dents de Krapina sont typiquement neandertaliennes et les indices d'une tendance à la réduction des dents chez d'autres hommes de Neandertal sont difficilement interprétables. Il est possible que chez les populations de Krapina la taille des dents ait constitué un cas extrême, tout comme chez les aborigènes australiens actuels.

De l'homme de Neandertal à l'homme moderne

Après une stabilité qui a peut-être duré 60 000 ans, le type physique de l'homme de Neandertal a été rapidement remplacé par un autre, similaire à celui de l'homme moderne. Les premiers groupes anatomiquement modernes ne différaient guère de ceux de Neandertal en ce qui concerne les mensurations. Par exemple, ce n'est pas la dimension des dents qui a changé, mais le détail de leur forme. La diminution de la taille des dents n'a commencé que plus tard et s'est poursuivie jusqu'à aujourd'hui. En général, les populations anatomiquement modernes du Proche-Orient, vivant à la fin du Paléolithique moyen (Skhúl et Qafzeh), et les Européens du début du Paléolithique supérieur avaient de grands os et des crânes robustes. Des signes fugitifs de traits neandertaliens apparaissent sur certains crânes de Skhúl, mais on les observe rarement dans le groupe de Qafzeh ou sur les individus du Paléoli-

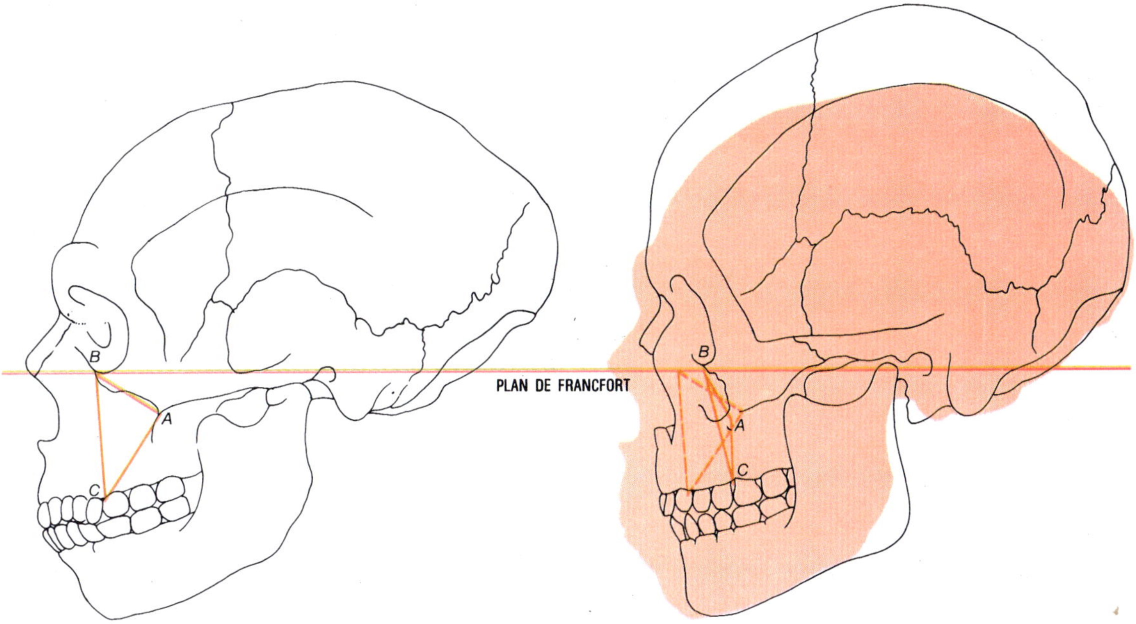

7. LA FACE PROJETÉE EN AVANT d'un homme de Neandertal *(à gauche)* est définie par le triangle qui relie *A*, *B* et *C*. L'arête antérieure de la première molaire *(C)* est bien en avant de l'arête inférieure de la pommette *(A)* et presque juste au-dessous de l'extrémité supérieure de la pommette *(B)*. La ligne horizontale qui passe au-dessus du triangle détermine le plan de Francfort, une orientation standard. La face d'un crâne anatomiquement moderne, avec le point *B* et le plan de Francfort superposés à une silhouette du crâne de Neandertal, a un aspect ramassé ; le point *A* se trouve au-dessus de la première molaire, et les trois points du triangle sont presque dans le même plan vertical. Le spécimen de Neandertal utilisé pour cette comparaison est une restauration idéalisée du « vieillard » de La Chapelle-aux-Saints *(figure 6)*.

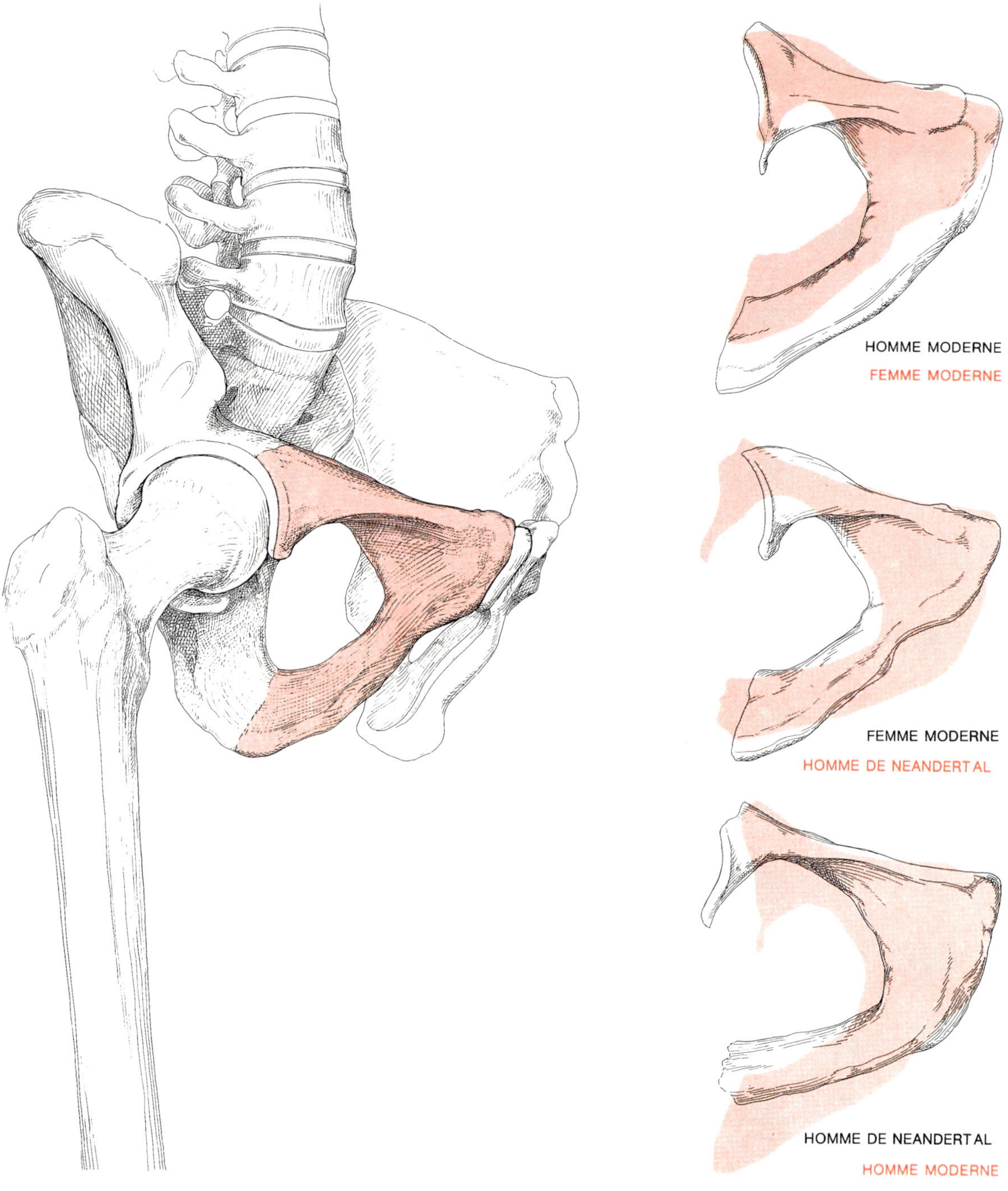

8. LES OS PUBIENS d'un homme de Neandertal et d'un homme et d'une femme anatomiquement modernes sont comparés ci-dessus. L'os pubien est la partie du bassin *(à gauche)* qui s'étend de la cavité de la hanche jusqu'à la ligne médiane antérieure ; ici, l'os pubien droit est vu de face dans toutes les figures. D'abord *(en haut à droite)*, l'os pubien d'une femme moderne est silhouetté en couleur. Il est plus large et moins massif que celui d'un homme anatomiquement moderne *(en noir)*. L'os pubien d'un Homme de Neandertal, Shanidar 1, est silhouetté en couleur *(au centre à droite)*. Il est encore plus large et plus mince que celui d'une femme moderne *(en noir)*. Enfin *(en bas à droite)*, l'étroitesse de l'os pubien de Neandertal est encore plus manifeste quand on le compare à celui d'un homme moderne *(silhouette en couleur)*. Tous les os pubiens des Neandertaliens, mâles et femelles, offrent cette particularité.

thique supérieur. Le complexe de traits neandertaliens est totalement absent ; ces derniers sont tout simplement de robustes représentants d'humanité moderne, comme les Polynésiens et les Européens du Nord actuels. En fait, les crânes du Paléolithique supérieur ressemblent spécifiquement à ceux des Européens des époques plus récentes, ou Caucasoïdes.

Ces jugements ne sont pas subjectifs. Des études récentes fondées sur des mesures raffinées, en particulier celle de Christopher Stringer du British Museum, établissent nettement la distinction entre le modèle crânien de l'homme de Neandertal et celui des premiers êtres humains anatomiquement modernes. En outre, les deux types de populations ont des crânes différents de ceux d'autres hominidés fossiles. D'autres détails du squelette, dont les particularités de l'omoplate et de l'os pubien décrites ci-dessus, corroborent cette distinction entre les hommes de Neandertal et leurs successeurs.

Il y a certainement eu une transition entre les hommes de Neandertal et leurs successeurs immédiats, mais on possède peu d'indices sur son déroulement. Il s'agit ici d'un problème de datation : en effet, les périodes considérées avoisinent

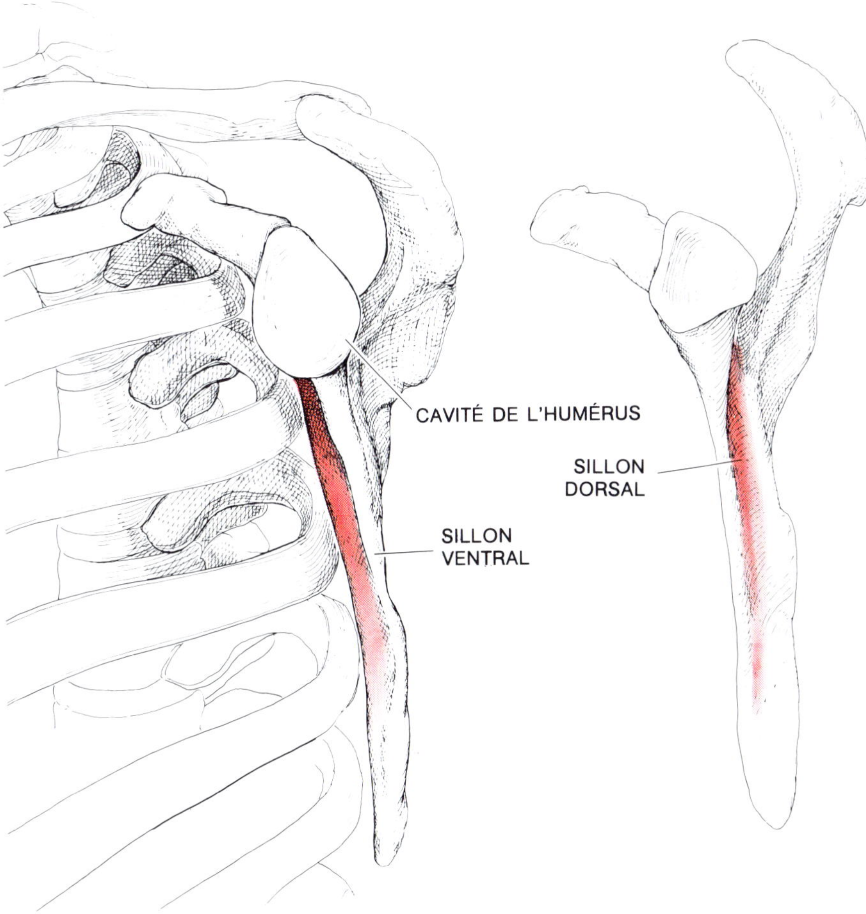

9. LES OMOPLATES d'un homme de Neandertal et d'un homme moderne sont comparées ici. Il s'agit d'omoplates gauches vues de profil. L'omoplate moderne, à gauche, présente un seul sillon sur la face ventrale, ou costale, du bord externe *(en couleur)*. Ce modèle à sillon ventral existe chez 80 % des hommes actuels ; il est associé au développement d'un muscle de l'épaule, le petit rond, qui chez les hommes modernes relie le bras à l'omoplate en l'attachant à une petite portion de la face scapulaire dorsale *(voir figure 10)*. L'omoplate neandertalienne, à droite, a un seul grand sillon sur la face dorsale, ou postérieure, du bord externe *(en couleur)*. Ce modèle à sillon dorsal est celui de plus de 60 % des omoplates neandertaliennes ; l'omoplate figurée ici est celle de Shanidar 1. Le bord externe de l'os et une partie de la face dorsale servaient à l'attachement du petit rond, ce qui prouve que celui-ci était très développé.

la limite de la sensibilité de la datation au carbone-14 et, de plus, les échantillons convenant à l'analyse au carbone-14 n'abondent pas. Le problème est particulièrement délicat en ce qui concerne le Proche-Orient, et commence seulement à être résolu grâce aux travaux d'Arthur Jelinek de l'Université de l'Arizona et d'autres chercheurs. D'après ce que l'on sait, les hommes de Neandertal les plus récents, provenant de la grotte de Tabūn en Israël et de Shanidar en Iraq, ont au moins 45 000 ans, mais ils sont peut-être beaucoup plus anciens. Sur la base de comparaisons archéologiques, les squelettes non datés de Skhúl sont plus récents et n'ont sans doute pas plus de 40 000 ans, peut-être moins. Les vestiges de Qafzeh ne sont pas encore datés pour l'instant, mais il semble raisonnable de leur attribuer environ le même âge qu'à ceux de Skhúl. Nous admettrons donc, mais sans grande assurance, qu'au Proche-Orient, les hommes anatomiquement modernes ont remplacé ceux de Neandertal il ya 45 000 à 40 000 ans.

En Europe, la datation est un peu plus précise. D'après les datations au carbone-14, des sites recelant des objets fabriqués à la fin du Moustérien (considérés comme des témoignages d'occupation neandertalienne) n'auraient pas plus de 38 000 ans. La dernière couche moustérienne dans l'abri rocheux de La Quina en Charente remonterait à 35 250 ans. Un os frontal de forme moderne, découvert à Velika Pečina en Yougoslavie, a environ 34 000 ans. Entre temps, une série de datations au carbone-14, concernant divers sites à travers l'Europe, font remonter les débuts du niveau de culture dit Aurignacien (associé par déduction aux populations à physique moderne) à environ −33 000 ou un peu plus tôt. Ainsi, l'intervalle de temps séparant les hommes de Neandertal des populations anatomiquement modernes semble avoir été extrêmement court.

Ce qui importe ici, c'est d'opposer l'extinction rapide des hommes de Neandertal et leur lent établissement. Ce que nous savons de leur apparition nous permet de l'imaginer comme une évolution progressive. Mais leur extinction ne peut être qualifiée que de brusque ; elle a sans doute pris dix fois moins de temps que leur implantation. Les deux transitions peuvent-elles être évaluées dans les mêmes termes ? Pour répondre à la question, il faut accepter certaines lignes directrices fournies par ce que nous savons des processus de l'évolution. Ces derniers ont été particulièrement négligés dans les deux principales explications de la disparition des hommes de Neandertal.

L'une de ces explications, adoptée aujourd'hui par les anthropologues d'U.R.S.S. et d'Europe de l'Est et par beaucoup d'anthropologues aux États-Unis, reprend l'ancienne hypothèse de la « phase de Neandertal ». Selon celle-ci, les hommes de Neandertal ont évolué directement et sur place pour devenir les populations anatomiquement modernes du Paléolithique supérieur. Les partisans de cette hypothèse découvrent des traits anatomiques neandertaliens ou « de transition » chez la population de Skhúl et chez certains individus du Paléolithique supérieur comme ceux de Brno et de Predomosti en Tchécoslovaquie. L'un de ces individus possède non seulement d'épaisses arcades sourcilières mais aussi une mâchoire inférieure présentant l'espace typique entre la dent de sagesse et la branche ascendante. Ces particularités ne constituent pas toutefois le type neandertalien complet : on les retrouve toutes deux dans certains crânes préhistoriques d'Australie. En outre, les arcades sourcilières ne sont pas de forme neandertalienne ; il s'agit sans doute d'un cas extrême parmi les crânes généralement irréguliers des populations du Paléotithique supérieur en Europe. Enfin, quand on soumet les mesures de la forme d'ensemble du crâne et de plusieurs caractéristiques des os des membres à l'analyse statistique, elles indiquent que ces individus n'offrent aucune parenté étroite avec ceux de Neandertal. En général, donc, les individus fossiles du début du Paléolithique supérieur, bien que robustes et râblés, ne présentent aucun signe convaincant d'une morphologie d'ensemble qui constituerait une transition entre l'homme de Neandertal et l'homme moderne. Pas plus que les derniers fossiles neandertaliens n'offrent de signes d'un début d'évolution vers une direction moderne.

La seconde interprétation attribue la disparition des hommes de Neandertal non pas à une évolution locale, mais à une invasion de populations nouvelles au physique moderne. S'il y avait une grotte contenant les vestiges d'hommes de Neandertal tués, associés à des outils du Paléolithique supérieur, il serait possible d'admettre l'hypothèse du remplacement. Celle-ci pourrait aussi être soutenue s'il existait des indices concernant la patrie des présumés envahisseurs ou le trajet suivi pour leur migration. Les informations archéologiques et paléontologiques dont nous disposons actuellement sont beaucoup trop fragmentaires pour étayer cette hypothèse. On peut seulement souligner que des populations humaines à forme anatomique moderne, bien que non européenne, occupaient certainement le lointain continent australien il y a 32 000 ans et probablement déjà 8 000 ans auparavant. On retrouve des traces d'hommes modernes encore plus anciens dans l'Afrique susaharienne. Donc, si des hommes anatomiquement modernes ont surgi d'une seule grande population originelle, hypothèse que beaucoup contestent, alors il ne s'agissait pas d'une population neandertalienne, puisque des hommes anatomiquement modernes existaient ailleurs quand les hommes de Neandertal habitaient encore l'Europe.

Changement et évolution

Toute tentative pour choisir entre ces deux interprétations sera stérile si l'on ne tient pas compte des principes de l'évolution. En termes d'évolution, un changement important dans un type physique, comme celui qui sépare les hommes de Neandertal de leurs successeurs du Paléolithique supérieur, se produit généralement en deux étapes. En premier lieu, le changement survient comme une conséquence de nouvelles forces sélectives agissant sur les individus d'une population particulière. Puis, d'une façon ou d'une autre, le changement devient une norme acquise chez toutes les populations de l'espèce. Comme les différences de squelette entre toutes les populations humaines actuelles sont moindres que les différences entre les populations actuelles et les hommes de Neandertal, il est à peu près certain que le nouveau type est devenu celui de tous les *Homo sapiens* d'aujourd'hui.

Plus spécifiquement, une espèce largement répartie et qui se croise librement a des chances d'être relativement stable en ce qui concerne l'évolution. Elle se modifie très lentement, car l'absence de barrières à l'échange de gènes entre populations facilite une uniformité génétique s'étendant à toute l'espèce. En outre, si l'espèce possède une adaptation commune, et c'est bien ainsi que l'on peut considérer les faits culturels, alors la sélection sera similaire pour la plupart de ses caractéristiques, ce qui favorise encore son homogénéité d'ensemble.

Si, en revanche, l'espèce est davantage fragmentée, peut-être par divers degrés d'isolement géographique, sa diversité sera sans doute plus grande. Chez les petites populations isolées, la substitution de gènes sous l'influence de la sélection naturelle sera plus rapide. C'est seulement grâce à quelques adaptations avantageuses, par exemple une meilleure acclimatation à une nouvelle situation écologique ou une meilleure exploitation de l'ancienne, qu'un nouveau type dans une seule population d'une espèce peut s'imposer définitivement dans l'espèce tout entière. Le type présentant une nouvelle adaptation peut être propagé à d'autres populations par le flux des gènes ou bien par le simple remplacement de tout

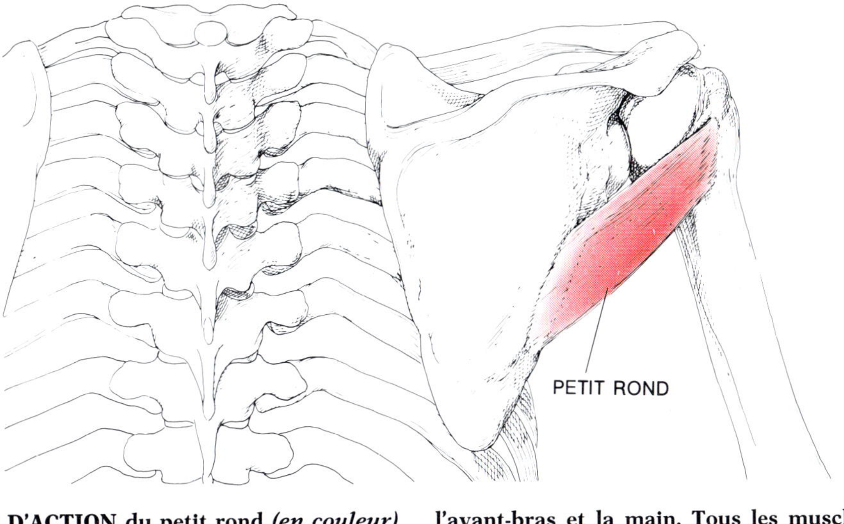

10. LE RAYON D'ACTION du petit rond *(en couleur)* est indiqué dans cette vue dorsale de l'omoplate droite et d'une partie de l'os du bras droit, ou humérus. Quand le muscle se contracte, il tire l'humérus vers l'omoplate, consolidant ainsi la jointure de l'épaule ; en même temps, il retourne vers l'extérieur le bras, l'avant-bras et la main. Tous les muscles principaux de l'épaule qui tirent le bras vers le bas, comme pour jeter ou frapper un coup, tendent à retourner le bras et la main vers l'intérieur. En s'opposant à cette rotation, le petit rond assurait à l'homme de Neandertal un contrôle plus précis de son bras.

ou partie des anciennes populations, du fait que la population nouvelle se répand et triomphe dans la lutte pour s'emparer des ressources existantes. Comment peut-on retracer l'histoire de l'homme de Neandertal à la lumière de ces mécanismes ?

S'adapter ou disparaître...

Nous avons exposé deux éventualités : ou bien celle de l'évolution concernant toute une espèce (ou une grande population) en raison d'une pression sélective commune, ou bien celle d'une évolution plus rapide chez un élément de la population vers une adaptation spécifique, après quoi cet élément de la population remplace les autres grâce à l'avantage tiré de son adaptation. Les deux éventualités correspondent en général aux deux interprétations habituelles des raisons pour lesquelles, au bout d'un certain temps, les hommes de type moderne ont pris le dessus et les hommes de Neandertal ont disparu. Ces deux interprétations impliquent aussi divers degrés de complexité dans les bases génétiques des différences anatomiques observées. Si, d'une part, les hommes de Neandertal ont évolué localement pour devenir les premières populations du Paléolithique supérieur, on s'attendrait à ce que relativement peu de traits génétiques codés simplement aient entrainé des différences anatomiques grâce auxquelles ils ont pu apparaître et se répandre au Proche-Orient et en Europe en quelques milliers d'années. La vitesse d'une telle évolution chez les populations locales a pu être accélérée par l'influence d'adaptations du comportement sur certains aspects de la croissance, comme la robustesse des os des membres ; on sait que cette caractéristique est sensible, dans certaines limites, à l'effet des activités individuelles. Si, d'autre part, il y a eu migration importante de populations non-neandertaliennes, en même temps que croisements et remplacements, alors une série bien plus complexe de phénomènes de substitutions et de modifications génétiques a dû intervenir.

Les fossiles eux-mêmes nous fournissent quelques indications sur la complexité de la base génétique des différences anatomiques. Tout d'abord, le type de Neandertal paraît s'être constitué lentement au cours de la fin du Pléistocène moyen et du début du Pléistocène supérieur. Ceci incite à croire que la base génétique complexe qui a pu s'élaborer tout au long de ces nombreux millénaires est sans doute à l'origine du type neandertalien. Ensuite, les vestiges fossiles des enfants de Neandertal montrent que la morphologie neandertalienne typique était déjà développée à l'âge de cinq ans et peut-être plus tôt. Comme on voit mal quelles modifications appréciables l'activité pouvait opérer sur le développement du type d'un petit enfant, il semble probable que de nombreux détails du type morphologique neandertalien se développaient en vertu d'une détermination génétique complexe.

D'une façon générale, le type physique neandertalien a donc évolué en 50 millénaires ou davantage ; par la suite, il est demeuré relativement constant durant les 50 millénaires suivants. La transition que l'on a observée, et qui conduit à une anatomie fondamentalement moderne, survint ensuite, à l'intérieur du territoire neandertalien, en à peu près 5 000 années. Les diverses observations relatives à l'évolution et à l'anatomie semblent s'appliquer surtout au cas où des populations d'hommes anatomiquement modernes (les Européens du début du Paléolithique supérieur et les derniers Moustériens du Proche-Orient) auraient évolué alors qu'elles étaient relativement isolées de la majorité des hommes de Neandertal. Ces populations ont pu surgir d'une population totalement neandertalienne ou d'une population non-neandertalienne. En tout cas, elles se sont indiscutablement répandues, absorbant et remplaçant diverses populations neandertaliennes locales à travers le Proche-Orient et l'Europe. L'époque et les lieux d'établissement de ces premières populations modernes à l'intérieur du territoire des hommes de Neandertal demeurent encore inconnus.

Il reste à découvrir quelle force sélective essentielle a donné la primauté au physique moderne sur celui de Neandertal. Est-ce que ce fut un changement climatique ? En fait, la dernière période glaciaire a atteint son point de froid extrême plus de 10 000 ans après la transition du physique neandertalien au physique moderne, et il n'existe aucune corrélation fondamentale entre la transition et quelque changement climatique majeur. La transition fut-elle d'origine écologique ? Les deux sortes de populations chassaient le même gibier et vraisemblablement collectaient les mêmes plantes comestibles.

Est-ce que ce fut le progrès culturel ? C'est là que nous possédons les meilleurs indices sous la forme des outils de pierre. Il est difficile de se rendre compte si les outils spécifiques du Paléolithique supérieur présentaient beaucoup d'avantages sur ceux du Moustérien pour la chasse, la cueillette ou toute autre activité de subsistance. Plus vraisemblablement, alors que les outils du Moustérien commençaient à évoquer les formes du Paléolithique supérieur, les habitudes alimentaires et les modes d'obtention de la nourriture changèrent notablement. On pourrait supposer que ce changement important rendit le robuste physique neandertalien à la fois inutile et trop coûteux du fait de ses besoins alimentaires, et qu'il a donc déclenché une rapide diminution de la taille du corps et sans doute même un changement de tous les caractères propres à l'homme de Neandertal. Par ailleurs, l'amélioration des techniques du travail de la pierre, et les modifications du comportement qui l'ont accompagnée, purent donner une faculté d'adaptation bien plus grande aux populations du Paléolithique supérieur, moins lourdement bâties.

Il est intéressant d'observer qu'entre – 40 000 ans et – 35 000 ans le système socio-culturel de ces hominidés s'est notablement compliqué. Peu après, diverses formes d'art appa-

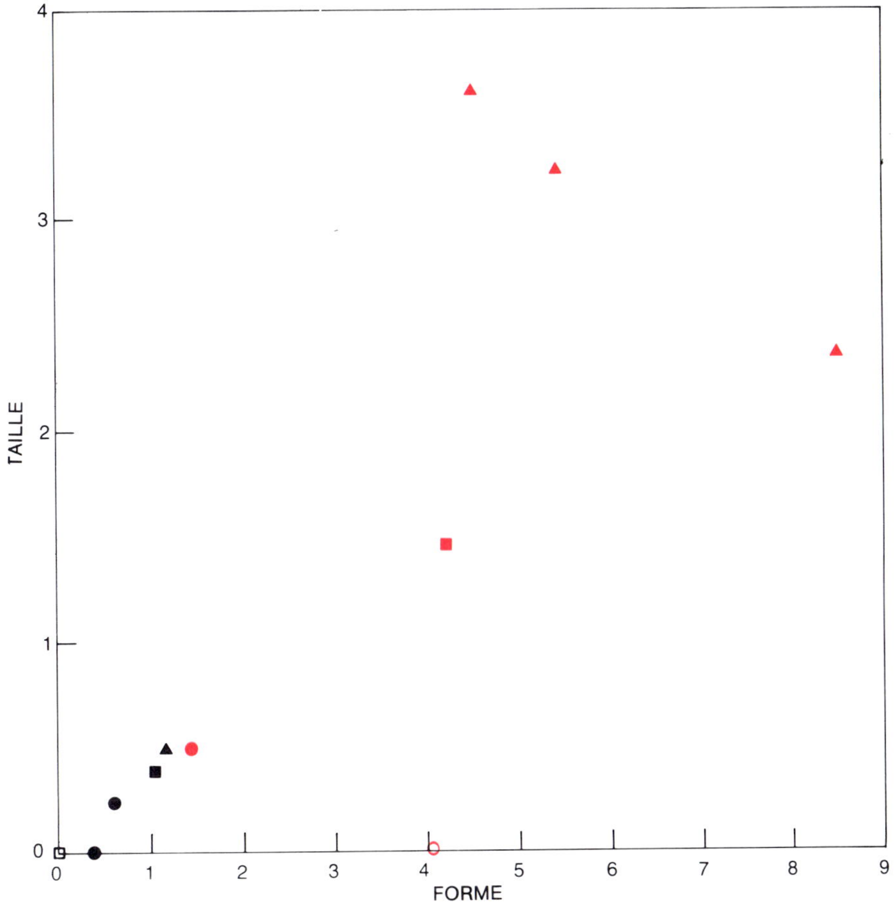

11. L'ANALYSE A PLUSIEURS VARIABLES des crânes fossiles et modernes compare 18 mesures en termes de taille *(en ordonnée)* et de forme *(en abscisse)*. Une moyenne de crânes européens du Paléolithique supérieur *(carré vide)* sert de points de départ (0). Le crâne du Pléistocène moyen provenant de Petralona *(triangle en couleur de l'extrême droite)* est le plus éloigné du point de départ en termes de forme et assez éloigné en termes de taille. Plus éloignés en termes de taille mais plus proches en termes de forme, on trouve les crânes de l'homme rhodésien *(triangle en couleur à droite du centre)*, et un crâne neandertalien du Proche-Orient venant d'Amud *(triangle en couleur au centre en haut)*. Le carré en couleur près du centre représente la moyenne des crânes européens de Neandertal ; le fossile européen du Pléistocène moyen provenant de Steinheim *(cercle en couleur)*, bien que plus petit que la moyenne des Neandertaliens, en est très proche par la forme. Les crânes de Saccopastore *(point en couleur)*, les plus récents des crânes de Neandertal anciens, sont étonnamment proches des moyennes de deux échantillons de crânes modernes *(points noirs)* : Norvégiens et Zoulous. Il en est de même pour deux crânes provenant de Qazfeh *(triangle noir)* et pour un autre spécimen du Levant, Skhúl 5 *(carré noir)*. Les spécimens modernes et du Levant ne diffèrent que légèrement de la moyenne européenne du Paléolithique supérieur. Cette analyse de taille et de forme a été effectuée par Christopher Stringer du British Museum.

raissent régulièrement dans les sites archéologiques, impliquant l'existence de rituels bien établis pour divers genres de comportements sociaux. Si le rituel existait déjà depuis longtemps chez les hommes de Neandertal, comme en témoignent les pratiques relatives aux sépultures, une rapide augmentation de la complexité du rituel donne à penser que l'évolution de leur système socioculturel avait déjà atteint un certain niveau. Le dépassement d'un tel niveau a bien pu exercer une influence majeure sur l'évolution biologique de ces populations humaines préhistoriques.

Des problèmes demeurent : d'une part sur le plan théorique, nous ignorons la nature de l'avantage qui a causé la transition vers un physique d'homme moderne, et d'autre part sur le plan pratique, nous manquons de fossiles datables pouvant éclairer la véritable histoire. Cependant, le grand intérêt des hommes de Neandertal réside dans la somme des connaissances qu'on a accumulées sur eux, connaissances bien supérieures à celles qui concernent les autres populations humaines vivant à la même époque. Le rapprochement de ces informations et de nos connaissances sur l'évolution en général offre de loin les meilleures chances pour l'étude scientifique de l'histoire et du développement de l'homme durant la fin du Pléistocène.

11

Les origines de l'Homme de type moderne en Europe

Le remplacement en Europe des hommes de Neandertal par les hommes de Cro-Magnon a longtemps été une énigme paléontologique qui a conduit à une hypothèse non fondée, mais qui eut la vie dure : l'existence de présapiens européens.

par Jean-Jacques Hublin

Contrairement aux espoirs du pasteur Joachim Neumann, la composition de pièces pour orgue et de cantiques ne devait guère le rendre célèbre ; c'est par des voies bien détournées que son nom passa à la postérité. Les habitants de la ville de Düsseldorf où il était né voulurent un jour commémorer son souvenir en baptisant « Neandertal » une petite vallée des environs, « Neander » étant la version grecque de Neumann que l'organiste avait choisi d'arborer. Ce patronyme aurait sans doute sombré dans l'oubli sans la découverte, en 1856, d'une calotte crânienne et de quelques os longs humains dans une petite grotte de Neandertal. Pour la première fois, les restes d'un homme fossile allaient être reconnus en tant que tels. L'homme de Neandertal allait devenir, pour deux raisons, une vedette paléontologique dont la notoriété ne s'est jamais démentie. D'une part, ce type humain essentiellement européen se distingue au sein d'autres groupes fossiles par son originalité anatomique. D'autre part, l'Europe ayant connu les premiers balbutiements de l'anthropologie préhistorique, plus d'un siècle d'efforts y ont accumulé un matériel assez abondant, circonstance rare en ce domaine : tout naturellement donc, nos lointains prédécesseurs sur le vieux continent ont fait l'objet de nombreuses études.

La reconnaissance de l'homme de Neandertal ne se fit cependant pas sans difficultés et il fallut que d'autres découvertes succèdent à celle des carriers de Düsseldorf pour affermir définitivement son statut de fossile humain : à la suite notamment de trouvailles similaires en Belgique, à la Naulette et à Spy, il fallut bien abandonner les interprétations saugrenues qui avaient éclos dans les milieux anthropologiques réfractaires à ce concept ; malgré ses traits jugés par trop « bestiaux », le squelette de Neandertal n'était ni celui d'un idiot rachitique et arthritique, ni celui d'un cosaque de 1814. Cette répugnance initiale à admettre notre parenté avec un tel être se comprend fort bien dans le contexte religieux et scientifique de l'époque ; comme nous allons le voir, les séquelles qu'elle a pu laisser n'ont pas toutes disparu.

Les Neandertaliens sont généralement considérés de nos jours comme appartenant à une sous-espèce particulière de l'*Homo sapiens* : l'*Homo sapiens neandertalensis*, et l'homme de type moderne est pour sa part classé dans une division de rang équivalent : *Homo sapiens sapiens*. Les diverses recherches qui ont été poursuivies sur les premiers nous montrent qu'ils constituent un groupe extrêmement particulier qui peupla l'Europe pendant la première moitié de la glaciation de Würm (*voir la figure 2*), en débordant cependant ce cadre géographique vers l'Est, jusqu'à atteindre le Proche-Orient et même l'Asie centrale. *Homo sapiens neandertalensis* rassemble donc les Néandertaliens « classiques » du Würm ancien d'Europe occidentale, les Néandertaliens « orientaux » et des formes antéwurmiennes que l'on peut qualifier de « prénéandertaliennes » ou de « néandertaliennes primitives ».

Le type classique est celui d'un homme de taille médiocre, mais très solidement charpenté. Dans son ensemble, le squelette est plus robuste que celui d'un homme moderne et son anatomie de détail indique des muscles très puissants. Quelques particularités osseuses furent interprétées par les premiers auteurs comme des caractères simiens, mais ceci s'est avéré par la suite complètement erroné. C'est ainsi que Marcellin Boule, le grand paléontologue français du début du siècle, crut mettre en évidence dans son étude célèbre du spécimen de La Chapelle-aux-Saints (Corrèze) que les neurapophyses des vertèbres cervicales (apophyses dirigées vers l'arrière) de cet individu étaient rebroussées vers le haut comme chez un chimpanzé, alors qu'elles sont tournées vers le bas chez l'homme moderne. En fait, cette remarque était de peu de portée : dès 1938, O. Kleinschmidt démontrait que l'orientation des apophyses était soumise à d'importantes variations, aussi bien chez l'homme que chez les grands singes, et surtout que cette disposition n'impliquait nullement une courbure du cou vers l'avant.

La tête de l'homme de Neandertal est remarquable. Elle est massive, avec une boîte crânienne vaste (le volume du cerveau ne différait pas sensiblement de celui de l'homme moderne). Mais alors que chez l'homme moderne le cerveau s'est principalement développé vers le haut, le cerveau du Neandertalien s'est surtout développé latéralement et étiré d'avant en arrière. A la limite inférieure d'un front court et fuyant, un énorme bourrelet osseux forme visière au-dessus des orbites vastes et arrondies ; la face, grande, est extrêmement curieuse, projetée en avant dans sa partie médiane et pratiquement dépourvue de pommettes. Le menton osseux est presque toujours effacé.

Certaines de ces dispositions anatomiques rappellent les caractères primitifs des *Homo erectus* qui précédèrent les *Homo sapiens* : c'est notamment le cas du bourrelet sus-orbitaire qui, cependant, présente chez le Neandertalien un aspect tout à fait particulier. En revanche, nombre de ces dispositions néandertaliennes apparaissent plutôt comme des spécialisations et, malgré leur étrangeté, ne doivent pas être considérées comme des signes d'archaïsme. De nombreux chercheurs ont été frappés par la grande « monotonie » de ces hommes fossiles qui varient assez peu. Le dimorphisme sexuel lui-même semble assez faible. Cette impression tient en partie au nombre relativement modeste d'individus dont nous pouvons disposer. Peut-être aussi traduit-elle une réelle étroitesse des marges de la variabilité liée à une forte pression de sélection exercée par l'environnement.

Sur le plan culturel, l'homme de Neandertal se trouve classiquement associé à des industries du Paléolithique moyen (en Europe, antérieur à 40 000 ans), dites industries moustériennes. Diverses découvertes attestent que ces hommes pratiquaient l'inhumation des cadavres et, dans un cas au moins (Monte Circeo, Italie), qu'ils entouraient d'un certain rituel les vestiges funèbres. Des arrangements d'os d'ours ont même fait parler d'un culte de cet animal, mais cette idée a toutefois été vivement contestée. Enfin, l'abondance de matières colorantes dans leurs niveaux d'habitation implique une activité « artistique » au moins sommaire. Tous ces éléments nous éloignent évidemment de la demi-brute que d'aucuns se sont parfois plu à imaginer.

Une des questions principales soulevées à propos de ce groupe fut celle de son devenir au milieu du Würm. A la fin du Paléolithique moyen,il semblait disparaître brutalement pour laisser la place à des hommes de type moderne et notamment à l'homme de Cro-Magnon : s'agissait-il d'un remplacement ou d'une évolution sur place ? En d'autres termes, l'homme de Cro-Magnon descendait-il des Neandertaliens ? L'hypothèse du remplacement paraissait la plus acceptable. Comment et pourquoi en un laps de temps si court les populations européennes auraient-elles subi une telle mutation ? Malheureusement, les informations apportées par l'étude des industries préhistoriques semblaient militer en faveur d'une évolution sur place : les couches archéologiques de gisements comme celui d'Arcy-sur-Cure (Yonne), fouillé par le professeur Leroi-Gourhan, révélaient une parfaite continuité entre les industries de la fin du Paléolithique moyen (moustérien) et les premières industries du début du Paléolithique supérieur (chatelperronien). Or, un remplacement brutal aurait, semble-t-il, coïncidé avec un changement de technique. C'est seulement dans ces dernières années que quelques découvertes sont venues apporter une lueur sur ce mystère.

Les Présapiens

Parallèlement aux premières découvertes d'hommes de Neandertal et de formes plus « archaïques » encore, d'autres trouvailles venaient compliquer le paysage paléo-anthropologique. A vrai dire, dès 1844 on avait mis à jour sur les pentes du volcan de la Denise, près du Puy-en-Velay, des restes d'homme de type moderne dans des niveaux très anciens. Il en fut de même dans toute une série de sites : Savone (1952), Castenedolo (1860, 1880, 1889) et Olmo (1863) en Italie ; Foxhall (1855) et Galley Hill (1888) en Grande-Bretagne ; Moulin-Quignon (1863), Clichy (1868) et Grenelle (1870) en France, pour ne citer que les gisements les plus célèbres. Mais le temps

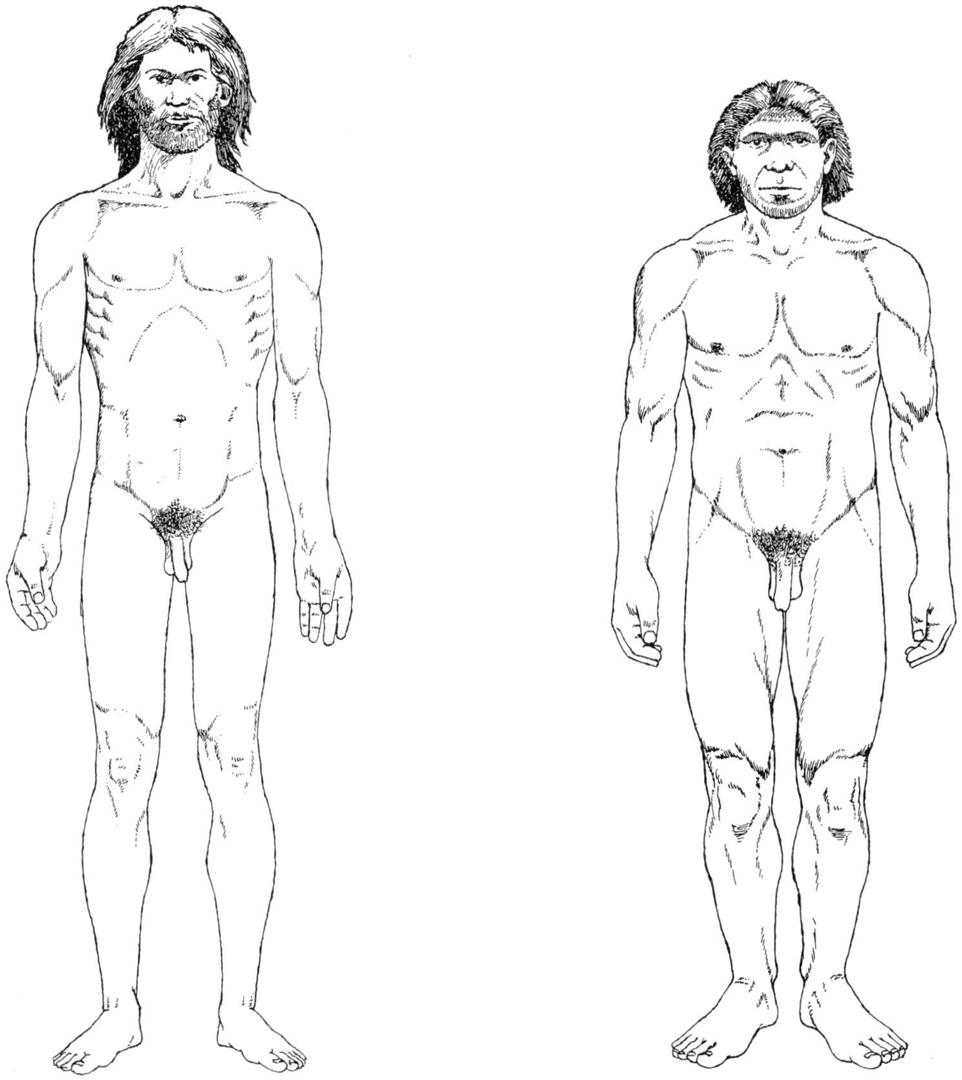

1. L'HOMME DE CRO-MAGNON ET L'HOMME DE NEANDERTHAL ne descendent pas l'un de l'autre comme le grand public le croit souvent mais constituent deux types, probablement deux sous-espèces d'*Homo sapiens*, qui se sont succédés dans nos régions de manière discontinue. L'Homme de Neandertal (*Homo sapiens neandertalensis*) (à droite), connu en Europe au Paléolithique moyen et au début du Paléolithique supérieur, était de petite taille, mais massif et fortement musclé. Sa face, projetée en avant dans sa partie médiane, était limitée vers le haut par un fort bourrelet sus-orbitaire et par un front fuyant ; son menton et ses pommettes étaient effacés. L'homme de Cro-Magnon (*Homo sapiens sapiens*) (à gauche), qui l'a remplacé, était de taille plus élevé, avec des membres aux extrémités distales plus allongées. Son crâne haut et arrondi présentait un front redressé, des pommettes saillantes un menton bien marqué.

devait montrer que ces vestiges, que rien ne distinguait d'ossements modernes, avaient vu leur antiquité surévaluée et qu'ils étaient beaucoup plus récents que les Neandertaliens.

En réalité, c'est la découverte de l'homme de Piltdown (Sussex) qui devait fournir, en apparence, la première preuve solide démontrant l'existence d'un ancêtre de l'homme actuel distinct de l'homme de Neandertal et contemporain (ou même antérieur) à celui-ci. Cet événement paléontologique, immédiatement relaté par la presse britannique, eut, en son temps, un retentissement énorme et fit très longtemps parler de lui. En 1952, 40 ans après la trouvaille, H. Vallois dénombrait près de 250 publications se rapportant à cet « *Eoanthropus dawsoni* ». L'étrangeté du fossile explique aisément une telle frénésie : parmi les vestiges humains, quelques fragments de crâne étaient si modernes d'aspect que l'anatomiste anglais Sir A. Keith n'hésitait pas à proclamer qu'ils avaient appartenu à un être identique à un « bourgeois de Londres ». Quant à la mandibule (mâchoire inférieure) qui accompagnait ces restes, elle était d'un aspect très simien et ce curieux assemblage était associé à une faune fossile abondante et à des silex taillés. L'âge des graviers de Piltdown était difficile à établir mais ils étaient attribués au Pléistocène inférieur, période la plus reculée du Quaternaire qui est de loin antérieure à l'avènement des Neandertaliens (la fin du Pléistocène inférieur est datée aujourd'hui aux environs de – 700 000 ans). C'est ainsi que la notion de « Présapiens » fit son entrée dans les débats paléontologiques : aux côtés des hommes de Neandertal, il se serait développé, en Europe, une lignée très avancée menant à l'homme moderne et qui avait fini par triompher de sa concurrente. De ce fait, on pouvait reconnaître deux ensembles distincts au sein des populations anténéandertaliennes : les « Prénéandertaliens », ancêtres des Neandertaliens, et les « Présapiens », ancêtres des Cro-Magnons. Cette hypothèse fut bientôt consolidée par de nouveaux éléments : les fossiles exhumés à Swanscombe dans le Kent, en 1935-1936, et à Fontéchevade en Charente, en 1947. L'étude de ces dernières pièces, menée par H. Vallois, aboutit en 1958, à la publication d'une monographie restée célèbre qui synthétisa tous les arguments supportant la « théorie des Présapiens ».

Entre temps cependant, un événement de taille s'était produit : l'effondrement, en 1953, de l'*Eoanthropus dawsoni* de Piltdown ; la démonstration irréfutable que cette pièce maîtresse des reconstitutions phylogénétiques de l'histoire de notre espèce était un faux. Weiner, Le Gros Clark et Oakley, appliquant la méthode de dosage du fluor dans les ossements fossiles, mise au point depuis peu, avaient abouti à la conclusion que les fragments crâniens et mandibulaires étaient récents, ce qui était corroboré par une quantité d'azote identique à celle que l'on trouve dans les os actuels. Des morceaux d'un crâne récent avaient été introduits dans le site avec une mandibule d'orang-outan ou de chimpanzé aux dents limées puis passés à la peinture rouge pour ne pas détonner dans le milieu ferrugineux du gisement. Keith, Smith-Woodward, Elliot Smith, Vallois, Teilhard de Chardin, Weinert et Osborn, parmi d'autres grands noms, s'étaient laissé abuser. Même si quelques anthropologues avaient bien contesté l'association de la mandibule et du crâne, nul n'avait pu imaginer un pareil dénouement si ce n'est l'auteur de la fraude lui-même, qu'on ne connaît toujours pas avec certitude.

Cette péripétie douloureuse laissait cependant subsister des pièces dont l'authenticité ne pouvait pas être mise en doute. Qui plus est, hormis les fossiles de Fontéchevade et de Swanscombe, de nombreuses études paléo-anthropologiques continuaient à mettre en évidence des caractères de « sapiens » dans les populations anténeandertaliennes. En fait, la théorie des Présapiens marquait profondément les idées sur l'évolution de l'homme en Europe, et plus ou moins bien exprimée, elle

2. LA CHRONOLOGIE DE L'ÈRE QUATERNAIRE se fonde classiquement sur un découpage en cycles glaciaires qui portent le nom d'affluents du Danube (Gunz, Mindel, Riss, Würm) et en cycles interglaciaires. Les données de la géologie, de la paléontologie et surtout les apports récents fournis par l'étude des paléotempératures dans les forages des fonds océaniques montrent que ce schéma traditionnel est par trop simplifié. Si les deux dernières glaciations (Riss et Würm), qui ont laissé les traces les plus nettes, correspondent effectivement à des phénomènes climatiques bien circonscrits, au-delà les notions de périodes glaciaires et interglaciaires perdent beaucoup de leur sens, les oscillations climatiques ayant été nombreuses et complexes. Les industries lithiques s'inscrivent dans ce cadre sans que leur évolution et le passage de l'une à l'autre soient synchrones d'une région à l'autre. Dans ce tableau, les noms des formes neandertalienne et préneandertalienne sont figurées en noir. Leurs caractères dérivés neandertaliens les classent sous le terme d'*Homo sapiens neandertalensis*. Les hommes de type moderne européens et leurs ancêtres proche-orientaux sont quant à eux figurés en rouge. Ils sont regroupés sous le terme d'*Homo sapiens sapiens* et sont connus par ailleurs dans d'autres régions du globe. L'*Homo sapiens* (*sapiens* et *neandertalensis*) est issu de l'espèce plus ancienne *Homo erectus*.

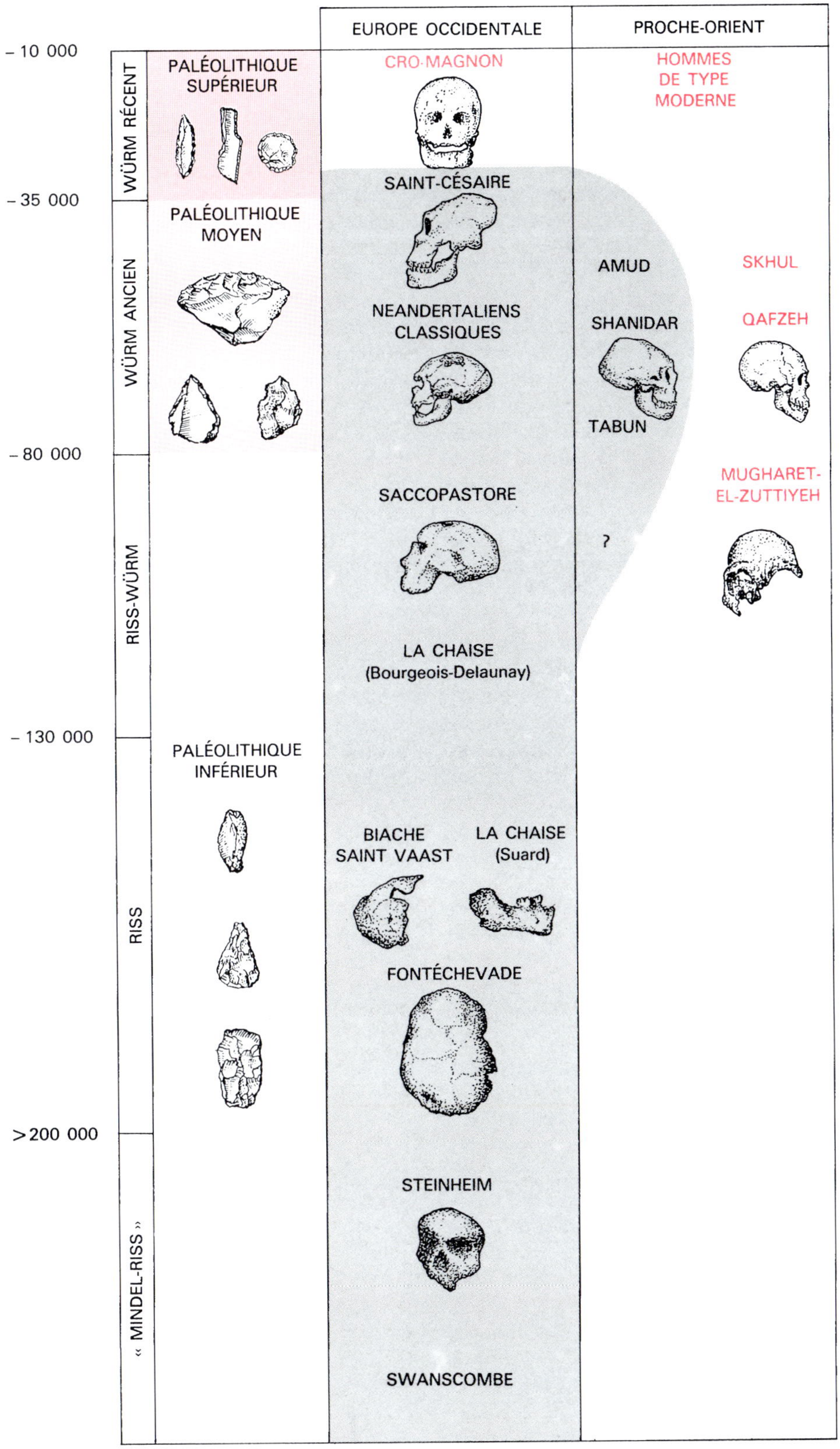
EUROPE OCCIDENTALE
PROCHE-ORIENT
– 10 000
– 35 000
– 80 000
– 130 000
>200 000
WÜRM RÉCENT
WÜRM ANCIEN
RISS-WÜRM
RISS
« MINDEL-RISS »
PALÉOLITHIQUE SUPÉRIEUR
PALÉOLITHIQUE MOYEN
PALÉOLITHIQUE INFÉRIEUR
CRO-MAGNON
SAINT-CÉSAIRE
NEANDERTALIENS CLASSIQUES
SACCOPASTORE
LA CHAISE (Bourgeois-Delaunay)
BIACHE SAINT VAAST
LA CHAISE (Suard)
FONTÉCHEVADE
STEINHEIM
SWANSCOMBE
HOMMES DE TYPE MODERNE
AMUD
SHANIDAR
TABUN
?
SKHUL
QAFZEH
MUGHARET-EL-ZUTTIYEH

a inspiré quantité de travaux de paléo-anthropologie européenne. Ces dernières années cependant, l'interprétation des pièces sur laquelle elle se fonde s'est trouvée remise en cause par différents chercheurs et de nouvelles découvertes ont amené à reconsidérer la question sous un jour nouveau. Cette évolution est liée en outre à une approche méthodologique nouvelle des problèmes de phylogénie et elle est très révélatrice des voies que suit aujourd'hui la paléontologie.

Caractères primitifs et caractères dérivés

Les ossements humains de Fontéchevade, datés tout d'abord du Riss-Würm, c'est-à-dire de la dernière période interglaciaire qui dura approximativement de – 130 000 ans à – 80 000 ans, sont plutôt rapportés maintenant à la glaciation de Riss et seraient donc plus anciens. Deux fragments crâniens proviennent de cette grotte. Tout d'abord, un fragment de frontal dont les saillies sus-orbitaires sont faibles. Cette absence de bourrelet sus-orbitaire chez un individu qui possède des sinus frontaux bien développés et qui était donc déjà adulte, ou au moins adolescent, permit à H. Vallois d'écarter ce spécimen des Préneandertaliens. Malheureusement, ce petit morceau d'os n'a pas été recueilli *in situ* mais dégagé d'un bloc de brèche rapporté au laboratoire. Aussi, son origine stratigraphique a-t-elle pu être contestée.

Le deuxième Présapien de Fontéchevade est représenté par une calotte crânienne plus importante mais fort endommagée. C'est encore la morphologie de la région sus-orbitaire qui retint essentiellement l'attention. A vrai dire, cette région est pratiquement absente, mais Vallois interpréta une petite cupule sur la tranche de l'os brisé comme l'extrémité du sinus frontal et aboutit ainsi à la reconstitution d'un frontal lui aussi dépourvu de bourrelet sus-orbitaire. Cette reconstitution a été rejetée par des chercheurs tels que E. Trinkaus (Université Harvard) ou A. Tillier (Université Paris VI) qui ont repris l'étude de ce matériel. Par ailleurs, les études métriques de cette calotte ont mis en évidence toute une série de caractères néandertaliens. Comme on le voit, les fossiles de Fontéchevade apportent des arguments bien précaires en faveur de la thèse des Présapiens européens.

Le cas de l'homme de Swanscombe est plus intéressant car il s'agit d'un fossile plus complet et bien conservé. En juin 1935 et mars 1936, furent successivement trouvés un os occipital et un os pariétal gauche ayant appartenu à un même individu. La même carrière livra, 19 ans après, le pariétal droit qui compléta cet arrière-crâne. Son allure arrondie, dépourvue de forts reliefs s'opposait à la morphologie néandertalienne « classique » (étirement du crâne vers l'arrière, bourrelet osseux transversal, angulation marquée entre la moitié supérieure et la moitié inférieure de l'occipital). En outre, le crâne présentait en vue postérieure un contour grossièrement pentagonal qui évoque les crânes modernes et se distingue des formes presque circulaires qui caractérisent les hommes de Neandertal. On était bien en présence d'un spécimen qui ressemblait nettement plus aux hommes actuels qu'aux Neandertaliens, tout en étant antérieur à ceux-ci. Il était « moderne » et pourtant très vieux.

Ces « ressemblances » sont toutefois trompeuses. Sous l'influence d'un mouvement portant le nom de cladisme et qui trouve son origine chez l'entomologiste allemand W. Hennig, la hiérarchisation des caractères, pratiquée de manière plus ou moins consciente par les classificateurs des êtres vivants a été depuis une quinzaine d'années l'objet d'une analyse plus poussée. Il en est ressorti un certain nombre de règles dont l'ambition est d'aboutir à une classification rendant réellement compte de la phylogénie et donc du degré de parenté entre les groupes. Si certains aspects dogmatiques de cette méthodologie peuvent être discutés, il reste que la distinction qu'elle impose entre la forme primitive et la forme dérivée des différents caractères d'un organisme est de la plus haute importance. Ce qui est vrai pour les animaux actuels l'est aussi pour les fossiles et, pour résumer à l'extrême, on peut dire que seuls les caractères dérivés communs à deux groupes doivent être pris en considération par le phylogénéticien pour apprécier leur proximité, le partage de caractères primitifs ne relevant que de l'héritage du patrimoine génétique d'ancêtres parfois très lointains.

Si l'on prend l'exemple précis du crâne de Swanscombe, l'important n'est pas de reconnaître sa plus ou moins grande ressemblance morphologique avec tel ou tel ensemble, mais bien de comprendre la genèse de chacun de ses caractères avant de les utiliser à des fins phylogénétiques. En l'occurence, il ressort de l'étude des fossiles anténeandertaliens que les traits « présapiens » du crâne de Swanscombe sont en fait des caractères primitifs qui sont conservés dans la lignée menant à l'homme de type moderne et qui sont perdus par celle menant aux Neandertaliens : ceux-ci présentent quant à eux une forme dérivée pour ces caractères. Bien évidemment, la reconnaissance de tels caractères primitifs sur un fossile antéwur-

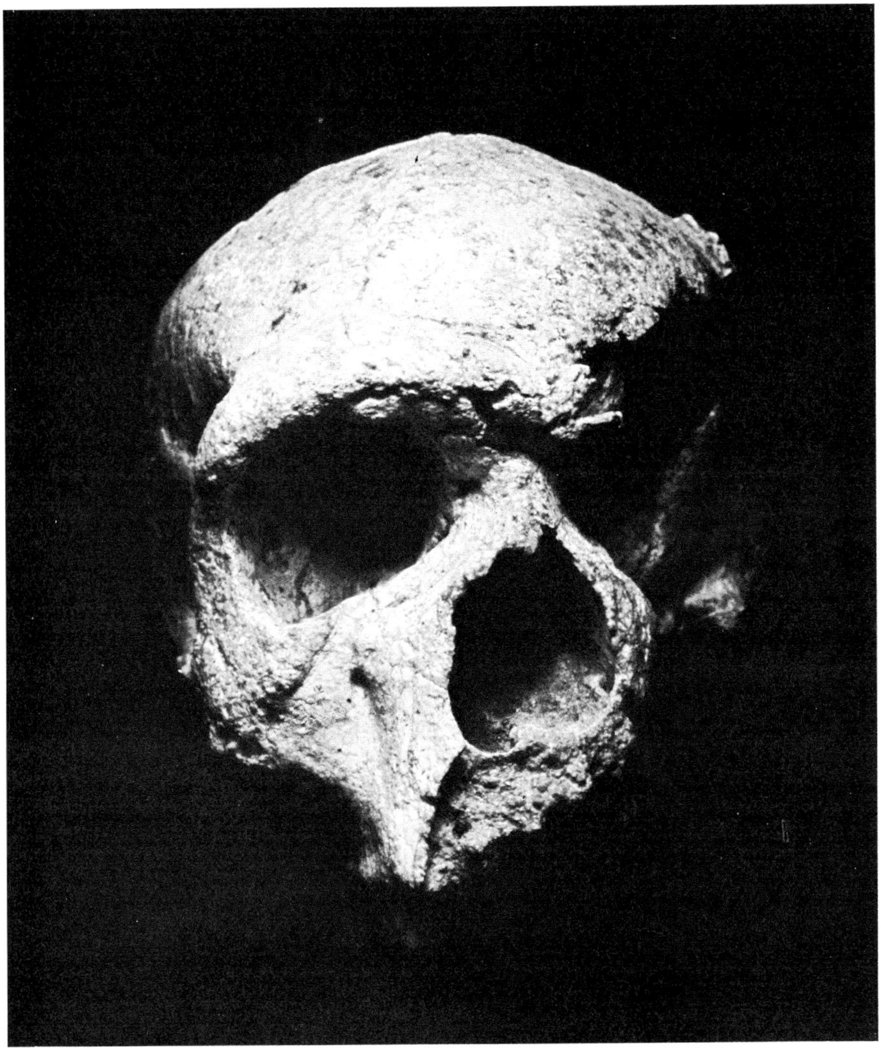

3. LE CRÂNE DE STEINHEIM, découvert en 1933 dans les graviers de la Murr, à 20 kilomètres au Nord de Stuttgart, est un des anténeandertaliens les plus connus et les plus complets. La faune qui l'accompagne fait remonter son âge à l'interglaciaire Mindel-Riss. H. Vallois situait l'homme de Steinheim dans la lignée des Prénéandertaliens, tandis que le crâne de Swanscombe, approximativement contemporain, était classé avec les autres Présapiens. Plusieurs auteurs surent pourtant mettre en évidence de nombreuses similitudes entre les deux pièces. Les difficultés d'interprétation de ce fossile s'expliquent en fait par sa position chronologique et phylogénétique : c'est un des plus anciens représentants des Préneandertaliens et il présente donc encore peu de caractères dérivés neandertaliens, à côté de nombreux traits primitifs.

mien ne saurait l'exclure du groupe des Préneandertaliens. Ainsi, l'aspect arrondi de l'arrière-crâne chez l'homme moderne peut se retrouver chez un ancêtre des Neandertaliens puisque l'allure étirée et la morphologie particulière de leur crâne sont acquises secondairement. De même, le contour pentagonal (« en maison ») du crâne en vue postérieure (*voir la figure 4*) apparaît comme la forme de laquelle dérive le contour circulaire (« en bombe ») que l'on rencontre chez les Neandertaliens. Retrouver cette forme, malencontreusement qualifiée de « moderne », chez un spécimen ancien, n'implique nullement que l'on ait à faire à un Présapien. De tels exemples pourraient être multipliés, notamment à propos de l'évolution de la face. Par ailleurs, l'homme de Swanscombe présente des caractères dérivés neandertaliens et notamment la morphologie de son bourrelet occipital.

Ainsi se trouve expliqué un curieux paradoxe :

les Présapiens les plus convaincants étaient représentés par des pièces relativement anciennes et cette lignée des Présapiens, bien que censée nous avoir donné naissance, semblait se dissoudre pour disparaître totalement à l'avènement des Neandertaliens. S'explique aussi cette apparente confusion, ce saupoudrage de caractères prétendument « sapiens » (mais en fait primitifs) chez des formes préneandertaliennes. Comme les documents sont souvent fragmentaires et que l'évolution des caractères ne s'opère pas de manière régulière et ordonnée chez tous les individus de toutes les populations européennes, tel chercheur étudiant le réseau de la circulation méningée moyenne d'un pariétal isolé pouvait reconnaître un Présapiens dans un gisement où les occipitaux montrent à l'évidence des caractères neandertaliens.

Des découvertes récentes, comme celles de Biache-Saint-Vaast dans le Nord de la France, qui complètent les lacunes morphologiques résultant de la rareté des fossiles, confortent cette constatation : il n'y a pas eu deux populations évoluant parallèlement dans la même zone, comme le voudrait la théorie des Présapiens, mais une seule population dont les membres combinent deux lots de caractères. Les caractères spécialisés (la projection de la partie médiane de la face par exemple) voient leur fréquence augmenter avec l'individualisation du type neandertalien, et les caractères primitifs, bien que d'apparence « moderne » pour certains (la forme pentagonale du crâne en vue postérieure par exemple), s'effacent peu à peu pour la plupart. Un seul groupe a donc occupé l'Europe occidentale jusqu'au milieu de la glaciation de Würm, en s'originalisant de plus en plus dans ce cul-de-sac géographique. Des fossiles très anciens, comme par exemple l'homme de Tautavel, montrent déjà les premiers signes de cette « neandertalisation » qui devient de plus en plus évidente lorsque l'on considère des fossiles rissiens comme ceux de la Chaise (Charente).

Le complexe d'Adam

Malgré l'interprétation erronée de quelques caractères, on peut se demander pourquoi l'on s'est attaché avec tant d'acharnement à maintenir une lignée de Présapiens européens qui se fondait en grande partie sur des pièces douteuses ou trop fragmentaires. Son existence paraît en effet, a priori, bien hypothétique. Comment imaginer que deux populations vivant en Europe occidentale à la fin du Pléistocène moyen et au début du Pléistocène supérieur, cohabitant donc au bas mot pendant plus de 150 000 ans, aient pu s'individualiser à partir d'un type commun et diverger au point d'aboutir à deux types aussi différents. Cela en habitant exactement dans les mêmes régions (Fontéchevade et la Chaise en Charente, par exemple) et sans qu'aucune ségrégation culturelle ne puisse raisonnablement être mise en évidence, « Présapiens » et « Préneandertaliens » se répartissant au hasard dans les différents sites et les différentes industries. Or, nul biologiste digne de ce nom ne peut imaginer la divergence entre deux sous-espèces sans l'existence d'une quelconque barrière généralement géographique ou comportementale.

Je vois personnellement dans cette péripétie un nouveau soubresaut de ce que l'on pourrait appeler le « complexe d'Adam ». Depuis les premiers balbutiements de la paléo-anthropologie on s'est efforcé de retrouver les différents jalons qui relient l'espèce humaine au reste du monde animal mais, parallèlement et de manière le plus souvent inconsciente, le désir de découvrir des ancêtres parfaitement dignes de leur descendance s'est toujours manifesté. L'homme de Neandertal fut tout d'abord rejeté comme pathologique et, quand il s'avéra impossible de tenir plus longtemps cette position, les providentiels « Présapiens » vinrent après quelque temps soulager la sensibilité meurtrie des anthropologues confrontés aux Neandertaliens. Cette attitude vis-à-vis des fossiles humains peut être illustrée par nombre d'exemples convergents. Elle se manifesta notamment lors de la découverte du Pithécanthrope (*Homo erectus* de Java) ou encore du Sinanthrope (*Homo erectus* de Chine). Les restes de ce dernier furent découverts à Zhoukoutian, en association avec une industrie de pierre taillée et des traces de foyers. Mais aux yeux de Marcellin Boule, ces vestiges n'étaient que les reliefs d'un repas dont l'auteur, un homme « véritable », restait évidemment hypothétique ; d'autres épisodes du même type émaillent l'histoire de la paléo-anthropologie. L'avenir nous dira si les tenants actuels d'un *Homo habilis* très ancien en Afrique, qui exclurait les Australopithèques de l'ascendance de l'*Homo erectus* mais dont la position exacte reste justement très discutée, ne cèdent pas eux aussi à ce penchant fâcheux.

Pour en revenir aux Présapiens européens, il est manifeste que ceux-ci se sont trouvés investis d'une grande supériorité sur leurs concurrents Préneandertaliens. Lors d'un colloque international à Paris en 1980, un des participants n'a pas hésité à invoquer le psychisme supérieur de ces êtres pour expliquer leur extrême discrétion dans les gisements : grâce à leurs dons divers, ils auraient facilement déjoué les pièges de l'accident qui eût permis leur fossilisation *(sic)*.

L'importance attachée à l'absence de bourrelet osseux sus-orbitaire chez les Présapiens mérite qu'on s'y arrête. Cette marque de modernité est en effet pour le moins curieuse : les premiers hommes de type moderne connus au proche Orient ou en Europe centrale sont encore porteurs de forts reliefs sus-orbitaires. On pourrait donc s'attendre à rencontrer un bourrelet osseux plus ou moins puissant chez d'éventuels Présapiens, formes primitives qui leur auraient donné naissance. Cette évidence a été oubliée au cours de la recherche de l'« anti-neandertalien » dont la bestialité était signée par un énorme bourrelet sus-orbitaire.

Il faut mettre enfin l'accent sur le caractère européen de ces Présapiens qui ont longtemps satisfait un européocentrisme délirant. Alors que de nombreuses études anatomiques suggéraient que les Neandertaliens étaient trop spécialisés pour avoir pu donner naissance à l'homme de Cro-Magnon, cette lignée fantôme de Présapiens permettait de ne pas sortir du cadre européen. A l'époque où l'on n'hésitait pas à reconnaître en l'homme de Grimaldi (Alpes-Maritimes) un des premiers négroïdes et en ceux de Chancelade (Dordogne) et de Cro-Magnon (Dordogne) les glorieux ancêtres de la race eskimaude et de la race « europoïde », comment imaginer que la lignée menant à l'homme de type moderne n'ait pas éclos dans les régions qui ont servi de berceau à la paléontologie humaine ?

Les hommes du Proche-Orient

Les Neandertaliens étant, heureusement peut-on dire, rejetés de notre ascendance par la plupart des paléo-anthropologues et les Présapiens européens s'étant peu à peu dissous au fil des

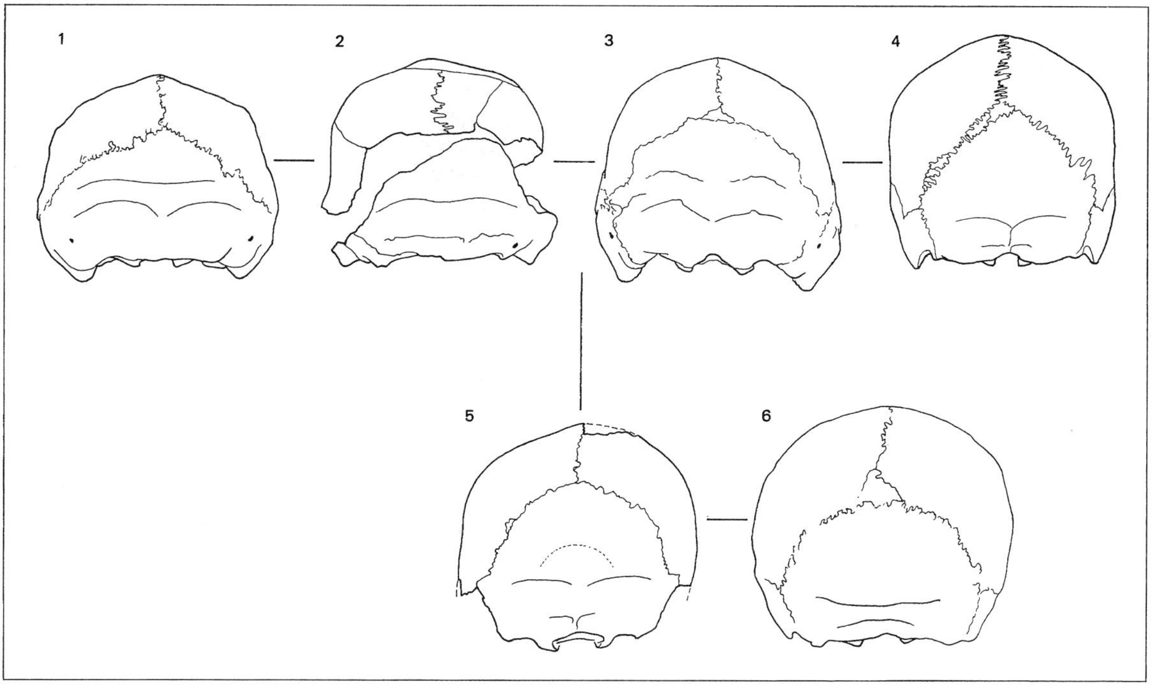

4. L'ÉVOLUTION DU CONTOUR CRÂNIEN en vue postérieure a abouti, chez l'homme moderne (*4*), à une forme pentagonale élevée. Les crânes d'*Homo erectus* plus ou moins évolués figurés en (*1*) (l'homme de Zhoukoutian, Chine), (*2*) (homme de Salé, Maroc), (*3*) (homme de Ngandong, Indonésie) ne constituent pas une série phylétique réelle mais une série morphologique qui montre cette évolution où l'augmentation du volume crânien se traduit surtout par une élévation de la voûte. Chez les Neandertaliens (*6*), la croissance du cerveau s'est effectuée différemment et le crâne présente un contour arrondi caractéristique. La persistance d'une forme pentagonale, quoique déjà atténuée, chez un préneandertalien comme l'homme de Swanscombe (*5*) ne suffit pas à l'exclure de la lignée neandertalienne pour en faire un « présapiens ». Ce caractère a été en effet perdu au cours de l'évolution du groupe. C'est un caractère primitif par rapport au caractère « crâne arrondi » qui est dérivé. En revanche, la reconnaissance d'autres caractères dérivés neandertaliens, même en nombre très faible, sur un tel fossile suffit à démontrer son appartenance.

découvertes nouvelles, il faut pourtant bien se tourner vers les autres régions de l'Ancien Monde pour y trouver des présapiens véritables. C'est au Proche-Orient que semblent se situer les racines des Européens du Würm récent. Au Würm moyen on rencontre dans cette zone deux types humains associés à des industries du Paléolithique moyen. Le premier type est très proche des Neandertaliens européens et mérite la dénomination de Neandertalien oriental. Il est représenté par les restes de Tabun et Amud en Israël et ceux de Shanidar en Irak. Cette nappe neandertalienne semble s'être étendue loin vers l'Est puisqu'un spécimen appartenant à ce groupe a été exhumé en Uzbekistan, à Teshik-Tash. Le second type comprend des formes assez proches de l'homme de Cro-Magnon et a été donc qualifié de « protocromagnoïde ». Le crâne est élevé, le front haut domine une face aux pommettes dégagées, le menton est bien individualisé et l'arrière-crâne arrondi ne présente pas les dispositions qui caractérisent l'homme de Neandertal. Quelques caractères primitifs complètent cette description : la robustesse des os est grande et les dents dépassent par leur taille la variation actuelle, comme d'ailleurs celle des Neandertaliens ; les reliefs sus-orbitaires sont puissants dans plusieurs cas mais montrent une structure comparable à celle que l'on rencontre chez l'homme moderne. Ces formes ont été découvertes dans deux sites, celui de Skhul et celui de Djebel Qafzeh en Israël. Et il ne s'agit pas cette fois-ci de quelques pièces fragmentaires et discutables mais de plus de 15 individus dont certains sont représentés par des squelettes complets.

Une chronologie encore mal établie ne permet pas, dans l'état actuel de nos connaissances, de savoir si ces populations ont cohabité dans cette région. Certains chercheurs comme W. Howells ou E. Trinkaus inclinent à penser, mais sans grande certitude, qu'il y a eu plutôt succession que cohabitation, les protocromagnoïdes ayant remplacé les Neandertaliens orientaux vers – 45 000 ou – 40 000 ans. D'autres paléo-anthropologues comme B. Vandermeersch (Université Paris VI), à qui l'on doit l'essentiel des découvertes de Djebel Qafseh, ou A. Thoma (Université de Louvain), admettent une coexistence plus ou moins longue, et le second a même défendu la thèse du métissage partiel entre les deux groupes pour expliquer les particularités de certains fossiles.

Une intéressante étude d'E. Trinkaus apporte quelques lueurs sur l'origine respective de ces deux groupes, Neandertaliens orientaux et protocromagnoïdes. L'examen des populations actuelles nous montre que les proportions des membres varient en fonction du climat. L'adaptation à un environnement froid se traduit par un raccourcissement relatif des segments distaux (avant-bras et jambes) qui réduit le rapport surface/poids du corps et ralentit d'autant les échanges thermiques. C'est exactement l'inverse que l'on observe chez les populations exposées à un environnement chaud. Et ce caractère est au moins en partie contrôlé génétiquement. Si bien que, dans le cas de populations déplacées, c'est la température moyenne de leur lieu d'origine qui conditionne les proportions des membres. Cette « loi de Allen » s'applique d'ailleurs de manière générale à tous les Mammifères. Rappelons-le, les Paléolithiques moyen et supérieur sont, dans leur plus grande durée, caractérisés, en Europe occidentale, par un climat rigoureux. C'est la dernière glaciation quaternaire, celle du Würm, qui fait sentir ses effets : elle est séparée, par une période interglaciaire relativement courte, de la glaciation précédente, celle du Riss. Périodiquement donc, rennes, mammouths et bœufs musqués sont venus peupler nos régions. Dans une étude statistique des proportions des membres, E. Trinkaus a montré que les protocromagnoïdes de Qafzeh et de Shkul, ainsi que les hommes de Cro-Magnon européens répondent à un type « chaud », bien que les seconds aient connu des froids extrêmes, tandis que les Neandertaliens européens répondent à un type « froid », comme les Neandertaliens orientaux qui ont pourtant vécu dans un environnement assez tempéré. Si l'on extrapole à partir des données actuelles, la conclusion la plus simple est que la lignée neandertalienne s'est individualisée en Europe, subissant plusieurs épisodes glaciaires et qu'elle a pu se répandre vers l'Est à partir de ce berceau, au moins jusqu'au Proche-Orient. Les gènes des hommes de Cro-Magnon apparaissent quant à eux comme importés de régions au climat plus clément.

Zuttiyeh : un vrai Présapiens ?

D'où viennent alors les protocromagnoïdes du Proche-Orient ? Un jalon de leur histoire nous est peut-être fourni par la face humaine découverte dans la grotte de Mugharet el Zuttiyeh (« la grotte des voleurs ») en Israël ; cette vaste cavité est située dans la vallée du Wadi Amud en Galilée. Fouillée en 1925 et 1926 par l'archéologue anglais Turville-Petre, elle livra, lors de la première campagne de fouille, un important fragment de crâne humain qui fut longtemps considéré comme neandertalien, attribution qui se fondait essentiellement

5. LE GISEMENT DE DJEBEL QAFZEH se trouve près de Nazareth en Galilée. La grotte s'ouvre au pied du « Mont du précipice », du haut duquel les Nazaréens voulurent précipiter Jésus. C'est une vaste cavité dont le remplissage comporte de nombreux niveaux archéologiques remontant au Paléolithique supérieur et moyen. Dans ces derniers, B. Vandermeersch a mis au jour une des plus belles séries de fossiles humains paléolithiques. Des individus de tous âges, parfois représentés par des squelettes complets, en ont été extraits. Bien qu'ils soient associés à une industrie moustérienne caractéristique, leur type physique annonce les hommes de Cro-Magnon d'Europe occidentale. Cette constatation a fait définitivement sombrer l'attribution systématique qui était faite des industries moustériennes à des hommes de Neandertal.

sur l'équation en vigueur alors : industrie moustérienne = Neandertalien. Mais des doutes subsistaient quant à l'âge précis de la pièce. La préhistorienne anglaise Garrod considérait l'industrie du site comme un mélange de moustérien et d'acheuléo-yabroudien, une culture plus ancienne. Il y a quelques années, J. Gisis et O. Bar Yosef de l'Université de Jérusalem effectuèrent dans le gisement une fouille des lambeaux que Turville-Petre avait épargnés. Cette fouille confirma leurs soupçons : la partie supérieure des dépôts recélait bien un assemblage moustérien mais, en dessous se trouvaient des niveaux yabroudiens. Or, le crâne avait été exhumé de la base des couches, dans une dépression du substrat rocheux. Il est donc très certainement plus ancien que les protocromagnoïdes et les Neandertaliens connus dans la même région. Suivant une argumentation que j'ai moi-même développée en 1976 et qui a été plus récemment reprise par B. Vandermeersch, ce fossile présente des traits primitifs, ce qui n'a rien de surprenant sur une pièce de cet âge, mais, mis à part peut-être la relative hauteur des orbites, point de caractères dérivés neandertaliens (*voir la figure 6*). Évidemment, le crâne est loin d'être complet, mais il présente un complexe de caractères assez peu spécialisés qui pourrait se rencontrer chez un préneandertalien encore primitif ou chez un prédécesseur des protocromagnoïdes. Cependant, l'industrie yabroudienne à laquelle serait rapporté le fossile est un faciès tardif de l'industrie acheuléenne. Or, les préneandertaliens européens, d'âge équivalent, montrent déjà des caractéristiques neandertaliennes indiscutables, à vrai dire, dès la glaciation de Riss et même avant. Comme je l'ai déjà écrit, un occipital tel que celui

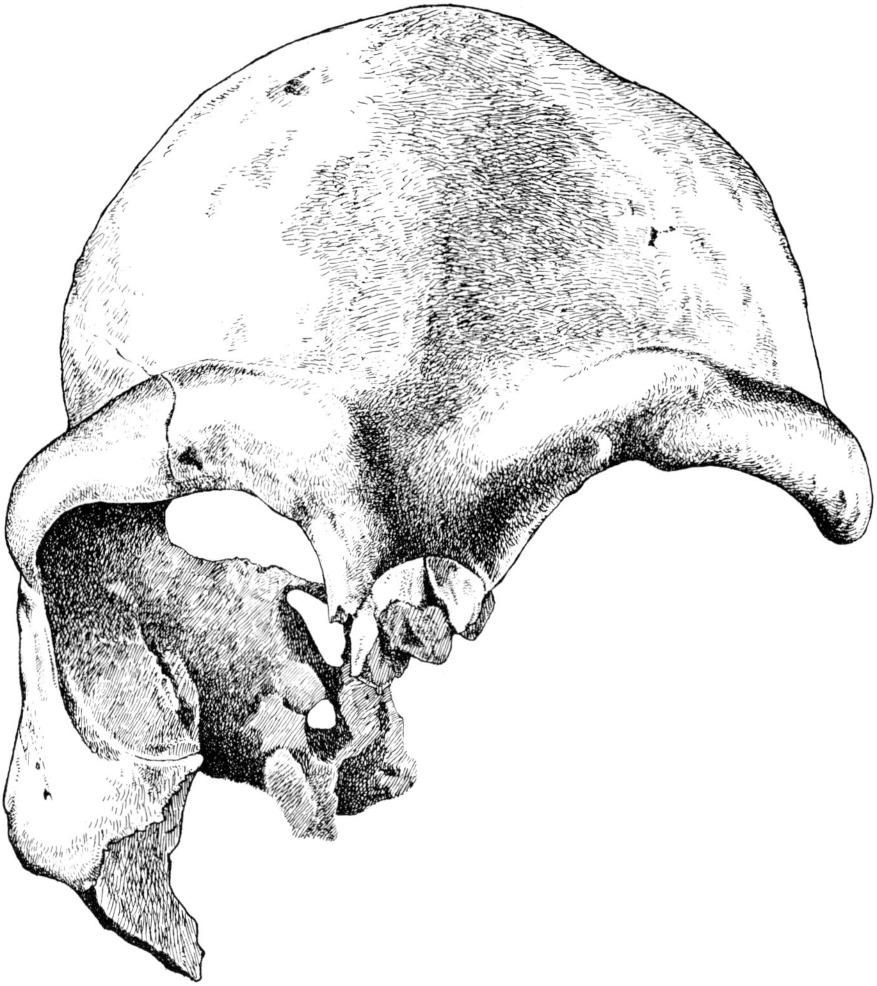

6. L'HOMME DE MUGHARET EL ZUTTIYEH fut classé parmi les Neandertaliens par le célèbre anatomiste anglais Sir A. Keith. En 1927, l'équation industrie moustérienne = Neandertalien ne faisait en effet aucun doute et la pièce était fragmentaire, et donc d'une interprétation délicate. Aujourd'hui ce fossile est attribué à une culture plus ancienne et il apparaît que les caractères retenus par A. Keith sont essentiellement des traits primitifs mais non spécifiques des Neandertaliens. Le front n'est pas élargi comme chez ces derniers et s'élève plus haut que chez un Neandertalien classique comme l'homme de Monte Circeo (Italie). Les reliefs sus-orbitaires sont puissants sans former un bourrelet lisse et continu ; ils présentent les mêmes éléments que ceux des premiers hommes de type moderne. Les orbites n'ont pas la forme arrondie des orbites neandertaliennes. Enfin, si l'on considère la racine du nez et le bord latéral des orbites, la face est aplatie, alors que les hommes de Neandertal sont caractérisés par la projection en avant de la région moyenne de la face. Compte tenu de son âge et de sa position stratigraphique, l'homme de Galilée peut raisonnablement être considéré comme un ancêtre possible des Protocromagnoïdes du Proche-Orient.

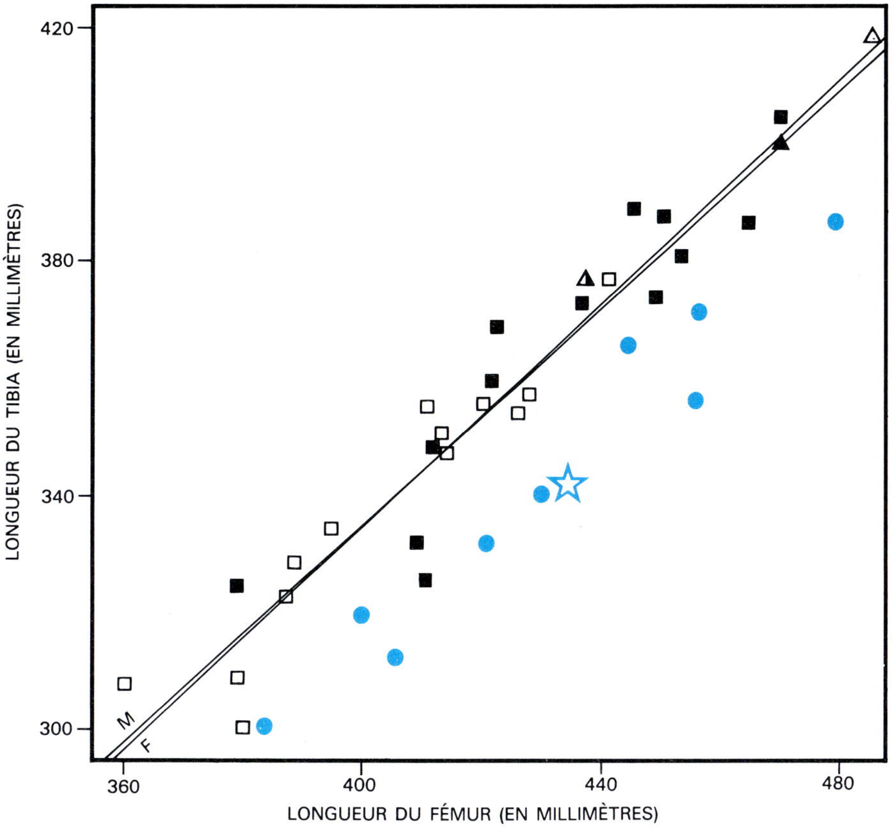

7. LES PROPORTIONS DES MEMBRES chez l'homme actuel ont été comparées avec celles des formes fossiles par E. Trinkaus de l'Université Harvard. Ce graphique montre clairement que les Neandertaliens, représentés par des ronds colorés (*leur moyenne est figurée par une étoile*), se situent quelle que soit leur provenance, Proche-Orient ou Europe occidentale, sous les moyennes des populations actuelles (*carrés noirs et blancs*). Seuls les Lapons et les Eskimos fournissent des indices comparables à ceux des Neandertaliens. Les hommes de type moderne du moustérien du Proche-Orient (*triangle blanc*) et ceux du Paléolithique supérieur européen (*triangle noir ou noir et blanc*) correspondent à un type plus chaud. Cette observation accrédite la thèse suivant laquelle les Neandertaliens se sont individualisés sous climat à dominante froide en Europe, tandis que les hommes de Cro-Magnon trouvent leur origine sous des cieux plus cléments et étaient des immigrants dans l'Europe occidentale de la fin du Paléolithique, qui subissait les effets de la glaciation de Würm. Le dimorphisme sexuel est à peine perceptible.

découvert dans les niveaux rissiens de La Chaise, daté par M. Schvœrer, J.F. Rouanet, H. Navailles et A. Debenath de – 130 000 ± 15 000 ans par thermoluminescence, ne choquerait absolument pas le paléo-anthropologue s'il avait été exhumé dans des niveaux moustériens vieux de 50 000 ans : il est déjà parfaitement neandertalien. Au moins à titre d'hypothèse, on peut donc considérer l'homme de Mugharet-el-Zuttiyeh comme une forme ancestrale assez lointaine des premiers Européens de type moderne, par l'intermédiaire des protocromagnoïdes du groupe Shkul-Qafzeh.

Les « Présapiens » en fait ne manquent pas, mais n'en déplaise à leurs évocateurs, on les trouve partout ailleurs qu'en Europe occidentale. En Indonésie, où furent trouvés les premiers *Homo erectus*, on connaît une magnifique série de pièces qui illustre l'évolution de ce groupe ; cette série semble bien se raccorder aux plus anciens aborigènes qui peuplèrent le continent australien. En Chine, les découvertes les plus récentes témoignent d'une évolution sur place des *Homo erectus* locaux, les Sinanthropes. En Afrique, et notamment au Maghreb, on dispose aussi de fossiles qui se rapprochent de plus en plus des formes modernes sans qu'aucune spécialisation ne puisse, comme c'est le cas pour les Neandertaliens, être mise en évidence pour éloigner ces hommes de notre ascendance.

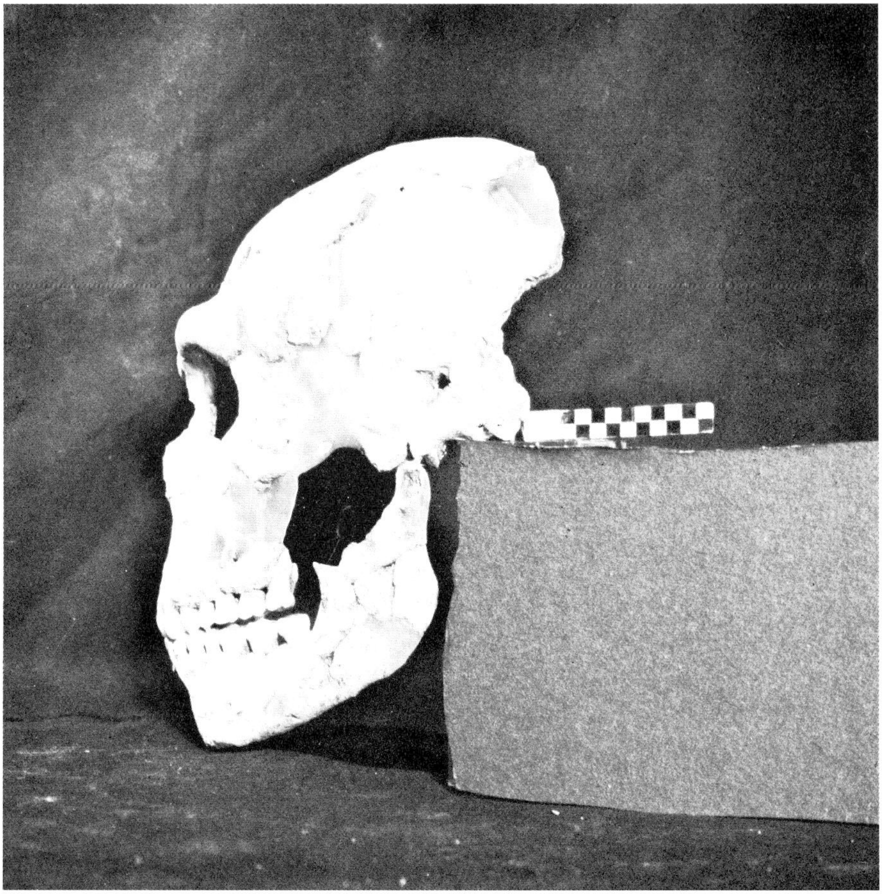

8. LA DÉCOUVERTE DE SAINT-CÉSAIRE est certainement la plus retentissante de ces dernières décennies en matière de paléo-anthropologie européenne. Les premières indications données par B. Vandermeersch, qui en a entrepris l'étude, établissent clairement la nature neandertalienne de l'homme exhumé en 1979 par F. Lévêque dans les niveaux chatelperroniens du gisement charentais. Au-delà de son aspect spectaculaire (la persistance jusque dans les débuts du Paléolithique supérieur des derniers Neandertaliens en Europe occidentale), cette trouvaille permet de résoudre enfin les contradictions entre l'archéologie et la paléontologie qui rendaient incompréhensibles les conditions du passage Paléolithique moyen/supérieur : Neandertalien et homme de type moderne ont tous deux franchi cette frontière culturelle.

Les premiers hommes modernes en Europe occidentale

L'Europe occidentale fait exception : les Préneandertaliens n'ont pas évolué vers l'homme de type moderne mais vers des Neandertaliens qui sont devenus de plus en plus Neandertaliens. Reste encore à éclairer les mécanismes de leur remplacement par les hommes de type moderne. Les contradictions qui opposaient les données de la préhistoire et celles de l'anthropologie n'ont pu se résoudre que récemment grâce à de nouvelles découvertes. La double équivalence, plus ou moins consciemment admise, Neandertaliens = industries moustériennes et hommes de type moderne = industries du Paléolithique supérieur avait déjà sérieusement souffert des découvertes du Proche-Orient, puisqu'un homme de type moderne se trouvait y être associé à des industries moustériennes. Mais le coup fatal vient d'être porté par le dégagement, en 1979, de restes indiscutablement neandertaliens dans des couches chatelperroniennes, c'est-à-dire du début du Paléolithique supérieur. C'est à l'occasion d'une fouille menée par F. Lévêque dans le gisement de Saint-Césaire en Charente maritime que s'est produit cet événement qui bouleverse des conceptions acceptées par le plus grand nombre et éclaire d'un jour nouveau le problème des origines de l'homme moderne en Europe. Jusque là, mis à part quelques vestiges très fragmentaires, le seul homme fossile connu dans ces niveaux avait été livré en 1909 par le site de Combe-Capelle en Dordogne, et c'était un homme de type moderne. Mais de graves doutes ont toujours plané sur cette trouvaille. En effet, son auteur, l'antiquaire suisse O. Hauser, qui monnayait fort cher le produit de ses fouilles (le squelette de Combe-Capelle fut vendu avec celui du Moustier au Musée de Berlin pour la somme, à l'époque astronomique, de 160 000 marks or), menait ses recherches de manière pour le moins discutable et avait une certaine tendance à « embellir » ses découvertes. Aussi, la nature exacte de ce fossile reste incertaine et, sans aller, comme certains, jusqu'à accuser Hauser d'avoir commis une fraude délibérée, on peut s'interroger sur l'origine stratigraphique de l'homme de Combe-Capelle. Le gisement comporte des niveaux plus récents, notamment aurignaciens (niveaux sus-jacents au chatelperronien) et une fouille approximative n'a peut-être pas mis en évidence l'intrusion, par le biais d'une sépulture, d'un individu aurignacien dans les couches chatelperroniennes. La découverte de Saint-Césaire, effectuée dans des conditions scientifiques indiscutables, vient évidemment renforcer ce jugement. Une contradiction majeure se trouve ainsi résolue. Si l'artisan du Chatelperronien est un Neandertalien, la continuité entre les industries moustériennes et celles du tout début du Paléolithique supérieur est parfaitement compréhensible. Pour l'anthropologue, la grande coupure ne se situerait donc pas entre le Paléolithique moyen et le Paléolithique supérieur mais entre le Chatelperronien et l'Aurignacien qui lui succède et qui a livré les restes d'hommes de Cro-Magnon.

Un scénario très plausible peut être aujourd'hui reconstitué. Tandis qu'en plusieurs points du globe émergeaient les prédécesseurs des hommes de type moderne, l'Europe connaissait un sort particulier : le peuplement neandertalien. Ce groupe très original s'est trouvé confronté, au Proche-Orient, aux ancêtres des hommes de Cro-Magnon. Les deux groupes ont acquis des industries plus modernes : le Chatelperronien pour les Neandertaliens et ce qui allait donner l'Aurignacien en Europe occidentale pour les protocromagnoïdes. Ce face à face se déplaçait vers l'Ouest au détriment des Neandertaliens : remontant au Würm ancien au Proche-Orient, il se situe au début du Würm récent en Europe occidentale. Des découvertes récentes comme celles de Vindija en Yougoslavie ou d'Hahnöfersand en Allemagne du Nord pourraient constituer des jalons intermédiaires. Dans le premier de ces sites, des Neandertaliens terminaux aux caractères graciles semblent perdurer dans le début du Paléolithique supé-

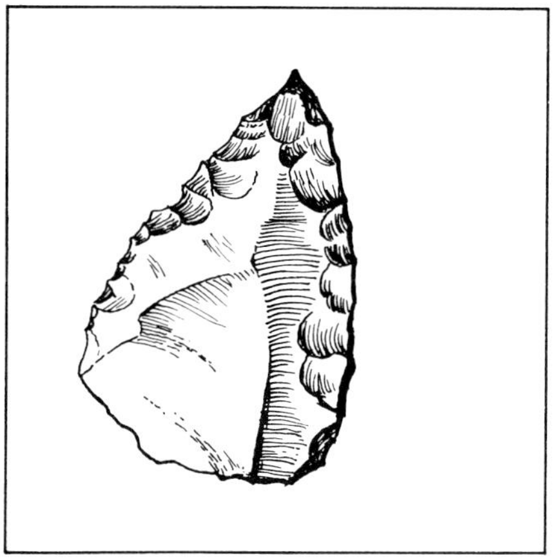

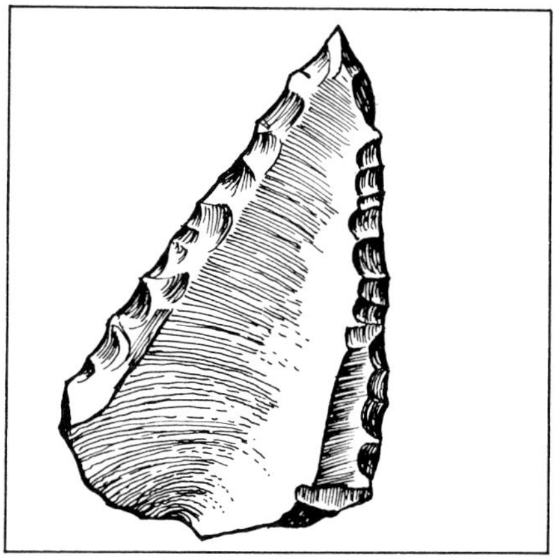

9. LE RACLOIR CONVERGENT est un objet commun dans les niveaux moustériens où les outils de pierre fabriqués sur éclat dominent largement. Au Paléolithique supérieur, le débitage de lames donne un cachet très différent aux industries lithiques, et de tels outils ont pratiquement disparu. Pourtant, la première industrie du Paléolithique supérieur, le Chatelperronien, en présente encore une importante proportion qui diminue progressivement. Si le racloir de gauche est moustérien, celui de droite est bel et bien paléolithique supérieur. Cette parfaite continuité entre le Paléolithique moyen et supérieur dans nos régions rendait improbable le remplacement très rapide des Neandertaliens par les hommes de Cro-Magnon à cette limite. On sait aujourd'hui que le découpage culturel ne correspond pas au découpage anthropologique et que la discontinuité dans les types humains se situe à l'intérieur du Paléolithique supérieur.

rieur ; dans le second, un frontal isolé, extrait des graviers de l'Elbe près de Hambourg et daté de – 36 000 ans, est interprété par G. Bräuer de l'Université de Hambourg comme celui d'un hybride entre les deux groupes. Malheureusement, ces restes sont très fragmentaires et les événements qui ont pu alors se produire en Europe centrale et en Europe de l'Est restent encore très obscurs.

En Europe de l'Ouest, les derniers Neandertaliens se sont éteints, laissant la place aux porteurs de l'industrie aurignacienne, des hommes de Cro-Magnon venant de toute évidence de l'Est. Cette disparition n'a d'ailleurs pas été forcément l'aboutissement d'un réel conflit, mais peut-être simplement d'une concurrence dans l'exploitation du biotope. Si les Neandertaliens n'ont bien été qu'une sous-espèce d'*Homo sapiens,* ils ont même pu, au moins localement, être digérés génétiquement, après une acculturation rapide, et « noyés » dans la masse des Cro-Magnons.

Au-delà du cas particulièrement démonstratif des « Présapiens » et des Préneandertaliens, c'est toute la paléo-anthropologie qui est aujourd'hui concernée par un important progrès méthodologique. Le stade purement descriptif et morphologique est désormais dépassé. Une analyse rigoureuse et réellement scientifique des caractéristiques des fossiles permet de distinguer clairement les traits primitifs des traits dérivés, et ainsi de reconstituer de manière fiable les relations de parenté entre les groupes humains qui nous ont précédés.

12

La spectrométrie de masse et la datation au carbone 14

Cette nouvelle technique consiste à séparer l'isotope radioactif du carbone (carbone 14) des autres isotopes, puis à en dénombrer les atomes. On obtient ainsi des datations plus précises à partir d'échantillons archéologiques ou anthropologiques de taille réduite.

par Robert Hedges et John Gowlett

Les archéologues et les anthropologues utilisent essentiellement la datation par le carbone 14 pour établir la chronologie des événements survenus au cours des 50 000 dernières années. Les organismes vivants fixent, en effet, un isotope radioactif du carbone, le carbone 14, dans leur structure moléculaire. Comme la radioactivité du carbone 14 décroît régulièrement avec le temps, de tels atomes servent d'horloges pour évaluer la date approximative de la mort des plantes ou des animaux. Cette méthode est si importante qu'il est très rare qu'un rapport archéologique n'y fasse pas référence.

Malgré un emploi généralisé, cette méthode présente des inconvénients assez regrettables. Les mesures ne sont possibles qu'avec une quantité relativement importante de matière, alors que la plupart des restes archéologiques de valeur sont de taille très réduite. D'autre part, si les échantillons sont de taille plus importante, il faut alors tenir compte de la complexité de leur « histoire carbonique » : le carbone 14 peut en effet provenir de sources d'âges différents utilisées pour l'élaboration de l'objet, lequel peut aussi avoir été contaminé après son ensevelissement par du carbone plus récent. Il existe certes des méthodes élaborées qui permettent d'éliminer les composants parasites, mais ces purifications nécessitent des quantités encore plus importantes de matériel.

On ne peut dater avec précision que les restes âgés de moins de 40 000 ans, ce qui est une limite à la méthode conventionnelle ; au-delà, il devient impossible de distinguer du bruit de fond, les trop faibles émissions radioactives spécifiques de l'objet. Cette limitation est un handicap majeur pour les archéologues et les anthropologues, car la période décisive, située entre 75 000 et 25 000 ans, est celle de l'apparition de l'homme moderne et d'importants changements du climat, de la faune et de la flore.

Un accélérateur de particules couplé à un spectromètre de masse pallie ces inconvénients. Cette méthode dénombre directement les atomes de carbone 14 et requiert une quantité de matière beaucoup plus faible que les méthodes de datation par le carbone 14 radioactif. De plus, si les périodes couvertes et la précision de l'évaluation sont encore comparables à celles que l'on obtient avec les méthodes traditionnelles, on devrait rapidement améliorer ces deux facteurs.

La période du carbone 14 est de 5800 ans

Parmi les atomes de carbone que contient la matière organique, un atome sur un trillion (10^{18}) est un atome de carbone 14. Le carbone 14 a pratiquement le même comportement que le carbone 12 et 13 dans les réactions chimiques, mais il n'est pas stable, c'est-à-dire qu'il se désintègre pour donner l'azote 14.

La vitesse de désintégration d'un ensemble d'atomes radioactifs s'exprime par leur période, ou temps de demi-vie, c'est-à-dire le temps nécessaire pour que la moitié des atomes radioactifs se soient désintégrés. La période du carbone 14 est de 5800 ans : un échantillon contenant par exemple 10 000 atomes de carbone 14 n'en contiendra plus que 5000 au bout de 5800 ans (les 5000 autres s'étant transformés en azote 14), puis 2500 après une autre période de 5800 ans, et ainsi de suite. Si l'on connaît la quantité de carbone 14 présente dans un échantillon à l'origine, on peut calculer, à partir de la quantité restante, le nombre de périodes qui se sont écoulées depuis cette époque, c'est-à-dire l'âge du spécimen.

Or le pourcentage d'atomes de carbone 14 dans le carbone total de la matière organique est une donnée relativement bien déterminée : la proportion de carbone 14 dans la biosphère n'a pas varié au cours des âges. Le carbone 14 est produit continuellement dans la couche supérieure de l'atmosphère par l'action des rayons cosmiques sur les atomes d'azote. Le carbone 14 se combine ensuite avec l'oxygène pour former du dioxyde de carbone radioactif, qui diffuse dans les couches les plus basses de l'atmosphère, puis s'intègre à la biosphère par l'intermédiaire de la respiration végétale. De là, il se transmet par la chaîne alimentaire aux organismes supérieurs, jusqu'à l'homme. Les deux effets antagonistes, production dans la stratosphère et désintégration radioactive, font que le taux de carbone 14 dans la biosphère est faible mais constant. Le rapport des concentrations en carbone 14 et en carbone 12 est, et a été, identique dans tous les organismes vivants.

A sa mort, l'organisme cesse d'absorber des composés carbonés : le carbone 14 n'est donc plus renouvelé et sa concentration commence à décroître régulièrement sous l'effet de la désintégration. Dans la mesure où des composés contenant du carbone 14 (déposés par exemple par des bactéries) ne contaminent pas les restes d'un organisme, il suffit de mesurer la proportion de carbone 14 par rapport au carbone 12 pour évaluer la date de sa mort.

La comparaison des datations au radiocarbone d'échantillons de bois avec celles établies par la dendrochronologie (comptage des anneaux de croissance annuels des arbres) montre que la proportion de carbone 14 par rapport au carbone 12 n'est pas toujours restée absolument constante. En effet, le nombre de rayons cosmiques qui pénètrent dans l'atmosphère, où ils produisent le carbone 14, varie avec les fluctuations du champ magnétique solaire, et peut-être aussi avec celles du champ magnétique terrestre. Cependant, il suffit de tenir compte de ces variations pour corriger le rapport carbone 14/carbone 12 ; en revanche, la quantité relativement importante de matière nécessaire pour mesurer la radioactivité d'un échantillon pose un problème beaucoup plus sérieux.

Plus un échantillon est vieux, plus le nombre d'atomes de carbone 14 qu'il contient diminue. Il est donc difficile de distinguer dans un compteur de radioactivité, la radioactivité résiduelle trop faible du carbone 14 contenu dans un objet de plus de 37 000 ans, du bruit de fond, dû essentiellement aux rayons cosmiques qui traversent l'atmosphère. Le compteur est entouré d'écrans protecteurs qui absorbent la majeure partie du rayonnement parasite. Mais ce compteur, aussi sensible soit-il, ne donne une mesure correcte qu'en présence d'un grand nombre d'atomes de carbone 14 ou après un temps de mesure très long. Si l'on veut augmenter la précision de la mesure, il faut encore augmenter le nombre d'atomes de carbone 14 car l'incertitude sur l'âge est inversement proportionnelle à la racine carrée du nombre de désintégrations. Pour détecter quelque 10 000 désintégrations de carbone 14 en un temps raisonnable (mais suffisant pour établir une datation à 80 ans près), il faut disposer de un à cinq grammes de carbone pur. Ceci correspond à un échantillon de matière organique compris, suivant les cas, entre 25 grammes et un kilogramme.

Pour effectuer des mesures plus précises, il faudrait séparer les atomes de carbone 14 de ceux de carbone 12 et de carbone 13 dans un échantillon de carbone de masse connue et les compter tous (et non pas seulement ceux qui se désintègrent). On obtiendrait ainsi non seulement des datations beaucoup plus précises, mais on couvrirait également des périodes plus éloignées dans le temps. C'est ce que nous avons partiellement réussi avec notre accélérateur de carbone radioactif de l'Université d'Oxford.

Le principe du spectromètre de masse avec accélérateur

Notre méthode consiste d'abord à ioniser les atomes de carbone d'un échantillon, puis à les accélérer jusqu'à ce que leur énergie cinétique soit de l'ordre de dix millions d'électrons-volts. Ce faisceau d'ions de haute énergie traverse alors un champ magnétique qui dévie sa trajectoire. Comme les atomes sont d'autant plus déviés que leur masse est faible, les plus légers d'entre eux

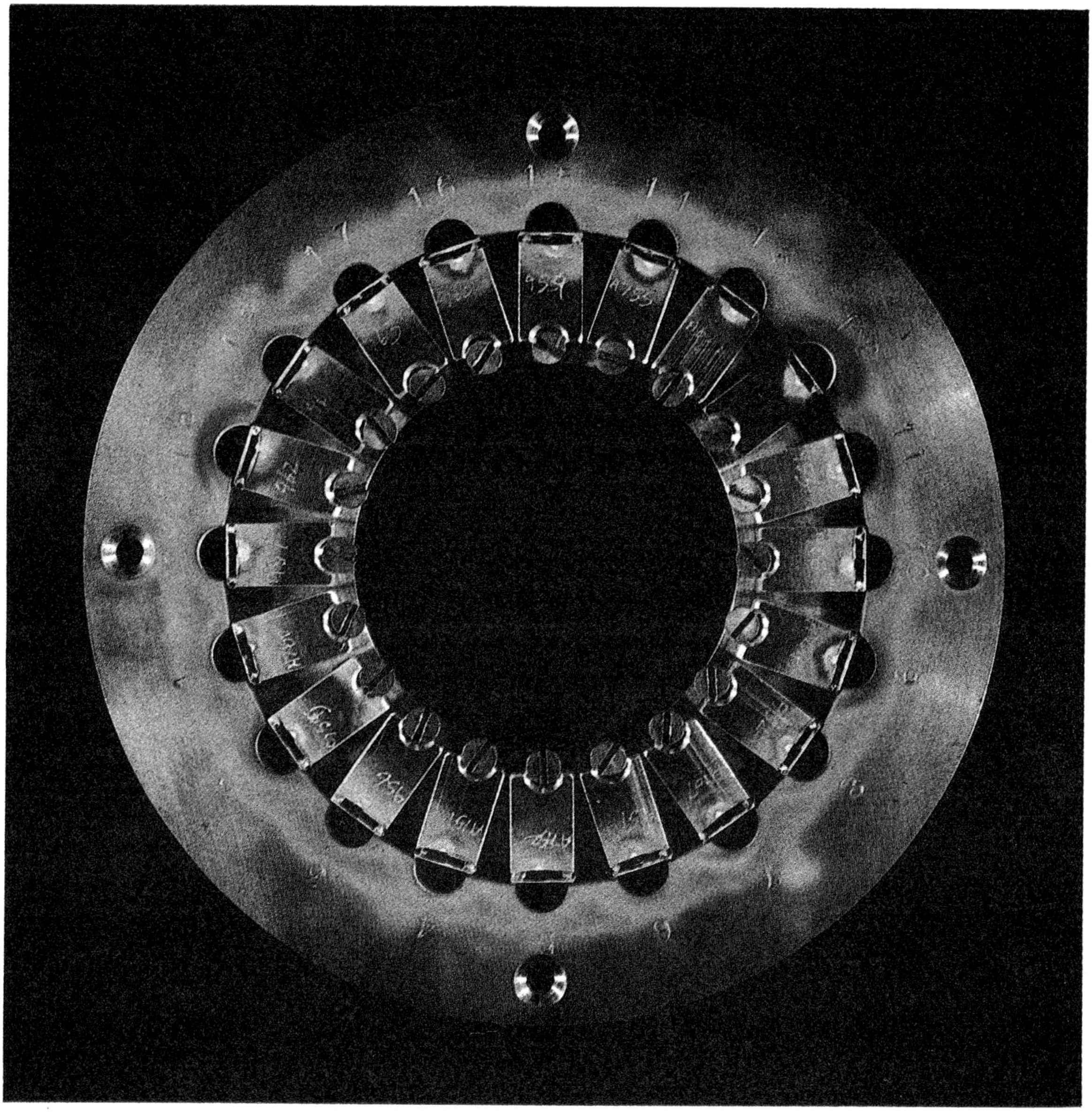

1. CETTE « ROUE À ÉCHANTILLONS » destinée à l'accélérateur de carbone ionisé du laboratoire des auteurs, est constituée de 20 tablettes métalliques disposées en corolle. On prépare à partir des spécimens à dater, une mince couche de graphite qui est déposée par évaporation thermique sur de petits morceaux de fils de tantale. Chaque échantillon est placé dans une rainure située à l'extrémité externe d'une des tablettes. On y dispose également des échantillons témoins dont on connaît l'âge ou pour lesquels on a évalué la teneur en carbone 14. La roue est placée dans l'accélérateur de particules, où les échantillons sont successivement ionisés. La méthode consiste à trier les ions de carbone 14 des autres ions de carbone et à les compter ; leur nombre détermine l'âge de chaque échantillon.

correspondent à des trajectoires plus courbées, ce qui permet d'isoler les atomes de carbone 14 et de les compter ; de la différence entre la masse de l'échantillon et celle des atomes de carbone 14, déterminée par l'expérience, on déduit la quantité de carbone 12 et de carbone 13.

Dans un accélérateur électrostatique comme l'accélérateur de carbone radioactif situé à Oxford les particules sont accélérées par un champ électrique : il faut donc que les particules soient préalablement ionisées ; un potentiel positif de 2,5 millions de volts attire les ions carbone négatifs, puis les dépouille d'une partie de leurs électrons, ce qui les rend positifs, et enfin les repousse sur le reste du trajet (*voir la figure 5*). Cet arracheur d'électrons retire quatre électrons aux ions carbone qui ont au départ une charge négative et qui ont ensuite une triple charge positive. L'arracheur d'électrons dissocie également les molécules ionisées isolées en atomes simples, éliminant ainsi les nombreuses molécules de masse 14 qui seraient indiscernables des atomes de carbone 14 et fausseraient donc les résultats.

Le spectromètre de masse utilise des aimants qui focalisent, dirigent le faisceau et séparent les ions en fonction de leur masse. Des ions de vitesse et de charge identiques traversant un champ magnétique perpendiculaire à la direction de propagation subissent une déviation inversement proportionnelle à leur masse. Une fente mobile située après l'aimant sélectionne les ions séparés : un aimant et une fente peuvent donc éliminer tous les ions qui n'ont pas une masse atomique égale à 14. Comme les ions accélérés n'ont pas tous la même charge ni la même vitesse, des ions différant à la fois par leur masse, leur vitesse et leur charge peuvent malgré tout passer par une même fente. Toutefois, l'utilisation de notre dispositif à deux aimants, l'un placé avant l'accélérateur et l'autre placé après, divise par dix milliards le nombre de ces coïncidences intempestives.

On réduit encore d'un facteur 1000 le nombre d'ions indésirables au moyen d'un filtre de vitesses constitué d'un champ magnétique et d'un champ électrique uniforme, perpendiculaires entre eux et à la direction de propagation du faisceau. Un compteur dénombre ensuite les ions de masse atomique 14 et portant une triple charge positive (c'est-à-dire les ions de carbone 14). Ce compteur peut différencier les ions de même masse et de même vitesse mais de charges différentes, par l'énergie qu'ils perdent au cours de leurs collisions avec les molécules de gaz : la sensibilité de ce compteur est telle qu'il peut identifier presque tous les ions de carbone 14, même lorsqu'ils ne représentent qu'un pour cent du faisceau d'ions, comme ce serait le cas pour un très vieil échantillon (de 60 000 ans par exemple).

On détecte actuellement, en quelques heures, avec la spectrométrie de masse d'ions accélérés, jusqu'à deux pour cent de l'ensemble des atomes de carbone 14 d'un échantillon d'âge « moyen » (environ 12 000 ans). Ce chiffre peut paraître petit par rapport au temps nécessaire, mais il faudrait 170 ans pour que cette même quantité d'atomes se désintègre et puisse être dénombrée par les compteurs traditionnels, quelle que soit la taille de l'échantillon. De plus, il suffirait, toujours pour un tel échantillon, de 0,5 à 5 milligrammes de carbone pur, pour détecter 10 000 atomes de carbone 14 par spectrométrie, soit 1000 fois moins qu'avec les méthodes classiques.

Préparation de l'échantillon à analyser

Avant de pouvoir ioniser et accélérer dans notre machine les atomes de carbone de l'échantillon à dater, il faut le purifier (c'est-à-dire en soustraire le carbone récent d'origine extérieure) et le transformer en graphite, une forme solide du carbone. Pour cela on le traite avec des produits chimiques ne réagissant qu'avec certains composés carbonés, afin d'en extraire un composé spécifique du spécimen archéologique étudié. Par exemple, les os peuvent s'imprégner de carbonates apportés par les infiltrations d'eau ou de composés organiques présents dans le sol, ou encore être attaqués par des champignons ou des bactéries. Tous ces processus introduisent du carbone d'origine extérieure dans les échantillons et fausseraient le comptage du carbone 14, pour les restes très anciens notamment. Le collagène des protéines, constituant organique principal des os, contient un acide aminé (l'hydroxyproline) qui ne se trouve pratiquement que dans la matière osseuse. En préparant un échantillon d'hydroxyproline à partir d'un reste d'os, on est donc pratiquement certain que le carbone qu'il contient faisait initialement partie de l'os et n'a pas été incorporé à l'organisme porteur après sa mort.

Après avoir extrait le composé recherché, il faut le convertir en carbone pur, en graphite par exemple. Pour cela, on brûle l'échantillon et on convertit le dioxyde de carbone ainsi produit en acétylène (C_2H_2), qui se dépose sous forme de carbone pur sur un fil de tantale chauffé.

On produit alors des ions négatifs de carbone en bombardant cette couche avec des ions césium positifs (phénomène de pulvérisation). Le fait de démarrer le processus avec des ions négatifs permet d'éliminer l'azote 14, de masse pratiquement identique à celle du carbone 14, mais qui n'existe pas sous forme d'ions négatifs. Un atome de carbone déposé sur dix est ainsi transformé en ion, ce qui est toutefois suffisant pour former un faisceau stable d'ions carbone que l'on peut accélérer par la suite. Nous mettons actuellement au point une source de gaz carbonique ionisé qui permettrait d'améliorer ce rendement et de simplifier considérablement la phase chimique de préparation de l'échantillon.

Un spectromètre de masse couplé à un

accélérateur permet de détecter pratiquement n'importe quel isotope, même en proportion infime (jusqu'à un sur 10^{15}, soit un sur un million de milliards). On peut donc espérer, grâce à ce procédé, dater des objets de 80 000 ans d'âge. Cependant, la contamination par des traces de carbone récent introduites au cours de la préparation de l'échantillon limite encore à environ 40 000 ans la période de datation possible, ce qui correspond à la période couverte par les méthodes classiques, mais ce n'est pas une limite intrinsèque de la spectrométrie d'ions accélérés : tout perfectionnement du processus expérimental améliorera la sensibilité de la méthode.

Datation de très anciens vestiges

La datation par le spectromètre avec accélérateur coûte actuellement entre 1,5 et 2,5 fois plus cher que les méthodes classiques, alors que les précisions sont comparables pour les échantillons de plus de 10 000 ans. Ces résultats pourront être améliorés à l'avenir, mais l'intérêt déjà suscité par la spectrométrie de masse d'ions accélérés vient de ce qu'elle utilise des échantillons 1000 fois plus réduits que les autres méthodes. Elle est donc beaucoup plus efficace dans les cas où l'on doit limiter la taille des échantillons, soit pour préserver des vestiges, soit pour analyser de façon très précise et établir des corrélations entre les variations de la composition chimique d'un objet et celles de son environnement.

De nombreux manuscrits anciens sont trop précieux pour qu'on puisse les détruire en utilisant les méthodes classiques de datation ; le spectromètre avec accélérateur diminue considérablement la quantité de matériel détruit. On a ainsi daté, à partir d'un minuscule fragment, un morceau d'une

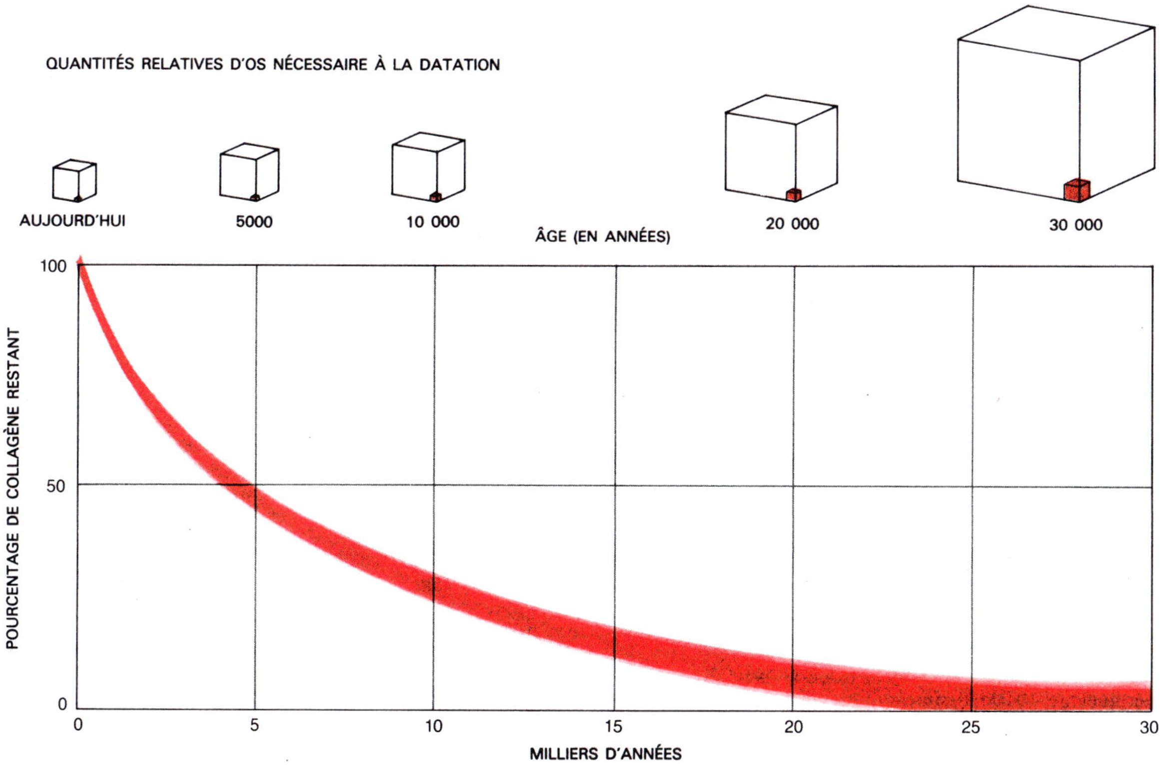

2. LA QUANTITÉ D'OS nécessaire pour la datation au carbone radioactif dépend de l'âge de l'échantillon, de son état de conservation et de la méthode employée. Avec le spectromètre de masse-accélérateur il faut 1000 fois moins de matière (*pavés de couleur*) qu'avec les méthodes classiques (*grands cubes noirs*), quel que soit l'âge de l'échantillon. Pour éviter que les mesures soient faussées par du carbone récent déposé dans l'os pendant qu'il était enterré (ce qui entraîne une sous-estimation de l'âge), on ne prend en compte que le carbone 14 des acides aminés purifiés, extraits d'un seul composant de l'os : le collagène des protéines. Comme le collagène se détériore avec le temps, il faut utiliser des échantillons d'autant plus importants que les os sont plus anciens. L'incertitude sur la courbe est due à la variation du pourcentage de collagène, qui dépend des conditions (parfois médiocres) de conservation.

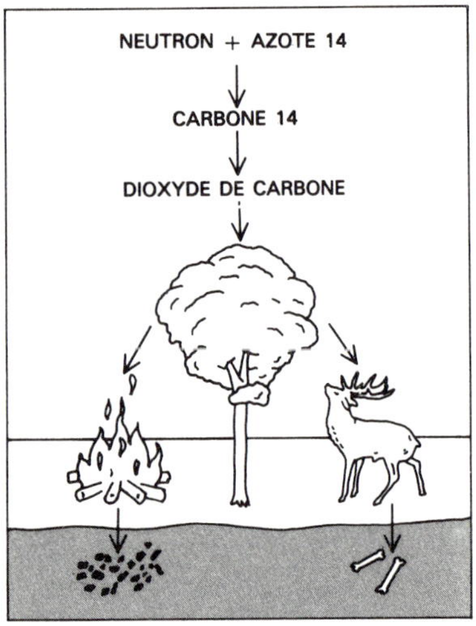

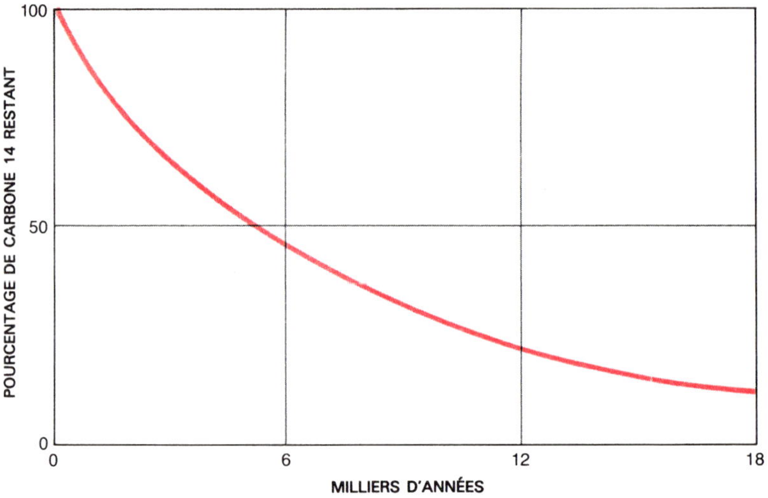

3. LE CARBONE 14, isotope radioactif du carbone, est produit en quantités infimes par l'action des neutrons des rayons cosmiques sur les atomes d'azote de l'atmosphère (*à gauche*). Le carbone 14 se combine avec l'oxygène pour former du dioxyde de carbone radioactif qui s'intègre à la biosphère par le biais de la respiration végétale (tout comme le dioxyde de carbone normal contenant du carbone 12) et ils suivent tous deux la même suite de réactions chimiques. Suivant progressivement la chaîne alimentaire, le carbone 14 finit par imprégner les tissus des organismes supérieurs. Cette lente intégration du carbone 14 à la biosphère compense parfaitement les pertes par désintégration radioactive (*à droite*), et le taux de carbone 14 dans les tissus végétaux et animaux est pratiquement constant. Cependant, l'apport de carbone 14 cesse à la mort de l'organisme porteur, et sa concentration diminue alors régulièrement du fait de la désintégration radioactive. Connaissant la teneur en carbone 14 des tissus vivants et celle d'un échantillon donné, on peut calculer le nombre de périodes qui se sont écoulées depuis la mort et en déduire l'âge.

mappa mundi (carte du monde) du début du Moyen Age, ayant appartenu au Duché de Cornouailles et utilisée ultérieurement comme couverture de livre. L'analyse a révélé qu'elle était très probablement plus ancienne que l'autre exemplaire britannique existant à la cathédrale de Worcester. Cette nouvelle méthode permet de vérifier la plupart des datations paléographiques (fondées sur l'étude des manuscrits) et de mettre à jour les faux. Il serait notamment très intéressant de tester de cette façon les premiers manuscrits du Nouveau Testament ou des fragments de papyrus.

Comme un grand nombre de vestiges archéologiques sont de dimensions trop réduites pour être datés individuellement, il faut souvent les rassembler pour obtenir des échantillons de taille suffisante. Le risque est évidemment de mélanger des fragments datant d'époques différentes : le spectromètre avec accélérateur élimine souvent ce problème et permet de dater les échantillons individuellement. C'est notamment le cas des fragments d'os ou des outils en bois de cerf du Paléolithique, vieux de plus de 10 000 ans. Les méthodes de datation basées sur l'étude de l'art primitif estimaient que l'âge d'une mandibule décorée de cheval, découverte au Nord du Pays de Galles, était compris entre 5000 et 25 000 ans ; la spectrométrie de masse montre qu'elle date de 10 000 ans environ : la peinture est donc une contribution tardive à l'art paléolithique. Cela implique, d'autre part, que le cheval du Pléistocène existait encore à des époques récentes.

Les pointes de harpons en os ou en bois de cerf de la fin de la période glaciaire sont des objets encore plus délicats, mais généralement bien préservés ; on peut en dater de petits prélèvements. On date les outils en pierre, les plus résistants des outils des temps préhistoriques, à partir des restes de résine ou de ligaments destinés à les maintenir sur le manche ; des pointes de lances et des lames de haches en bronze, plus récentes, portent encore parfois des restes de manches en bois. On a ainsi daté, grâce au carbone 14 présent dans les petits restes des manches, une pointe de lance provenant de la grotte de Jackscar, au Nord de l'Angleterre, et une hache de pierre datant du début de l'Age du Bronze et provenant d'un site forestier préservé à Cleethorpes, sur la côte Est de l'Angleterre. Il est à remarquer qu'une souche d'arbre située à côté de la hache de pierre lui était en fait postérieure de 1000 ans. Il y a quelques années, on aurait probablement daté la hache à partir de la souche, à cause de cette proximité.

La datation des pointes de projectiles et de harpons en os nous donne de précieux renseignements chronologiques sur la dissémination de l'espèce humaine en Europe à la fin de la période glaciaire ; les fragments d'os de renne ou de charbon de bois désagrégé qu'on retrouve sur les lieux des anciens campements fournissent aussi des informations précieuses. Si les sites de plein air sont plus nombreux que les abris en cavernes, ils offrent des restes moins adaptés à une datation de type traditionnel ; le spectromètre de masse avec accélérateur a, en revanche, permis de dater efficacement des fragments d'os provenant de sites en plein air aussi importants que ceux de Pincevent, Étiolles et Marsangy. On considère maintenant que Pincevent date d'un peu plus de 12 000 ans et ce chiffre obtenu par spectrométrie concorde avec d'autres évaluations traditionnelles récentes. On a appris également que le site de Pincevent est postérieur de 1000 ans à celui d'Étiolles, mais antérieur à celui de Marsangy. Pincevent est donc à peu près contemporain des vestiges de la grotte de Gough, au Sud-Ouest de l'Angleterre et des restes d'un élan du Lancashire, également datés au moyen du spectromètre avec accélérateur. Grâce au squelette de l'élan on a pu dater deux pointes de projectiles en os qui y étaient incrustées : ce sont les plus anciennes pointes datées à ce jour.

Sélection du composé carboné à analyser

On ne savait dater autrefois une graine ou un os d'animal qu'à partir du gisement archéologique dans lequel on l'avait trouvé. Cette datation par le contexte est très utile pour reconstituer la chronologie de l'agriculture et de l'élevage ; hélas, les mouvements de terrain, ainsi que l'activité des rongeurs, des vers, des fourmis ou des hommes, dispersent souvent ces restes, détruisant tout rapport chronologique avec les dépôts géologiques environnants. Le spectromètre avec accélérateur

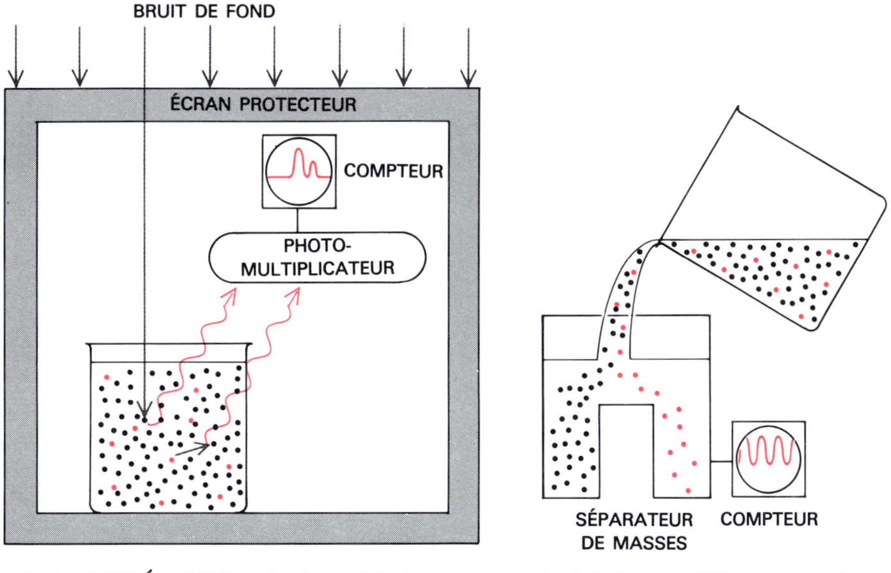

4. LA PRINCIPALE DIFFÉRENCE entre les méthodes classiques de datation au carbone radioactif (*à gauche*) et le spectromètre de masse-accélérateur (*à droite*) tient à la façon de mesurer la concentration en carbone 14. Dans les méthodes classiques, on évalue le nombre d'atomes de carbone 14 (*points de couleur*) d'un échantillon à partir du nombre de désintégrations radioactives enregistrées pendant un temps donné. Sur la figure, la radiation émise par un atome de carbone 14 (*flèche noire*) provoque la fluorescence d'une molécule de couleur qui émet ensuite une impulsion lumineuse (*onde de couleur*), laquelle est enregistrée par un photomultiplicateur. Des rayonnements parasites pourraient faire scintiller les molécules colorées et fausser les résultats. Des écrans protecteurs atténuent ce rayonnement parasite qui est négligeable pour des échantillons d'âge moyen. Pour les échantillons plus anciens, le niveau de radioactivité plus bas est très proche de celui du bruit de fond dû au rayonnement parasite et, au-delà de 37 000 ans, la radioactivité ambiante masque celle du spécimen à dater. Le spectromètre de masse avec accélérateur sépare les isotopes carbone 14 des autres atomes pour les « compter » directement. Le facteur limitatif de cette méthode est alors l'éventuelle contamination chimique de l'échantillon par du carbone moderne.

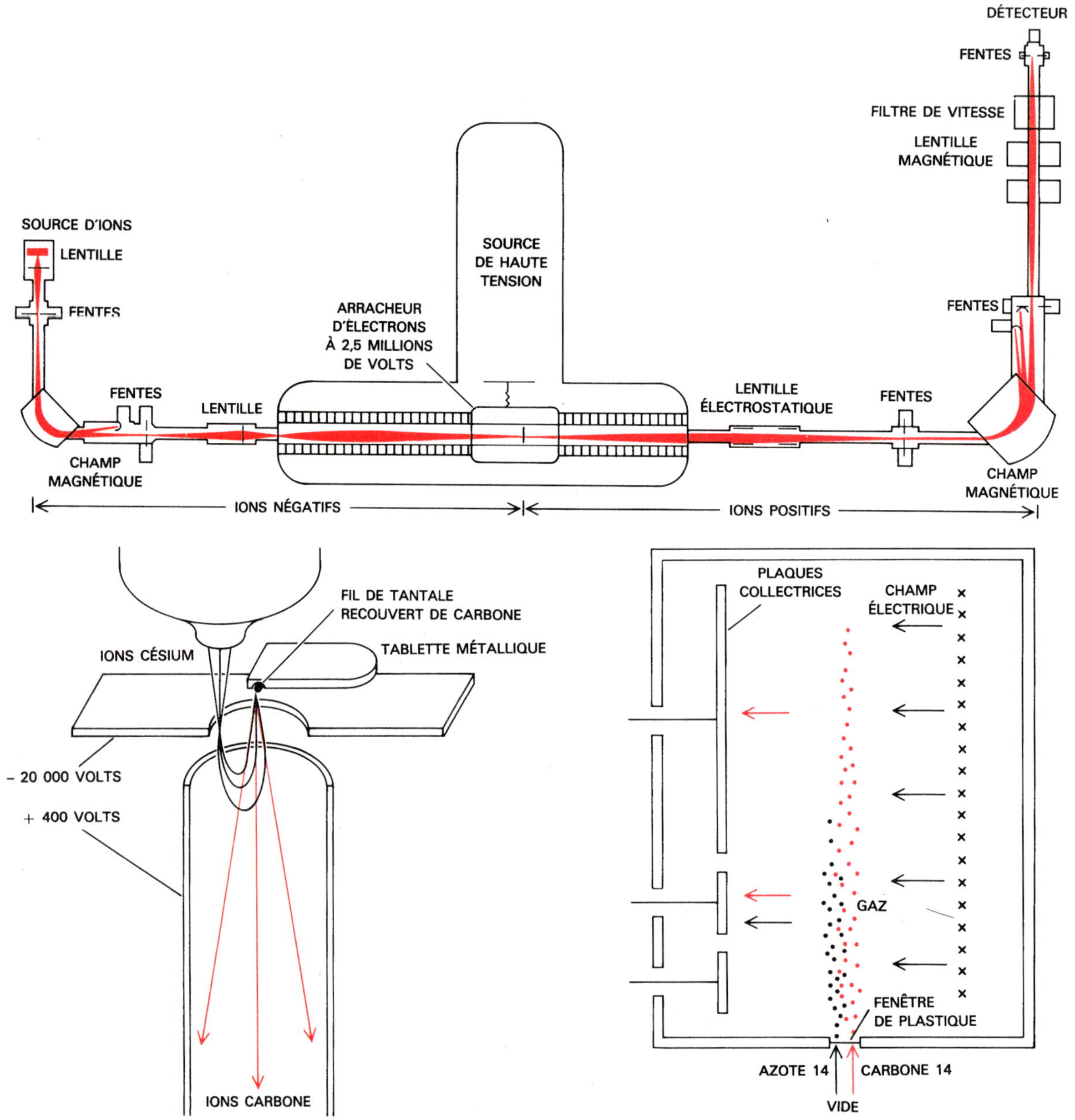

5. L'ACCÉLÉRATEUR (*en haut*) propulse les ions carbone par application d'un potentiel positif de 2,5 millions de volts sur l'arracheur d'électrons, lequel attire les ions négatifs, les transforme en ions positifs, puis les repousse sur le reste de leur trajectoire. Deux électro-aimants dévient le faisceau afin d'éliminer les ions indésirables. Ces aimants séparent les ions en fonction de leur masse : plus la masse est faible, plus la déviation est importante ; on trie ainsi les ions et on extrait les ions de masse atomique 14 grâce à une fente placée à l'endroit adéquat. Un filtre de vitesses et un détecteur parachèvent la sélection : on ne collecte que les ions carbone 14. Dans la source d'ions (*en bas à gauche*), on obtient les ions négatifs en bombardant les atomes de carbone de l'échantillon à dater (déposés en fines couches sur un fil de tantale) avec des ions césium positifs. Dans ce système, les potentiels électriques appliqués à la tablette et au cylindre métallique (*représentés ici en coupe*) dirigent les ions césium vers l'échantillon d'où ils expulsent les ions carbone. Pour finir, on sépare les ions carbone 14 des derniers ions parasites, grâce à un détecteur (*en bas à droite*). Les ions accélérés traversent une fenêtre en plastique, puis une chambre remplie de gaz, créant au cours de leur traversée des traînées d'ions secondaires. Comme les ions qui entrent dans le détecteur ont la même vitesse et la même charge atomique, la rapidité de leur réaction avec les molécules de gaz dépend essentiellement de la charge portée par le noyau. Ainsi, les ions carbone (*points de couleur*), de charge + 6, interagissent plus lentement que les ions azote (*points noirs*), de charge + 7, et avancent plus loin dans la chambre d'ionisation. Un champ électrique attire ces traînées d'ions vers des collecteurs, où l'on mesure les longueurs parcourues pour identifier les ions de carbone 14.

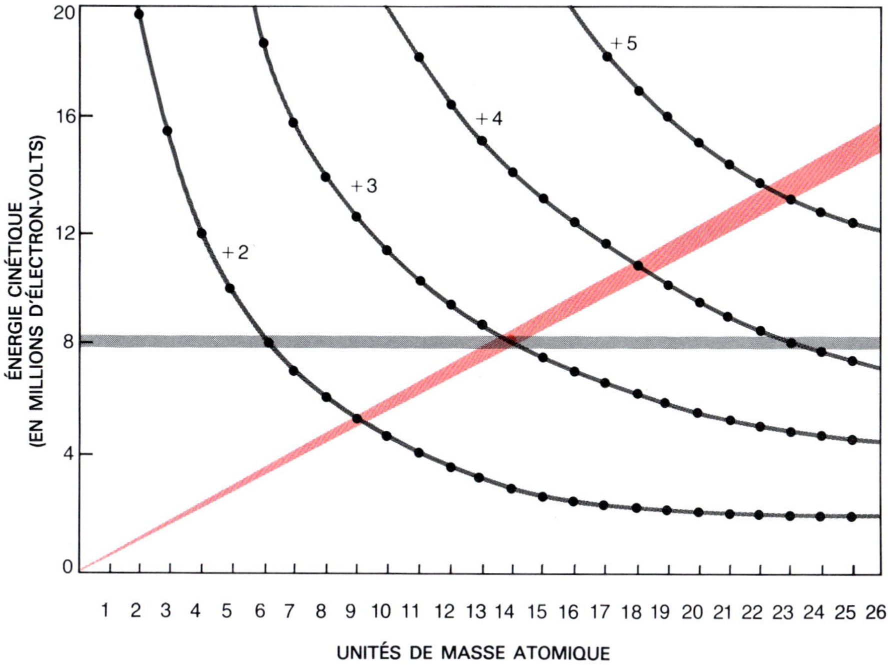

6. ON ISOLE LES IONS CARBONE 14 portant une triple charge positive grâce à trois dispositifs : un aimant qui fixe la trajectoire des particules, un filtre de vitesse et un détecteur d'énergie. Lorsqu'un ion traverse un champ magnétique perpendiculaire à sa trajectoire, il subit une déviation qui est fonction de son énergie cinétique (c'est-à-dire fonction de sa masse, de sa charge et de sa vitesse). Les ions (*points*) qui passent par une fente située après l'aimant ont une distribution particulière des masses, charges et énergies ; la représentation graphique de l'énergie en fonction de la masse atomique donne une famille d'hyperboles (*courbes noires*) différentes pour chaque charge de l'ion. Le champ magnétique seul ne permet pas de séparer ces ions qui passeraient tous à travers une même fente. L'énergie cinétique des ions qui traversent un filtre de vitesse est une fonction linéaire de la masse atomique (*bande de couleur*). En utilisant simultanément le filtre de vitesse et l'aimant, on peut encore sélectionner des ions qui appartiennent à plusieurs hyperboles. On effectue le dernier tri avec un détecteur d'énergie qui sélectionne les ions dont l'énergie cinétique est de huit millions d'électrons-volts (*bande grise*) ; ainsi les ions de masse atomique 14 ayant une triple charge positive, c'est-à-dire les ions carbone 14, sont isolés sans équivoque (*point en couleur*).

est tout à fait adapté pour confirmer ou invalider les datations ainsi obtenues par déduction. Nous avons par la même technique mesuré que des graines et des pierres gravées d'un site égyptien de 17 000 ans ne dataient en réalité que de quelques centaines d'années ! En revanche, des graminées découvertes sur d'autres sites du Moyen Orient, et qui ne sont pas sous une forme cultivée, dataient de plusieurs milliers d'années. Le spectromètre de masse avec accélérateur autorise ainsi la confrontation de petits échantillons intéressants par eux-mêmes, avec le contexte stratigraphique dans lequel ils ont été préservés.

Comme le spectromètre de masse avec accélérateur est très sélectif et nécessite très peu de carbone pour chaque mesure, on sélectionne plus judicieusement le composé carboné : on isole et analyse ainsi la substance pure formée par les acides aminés d'un échantillon carboné comme, par exemple, les fibres collagènes de l'os ou encore les acides aminés extraits de la dentine, qui permettent de dater un morceau d'ivoire. On pourrait ainsi dater beaucoup plus précisément la disparition du mammouth en Europe de l'Ouest à partir de petits fragments de défense retrouvés sur des sites paléolithiques. On peut aussi préparer et tester plusieurs composés carbonés contenus dans un même échantillon pour étudier sa contamination par d'autres sources de carbone. Ainsi, par analyse des fractions lipidiques nous déterminons à quelles époques le carbone s'est intégré aux sédiments lacustres et quelles ont été les modifications d'une couche de sédiment à l'autre.

Un squelette vieux de 12 000 ans au Canada

De manière générale, la datation classique au carbone 14 donne une très bonne chronologie jusqu'à 30 000 ans, sur les sites où les matières organiques ont été bien préservées ; cependant, au-delà de 20 000 ans, le nombre d'objets susceptibles d'être datés avec précision diminue très rapidement. Le spectromètre avec accélérateur permet, en revanche, de repousser cette limite dans le temps.

La quantité de carbone 14 contenue dans un os ou un morceau de charbon de bois vieux de 40 000 ans est tout à fait infime : à peine quelques milliers d'atomes. Des quantités tout aussi infimes de carbone récent suffisent donc à fausser les mesures. Une contamination équivalant à un pour cent du carbone contenu dans un échantillon vieux de 25 000 ans le rajeunirait de 1500 ans ; dans le cas d'un échantillon de 60 000 ans, la même contamination le rajeunirait d'environ 30 000 ans : les procédures de décontamination sont donc de toute première importance pour les objets très anciens. Il est malheureusement difficile d'étudier par les méthodes classiques les échantillons qui, après les divers traitements, sont de très petite taille. Il est également pratiquement impossible de distinguer la radioactivité de l'échantillon de celle du milieu ambiant.

En revanche, cette petite taille des échantillons et ces radiations parasites du milieu extérieur ne posent aucun problème si l'on utilise le spectromètre de masse avec accélérateur ; il suffit de quelques petites améliorations de la préparation chimique des échantillons pour obtenir des résultats plus précis et pour élargir l'éventail chronologique. Par exemple, une nouvelle datation d'acides aminés purifiés, extraits du collagène contenu

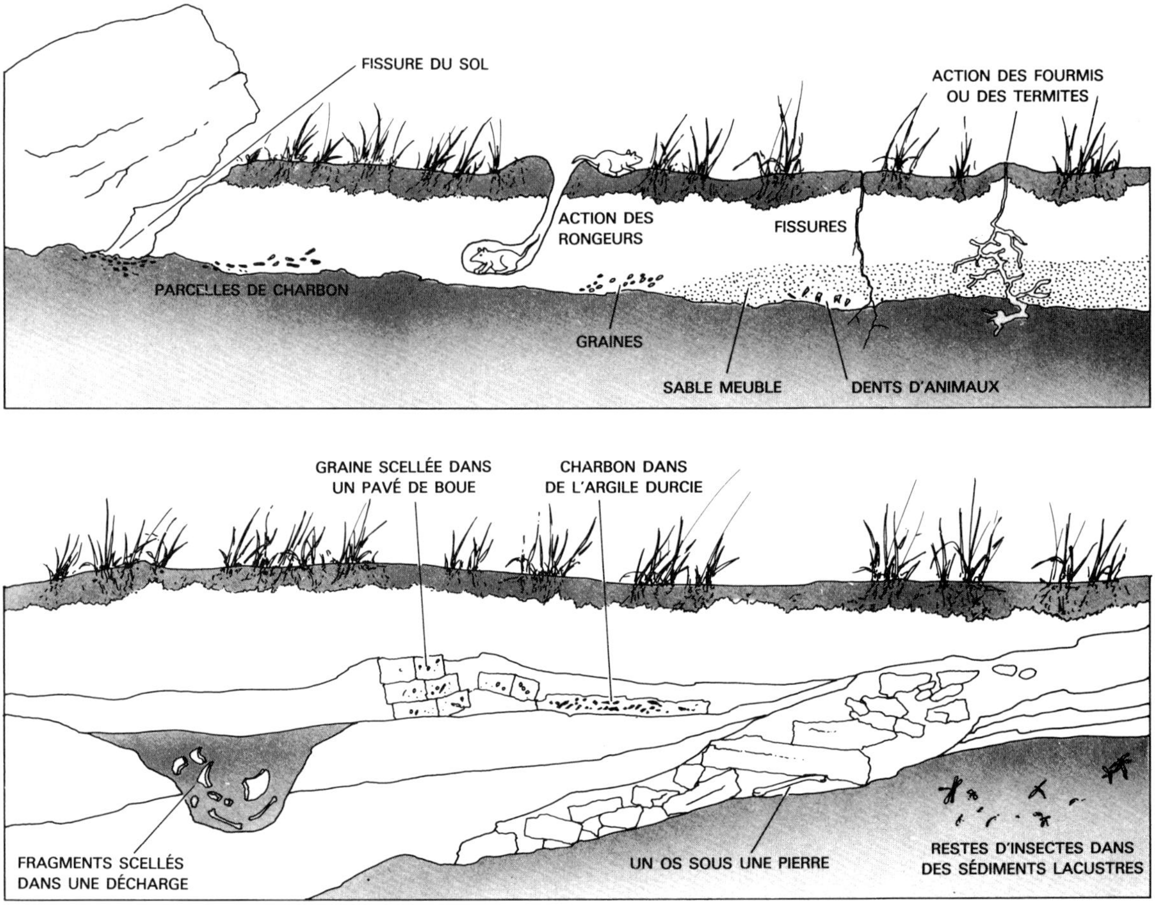

7. LE CONTEXTE STRATIGRAPHIQUE des restes organiques anciens, tels qu'os, dents, charbon de bois ou graines, doit être examiné soigneusement avant que l'on étende une datation à l'ensemble du contenu d'une couche. Il faut se méfier des cas où un agent extérieur, tel que ceux représentés sur la figure (*en haut*), pourrait avoir dispersé le matériel organique. Les contextes sûrs (*en bas*) sont notamment ceux où le spécimen était parfaitement scellé dans une gangue. Comme ce type d'échantillon est généralement de petite taille, le spectromètre de masse avec accélérateur est, ici, le système le mieux adapté.

dans des os de 25 000 ans, a montré qu'on avait auparavant sous-estimé leur âge d'au moins 1000 ans ; la méthode classique était en effet fondée sur une analyse globale du collagène, partiellement contaminé par du carbone récent.

La nouvelle technique de datation a également eu un impact déterminant sur une vieille controverse : l'époque des premières migrations humaines vers le Nouveau Monde. Il est en effet primordial de dater avec précision le début de la colonisation du continent américain pour étudier avec quelle rapidité les paléo-indiens qui vivaient de la chasse et de la pêche s'y sont répandus, puis fixés, pour y développer leur diversité ethnique et linguistique. Selon la plupart des spécialistes, les premiers occupants de l'Amérique sont venus du Nord-Est de l'Asie, il y a entre 12 000 et 25 000 ans, par l'isthme qui reliait alors la Sibérie à l'Alaska. Or des squelettes retrouvés en des endroits aussi divers que le Canada ou le Pérou semblaient beaucoup trop anciens pour confirmer cette date. Les nouvelles datations par spectrométrie ont totalement infirmé ces hypothèses : aucun des restes de squelettes retrouvés en Amérique n'a plus de 12 000 ans. Si, dans le futur, d'autres squelettes sont découverts, il est très vraisemblable qu'on utilisera directement le spectromètre de masse avec accélérateur pour les dater.

L'apport du spectromètre de masse avec accélérateur sera sans doute inestimable pour établir une datation indiscutable de l'homme de Neandertal. D'après les vestiges archéologiques, cette sous-espèce humaine a brutalement disparu au début du Paléolithique supérieur, il y a environ 35 000 ans. Or, bien qu'il soit encore trop tôt pour l'affirmer, il semble, d'après cette nouvelle méthode de datation, que les durées du Paléolithique supérieur et du Paléolithique moyen qui l'a précédé aient été sous-estimées, en raison des limites des méthodes classiques. Si tel est bien le cas, la disparition des Neandertaliens pourrait s'être effectuée sur une période beaucoup plus longue qu'on ne le supposait jusqu'alors.

13

Les premiers bijoux, dessins et sculptures

Les premiers bijoux, dessins et sculptures apparurent en Europe, il y a 35 000 ans. Cette révolution culturelle de l'Aurignacien mettait fin à 2,5 millions d'années de lente évolution.

Randall White

Pendant 2,5 millions d'années, l'Homme et ses ancêtres hominidés ne fabriquèrent que des outils de pierre, purement utilitaires. Puis il y a environ 35 000 ans, en Europe, l'Homme effectua un progrès décisif : il utilisa la pierre, l'os et la corne afin de former de nouveaux outils et, surtout, les premiers objets symboliques : des perles, des pendentifs, des dessins et des sculptures. Cette explosion culturelle, qui marque le début de l'Aurignacien, eut simultanément lieu dans de vastes régions de l'Ouest et de l'Est de l'Europe. Quelle en est la cause ?

On a longtemps pensé que le bouleversement aurignacien résultait de modifications biologiques : lorsque les Hommes de type moderne *(Homo sapiens sapiens)* remplacèrent les Neandertaliens, de nouvelles capacités neurologiques seraient apparues. Des découvertes récentes montrent cependant que cette explication est peu vraisemblable : on pense aujourd'hui qu'*Homo sapiens sapiens* est apparu en Afrique il y a plus de 100 000 ans, et qu'il émigra en Europe plusieurs milliers d'années avant le début de l'Aurignacien ; or on n'a retrouvé aucun objet symbolique de la période pré-aurignacienne, alors que les changements anatomiques avaient déjà eu lieu. L'apparition de bijoux et de représentations résulte d'une transformation culturelle plutôt que de modifications biologiques ou neurologiques. L'étude des premières représentations éclaire ce tournant culturel de l'humanité.

1. CE MAMMOUTH a été sculpté dans de l'ivoire de mammouth à Vogelherd, en Allemagne, il y a 32 000 à 34 000 ans. Pendant cette période de bouleversement culturel, l'Aurignacien, les premiers bijoux, dessins et sculptures apparurent. On ignore la signification des croix, que l'on retrouve également sur d'autres objets.

Les bijoux de nos ancêtres

En Europe, l'Aurignacien semble coïncider avec la transition entre les cultures du Paléolithique moyen et du Paléolithique supérieur. Tant que l'on croyait l'Homme moderne apparu il y a 35 000 ans environ, l'avènement d'*Homo sapiens sapiens* pouvait être à l'origine de cette transition, mais on a récemment découvert au Proche-Orient et en Afrique du Sud des restes d'*Homo sapiens sapiens* datant d'environ 90 000 ans. L'ADN présent dans les organites intracellulaires appelés mitochondries indique en outre que toutes les populations humaines modernes ont une origine africaine datant de 50 000 à 250 000 ans. Les populations humaines modernes descendraient toutes de groupes qui auraient rayonné à partir d'Afrique, après cette époque.

Nos ancêtres africains auraient achevé la conquête de l'Europe de l'Ouest il y a 30 000 ans. Le remplacement des Neandertaliens, à la silhouette robuste et puissante, par des hommes plus minces semble avoir été rapide : il a vraisemblablement duré moins de 5 000 ans. Avant qu'il ne soit achevé, le port des bijoux (aujourd'hui caractéristique de tous les groupes humains) s'était généralisé en Europe et même en Australie. Avec d'autres archéologues, j'étudie ces premiers bijoux à partir d'objets trouvés en France, en Belgique et en Allemagne. Dans cet article, nous découvrirons les premiers bijoux connus et nous les situerons dans le contexte de l'évolution globale vers le Paléolithique supérieur ; les premières représentations de la nature sont contemporaines des premiers bijoux.

Les premiers bijoux découverts datent surtout

des débuts de l'Aurignacien, il y a 34 000 à 30 000 ans. Dans les gisements où ils se trouvaient, on a découvert de nombreux outils en pierre, en os et en corne. Parmi les outils en pierre figurent de minuscules lames de silex taillés, des grattoirs et des poinçons à graver ; avec l'os et la corne, les artisans aurignaciens fabriquaient des poinçons, des coins, des pointes de lance et des outils de polissage. Les hommes qui utilisaient ces outils vivaient par petits groupes ; ils chassaient de grands herbivores tels le renne, le mammouth, le cheval sauvage, le bison et le cerf. De l'Aurignacien datent également les premières traces de pêche en rivière et de chasse aux oiseaux.

Dans les centaines de sites qu'occupèrent nos ancêtres de l'Aurignacien, les archéologues ont souvent découvert des objets qui semblent être des perles ou des pendentifs. Ils sont taillés dans des pierres tendres, des coquillages, des dents et, souvent, dans l'ivoire des défenses de mammouth ; beaucoup sont percés. On pense que ces objets constituaient des bracelets ou des colliers, car durant la période culturelle suivante (le Gravettien), de tels colliers et pendentifs servaient de parures : à Sungir, près de Moscou, on a découvert des restes de plusieurs individus ayant vécu il y a 28 000 à 24 000 ans, portant de longs colliers composés de milliers de perles en ivoire et de dents taillées.

On a également trouvé des bijoux dans les sépultures de l'Aurignacien supérieur, comme celle de Cro-Magnon, dans la vallée de la Vézère, en Dordogne : en 1868, les constructeurs de la ligne de chemin de fer Agen-Périgueux découvrirent au village des Eyzies quatre squelettes d'adultes et des restes d'enfants, avec de nombreux coquillages percés et un pendentif en ivoire. La sépulture date d'environ 28 000 ans, à la fin de l'Aurignacien.

Des matériaux d'importation

Les plus anciens bijoux, qui datent du début de l'Aurignacien, n'étaient pas dans des tombes. On les a trouvés par centaines dans les campements et sur les terres qu'occupaient les premiers *Homo sapiens sapiens* d'Europe. Selon Robert Gargett, de l'Université de Berkeley, les hommes de Neandertal n'enterraient pas leurs morts, et les premières inhumations auraient eu lieu bien après l'apparition d'*Homo sapiens sapiens* en Europe. Que cette hypothèse soit exacte ou non, aucune sépulture connue ne date du début de l'Aurignacien, et l'on interprète difficilement la fonction des tout premiers bijoux : sans sépulture, on ignore si la parure dépendait de caractéristiques sociales, comme l'âge et le sexe.

Avant d'interpréter les objets trouvés, considérons leur répartition dans les sites où on les a découverts et leur mode de fabrication. Les objets décoratifs de l'Aurignacien sont abondants dans toute l'Europe, mais leur répartition varie selon les sites. Ils sont rares ou absents dans certains sites, malgré l'excellent état de ces derniers ; en d'autres endroits, ils sont présents par centaines. Sur la plupart des sites où l'on a trouvé des bijoux, les objets finis jouxtent les débris de matériaux et les ouvrages inachevés : les bijoux étaient façonnés sur place par des techniques que l'on cherche à reconstituer.

Les bijoux étaient généralement fabriqués dans des matériaux n'existant pas là où l'on a retrouvé les objets. Les groupes humains de l'Aurignacien semblent avoir recherché des matériaux bien plus loin qu'auparavant : certains types de pierre tendre, de coquillages et d'ivoire ont abouti à des centaines de kilomètres de leur lieu d'origine. On ignore encore si les matériaux rares et exceptionnels étaient rapportés par des voyageurs ou s'ils étaient progressivement échangés, de groupe en groupe, mais on remarque que, dans la plupart des cas, ces matériaux étaient transformés en bijoux plutôt qu'en outils ou en armes.

Par conséquent, les Aurignaciens attribuaient certainement une grande valeur aux matériaux « étrangers » ; les objets fabriqués à partir de ces matériaux avaient une fonction sociale. En outre, la majorité des matériaux étrangers se trouve sur les sites riches en bijoux. On ignore encore pourquoi certains sites sont ainsi privilégiés : constituaient-ils des lieux d'échange de matériaux prisés, attirant les individus de très loin ? On a proposé d'autres explications, mais il est probable que les manifestations sociales étaient très importantes là où l'on a trouvé les bijoux.

Quelle que soit la façon dont les matériaux de grande valeur furent regroupés en certains sites, la transformation de ces matériaux en bijoux résultait apparemment d'un plan conceptuel complexe : les artisans n'utilisaient pas n'importe quels matériaux bruts, ils les triaient. On a trouvé de nombreuses dents d'animaux percées, mais seules celles de certaines espèces servaient de pendentifs ; généralement ce sont les dents d'espèces carnivores, comme le renard, le loup, la hyène et l'ours, mais il existe des exceptions, comme les dents de castor trouvées en Tchécoslovaquie.

En choisissant sélectivement les dents qu'ils

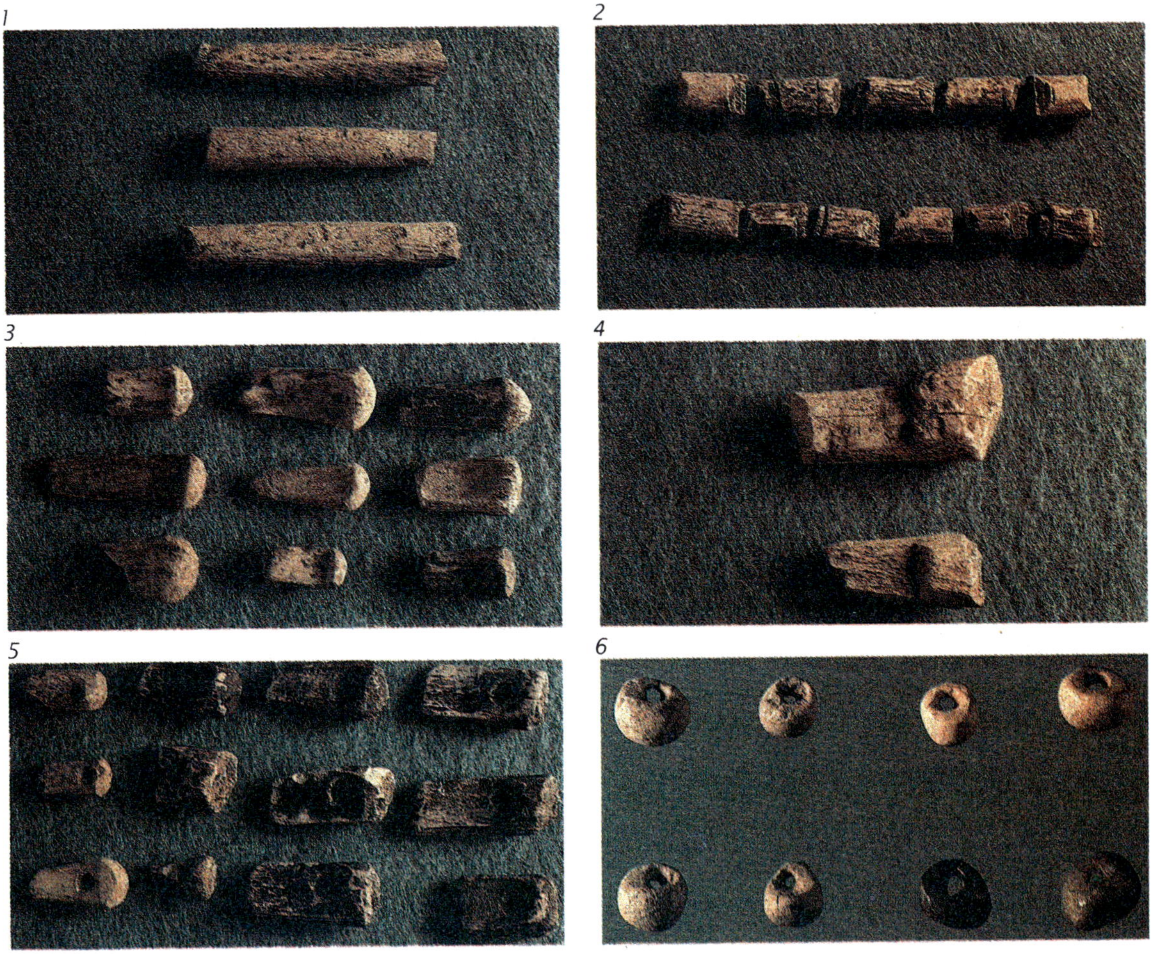

2. LA FABRICATION DES PERLES par les artisans aurignaciens du Sud-Ouest de la France a été reconstituée par l'auteur. On partait d'une baguette d'ivoire de mammouth *(1)* que l'on incisait circulairement afin de préparer des points de cassure. En détachant les segments pré-découpés, on obtenait des perles « brutes » *(2)*. On usait alors deux faces opposées d'une extrémité afin de former une tige et un « bulbe » *(3, 4)*; puis on perforait les pièces *(5)* et on les polissait *(6)*.

transformaient, les artisans cherchaient vraisemblablement à bénéficier des qualités des animaux dont provenaient ces dents. Ce procédé conceptuel de « métonymie » est courant en littérature et en mythologie : on désigne un tout par une de ses parties ; pour Homère, par exemple, les « voiles » sont les bateaux. Les anthropologues connaissent bien la fonction métonymique des bijoux dans les sociétés primitives actuelles dont les membres ont la capacité matérielle et rituelle d'adopter les qualités des animaux. Cette interprétation s'accorde avec le choix des carnivores par les artisans aurignaciens : comme le montrent leurs déchets, les groupes aurignaciens vivaient en grande partie de la chasse.

Les techniques de perçage

Bien que la base conceptuelle de l'ornementation aurignacienne semble complexe, les techniques de fabrication des ornements sont parfois rudimentaires. Le travail des coquilles et des dents d'animaux était simple : comme l'épaisseur des coquilles et des racines dentaires est rarement supérieure à deux millimètres, les artisans les perçaient à l'aide d'un objet pointu après les avoir usés sur deux faces opposées. L'usage du foret était inconnu, sauf pour les matériaux les plus tendres. Dans les plus anciens sites aurignaciens, on ne trouve jamais les fines pointes de silex caractéristiques des sites ultérieurs. Une autre technique

3. L'IMITATION DE LA NATURE est une des caractéristiques de la technique aurignacienne. La perle de gauche est une canine de cerf percée ; celle de droite est une imitation en calcaire. Ces deux perles proviennent du trou Magrite, en Belgique, et datent d'environ 30 000 ans.

consistait à ménager une rainure autour de la racine des dents afin d'y fixer une cordelette.

Alors que les coquilles et certains types de dents et d'os sont très faciles à perforer, l'ivoire de mammouth devait être longuement travaillé. Dans les blocs d'ivoire dont ils disposaient, les artisans taillaient des fragments appropriés à leurs productions. Les dimensions des blocs initiaux variaient beaucoup selon les régions. La description qui suit concerne le Sud-Ouest de la France, où les bijoux sont nombreux et où j'ai effectué l'essentiel de mon travail.

Dans cette région, on fabriquait les perles en ivoire à partir de longues baguettes taillés dans les défenses de mammouth. Ces baguettes venaient vraisemblablement de loin, car on a trouvé très peu de débris de défenses et aucun os de mammouth sur les sites français. Les baguettes d'ivoire étaient prélevées à la surface des défenses, dans le sens de la longueur. La couche externe des défenses constituait le matériau le mieux approprié au travail effectué : selon les cas, on jetait le noyau interne, très dur, ou l'on y sculptait des figurines d'animaux (notamment en Allemagne).

Après leur découpe, les baguettes d'ivoire étaient réduites en tiges de la taille d'un crayon. Les artisans segmentaient ces tiges par des incisions circulaires, espacées d'un à deux centimètres, puis ils détachaient les segments en cassant net les tiges ; on a trouvé des centaines de ces perles « brutes ».

On amincissait alors une extrémité de ces billes brutes en les usant perpendiculairement à l'axe des cassures, couche après couche : cette affinage formait une perle dégrossie, avec une moitié supérieure mince (« la tige ») et une moitié inférieure plus arrondie et plus épaisse (« le bulbe »). Les perles affinées ressemblent aux dents de certains animaux, notamment aux canines de renne et de cerf ; je pense d'ailleurs que cette ressemblance était voulue, car l'imitation des formes naturelles date du début de l'Aurignacien. Une fois l'épaisseur de la tige réduite à 2 mm au maximum, la perle était percée à la jointure de la tige et du bulbe.

Le perçage était suivi d'un polissage qui éliminait plus de la moitié de la masse initiale d'ivoire ; la tige était presque totalement supprimée, et le bulbe était arrondi et lissé. En voyant les perles finies, on se demande souvent comment les artisans aurignaciens réalisaient des trous si fins ; en fait, ils compensaient leur manque d'habileté au perçage en faisant le trou avant de polir la perle.

La fonction sociale des bijoux

Comment portait-on les bijoux ? Avec les perles, on formait sans doute des colliers ou des bracelets. On a parfois supposé qu'on cousait les perles sur les vêtements, mais la majorité des perles retrouvées sont intactes ; si elles avaient été cousues, elles auraient sans doute été cassées ou perdues. Parfois on a trouvé les perles groupées

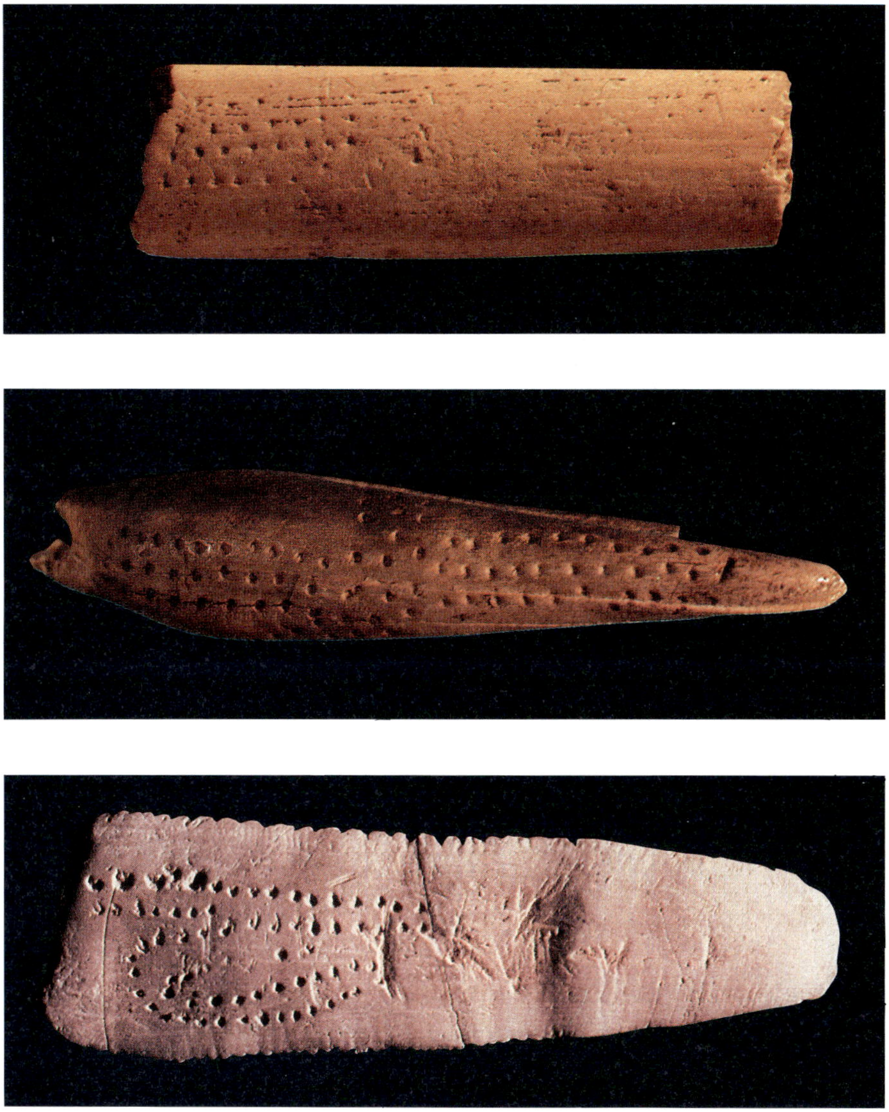

4. LES OBJETS aurignaciens comportent souvent des rangées de points. Ces trois objets de l'abri Blanchard, en Dordogne datent d'environ 32 000 ans. Selon certains anthropologues, l'objet du milieu représenterait un poisson ou un phoque. A. Marshack voit dans la plaque inférieure un calendrier lunaire, mais la présence de marques identiques sur d'autres objets de la même époque indique une intention plutôt esthétique.

par paires : il s'agissait peut-être de pendants d'oreille. Enfin les perles en forme d'olive étaient soit des boutons soit des pendants d'oreille. La fixation des perles dépendait sans doute de leur fonction, mais nous sommes encore très ignorants de la façon dont ces bijoux étaient portés.

Les archéologues ignorent également quel est le rapport entre l'apparition soudaine des bijoux et le développement social. Cependant l'étude des sociétés primitives subsistant aujourd'hui nous donne quelques indications : les bijoux servent à définir et à communiquer l'identité sociale. Le sexe, le rôle social, le statut économique et l'affiliation à un groupe sont exprimés par des bijoux ou d'autres ornements corporels (des tatouages, par exemple). Selon Terence Turner, de l'Université de Chicago, le corps des individus modernes serait une « scène symbolique » sur laquelle se joue le drame de la socialisation. Ce drame symbolique est un acte humain uni-

versel, présent dans toutes les sociétés connues.

Si les bijoux servent à construire et à représenter l'identité sociale, que signifie leur apparition ? On propose deux réponses générales à cette question. D'une part, l'apparition des bijoux serait liée à l'élaboration des catégories sociales ; autrement dit, c'est au cours de l'Aurignacien que s'institutionnalisèrent les différences de statut social. D'autre part, les techniques de représentation qui apparurent simultanément permirent pour la première fois d'exprimer les distinctions sociales. Naturellement ces deux explications ne s'excluent pas mutuellement : de nouvelles identités sociales sont peut-être apparues en même temps que les méthodes par lesquelles on les a exprimées.

Malheureusement les vestiges archéologiques sont trop rares pour que l'on détermine l'hypothèse exacte ; l'absence de sépulture est le principal handicap. On sait néanmoins que les techniques de représentation progressèrent considérablement durant l'Aurignacien inférieur. Les sites où l'on a trouvé le plus de bijoux sont également ceux qui contiennent certaines des plus anciennes œuvres d'art connues : des blocs de calcaire gravés et peints, des sculptures en ivoire, et des objets en os, en corne, en ivoire et en pierre décorés de caractères énigmatiques, mais manifestement intentionnels.

Les premières représentations

Les premières images représentent des objets naturels ou des signes abstraits répétés ; notamment les artistes aurignaciens ont peint et gravé des animaux ainsi que des organes sexuels femelle. De nombreux archéologues n'étaient pas convaincus par cette dernière interprétation, mais elle a récemment gagné des suffrages quand on a découvert deux images nettement phalliques : une sculpture dans de la corne d'animal et une gravure dans du calcaire. Les motifs abstraits les plus fréquents sont des croix, des entailles, des incisions et des suites de points ; on les a retrouvés dans tous les sites de vastes régions, de sorte qu'ils étaient probablement des signes et des symboles

5. CETTE STATUETTE ANTHROPOMORPHE, représentant probablement une femme, a été taillée dans l'ivoire de mammouth. Elle mesure cinq centimètres de hauteur et fut découverte dans l'abri Cellier, dans le Sud-Ouest de la France. La tête et le contour des cheveux sont clairement visibles. Les incisions appariées sont fréquentes sur les objets sculptés ou gravés datant de l'Aurignacien ; on ignore encore leur signification.

6. CETTE FIGURINE SCULPTÉE a été trouvée à Vogelherd, en Allemagne ; on suppose qu'elle représente un félin, en partie à cause de l'oreille bien visible. Le pelage est représenté par des points et des croix analogues à ceux qui furent gravés sur le mammouth de la figure 1. Cet objet a été sculpté il y a 32 000 ans dans de l'ivoire de mammouth sans doute importé. On ignore si les matériaux prisés, comme l'ivoire, étaient rapportés par des voyageurs ou s'ils s'échangeaient de groupe en groupe.

communs à des entités sociales régionales qui apparurent pendant l'Aurignacien.

Je suppose même que certains des dessins les plus abstraits sont des représentations d'objets naturels. L'un des plus célèbres est une plaque en ivoire, provenant de l'abri Blanchard, en Dordogne ; une de ses faces porte une série de points. Selon Alexander Marshack, cette plaque est un calendrier lunaire, mais de nombreux archéologues doutent de cette interprétation, notamment parce que l'on a retrouvé des dessins similaires, sans fonction apparente de calendrier, sur de nombreux autres objets de l'abri Blanchard et des sites alentour. On peut également penser (ce qui serait tout aussi important, d'un point de vue culturel) que le but était esthétique plutôt que comptable.

A ma connaissance, personne n'a jamais envisagé que la plaque de l'abri Blanchard soit figurative, mais des objets découverts à proximité, dans l'abri de la Souquette, l'indiquent : cinq pendentifs en ivoire sont recouverts de rangées de points. En les examinant, j'ai été frappé par leur ressemblance avec les dessins que portaient des coquilles trouvées sur le même site ; en fait, les pendentifs sont une réplique fidèle des coquilles, avec les mêmes rangées ondulées de points. Les lignes de points résultent peut-être d'un transfert de formes naturelles dans des contextes nouveaux, où ils acquirent alors une fonction décorative.

Une sculpture raffinée

Le transfert de qualités est un acte essentiel de la construction des métaphores ; un autre objet provenant de l'abri de la Souquette semble encore plus manifestement métaphorique que les pendentifs : c'est une pointe de lance, fendue à la base, en andouiller de renne. De telles pointes sont nombreuses sur les sites aurignaciens, mais celle-ci est étrange : l'extrémité, rognée, ressemble à un museau et comporte un trou très fin, qui pourrait représenter un œil ; la base fendue ressemble à une paire de nageoires. Au total, le profil de cette pointe ressemble à celui d'un phoque.

Si cette interprétation est exacte, la pointe serait un analogue matériel – une métaphore – du phoque ; l'artisan aurait effectué un transfert d'attributs animaux (museau, œil, nageoire) sur un instrument qui avait initialement quelques

7. CETTE IMAGE gravée dans une plaque de calcaire est sans doute celle d'une tête de cheval. Le dessin de droite semble plus abstrait. Trouvé en 1927 dans l'abri Cellier, en France, le bloc date d'environ 32 000 ans.

ressemblances formelles avec l'animal (surtout à la base, en forme de nageoires). Cette hypothèse est corroborée par la découverte des restes d'un phoque sur un autre site de l'Aurignacien inférieur, à 100 mètres de distance. La Souquette est à 200 kilomètres de la mer et, bien que les phoques remontent les rivières sur de grandes distances, leur présence à cet endroit a dû étonner beaucoup les occupants du site.

La pointe « phoque » est une exception sur les sites français : généralement les quelques images animales que l'on a retrouvées sont gravées dans le calcaire et si grossières qu'elles sont difficiles à identifier. En revanche, on a mis au jour dans trois sites allemands datant de l'Aurignacien inférieur (Vogelherd, Geissenklosterle et Hohlenstein-Stadel) une vingtaine de statuettes en ivoire, souvent marquées de dessins abstraits. Certaines de ces statuettes sont si réussies et si réalistes que l'on suppose que ce ne furent pas les toutes premières.

On croit parfois que l'art primitif est nécessairement simple et enfantin. C'est vrai pour les premiers dessins de l'Aurignacien, mais la sculpture de cette époque est vivante et expressive. Il semble qu'il ait été plus facile de créer des modèles réduits des animaux, à trois dimensions, que de représentations en deux dimensions. Il a fallu des milliers d'années pour que les artistes mettent au point les règles et les techniques de représentation en deux dimensions utilisées dans des sites comme Lascaux, avec ses peintures créées 17 000 ans après les premières images du Paléolithique supérieur.

Existe-t-il une relation entre les progrès techniques, ornementaux et figuratifs de l'Aurignacien ? Je pense que oui : ces trois types de progrès sont fondés sur une capacité accrue de former des images mentales et de les communiquer. Cette compétence nouvelle permet d'expliquer l'explosion technique qui caractérise l'Aurignacien. Selon Heidi Knecht, de l'Université de New York, la maîtrise des représentations à deux et à trois dimensions a stimulé la mise au point d'outils et d'armes nouveaux.

Les progrès de l'imagination visuelle et spatiale sont liés à l'ornementation corporelle : orner son corps est un moyen de construire et d'objectiver un ensemble de distinctions sociales qui ne seraient pas visibles autrement ; les groupes sociaux n'ont pas de marque physique, tant que leurs membres ne se dotent pas de ces marques. Les premiers, les hommes de l'Aurignacien manifestèrent le statut social et l'appartenance à des groupes en attribuant aux membres de ces groupes des propriétés qu'ils abstrayaient de l'environnement naturel, par métonymie ou par métaphore.

Cette capacité nouvelle d'isoler des attributs et de les transférer dans un contexte différent dut avoir des conséquences importantes. Les artisans primitifs ont pu transférer des propriétés comme « pointu » ou « barbu », de leur contexte naturel au contexte technique : en reportant le concept « barbu » sur les pointes de lance, les artisans aurignaciens ont créé la pointe de lance « barbue ». Aujourd'hui cette sorte de pensée visuelle est si courante en technique que nous imaginons difficilement que sa découverte fut un événement culturel révolutionnaire, assez récent.

Le travail de Brooke Hindle, de l'Université de New York, révèle à quel point la maîtrise de la pensée visuelle bouleversa la technique : la manipulation d'images joua également un rôle fondamental bien plus tard, lors de la Révolution industrielle, car presque tous les grands inventeurs industriels pensaient en images ; le dessin industriel fut un facteur crucial de l'innovation technique. Ce n'est sans doute pas un hasard si les premières images apparurent lors de l'Aurignacien, qui fut l'une des plus grandes périodes

8. CETTE POINTE A BASE FENDUE pourrait représenter un phoque. La base, où se logeait l'extrémité d'une tige de bois, pourrait figurer des nageoires *(en haut)* ; la pointe a été raccourcie et percée à la place de l'œil *(en bas)*. Cette pointe en andouiller de renne a été découverte à la Souquette, près de Sergeac, dans le Sud-Ouest. On a retrouvé les restes d'un phoque sur un autre site à moins de 100 mètres.

d'innovation technique et sociale de toute l'histoire de l'humanité.

Le langage est certainement à l'origine de ces progrès. Le partage et la communication d'images sont à la base de changements techniques et sociaux ultérieurs. Le langage a sans doute existé avant le Paléolithique supérieur, peut-être fondé sur un vocabulaire concret. Cependant les bouleversements de l'Aurignacien présupposent des innovations dans la manipulation et l'échange des images. Les innovations n'apparurent que parce que des circuits neuraux étaient en place, mais la représentation mentale, picturale ou sculpturale ne résulte pas d'un progrès neurologique ; ce fut sans doute, plutôt, une transition culturelle fondée sur l'établissement de règles communes de représentation.

La découverte des capacités de représentation dut être au moins aussi importante que l'utilisation du feu ou des outils en pierre ; la capacité d'invention fut renforcée. Alors que les Neandertaliens innovèrent techniquement très peu, en 100 000 ans d'existence, les hommes aurignaciens effectuèrent rapidement de nombreux progrès sociaux, techniques et mythiques. Cette évolution rapide, qui continue aujourd'hui, est certainement due à la création, à la manipulation et à l'échange d'images.

14

L'archéologie de la grotte de Lascaux

Quarante ans de travaux nous ont appris comment avaient été créées les célèbres peintures paléolithiques de la grotte de Lascaux. Ces travaux ont également attiré l'attention sur des centaines de gravures tout aussi remarquables que les peintures.

par Arlette Leroi-Gourhan

La grotte de Lascaux a été découverte en septembre 1940, une période bien défavorable pour les travaux d'exploration. Dès la fin de la guerre, cependant, cette grotte de Dordogne était connue dans le monde entier, partageant avec Altamira la gloire d'offrir les plus somptueuses œuvres d'art (quelque 600 peintures) datant de l'époque paléolithique. Ces 20 dernières années, la grotte a été fermée au public. Cette mesure s'insère dans un programme de conservation, heureusement couronné de succès, visant à stopper les détériorations de ces trésors d'art. Jusqu'à récemment cependant peu de personnes excepté les spécialistes connaissaient l'importance de l'ensemble du matériel archéologique découvert dans cette grotte, dont les célèbres peintures ne constituent qu'une partie.

Parmi ces trésors figurent près de 1500 gravures réalisées sur les parois et les plafonds et dont tous les relevés furent exécutés par l'abbé André Glory au cours de longues années de travail interrompu par sa mort en 1966. L'abbé Glory, aidé de quelques assistants, a également découvert des silex utilisés pour réaliser ces gravures, les lampes de pierre qui fournissaient la lumière aux artistes, les palettes qui contenaient les colorants employés pour les peintures ; plus récemment on a analysé ces colorants. Ces chercheurs ont même pu reconstituer les systèmes d'échafaudages qu'utilisaient les peintres et les graveurs pour travailler sur des parois inaccessibles. Cette somme de documents permet maintenant aux préhistoriens de cerner le détail des activités des occupants de Lascaux, il y a 17 000 ans.

Une légende s'est vite formée à propos de la première exploration de la caverne, dont la cause aurait été un chien tombé dans un trou profond. Les faits sont différents ; un jeune garçon du village voisin de Montignac cherchait un terrier de renard et sa mère lui indiqua un trou fait par un pin déraciné. L'histoire de Lascaux commença lorsque ce garçon et ses camarades, curieux et amusés, après avoir jeté quelques pierres dans l'ouverture, décidèrent de l'explorer. Après avoir élargi l'orifice avec un grand couteau, ils glissèrent sur l'argile humide et arrivèrent beaucoup plus bas qu'ils ne prévoyaient. Leur émerveillement devant le spectacle entraperçu à la lueur vacillante d'une faible lampe fut très vite noté sur un cahier à l'école, après la première visite de l'instituteur sur le site. Des préhistoriens, et tout d'abord l'abbé Henri Breuil, furent prévenus et l'on creusa une petite tranchée afin de faciliter la descente dans la grotte, tant pour les savants que pour les villageois. L'extrémité finale de cette tranchée s'ouvre dans une grande salle de 20 mètres de profondeur, décorée d'une frise peinte, monumentale, représentant des taureaux dont certains dépassent cinq mètres de long. Au fond de cette salle (dite « Salle des Taureaux »), s'ouvre un

1. L'ABBÉ BREUIL, qui sur cette photographie est en train d'étudier un des fossiles recueillis à Lascaux, fut un des premiers préhistoriens qui reconnut l'immense intérêt de la grotte.

couloir appelé le Diverticule Axial, au plafond également recouvert de figures de chevaux, de cervidés, de bovidés. Un deuxième couloir (le « Passage ») s'ouvre sur la droite de la « Salle des Taureaux ». L'accès au couloir de droite était plus difficile pour les premiers visiteurs : il fallait s'y glisser à quatre pattes en enjambant des murets de calcite, les « gours ». Mais l'on était bientôt récompensé de ses efforts par une autre série de peintures d'animaux. En effet, un deuxième embranchement sur la droite conduit à « l'Abside » et, au-delà, au « Puits », une dépression de cinq mètres de profondeur, ornée d'un extraordinaire ensemble de peintures représentant un homme, un Rhinocéros, un oiseau perché sur un bâton et un Bison en train de charger, avec une tête de cheval en face de lui. Sur la gauche de l'Abside s'ouvre la « Nef ». Là, et tout au long du passage étroit qui suit la Nef, se trouvent d'autres peintures. On arrive enfin au « Diverticule des Félins » où l'on découvre des gravures figurant des félins mais aussi d'autres animaux. Cette dernière excursion met fin à la visite de la grotte de Lascaux (*voir le plan de la grotte figure 5*). Dès la fin de la guerre, cet incroyable ensemble de galeries peintes et gravées fut l'objet de relevés, de photos et, malheureusement, de travaux d'aménagement afin d'en faciliter la visite, et la caverne devint un musée souterrain. C'est une vingtaine d'années après, en 1960, que l'on s'aperçut des perturbations apportées par la présence de visiteurs trop nombreux ; l'humidité, les poussières, les champignons risquaient de détruire cet ensemble incomparable. Les peintures sont maintenant sauvées, mais une chose restait à faire : rassembler tout ce qui, en ces 40 années, avait été trouvé et noté au cours des différentes fouilles dans la grotte. De plus, un autre travail de l'abbé Glory, le relevé des innombrables gravures, n'avait jamais été publié : c'est ce que tout un groupe de chercheurs a essayé de faire.

L'âge de Lascaux

Déterminer l'âge des peintures ornant une grotte est impossible si l'on ne sait pas dans quel contexte travaillait l'artiste. Or, ce contexte n'est reconstructible qu'à partir des vestiges laissés par les artistes. Il est donc nécessaire de faire des fouilles, de trouver les couches archéologiques et d'en établir la stratigraphie. La difficulté la plus fréquente est qu'on se trouve souvent confronté à une série de niveaux d'époques différentes sans pouvoir discerner celui ou ceux qui sont contemporains de l'art des parois. A Lascaux, les études stratigraphiques furent effectuées par l'abbé Glory qui dessina 15 coupes de différents points de la caverne. Une nouvelle fois la chance devait marquer ce site exceptionnel, car tous les vestiges de l'activité humaine découverts appartenaient à une unique couche archéologique. A titre de preuves supplémentaires, cette couche contenait, entre aux objets, les lampes, les palettes, les fragments de pigments démontrant bien sa contemporanéité avec les peintures.

Les vestiges archéologiques recueillis au cours de ces fouilles indiquent que, si la grotte n'a jamais servi d'habitat, les hommes y ont cependant travaillé pendant des heures et y ont pris leurs repas. Sans doute, s'y sont-ils aussi déroulé des rites religieux : des os d'animaux, des sagaies de lance en os, des bijoux (coquillages) et des objets particulièrement beaux ont été retrouvés dans ce qui a pu être une sorte de Sanctuaire : le Puits. C'est de là que provient, entre autres, une très belle coquille (*Sipho*) qui servit de bijou : il est possible de voir les stries occasionnées par le percement d'un orifice et les traces du frottement d'un lien. Comme la plage la plus proche est à 200 kilomètres, les coquillages ont donc été ramassés très loin du site.

Les études stratigraphiques et l'analyse polli-

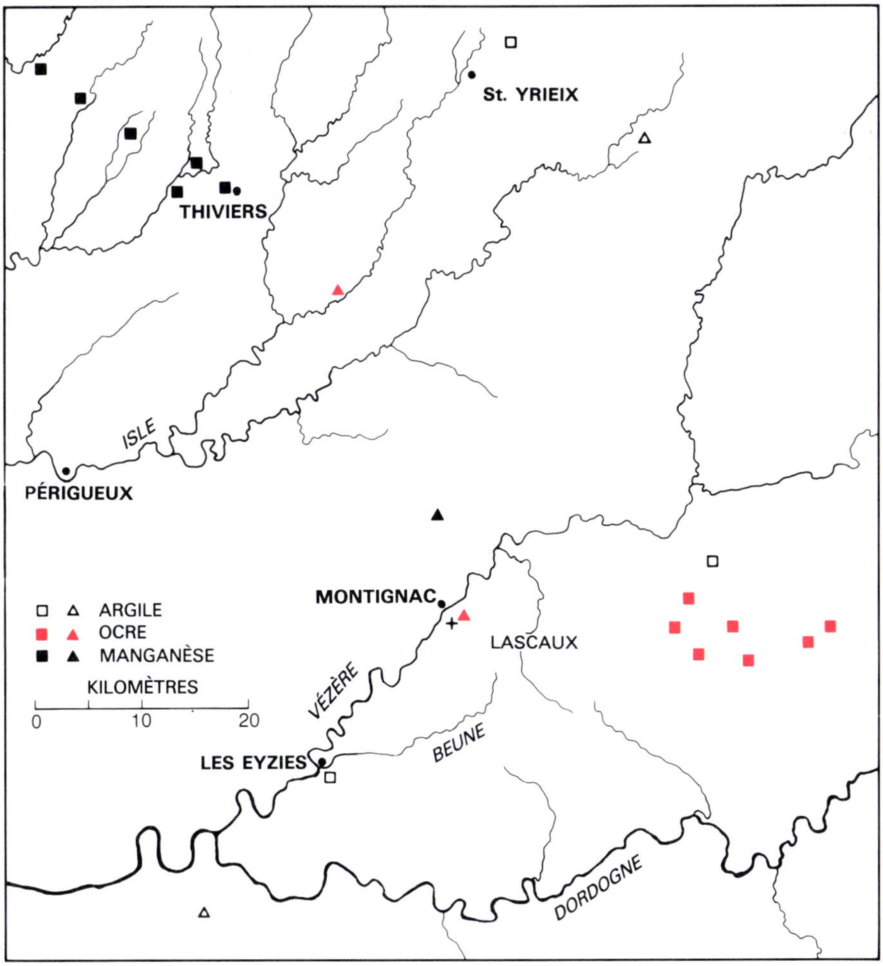

2. LA GROTTE DE LASCAUX, près du village de Montignac, sur la Vézère, à 40 km à l'Est de Périgueux est située dans une région où l'on trouve des gisements d'argile, de manganèse et d'ocres rouges et jaunes (*carrés*). La source de manganèse la plus proche indiquée par la carte géologique se trouve à Thiviers, à 40 km au Nord-Ouest de Lascaux et les gisements d'ocre rouge et jaune sont à 20 km à l'Est. L'argile se trouve à l'Est et au Sud-Ouest, près des Eyzies. Des chercheurs ont découvert des gisements plus proches de Lascaux (*triangles*) : de manganèse à six km de la grotte et des deux ocres à 500 mètres environ.

nique effectuées à Lascaux montrent que la grotte a été fréquentée pendant une période relativement courte, quelques centaines d'années. Par ailleurs, les industries lithique et osseuse indiquent un ensemble appartenant à une seule culture de la fin du Paléolithique supérieur : le Magdalénien ancien. Les travaux faits sur les peintures et les gravures de Lascaux confirment une grande homogénéité du style. Toutes ces données convergent donc vers une période unique et assez courte que les datations par le carbone 14 situent autour de 15 000 ans avant J.-C.

Les problèmes techniques

Comment les artistes préhistoriques ont-ils réalisé leurs travaux ? Leur premier problème a dû être celui de la lumière. Au temps des Magdaléniens, l'ouverture de la grotte vers l'extérieur était large, l'auvent devait se trouver à trois mètres au-dessus du sol et la première salle (la Salle des Taureaux) était éclairée par la lumière du jour. Toutefois, ce n'était certainement pas suffisant pour travailler au fond de la salle, celle-ci se trouvant en contre-bas et les parois à peindre étant situées vers les plafonds. Dans le Diverticule Axial et dans toutes les autres galeries aucune lumière naturelle n'arrivait et l'éclairage artificiel était indispensable.

Un grand nombre de lampes devaient être nécessaires : certains panneaux de la « Salle des Taureaux » sont longs d'une dizaine de mètres. Aussi, il n'est pas surprenant que l'on ait retrouvé de nombreuses lampes à Lascaux : 130 furent étudiées en détail. Leur préparation, il faut le dire, demandait fort peu de travail puisque, pour une grande partie d'entre elles, ce n'étaient que de simples pierres ramassées dans la colline et utilisées telles. Leur surface comporte une cuvette souvent peu profonde et parfois ouverte sur un côté vers une rigole naturelle. Le choix était facile car ce type de plaquette se trouve en grand nombre à l'état naturel ; de plus, quelques retouches rudimentaires suffisaient pour obtenir le type désiré. Le peu de profondeur de la cupule a fait parfois douter de l'utilisation de ces pierres en tant que lampes ; cependant, des restes noirs (suie, charbon, cendres) ainsi que des traces de feu ne laissent aucun doute sur leur fonction.

Afin de mieux comprendre le fonctionnement de ces luminaires, Brigitte et Gilles Delluc ont tenté des expériences avec des plaquettes semblables ramassées sur la colline voisine de la grotte. Ils découvrirent que l'allumage pouvait se faire avec des mèches de lichen séché ou de mousse, puis avec de petits rameaux de genévrier (l'analyse des restes charbonneux sur sept de ces lampes a montré que le genévrier était effectivement utilisé pour l'allumage). En ce qui concerne le combustible, ce sont des morceaux de suif de 50 grammes environ qui paraissent le mieux convenir à l'entretien de la lumière. Le morceau de suif brûle sans fumée et la combustion peut durer environ une heure. L'éclairement d'une mèche équivaut à celui d'une bougie ; pour avoir plus de lumière, on peut mettre plusieurs mèches sur une seule lampe. Une très belle lampe en grès rose a été retrouvée dans le « Puits », devant la scène peinte, juste à l'aplomb de la queue du rhinocéros. La beauté de cette lampe, remarquablement façonnée et décorée de divers signes, et sa découverte au fond d'un « Sanctuaire » présumé, suggèrent une autre fonction que le simple éclairage.

Dès que les artistes avaient choisi les parties de la grotte où ils allaient peindre, ils se trouvaient confrontés à un deuxième problème : l'état de surface de la paroi rocheuse. En effet, en certains endroits, comme le « Diverticule Axial », la paroi suffisamment lisse pour être peinte se trouvait entre trois et quatre mètres du sol. Comment atteindre ces parois et les plafonds dont les surfaces se prêtaient aux grandes fresques ? Pour ce qui concerne la « Salle des Taureaux », nous ne pouvons qu'imaginer des troncs d'arbres et des branches dressés sur la paroi et servant d'appui à l'artiste. Fort heureusement, dans le « Diverticule Axial », des traces d'échafaudages plus élaborés sont restées et permettent de reconstituer comment les Magdaléniens avaient installé une sorte de plate-forme pour peindre le plafond. Sur les côtés de la galerie, et sensiblement sur le même plan horizontal, à environ deux mètres du sol, on

3. CES DOUZE PIGMENTS employés par les peintres de Lascaux vont du jaune pâle (*A*) au noir (*70A*). Tous les pigments utilisés à Lascaux, à l'exception de ceux contenant du charbon de bois, sont constitués de poudres minérales. L'emploi d'un seul minéral comme pigment était cependant rare ; les minéraux étaient plus souvent mélangés entre eux. La poudre numérotée *66A* est d'une pureté remarquable : c'est un mélange d'hématite (70 pour cent), d'argile (20 pour cent) et de quartz (5 pour cent). La poudre noire *70B*, au contraire, contient 40 pour cent de phosphate de calcium, 25 pour cent de quartz et 15 pour cent de dioxyde de manganèse, le principal minéral utilisé pour les noirs.

A
69
75
73
68
74
B
66B
66A
71
70B
70A

4. CETTE TÊTE DE CERF avec son œil et son oreille soulignés avec soin, a été gravée sur la paroi Sud de ce que l'on appelle l'« Abside » de la grotte de Lascaux. Le corps de l'animal, également gravé, n'apparaît pas sur cette photographie. Sa ramure exagérée, a, en plus, été peinte en noir.

a découvert dans les parois une série de trous et de vires. Les petites excavations ont un fond d'argile, recreusé par un trou d'environ dix centimètres. Avec le temps, la paroi a été recouverte d'une légère couche de calcite (un minerai soluble) de sorte que 17 de ces entailles ont été parfaitement conservées. A l'évidence, de solides branches d'arbres, suffisamment longues pour traverser toute la largeur du passage étaient encastrées de chaque côté. A partir de cette série de solives, on pouvait fabriquer un plancher en rajoutant d'autres branches. Les peintres étaient alors suffisamment haut pour avoir accès à tout le plafond.

Les parois rocheuses sont très rapprochées à la base et l'on ne pouvait prendre son repas que là où l'on pouvait s'asseoir confortablement, c'est-à-dire sur la plate-forme ; des restes d'ossements ont été retrouvés au sol. Un autre endroit de la grotte apparaît également comme un lieu privilégié pour les repas : un grand rebord rocheux dans la « Nef », devant la peinture dite la

« Vache Noire » ; en effet, des débris d'animaux sont tombés sur le sol en contrebas.

L'analyse des os dans ces deux dépôts indique que les artistes de Lascaux consommaient surtout de jeunes rennes. Cependant, ce n'était peut-être pas la marque d'une préférence gastronomique, mais plutôt de la disponibilité en gibier. A cet égard, il est intéressant de noter que sur près de 600 figures animales à Lascaux, une seule représente un renne. Ce fait, parmi d'autres, pose la difficile question du « pourquoi » de l'art paléolithique.

Colorants et peinture

On a effectué trois séries d'études sur les colorants utilisés par les peintres de Lascaux. La première, réalisée par la regrettée Annette Laming-Emperaire de l'Ecole Pratique des Hautes Études de Paris et l'un de ses étudiants, Claude Couraud, porte principalement sur l'analyse macroscopique des matériaux ayant servi à la préparation des pigments pulvérulents. La seconde, effectuée par un groupe de chercheurs sur la suggestion d'Aimé Bocquet du Centre de Documentation de Préhistoire Alpine et sous la direction de R. Bouchez du Centre de Recherche Nucléaire de Grenoble, concerne des poudres et les méthodes de préparation utilisées par les Magdaléniens. La troisième, encore non publiée, fut réalisée par Pamela Vandiver de l'Institut de Technologie du Massachussetts sous la direction de William Kingery. Ces chercheurs ont étudié par microscopie électronique à balayage des fragments de pigments provenant de la paroi peinte elle-même. Ces fragments ont été fournis par S. Delbourgo du Musée du Louvre.

A. Laming-Emperaire et C. Couraud disposaient pour leurs études d'un total de 158 fragments de minéraux, que l'abbé Glory avait découverts en différents endroits de la grotte. Beaucoup portent des stries de raclage et autres traces d'utilisation. Partant de ces matériaux, cette étude a porté sur deux aspects particuliers : l'origine des colorants et les techniques de préparation et d'application sur les parois.

Le premier point concerne les analyses physico-chimiques permettant de déterminer la nature des matériaux utilisés : oxydes de fer et de manganèse, carbone, etc. Les colorants ont été répartis en quatre grandes catégories de couleur : noir, rouge, jaune et blanc. A en juger par ces fragments, les Magdaléniens prisaient surtout le noir (105 fragments) ; puis viennent le jaune (26) et le rouge (24) et enfin, loin derrière, le blanc (3).

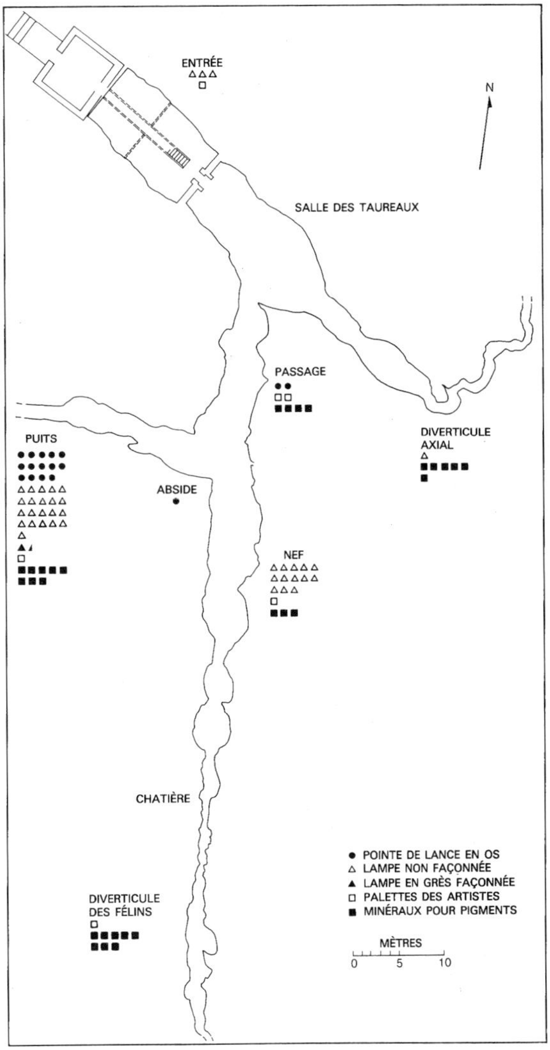

5. PLAN DES HUIT PRINCIPALES SALLES ET GALERIES de Lascaux avec la répartition sectorielle du matériel archéologique. La source la plus riche était le « Puits », à 55 mètres de l'entrée de la caverne. Le Puits contenait 21 lampes non façonnées et une soigneusement travaillée (et un fragment d'une autre), 14 des 17 pointes de lances en os trouvées à Lascaux, une des six palettes des artistes et 8 des 29 blocs de minéraux que les artistes réduisaient en poudre pour obtenir leurs pigments (129 autres blocs furent trouvés dans la grotte, mais leur localisation ne fut pas enregistrée). On a également découvert un grand nombre de lampes de pierre dans la « Nef » et d'autres minéraux dans la « Nef », dans le « Passage », dans le « Diverticule Axial », et dans la Galerie la plus éloignée, le « Diverticule des Félins » à 100 mètres de l'entrée de la grotte.

Les trois principales couleurs présentent diverses nuances, ainsi les noirs vont du gris olive au noir profond, les jaunes du jaune pâle au brun vif et les rouges du jaune-rouge au brun-rouge foncé. La collection de l'abbé Glory comprend également des mortiers et des godets en pierre que les peintres devaient utiliser pour préparer leurs couleurs. On y trouve aussi des pierres naturellement creuses qui contenaient des colorants en poudre ; cette poudre a été soigneusement recueillie dans des tubes par l'abbé Glory.

Afin de déterminer l'origine de ces minéraux, A. Laming-Emperaire et C. Couraud ont consulté une carte du Bureau des recherches géologiques et minières indiquant les gisements connus, dans la région de Lascaux, d'oxyde de manganèse (colorants noirs), d'oxydes de fer (rouges et jaunes) et d'argile (blanc). Le gisement de manganèse le plus proche se situe à une quarantaine de kilomètres au Nord-Nord-Ouest de la grotte ; le fer se trouve à une vingtaine de kilomètres à vol d'oiseau à l'Est de Lascaux. Au Sud-Ouest se trouve un grand gisement de kaolin, aux Eyzies. Des travaux effectués ultérieurement sur le terrain par les deux chercheurs révélèrent la présence de gisements plus proches de Lascaux ; un d'oxyde de manganèse à cinq kilomètres et un d'ocre à seulement 500 mètres.

A. Laming-Emperaire et C. Couraud ont ensuite étudié les méthodes de préparation et les

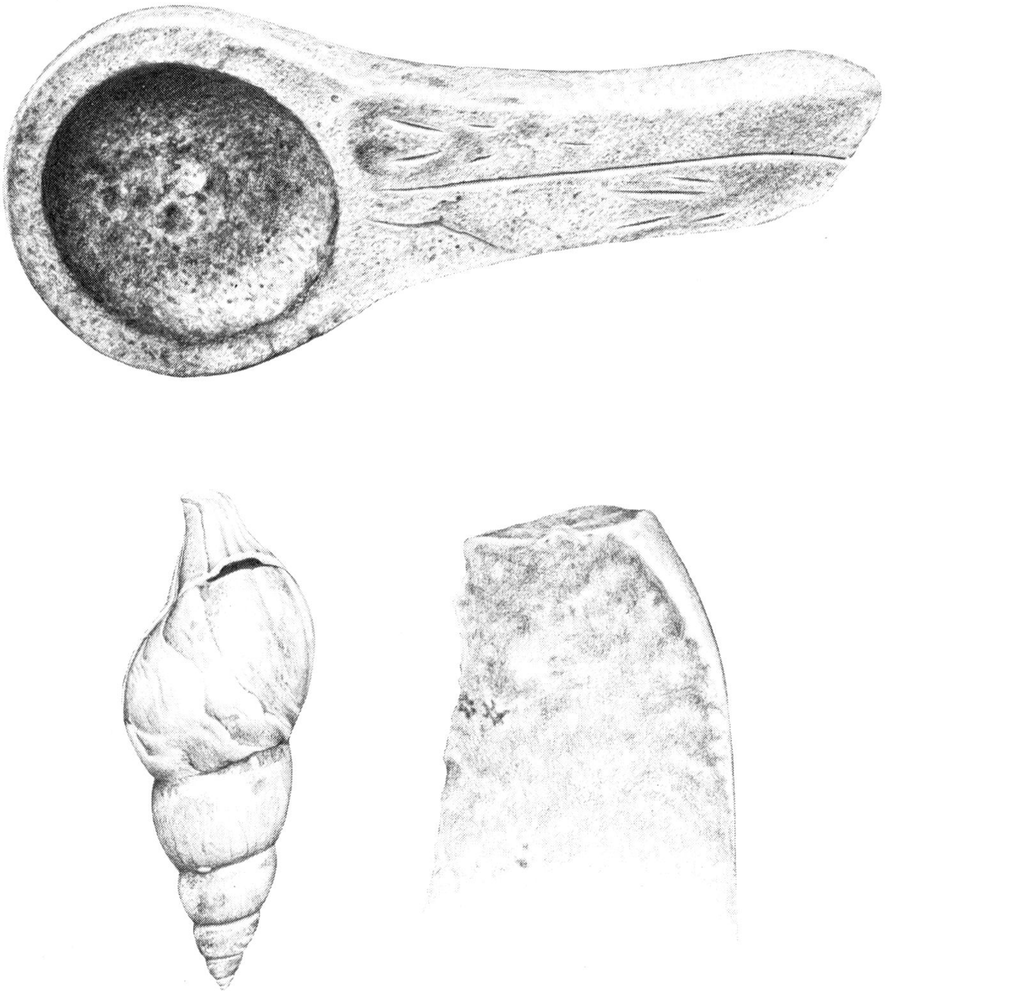

6. CES TROIS OBJETS font partie de l'ensemble découvert à Lascaux : le brûloir en grès rose soigneusement façonné (*en haut*) fut trouvé dans le Puits, la coquille présentant des traces d'ocre et percée afin d'être utilisée comme objet de parure (*en bas à gauche*) fut également trouvée dans le Puits et l'outil à graver, à l'extrémité usée et polie (*en bas à droite*) est l'un de ces 27 outils de silex trouvés dans la grotte.

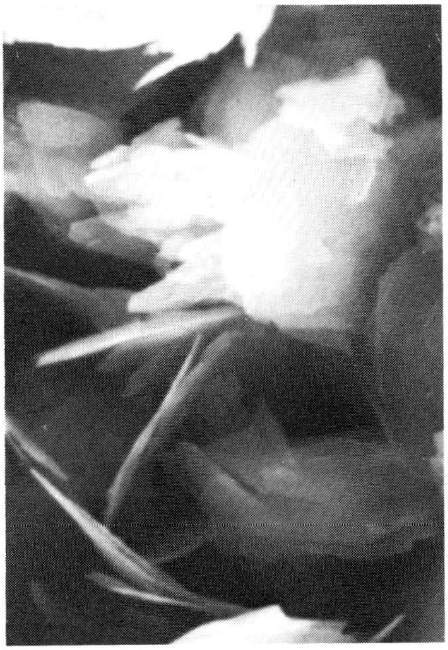

7. DES FRAGMENTS DES PEINTURES DE LASCAUX sont vus ici au microscope électronique à balayage. A gauche on voit un ocre rouge, agrandi 6000 fois ; les cristaux en lamelles sont de l'hématite (Fe_2O_3). A droite, on voit du manganèse, agrandi 7000 fois ; les cristaux en aiguilles sont de la pyrolusite (MnO_2).

moyens d'application des colorants. Des expériences démontrèrent que l'on préparait les colorants en mélangeant les minéraux réduits en poudre avec de l'eau de la grotte. Celle-ci, qui est très riche en calcium, permet une bonne application et assure une résistance durable aux peintures. D'autres expériences montrèrent comment les colorants pouvaient être appliqués sur la paroi rocheuse. A. Laming-Emperaire et C. Couraud fabriquèrent des pinceaux en poil animal (fourrure de bison) et en fibre végétale. Ils appliquèrent directement de la poudre colorante sur des surfaces rocheuses humides ; ils utilisèrent également des fragments d'ocre comme crayons pour tracer les esquisses des peintures et démontrèrent l'efficacité du tamponnage pour la peinture de nombreux animaux. Enfin des essais de superposition de couleurs confirmèrent l'ordre de succession du rouge et du noir, déjà observé grâce aux photographies infrarouges. Ainsi, dans la « Rotonde » ou « Salle des Taureaux », l'antériorité des vaches rouges sur les grands taureaux noirs paraît évidente.

Le groupe de Grenoble a analysé dix échantillons de poudres colorées recueillis par l'abbé Glory et une plaquette noirâtre prélevée sur la surface d'un mortier. Pour chaque échantillon, on a déterminé la composition chimique par spectrométrie d'émission atomique et spectrométrie par Mössbauer pour le fer ; la composition minéralogique a été déterminée par diffractométrie X et thermogravimétrie et, enfin, on a mesuré la répartition du fer dans les oxydes et les silicates argileux par des mesures magnétiques et par spectrométrie Mössbauer. On avait déjà analysé des fragments de colorants provenant de différentes peintures du Paléolithique supérieur, mais on n'avait encore jamais étudié des poudres préparées par les artistes paléolithiques. Il n'est donc pas surprenant que les travaux du groupe de Grenoble aient mis en évidence un certain nombre de faits nouveaux.

En premier lieu, il ressort que les Magdaléniens procédaient non seulement à une préparation délibérée, par le choix du pigment et par mélange de ce dernier avec une charge minérale, mais aussi à une préparation plus complexe par calcination. Ainsi, la présence dans un colorant de phosphate tétracalcique (4CaO, P_2O_5), poudre blanche obtenue par calcination au-dessus de 1000 °C de pyro-phosphate de calcium, lui-même obtenu par calcination à environ 400 °C du phosphate acide de calcium contenu dans les os d'animaux, implique un procédé complexe de préparation des poudres par les peintres de Lascaux.

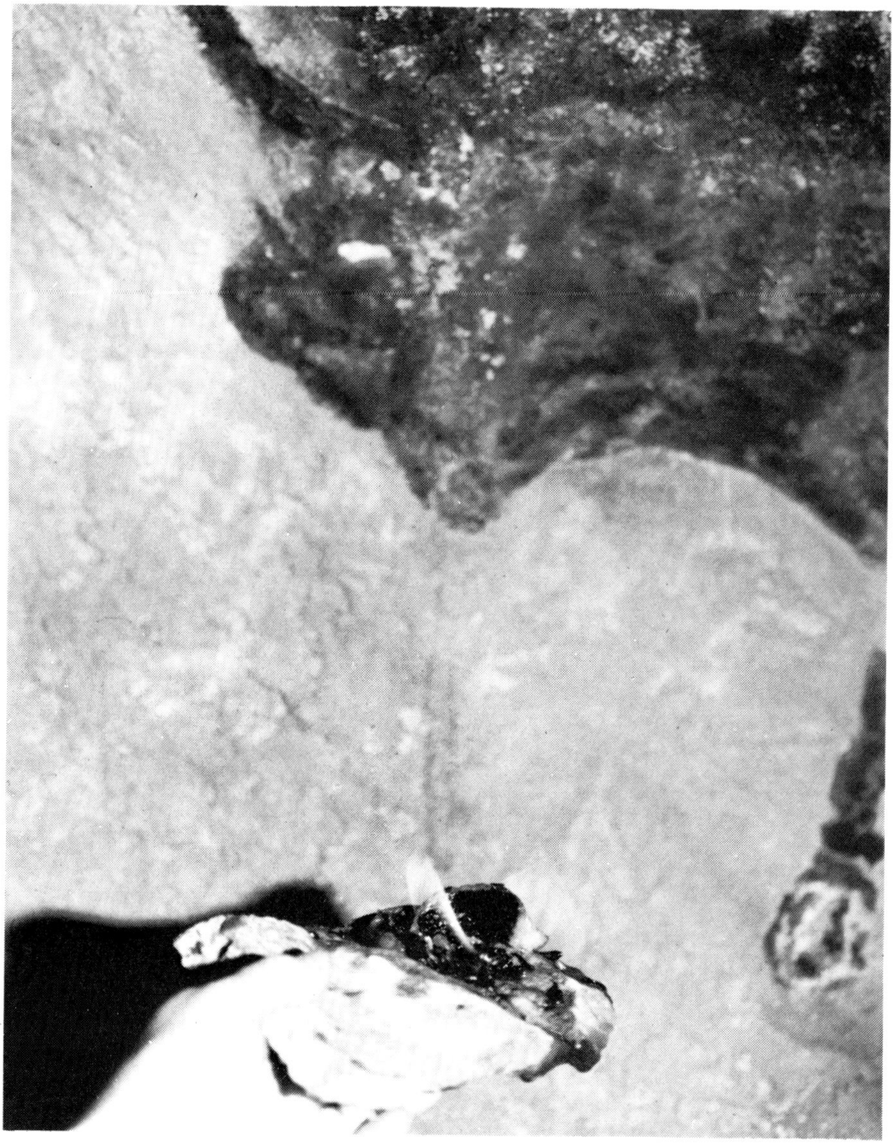

8. RÉPLIQUE D'UNE LAMPE DE LASCAUX constituée d'une pierre creusée naturellement avec des mèches de genévrier et du suif comme combustible. Ici, elle éclaire un bison peint sur le mur de la grotte.

Un échantillon présentant une surface ocre claire mais dont l'intérieur était blanc, a fait l'objet d'une autre analyse. La coloration externe, due à des grains fins d'hématite, proviendrait d'une contamination extérieure, la poudre utilisée par les Magdaléniens étant blanche. Cette poudre n'est pas constituée de kaolin pur, mais d'un mélange de calcite (70 %), de quartz (20 %) et d'argile (10 %). Les poudres noires, quant à elles, sont principalement constituées d'oxyde de manganèse. Cependant, la plaquette noirâtre prélevée sur le mortier s'est avérée être un « charbon fossile » constitué d'environ 65 % de carbone, accompagné d'environ 25 % d'argile riche en fer et de petites quantités d'autres minéraux, dont le quartz. L'argile a également été ajouté aux poudres rouges et jaunes dans des proportions variant de 20 à 40 %.

Pamela Vandiver a analysé des fragments de pigments provenant de la paroi peinte. Ce travail, réalisé avec un microscope électronique à balayage, a apporté d'autres précisions sur la préparation et l'application des colorants à Lascaux. P. Vandiver a pu évaluer la technologie mise en œuvre par les artistes à Lascaux, à l'aide de la

9. CES ANIMAUX GRAVÉS sur la paroi Ouest du Passage couvrent une surface de six mètres carrés. Au total, 32 animaux sont figurés en entier ou en partie ; la plupart sont des chevaux. Sur trois de ces chevaux, de la peinture a été utilisée pour accentuer la gravure (N°s 120, 133 et 135). Quelques têtes de bovins et un arrière-train de taureau apparaissent vers la gauche. Au centre et à droite du centre, on peut distinguer les queues exagérément agrandies de trois chevaux. Cette figure et la figure 10 sont des calques faits par l'abbé André Glory. L'ensemble de ses relevés de gravures couvre 117 m^2 de papier.

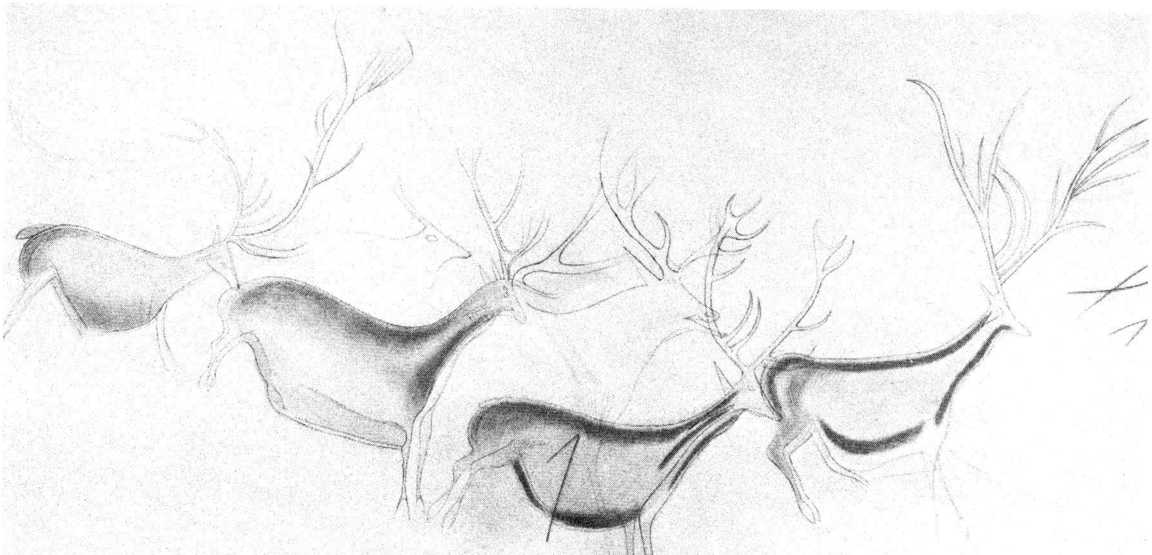

10. CES SIX CERVIDÉS sont tous gravés mais quatre sont entièrement peints et les contours d'un cinquième sont accentués par des traits peints. Ce groupe fait partie d'un panneau d'une surface de 4 m^2 sur la paroi Sud au-dessus du Puits. Le sixième cerf, dont les bois, la tête et le dos sont à peine visibles au-dessus du deuxième cerf peint (*à partir de la gauche*) a une ramure beaucoup plus courte. Les lignes brisées foncées visibles sur le cerf peint (*le deuxième à partir de la droite*) pourraient représenter une flèche.

11. CE CERF GRAVÉ, de 70 cm de longueur du museau à l'extrémité de la queue, se situe au bout d'une composition de l'Abside qui comprend un cheval jaune peint. Deux sabots et la queue d'un cheval gravé recouvrent la croupe et la queue du cerf. (Copie d'un relevé de l'abbé Glory, simplifiée.)

spectrométrie d'émission atomique et de la diffractométrie X. De telles techniques révèlent que la microstructure des pigments rouges diffère de celle des pigments noirs. Par exemple, les cristaux d'hématite d'un pigment ocre rouge sont typiquement lamellaires, alors que les cristaux de pyrolusite des pigments d'oxyde de manganèse noir sont fibreux ou en « aiguilles ». Une part importante du travail de P. Vandiver a été l'établissement d'une collection de référence des minéraux naturels retrouvés alliés aux pigments des peintures de la grotte. On est actuellement en train de comparer la microstructure et la composition des pigments de Lascaux à celles de ces échantillons naturels afin de comprendre la nature et le degré de technicité des méthodes utilisées par les Magdaléniens.

Les gravures

Parmi tous les travaux effectués par l'abbé Glory dans la grotte de Lascaux, le plus important est sans conteste le relevé de près de 1500 gravures, qui vont du trait simple au groupe complet d'animaux. Si les parois et plafonds de la Salle des Taureaux et du Diverticule Axial se prêtaient à la peinture, ces surfaces n'étaient guère propices aux gravures. Ces dernières se trouvent tout au long du passage, dans la Nef et surtout dans l'Abside, où pas moins de 578 gravures occupent toute la surface disponible. C'est dans ces zones de la grotte

12. CETTE CORDE PALÉOLITHIQUE, de 7 mm de diamètre, a été fossilisée dans le « Diverticule des Félins ». La calcite a remplacé les fibres végétales qui avaient été tordues ensemble pour former la corde, mais ce fragment de 30 cm a conservé les détails de la torsion. Les aiguilles en os sont des objets courants du Paléolithique récent et on a admis qu'elles étaient utilisées pour tirer une sorte de « fil ». On ne savait pas précisément, cependant, si ce fil était d'origine végétale ou fait de tendon animal (ou bien les deux). La découverte de cette corde en fibre végétale suggère que l'utilisation de la fibre était courante vers 15 000 avant J.-C.

que l'on a retrouvé 27 outils de silex qui, tous, portaient les mêmes traces d'usure : un « adoucissement» localisé sur un ou plusieurs angles primitivement vifs ; l'angle fait place à une surface bombée et luisante. (Des expériences récentes ont montré qu'avec ce type de silex, on réalise fort bien la gravure sur de la pierre de la colline de Lascaux.)

Les peintures de Lascaux, et en particulier celles de la Salle des Taureaux et du Diverticule Axial avaient déjà fait l'objet de nombreuses publications depuis le *Lascaux* de Fernand Windels (1948). En revanche, les gravures, excepté les plus lisibles d'entre elles, avaient peu attiré l'attention. Ainsi, des centaines d'œuvres de grande qualité étaient restées inconnues, hormis pour quelques spécialistes. Mettre à la disposition des chercheurs le capital scientifique que représentent ces gravures était une tâche primordiale : c'est ce qu'entreprit A. Glory en 1952 lorsque l'abbé Breuil, dont la vue déclinait, lui demanda son aide. A. Glory utilisait une technique adoptée par Breuil : il plaçait des feuilles de calque sur les gravures, et relevait les lignes gravées. Puis il reportait ces tracés sur des feuilles de papier suffisamment grandes pour contenir l'ensemble d'une composition. Glory devait ainsi « couvrir » 117 mètres carrés de papier !

A. Glory effectua bien d'autres travaux à Lascaux : fouilles, collectes d'objets fabriqués, photographies. Les premières années, il poursuivait souvent ses recherches pendant la nuit lorsque le flot de touristes (jusqu'à 1000 personnes en pleine saison) avait quitté la grotte. Toutefois, son plus gros travail – le relevé des gravures – fut aussi le plus important. Jusqu'à sa mort, l'abbé a continué à réunir cette énorme masse de documents graphiques. Ce faisant, il a offert aux préhistoriens une base de travail pour l'étude de l'art préhistorique comme il n'en existe aucune autre.

15

Les huttes en os de mammouth de la plaine russe

Ces huttes construites dans la steppe il y a 15 000 ans par des groupes de chasseurs-cueilleurs ont perduré jusqu'à la fin de la grande période glaciaire qui marqua un profond changement social.

par Mikhail Gladkih, Ninelj Kornietz et Olga Soffer

En 1871, G. Kiryakov, seigneur du village de Gontsy (situé dans l'actuelle République d'Ukraine), entreprit des travaux de terrassement dans une de ses propriétés. Dès le début des travaux, les ouvriers mirent au jour des os d'une taille impressionnante qui furent rapidement identifiés : c'étaient des os de mammouth, animaux disparus du sol ukrainien depuis 10 000 ans. Kiryakov en fit don au lycée local, à titre de curiosité.

Très intéressé par cette découverte, le professeur d'histoire du lycée entreprit des fouilles au même endroit, avec l'aide d'un géologue de Kiev. Ces deux archéologues amateurs ne tardèrent pas à découvrir les restes d'une communauté du Paléolithique. Malheureusement, leurs techniques de fouilles étaient rudimentaires et, à la fin de leurs travaux, ils conclurent que ces ossements de mammouth étaient des déchets : un tas d'ordures laissé par des chasseurs qui en avaient détaché la viande.

C'est seulement vers 1920 que l'on mit au point de nouvelles techniques de fouilles adaptées à ce genre de sites. L'une des innovations de ces méthodes consistait notamment à creuser sur toute la surface occupée par la communauté, et non plus selon d'étroites tranchées. Les archéologues découvrirent alors, à Gontsy et ailleurs, que les amas d'os de mammouth n'étaient pas de simples décharges mais les éléments d'une « architecture » tout à fait extraordinaire. Le soubassement de ces constructions généralement circulaire ou ovale était constitué de mandibules (mâchoires inférieures), de crânes et d'omoplates de mammouth et il était probablement surmonté d'une charpente de bois recouverte de peaux ou de mottes d'herbe.

Aujourd'hui, on connaît en Ukraine une douzaine de sites où sont regroupées des huttes en os de mammouth. L'archéologue Ivan Pidoplichko a découvert le plus intéressant de ces sites à la fin des années 1960 près de la ville de Mezerich, et il y travailla jusqu'à sa mort, en 1975. Nous avons repris les fouilles à sa suite et nous sommes parvenus à la conclusion suivante : le site était le camp d'hiver d'un groupe de chasseurs-cueilleurs relativement opulents du Paléolithique. Cette communauté se constitua à Mezerich il y a 15 000 ans et y construisit au moins cinq huttes en os de mammouth. Les vestiges que nous avons découverts montrent l'originalité de l'organisation de cette communauté : des règles communautaires permettaient de consacrer un certain temps de travail à des tâches non alimentaires et peut-être même à résoudre les conflits internes. Le développement de telles activités coïncide sans doute avec une phase cruciale de la préhistoire de l'homme ; aussi, les fouilles de Mezerich nous éclairent-elles sur la façon dont la société humaine s'est constituée.

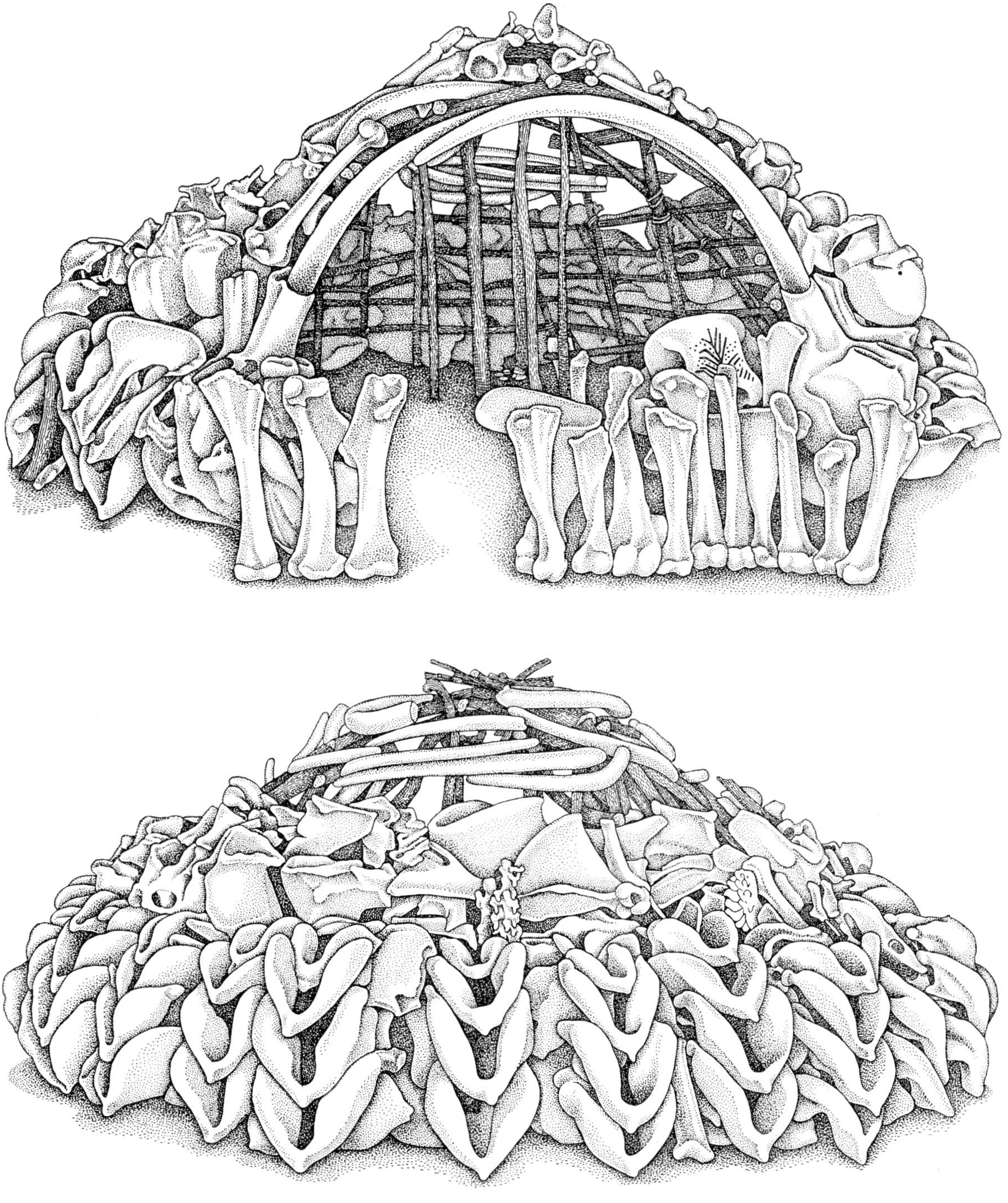

1. CETTE HUTTE EN OS DE MAMMOUTH, située près de la ville de Mezerich, en République soviétique d'Ukraine, a été reconstituée sous la direction de l'archéologue Ivan Pidoplichko. La partie supérieure de la figure représente l'entrée de la hutte, et la partie inférieure, l'arrière. Cette hutte mesurait environ cinq mètres de diamètre à la base. Les chasseurs-cueilleurs du Paléolithique disposaient d'abord une série de crânes en arc de cercle qui formaient la base du mur intérieur. Ils superposaient ensuite 95 mandibules, le menton vers le bas, pour construire les parties intérieure et extérieure du mur. La charpente du toit était probablement en bois et recouverte de peaux fixées par un assemblage d'ossements. Les os disposés verticalement en face de l'entrée proviennent de pattes de mammouths. Juste derrière, on voit un crâne décoré à l'ocre rouge. Cette hutte n° 1, est la première des quatre structures en os découvertes à Mezerich.

La grande steppe russe

Mezerich, plusieurs autres communautés du même type et de nombreux sites du Pléistocène sans os de mammouth, se trouvent en République d'Ukraine. On a également découvert quelques sites semblables dans les républiques de Biélorussie et de Russie. Ces trois républiques sont situées dans la grande plaine centrale russe, qui s'étend des Carpates jusqu'à l'Oural, à l'Est, et occupe la moitié Sud de la partie européenne de l'Union Soviétique. Cette vaste région est irriguée par les gigantesques bassins du Dniestr, du Don et du Dniepr, qui se jettent dans la mer Noire et la mer d'Azov.

La plupart des sites paléolithiques de cette région sont au bord d'un fleuve ou d'une rivière, et les sites qui bordent un même fleuve présentent généralement une certaine unité culturelle. C'est essentiellement le long du Dniepr et de ses affluents que l'on a retrouvé des restes de mammouths. Les sites des rives du Dniepr ne présentent pas seulement des similitudes culturelles : ils ont tous la même situation géographique. Ils sont enfouis dans les dépôts géologiques d'une terrasse fluviale ou sur le bord d'un plateau adjacent à une vallée fluviale. On trouve des traces d'occupation humaine dans deux sortes de dépôts : le loess et les colluvions. Le loess est une fine poussière amenée par le vent au cours des périodes froides et sèches de l'époque glaciaire. Les colluvions résultent du glissement progressif de matériaux divers sur le flanc d'un promontoire qui surplombe un cours d'eau. Les loess sont généralement plus fins que les colluvions.

Le loess se dépose rapidement, n'est pas acide et est imperméable à la plupart des substances susceptibles de détruire les restes organiques : les vestiges d'occupation humaine s'y conservent donc bien. Sur les rives du Dniepr les vestiges, souvent enfouis sous au moins dix mètres de loess, sont très bien préservés. Le loess s'est déposé au cours de la période la plus froide de la grande époque glaciaire, que l'on appelle Valdaï en URSS. La

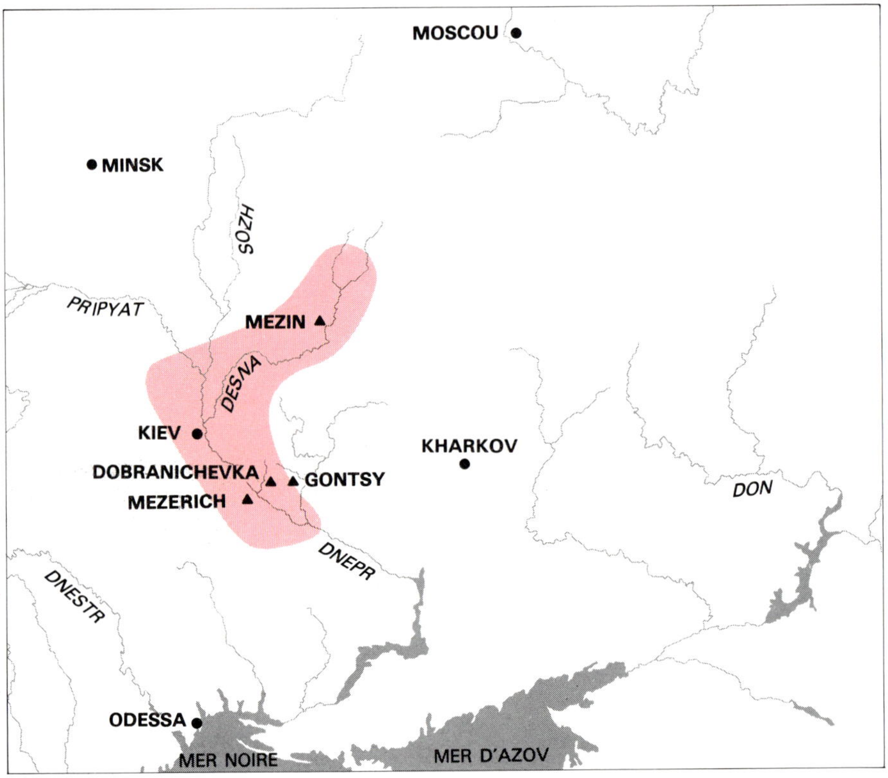

2. LES SITES A OS DE MAMMOUTH de la plaine centrale russe, situés le long du Dniepr et de ses affluents, sont représentés en couleur. Il existe une quinzaine de ces sites dont Mezerich, Mezin, Dobranichevka et Gontsy. Il y a 15 000 ans, cette région était une steppe périglaciaire parcourue de hordes de grands herbivores comme le mammouth et le rhinocéros. Les communautés de chasseurs qui habitaient les huttes en os de mammouth faisaient partie d'un réseau de tribus qui pratiquaient le troc.

glaciation de Valdaï a commencé il y a 100 000 ans et s'est terminée il y a 10 000 ans environ ; au moment où l'extension de la glaciation était maximale, il y a environ 20 000 ans, la calotte glaciaire de Scandinavie descendait presque jusqu'au 55e parallèle.

Les communautés humaines qui vivaient dans la plaine russe pendant le Valdaï ont sans doute enduré des variations climatiques considérables. A la fin du Valdaï, il y a 18 000 ans, des périodes de réchauffement et de refroidissement se sont succédé selon des cycles de 1000 ans environ. Des périodes froides et sèches ont donc alterné avec des périodes plus chaudes et plus humides. Au cours des périodes froides, la température moyenne en janvier était probablement comprise entre – 35 et – 40 degrés et, en juillet, la température montait peut-être jusqu'à 18 degrés.

Pendant ces périodes, le sol était gelé en permanence, à l'exception d'une mince couche superficielle de 1,5 mètre de profondeur qui dégelait en été. Cette couche de dégel et le permafrost sous-jacent jouaient un rôle crucial dans la vie des habitants de la plaine russe, notamment pour la conservation de leurs aliments.

La plaine était recouverte d'une steppe périglaciaire constituée de vastes étendues d'herbe et de quelques buissons. Les arbres, très rares, ne poussaient qu'au bord des rivières. C'est au cours des périodes froides que se déposa le loess.

Au cours des périodes de réchauffement, la plaine se transformait en steppe bourbeuse et plus boisée, où les conifères cotoyaient des feuillus plus résistants comme les chênes. En effet, s'il ne se formait pratiquement aucune couche de sol pendant les périodes froides, une fine couche de terre meuble se déposait pendant les périodes chaudes ; de plus, au cours de ces mêmes périodes, l'érosion faisait apparaître des terrasses et des plateaux aux abords des rivières, découpant ainsi des promontoires entourés de profondes ravines. Ces promontoires étaient très utiles aux chasseurs qui pouvaient y guetter le gibier tout en se protégeant des

3. LE MAMMOUTH (*Mammuthus primigenius*) fournissait aux chasseurs du Paléolithique le gîte et le couvert (la peau et les os servaient à la confection des huttes). Les chasseurs-cueilleurs récupéraient également les os des carcasses qu'ils trouvaient. Un mammouth adulte avait la taille d'un éléphant et une toison laineuse brun-rougeâtre. Cette espèce a disparu de la plaine russe il y a 10 000 ans.

prédateurs, et où ils tiraient avantage de la proximité de l'eau : c'est donc là que les groupes du Paléolithique construisaient leurs campements.

Aujourd'hui, ces promontoires surplombent les plaines inondables d'une trentaine de mètres au moins, mais au Paléolithique, ils étaient moins hauts : de 1 à 15 mètres au maximum. Les études paléogéographiques effectuées par Maksim Veklich, de l'Institut de géologie de Kiev, Andreï Velichko, de l'Institut de géographie de Moscou et Leonid Voznyachuk, de l'Institut de géologie de Minsk, montrent que les vestiges des camps de chasseurs-cueilleurs se sont concentrés dans les couches de loess déposées il y a moins de 18 000 ans.

Les datations au carbone 14 des os intacts ou carbonisés trouvés sur les sites, confirment que l'occupation humaine date de la fin du Paléolithique : de 18 000 à 14 000 ans pour le site de Mezerich, avec un maximum entre 15 000 et 14 000 ans.

Les fouilles systématiques qui se poursuivent depuis 30 ans nous ont permis de reconstituer le mode d'organisation spatiale de ces campements du Paléolithique. Ces campements sont très vastes, certains d'entre eux atteignent parfois 10 000 mètres carrés, et la couche de sol où l'on trouve des traces d'activité humaine est très fine : de 5 à 20 centimètres. Chaque campement est constitué de trois à six huttes en os de mammouth, de quatre à sept mètres de diamètre chacune. Leur surface habitable varie entre 8 et 24 mètres carrés.

La disposition des huttes en os de mammouth n'est pas très caractéristique : près de la ville de Mezin, elles sont alignées, à Dobranichevka, elles sont approximativement réparties sur un cercle, et dans d'autres sites, elles sont disposées en rectangle.

Une architecture sophistiquée

Un grand nombre de huttes étaient équipées d'un foyer où les occupants brûlaient des os de mammouth. Elles comportaient aussi des aires de travail où les chasseurs confectionnaient des outils et des ustensiles en os et en pierre. Entre les huttes, les habitants construisaient des fosses pour stocker leur nourriture, des aires de travail et des foyers à l'air libre où nous avons également retrouvé des ossements carbonisés.

Le site de Mezerich, où nous avons effectué la plus grande partie de nos fouilles, comprend au moins cinq huttes en os de mammouth. Nous en avons mis au jour quatre entre 1966 et 1977, et la cinquième est encore enfouie dans le loess. Comme dans les autres sites, le mur de base de chaque hutte est constitué d'un assemblage d'os de grande taille. Ces ossements n'étaient pas empilés au hasard : les chasseurs-cueilleurs les disposaient de façon à tirer le meilleur parti de la forme naturelle des os. Pour renforcer le côté intérieur des fondations, les chasseurs-cueilleurs inséraient des crânes dans une partie ou sur tout le pourtour du mur, à intervalles réguliers. Ces crânes étaient disposés de différentes manières : à Mezerich et à Dobranichevka, le rostre (la partie qui porte les défenses) était dirigé vers le bas, tandis qu'à Mezin, c'est la région occipitale du crâne qui était en bas. Dans les deux cas, la partie frontale aplatie du crâne était tournée vers l'intérieur de la hutte. Quelquefois, le mur intérieur était renforcé à l'aide de bassins et d'omoplates.

Les chasseurs-cueilleurs prolongeaient ensuite ces fondations, vers le haut et vers l'extérieur, avec des os disposés dans un ordre apparemment bizarre mais, en fait, dicté par leur forme. Chacune des huttes que nous avons découverte à Mezerich était construite sur un modèle différent. La hutte n° 1 est ronde, et la partie supérieure du mur était apparemment constituée uniquement de mandibules (95 au total) empilées en chevrons au-dessus des crânes, le menton dirigé vers le bas.

Dans la hutte n° 2, la partie supérieure du mur est essentiellement constituée d'os longs, fémurs ou tibias, disposés verticalement. Dans la hutte n° 3, on trouve toutes sortes d'os : la structure de cette hutte n'apparaît pas aussi clairement que celle des trois autres et nous supposons qu'elle n'était peut-être pas achevée lorsque le site a été abandonné.

La hutte n° 4, en cours d'excavation, est la plus surprenante de toutes. Les fondations sont à peu près circulaires, comme dans les autres huttes, mais la composition du mur n'est pas homogène : différents types d'os ont été utilisés d'une partie du mur à l'autre. La partie Sud-Ouest est faite de mandibules disposées en chevrons, comme dans le mur de la hutte n° 1, tandis qu'une autre partie du mur est constituée d'os longs, comme dans la hutte n° 2.

L'intérêt esthétique de la hutte n° 4 de Mezerich ne se limite pas au fait qu'elle combine des éléments des structures des autres huttes. On y découvre certaines innovations : en effet, alors que dans la hutte n° 1 toutes les mandibules sont empilées menton vers le bas, cette disposition est alternée dans la hutte n° 4, où deux colonnes rangées menton vers le bas sont suivies d'une colonne rangée menton vers le haut.

Les constructeurs utilisaient également certains effets esthétiques de répétion et de symétrie : on trouve par exemple un bassin flanqué de chaque côté de deux omoplates et d'un bassin, le tout parfaitement symétrique. De plus les petits trous du mur étaient comblés par des morceaux de colonne vertébrale disposés régulièrement.

La disposition très étudiée des vestiges d'os de mammouth de Mezerich nous donne une idée assez précise de l'aspect des fondations de la hutte ; en revanche, on ne saurait être aussi catégorique en ce qui concerne les toits. En effet, la partie supérieure de chaque édifice était probablement supportée par des poteaux, mais comme nous n'avons retrouvé qu'un petit nombre de trous de poteaux, il nous est difficile de nous représenter la forme de la charpente avec exactitude.

Nous avons cependant retrouvé une série d'os perforés à la main qui ont peut-être servi de supports aux éléments verticaux. A partir de ces éléments et d'autres données, Pidoplichko, qui a découvert le site et fait autorité en matière de huttes en os de mammouth, a conclu que les huttes étaient en forme de dôme. Il pense que ces dômes étaient recouverts de peaux de mammouth maintenues par d'autres ossements et des défenses.

4. L'ARCHITECTURE DE LA HUTTE N° 4 DE MEZERICH ressemble à celle des autres huttes en os de mammouth, mais elle en diffère par certains détails. En effet, le mur de base des autres huttes est constitué d'un seul type d'os tandis que dans la hutte n° 4, chaque segment de mur est composé d'un type d'os particulier : la partie située en bas à droite est un assemblage de mandibules ; immédiatement à côté, on trouve un fragment de colonne vertébrale, et d'autres parties encore (*non visibles sur la photographie*) sont formées d'os longs, de crânes ou d'omoplates. De plus, les mandibules de la hutte n° 4 ne sont pas systématiquement disposées avec la pointe du menton vers le bas, mais de façon alternée : deux colonnes de mandibules menton vers le haut alternent avec une colonne où le menton pointe vers le bas.

21 tonnes d'os

Si toutes les huttes ont en commun un certain nombre de traits structuraux importants, elles diffèrent fortement quant à la recherche architecturale et la quantité d'os utilisée. Ainsi, il a fallu 21 tonnes d'os pour construire la hutte n° 1 de Mezerich, 19 tonnes pour la hutte n° 2 et 15 pour la hutte n° 4 alors que certaines huttes de Dobranichevka et de Mezin ne comportent qu'une seule tonne d'os.

La construction des huttes de Mezerich a donc exigé plus de travail que certaines autres. D'après nos estimations, il a fallu au moins 5 à 6 jours de travail à dix hommes pour construire la hutte n° 1, 5 jours pour la hutte n° 2 et 4 jours pour la hutte n° 4, alors que les huttes de Mezin et de Dobranichevka ont probablement été construites en une bonne demi-journée chacune. De plus, ces estimations ne tiennent pas compte de la plus grande complexité de l'architecture de Mezerich qui ne peut qu'accentuer cette disparité.

Cette richesse architecturale des huttes de Mezerich, et le temps de travail démesuré que leur construction a exigé suggèrent qu'il ne s'agissait peut-être pas d'habitations ordinaires mais de constructions rituelles. Cependant, nous ne pouvons pas encore nous prononcer sur la nature de ces rites.

Un seul autre site ressemble à celui de Mezerich : il s'agit du site de Yudinovo, où des fouilles sont en cours. Cependant, d'autres exemples d'architecture complexe existaient peut-être sur d'autres sites étudiés dans le passé, sans que les techniques de fouilles utilisées alors aient permis que l'on s'en rende compte.

Certains chasseurs-cueilleurs consacraient donc une partie de leur temps de travail à des fins non alimentaires, comme le suggèrent les huttes de Mezerich, et ce fait avait certainement des répercussions sur la vie des communautés préhistoriques. Avant d'examiner cet aspect de nos découvertes, faisons d'abord le point de nos connaissances actuelles sur l'économie des groupes de chasseurs du Paléolithique et analysons le rôle des ustensiles que nous avons retrouvés sur le site. Les bâtisseurs de huttes en os de mammouth n'étaient pas des nomades : les campements comme celui de Mezerich ont été occupés pendant des années. D'autre part, on trouve dans la même région des sites dépourvus de huttes en os de mammouth qui datent de la même époque. Il est donc probable que les groupes de chasseurs voyageaient d'un campement à un autre en fonction des saisons. Ils habitaient les campements en os de mammouth pendant les neuf mois de la saison froide, et les camps d'été, qui leur servaient d'ateliers, pendant les trois autres mois.

Comme les chasseurs du Paléolithique se déplaçaient entre leurs camps d'été et leurs camps d'hiver, leur économie était fondée sur la capture des grands mammifères. En effet, la steppe périglaciaire, qui n'a pas d'équivalent aujourd'hui, était parcourue par de grandes hordes d'herbivores d'espèces très variées, puisqu'en plus des mammouths à poil laineux, on y trouvait des rhinocéros, des rennes, des chevaux, des bisons, des bœufs musqués, et même des animaux plus petits comme les lièvres.

Les grands mammifères procuraient l'essentiel de leurs besoins énergétiques aux chasseurs de la région qui complétaient leur alimentation par du poisson et des oiseaux. On a en effet retrouvé, dans les différents sites paléolithiques, des arêtes de saumons, de perches et de brochets, ainsi que des os de canards, d'oies, de cygnes, et de lagopèdes arctiques (ptarmigans). Le loup et le renard arctique faisaient également partie du menu des chasseurs-cueilleurs mais le sort réservé à leurs carcasses indique qu'ils étaient recherchés pour leur fourrure plutôt que pour leur chair.

Des artisans et des artistes évolués

Les habitants de la steppe du Paléolithique étaient avant tout des chasseurs, mais ils ramassaient peut-être aussi les carcasses d'animaux morts. En effet, les os de mammouth retrouvés sur les sites proviennent d'un grand nombre de carcasses différentes (93 à Gontsy, 116 à Mezin et 149 à Mezerich), dont le degré de conservation est tellement variable que certaines provenaient certainement d'animaux morts depuis longtemps. Si une partie des ossements venait de la récupération et non de la chasse, la part du mammouth dans l'alimentation était sans doute plus faible que ne l'indique le nombre d'os découverts.

5. LE PLAN DU SITE DE MEZERICH (*en bas et à gauche*) montre l'emplacement des quatre huttes en os de mammouth qui ont été mises au jour. Certains indices suggèrent qu'une cinquième hutte est encore enfouie sur ce site. Entre les huttes, on trouve des aires de travail où les chasseurs confectionnaient leurs outils, des foyers, où ils brûlaient des os de mammouth, et des fosses où ils stockaient la viande et les ossements. Les trois autres schémas représentent les huttes n° 1, n° 2 et n° 4, celle dont l'architecture était la plus élaborée ; la hutte n° 2 est constituée principalement d'os longs.

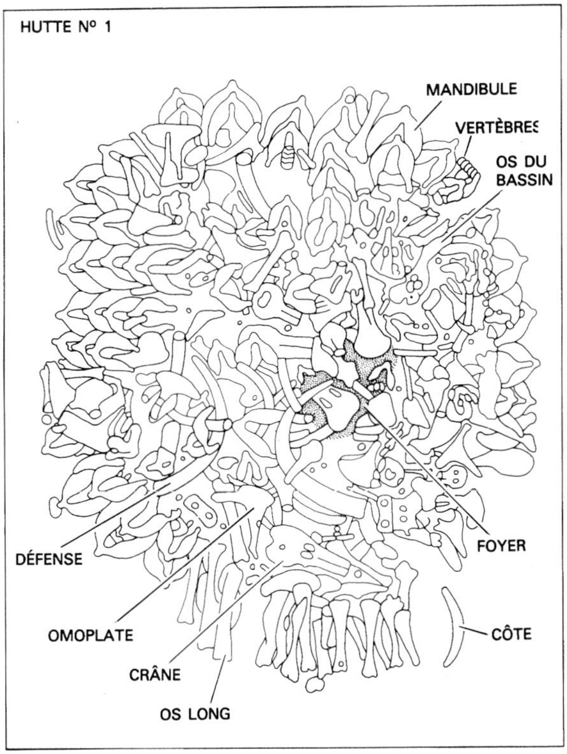
HUTTE N° 1
MANDIBULE
VERTÈBRES
OS DU BASSIN
DÉFENSE
FOYER
OMOPLATE
CÔTE
CRÂNE
OS LONG

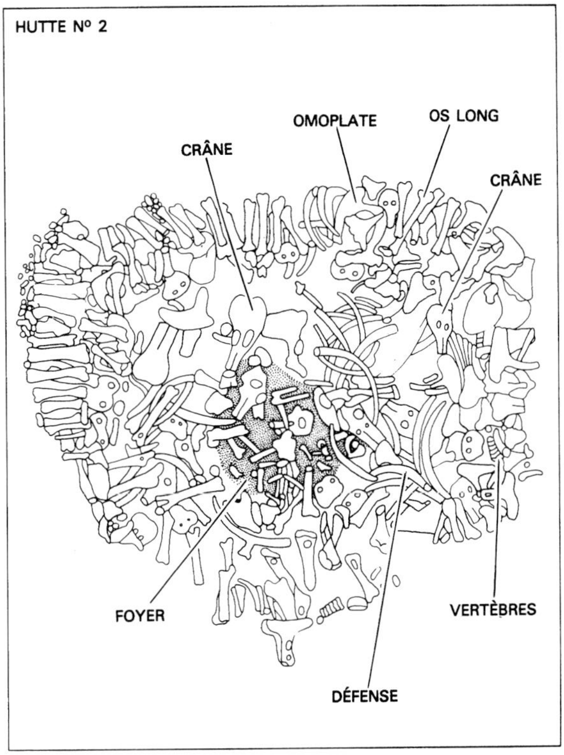
HUTTE N° 2
OMOPLATE
OS LONG
CRÂNE
CRÂNE
FOYER
VERTÈBRES
DÉFENSE

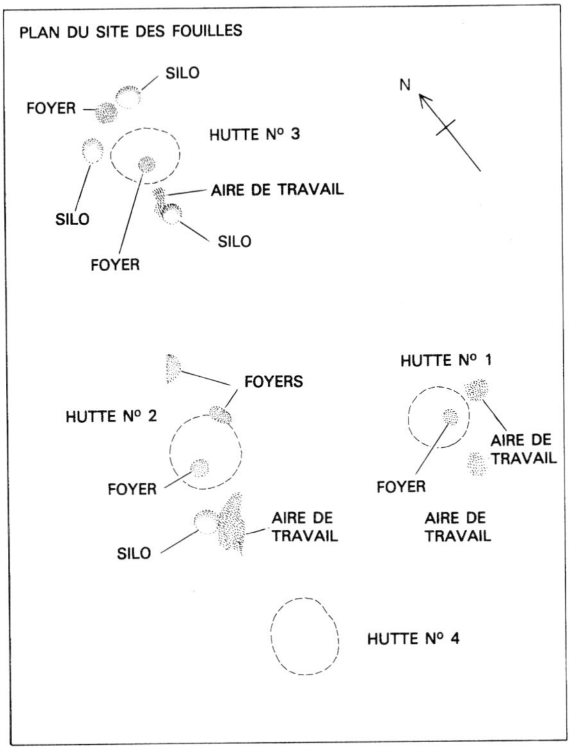
PLAN DU SITE DES FOUILLES
SILO
FOYER
N
HUTTE N° 3
AIRE DE TRAVAIL
SILO
SILO
FOYER
HUTTE N° 1
FOYERS
HUTTE N° 2
AIRE DE TRAVAIL
FOYER
FOYER
AIRE DE TRAVAIL
AIRE DE TRAVAIL
SILO
HUTTE N° 4

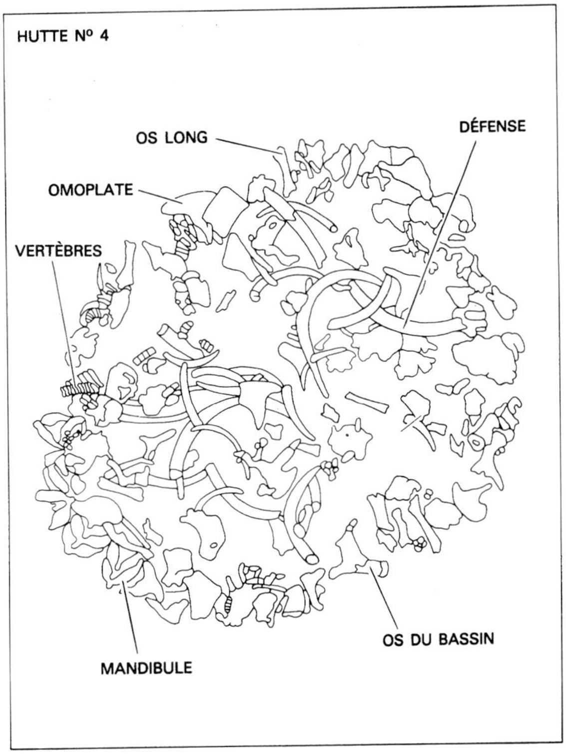
HUTTE N° 4
OS LONG
DÉFENSE
OMOPLATE
VERTÈBRES
OS DU BASSIN
MANDIBULE

Les chasseurs conservaient la viande des animaux, et peut-être aussi les ossements récupérés sur des animaux morts dans des fosses de 1,5 mètre de profondeur, à proximité des huttes. Ces fosses traversaient la couche dégelée et atteignaient la limite du permafrost, ce qui assurait une bonne conservation de la viande.

Les outils en pierre jouaient un rôle primordial dans la préparation de la viande et la construction des huttes. On a retrouvé, à Mezerich et à d'autres sites de la plaine russe du Paléolithique supérieur, des grattoirs qui servaient à préparer les peaux, des burins que les chasseurs utilisaient pour travailler des matériaux durs comme l'ivoire ou les andouillers de rennes, des polissoirs avec lesquels ils façonnaient les pointes de projectiles en os, et des pointes qui leur servaient à découper la viande.

Les outils en pierre du Paléolithique supérieur sont importants dans la mesure où ils servaient à la confection d'autres outils en os et en ivoire. Les chasseurs-cueilleurs fabriquaient ainsi des marteaux, des houes, des poinçons, des alènes, des polissoirs fins et même des aiguilles perforées.

L'os et l'ivoire servaient aussi à la confection de parures et d'objets artistiques dont les chasseurs-cueilleurs décoraient leurs habitations. On a ainsi retrouvé à Mezerich et à Mezin un grand nombre d'os de mammouth décorés à l'ocre rouge, des colliers de coquillages, de perles, d'ambre ou d'os, et de dents perforées, de loup ou de renard arctique. De plus, les artistes de cette époque avaient dépassé le stade de la simple décoration et atteint celui de la représentation, car les objets décorés retrouvés sur ces deux sites comportent des figurines stylisées.

Il faut remarquer que les matériaux qui avaient servi à la confection de certains objets d'art provenaient de régions très éloignées des campements où on les a retrouvés. Les coquillages fossiles de Mezin, par exemple, provenaient de dépôts marins éloignés de 600 à 800 kilomètres, et l'ambre des perles trouvées à Mezerich venait de la région de Kiev, à 150 kilomètres de là. La présence de matériaux d'origine si lointaine témoigne d'un vaste réseau d'échange entre les différents groupes de chasseurs-cueilleurs de Mezerich jusqu'à la mer Noire, au Sud, et très loin également à l'Ouest.

Toutes ces découvertes permettent d'imaginer que les groupes de chasseurs faisaient des voyages saisonniers entre des campements fixes, chassaient les grands mammifères pour leur viande et leur peau et conservaient les os pour fabriquer

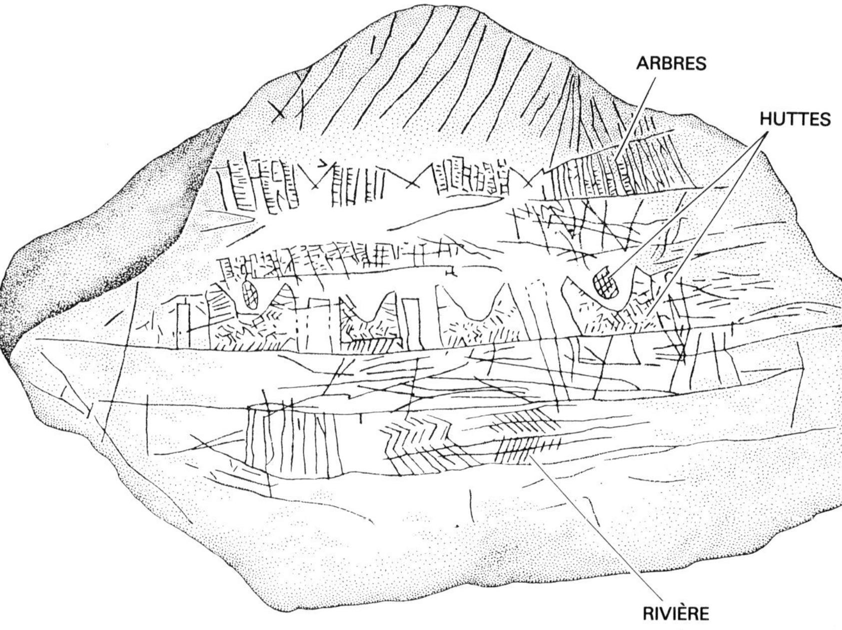

6. CETTE GRAVURE SUR IVOIRE DE MAMMOUTH est probablement la plus ancienne carte géographique que l'on connaisse. N. Kornietz pense que c'est une carte du campement paléolithique de Mezerich qui représente des arbres, les huttes et un cours d'eau. Ce cours d'eau est l'une des rivières, Ros ou Rosava, actuellement confluentes à Mezerich (ce mot signifie « entre deux rivières », en ukrainien). Les paléogéographes ne savent pas laquelle de ces deux rivières était la plus proche du campement à l'époque paléolithique.

leurs outils et construire leurs abris. D'après la surface au sol des huttes de Mezerich, on peut ajouter que cette dernière communauté comptait au moins 50 membres.

Les débuts d'une organisation sociale évoluée

Quelle était l'organisation sociale de cette communauté de 50 personnes ? Bien sûr, il est difficile de reconstituer les structures sociales ou les croyances d'un peuple disparu, mais on peut néanmoins tirer certains enseignements des vestiges que ce peuple a laissés. Le fait que ces groupes vivaient dans des campements permanents implique qu'ils savaient au moins comment résoudre des conflits internes. En effet, les peuples réellement nomades résolvent généralement leurs conflits en se séparant. En revanche, les peuples sédentaires, qui contruisent des habitations et stockent leurs denrées alimentaires, doivent créer des institutions qui leur permettent de maintenir la paix.

Nous ne connaissons pas la nature de ces institutions, mais il est possible qu'elles aient été

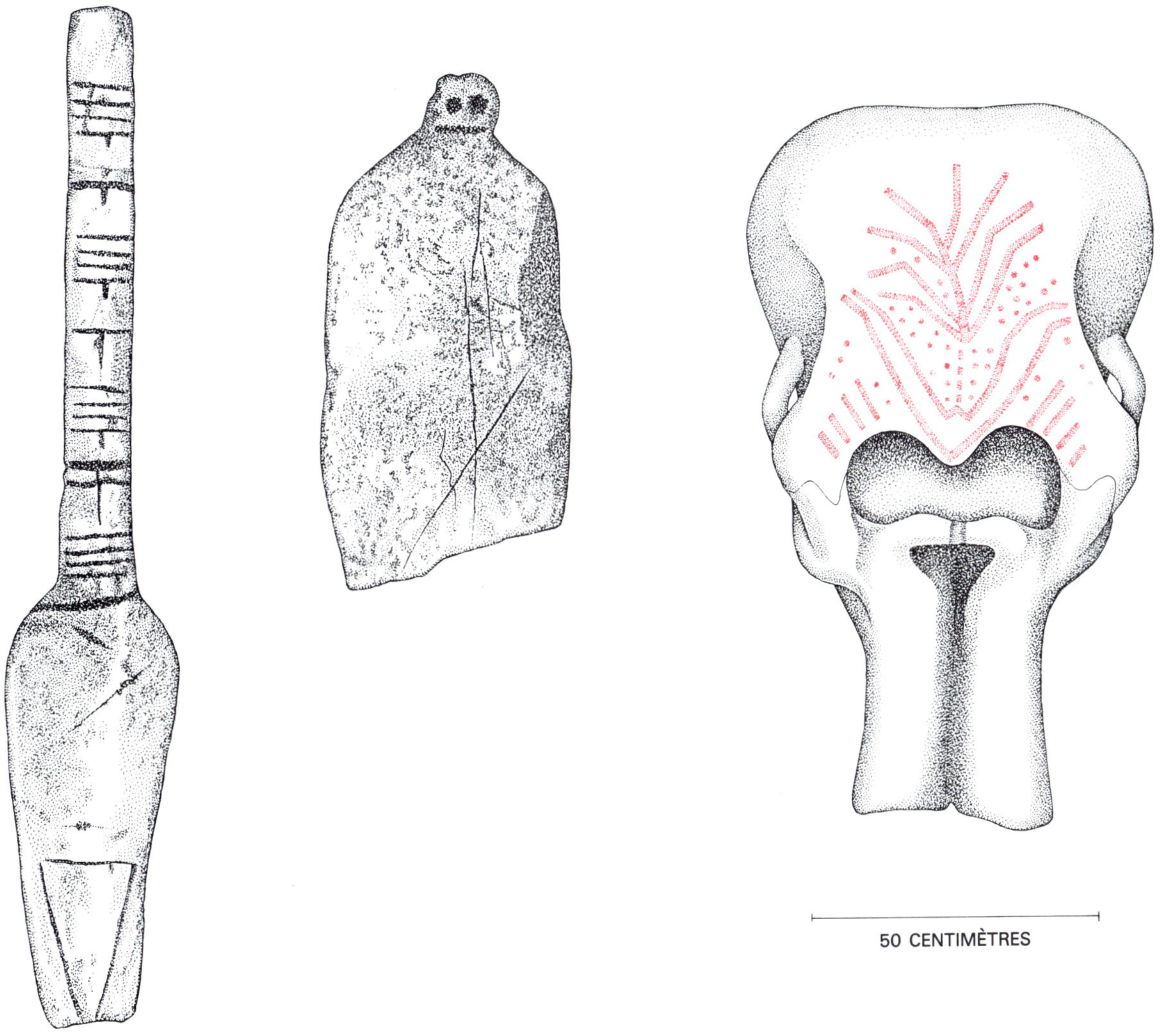

7. CES OBJETS D'ART trouvés à Mezerich suggèrent que la communauté installée dans ce site était relativement opulente et d'un niveau culturel assez élevé. L'objet de gauche est une figurine de femme stylisée, et celui du milieu est probablement une figurine humaine, (ces deux objets sont représentés à l'échelle). Le crâne de mammouth (*à droite*), décoré à l'ocre rouge, se trouvait dans la hutte n° 1 ; on peut le voir sur la figure 1, derrière la rangée d'os située devant l'entrée de la hutte.

liées à l'apparition d'un certain statut social. Dans certains sites, la répartition inégale des fosses de conservation de la nourriture suggère que certaines maisonnées stockaient plus d'excédents que d'autres. De plus, l'apparition d'une certaine hiérarchie expliquerait comment ces communautés auraient organisé et dirigé les travaux de construction de leurs huttes.

Les ethnologues pensent que la division des sociétés humaines en groupes de statuts inégaux n'existait pas avant le Paléolithique supérieur, c'est-à-dire à l'époque où les huttes en os de mammouth ont été construites. Les fouilles de Mezerich et d'autres endroits de la plaine russe jetteraient une lumière nouvelle sur cette période cruciale de l'histoire, où est apparue l'inégalité sociale. Il ne s'agit toutefois que d'une hypothèse, et il faudra encore de nombreux travaux pour la vérifier.

Toutes ces fouilles nous renseignent cependant assez bien sur les bâtisseurs de huttes en os de mammouth. C'étaient des chasseurs-cueilleurs opulents, bénéficiant d'un environnement relativement riche, celui de la plaine russe. La plaine russe était assez peuplée au Paléolithique et de nombreux chasseurs-cueilleurs s'étaient adaptés à leur environnement de manière assez élaborée, surtout socialement.

16

Les dents, témoins de la préhistoire en Asie

De petites différences dans la morphologie des dents permettent de reconstituer les grandes migrations qui ont, au cours des temps préhistoriques, peuplé le Nouveau monde ainsi que l'Est asiatique et le Pacifique.

Christy Turner

Quand on réfléchit aux témoins laissés par les grandes migrations humaines de la Préhistoire, on pense habituellement aux objets façonnés : couteau de pierre, fragment de poutre, tessons de poterie ; d'autres témoins, plus humbles, sont pourtant chargés d'informations, les dents par exemple. La forme précise des dents humaines résulte de la transmission génétique de types morphologiques (morphotypes), qui restent stables, dans une population donnée, de génération en génération. Les similitudes et différences entre les dents témoignent des relations de parenté entre populations et permettent de constituer des arbres généalogiques. Depuis trois décennies, j'ai utilisé les caractères dentaires pour démêler l'écheveau des migrations qui, aux époques préhistoriques, ont peuplé l'Asie, le Pacifique et les Amériques.

Cette reconstitution, aujourd'hui relativement sûre, est fondée sur deux entités que je nomme « sundadontie » et « sinodontie ». Chacune d'elles regroupe un ensemble distinct de caractères dentaires qui correspondent aux deux grandes branches d'une population. Les Sundadontes peuplent aujourd'hui le Sud-Est asiatique, l'Indonésie et la Polynésie ; les Sinodontes peuplent la Chine, le Japon et la Sibérie, ainsi que tout le Nouveau Monde. Le centre de cette vaste nappe de l'humanité semble avoir été le Sud-Est asiatique. De là, les peuples qui deviendront les Sinodontes envahissent la Chine, puis la Sibérie et par la suite l'Amérique du Nord à travers le Détroit de Béring. C'est grâce à la stabilité des morphotypes dentaires que nous pouvons retracer les mouvements de populations, des Paléo-Indiens du Chili jusqu'aux racines des habitants du Sud-Est asiatique.

Entre 1500 et 1750, les Européens explorèrent le Pacifique, l'Asie de l'Est et les Amériques ; à la suite de ces voyages, ils proposèrent plusieurs hypothèses pour expliquer les origines et les relations des peuples qui habitent cette vaste région, qui n'est pas désignée par un nom précis. Certaines de ces idées n'étaient pas raisonnables, d'autres absurdes. Il y a de nombreuses années, on pensait que les Polynésiens venaient d'Égypte ; les Aïnous du Nord du Japon ont longtemps été considérés comme des Caucasiens errants ; on postulait que les Négritos des Philippines et des îles Andaman avaient des origines africaines. Les Indiens d'Amérique et les Esquimaux seraient issus, pensait-on, d'îles du Pacifique englouties, de l'Antarctique, de la Méditerranée, voire de l'Europe.

Les caractères d'une population

Une partie des désaccords, la nature spéculative et inconsistante de ces hypothèses s'expliquent par la grande diversité des populations de cette région, qui couvre presque la moitié de la surface du Globe. Cette région comprend des îles tropicales, des forêts luxuriantes et humides, des steppes chaudes et poussiéreuses, des toundras arctiques et glacées, des forêts boréales, des déserts, des côtes océaniques, des montagnes et des prairies ; dans ces environnements disparates, les populations du Pacifique, de l'Amérique et de l'Asie présentent un assortiment tout aussi déconcertant de civilisations.

Les difficultés ne sont pas toutes liées à la complexité des populations : certaines sont inhérentes à la nature des données recueillies dans le but d'éclaircir les relations entre les groupes. Quelques spécialistes se sont fondés sur des caractères acquis, comme les styles de technologie de l'outillage, pour retracer les arbres généalogiques ; or les caractères ainsi transmis par tradition dépendent plus de l'environnement que ceux transmis par l'hérédité et des éléments culturels isolés comme les hameçons, les habitations ou les chapeaux peuvent converger jusqu'à présenter des similarités stylistiques frappantes même en l'absence d'une origine commune.

Si l'on choisit des caractères héréditaires, le problème n'est pas résolu pour autant : la fréquence des caractères dont l'héritage ne dépend que d'un seul gène (la couleur de l'œil par exemple) peut varier radicalement au cours d'une migration, en particulier si ce caractère a une fréquence faible dans la population d'origine. Si un caractère a une fréquence de 10 pour cent dans la population de départ, et si le groupe qui la quitte pour coloniser un nouveau territoire est petit, il est probable que ce caractère sera absent chez les colonisateurs ; ainsi, bien que le groupe sanguin B soit fréquent dans l'Asie du Nord-Est, il est presque totalement absent dans les populations indigènes américaines qui descendent d'habitants du Nord-Est asiatique de l'époque préhistorique.

De ce fait, les variables plus adaptées à une reconstitution de l'histoire des populations sont celles qui sont liées, non pas à un, mais à plusieurs gènes, et qui ne réagissent que peu aux pressions de l'environnement. Pratiquement il est également utile que les caractères soient d'un examen facile et peu coûteux et permettent la comparaison entre les populations actuelles et passées ; certains aspects du squelette, en particulier les dents, répondent à ces impératifs. L'« anthropologie dentaire » est une discipline établie, depuis il y a près d'un demi-siècle, par les travaux pionniers de Ales Hrdlicka de l'Institut *Smithsonian*.

Quelles sont les caractéristiques dentaires qui permettent aux anthropologues de distinguer les populations humaines ? Les dents humaines présentent cinq traits fondamentaux : leur couronne, protégée par de l'émail pour couper et écraser la nourriture, leurs longues racines qui ancrent chaque dent dans l'os des mâchoires, une division en types (incisives, canines, prémolaires et molaires) et leur nombre, 32, chaque dent, à l'exception des 12 molaires, étant précédée au cours de l'enfance par une dent de lait.

Ces caractères principaux, qui existent aujourd'hui chez tous les hommes, démontrent la stabilité de cet héritage polygénétique. A l'intérieur des grands groupes de l'humanité, les fréquences des caractères secondaires sont variables. Ceux-ci sont principalement le nombre des protubérances disposées sur la surface occlusale des molaires (les cuspides), le nombre de racines et les minuscules bourrelets et sillons de l'émail. Bien que les fréquences de ces caractères secondaires diffèrent considérablement entre divers groupes humains, ils sont relativement stables au cours du temps à l'intérieur d'un groupe, même s'il est de faible taille.

J'ai utilisé ces caractères secondaires pour élaborer une hypothèse évolutionniste unificatrice qui explique les variations bioculturelles et linguistiques des populations du Pacifique et de son pourtour : l'évidence de ce concept m'est venue en un éclair il y a quelque 15 ans alors que j'observais des dents en compagnie de Kazuro Hanihara, de l'Université de Tokyo. Il m'est soudainement apparu que la grande mosaïque des populations du Pacifique est formée de deux groupes majeurs caractérisés par la sundadontie et la sinodontie. Les Sundadontes comptent les peuples aborigènes du Sud-Est asiatique, y compris les Thaï, les habitants des îles Andaman et les Birmans, les premiers Cambodgiens et les Laotiens, les Malais, les Philippins, les aborigènes de Taïwan et Bornéo et d'autres peuples d'Indonésie.

La sinodontie est un morphotype dentaire asiatique différent trouvé chez les populations les plus nordiques et arctiques de l'Est asiatique : Chinois, Mongols, Bouriates, Japonais actuels, Sibériens de l'Est et autres, y compris tous les habitants indigènes des Amériques. La frontière entre ces deux morphotypes semble se situer au Sud de la Chine. J'ai, depuis, examiné plusieurs milliers de dents, et réalisé des analyses statistiques variées : l'hypothèse est vérifiée.

Parmi les 30 caractères dentaires humains secondaires connus et répertoriés, les fréquences de huit d'entre eux sont particulièrement utiles pour distinguer la sundadontie et la sinodontie : sur la mâchoire supérieure, les incisives « en

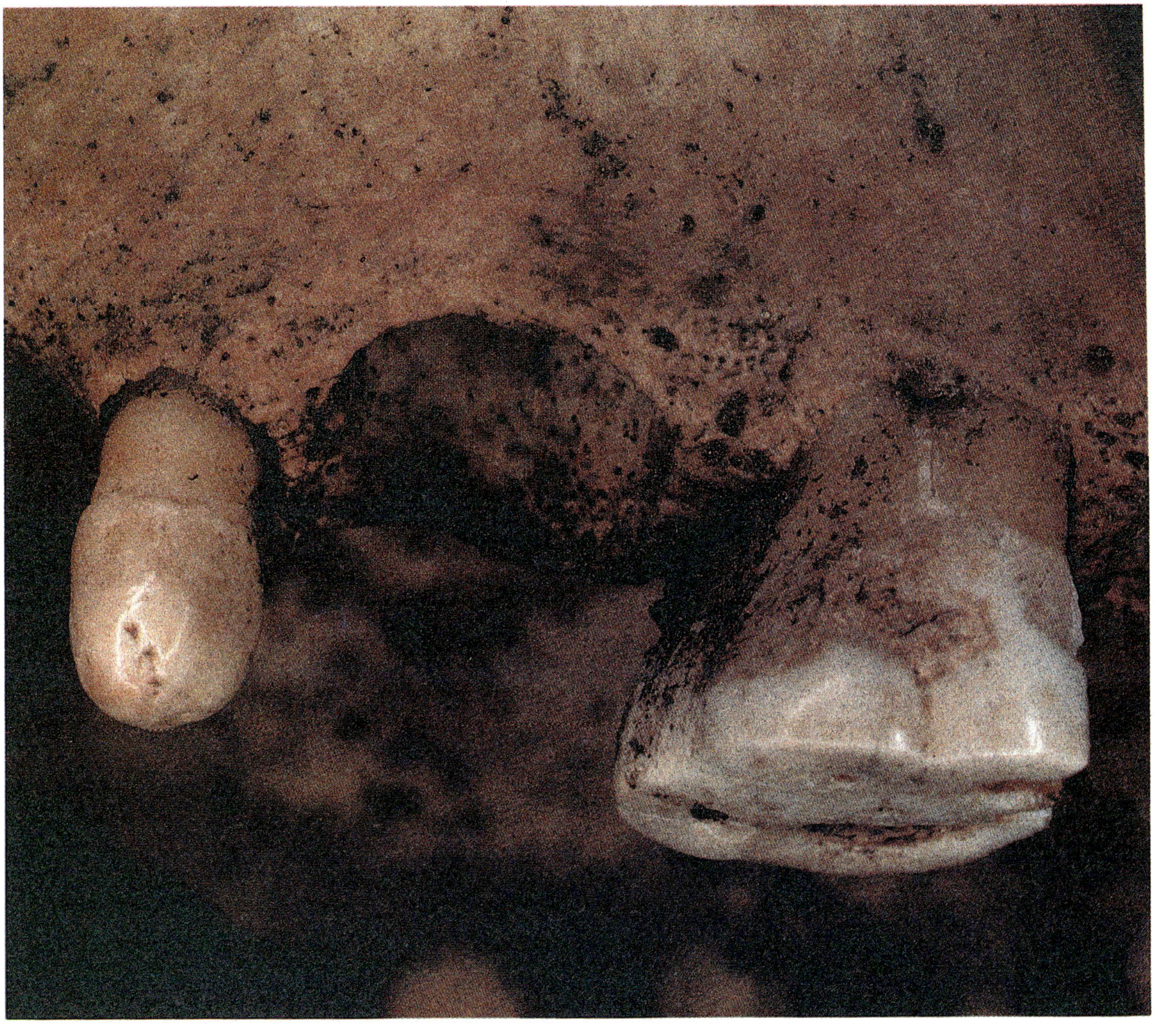

1. LES MOLAIRES NAINES sont très fréquentes chez les Aléoutes et les Esquimaux (troisième molaire supérieure). Ce caractère permet de diviser tous les autochtones de l'Est asiatique et du Nouveau Monde en deux grands groupes : les Sundadontes et les Sinodontes. Les Aléoutes et les Esquimaux (ainsi que tous les autres peuples aborigènes américains) sont sinodontes.

pelle » ou « en double pelle », le nombre des racines des prémolaires, l'extension de l'émail sur la première molaire et la réduction de la taille de la troisième molaire ; sur la mâchoire inférieure, la déviation d'un bourrelet d'émail sur la première molaire, le nombre de racines de la première molaire et le nombre de cuspides de la seconde molaire. Les plus importants de ces caractères sont représentés sur les figures de cet article.

Les caractères significatifs

Les populations Sundadontes et Sinodontes sont membres de la race géographique des Mongoloïdes et les variations de fréquence de caractères dentaires secondaires particuliers permettent des interprétations biologiques et historiques. Prenons par exemple le caractère « en pelle » de l'incisive supérieure dû à la présence de bourrelets marginaux supplémentaires sur la face palatine de la couronne *(voir la figure 4)*.

On observe d'importants écarts de la fréquence des incisives « en pelle » entre les groupes. Chez les Asiatiques du Sud-Est, Thaï et Malais-Javanais, les fréquences de ce caractère sont significativement plus basses que chez les Asiatiques du Nord-Est ou que chez les Américains indigènes. Les Polynésiens, les Jomons (anciens habitants du Japon) et les Aïnous (habitants actuels de quelques régions au Nord du Japon, dont les origines sont différentes de celles des autres Japonais actuels) ont également des fréquences basses, alors que la fréquence de ce caractère dans la plus grande partie de la population japonaise actuelle est élevée.

Ainsi, la fréquence des incisives « en pelle » sépare clairement deux groupes de populations – les Sundadontes et les Sinodontes. Des analyses statistiques répétées d'échantillons de ces populations donnent toujours les mêmes résultats : les Polynésiens, les Jomons et les Aïnous se groupent, avec les Asiatiques du Sud-Est, parmi les Sundadontes ; les Japonais se regroupent logiquement avec les Asiatiques du Nord-Est et aux populations indigènes d'Amérique pour former les Sinodontes.

Ces relations définies par les caractères dentaires révèlent une histoire évolutive curieuse, qui commence il y a plus de 50 000 ans dans le Sud-Est asiatique. Les plus anciens hommes de type moderne (sur le plan anatomique) de cette région venaient probablement d'Afrique, mais ils ont ainsi pu évoluer indépendamment. Quelles qu'aient été leurs origines exactes, ils avaient le même morphotype dentaire que d'autres humains de même époque. Les plus anciens squelettes présentant ce morphotype dans le Sud-Est asiatique sont ceux de Tabun aux Philippines (20 000 ans), et le crâne de la grotte de Niah à Sarawak (40 000 ans), au Nord-Ouest de Bornéo ; ces deux spécimens sont les plus anciens des restes humains de type moderne trouvés dans le Nord-Est asiatique.

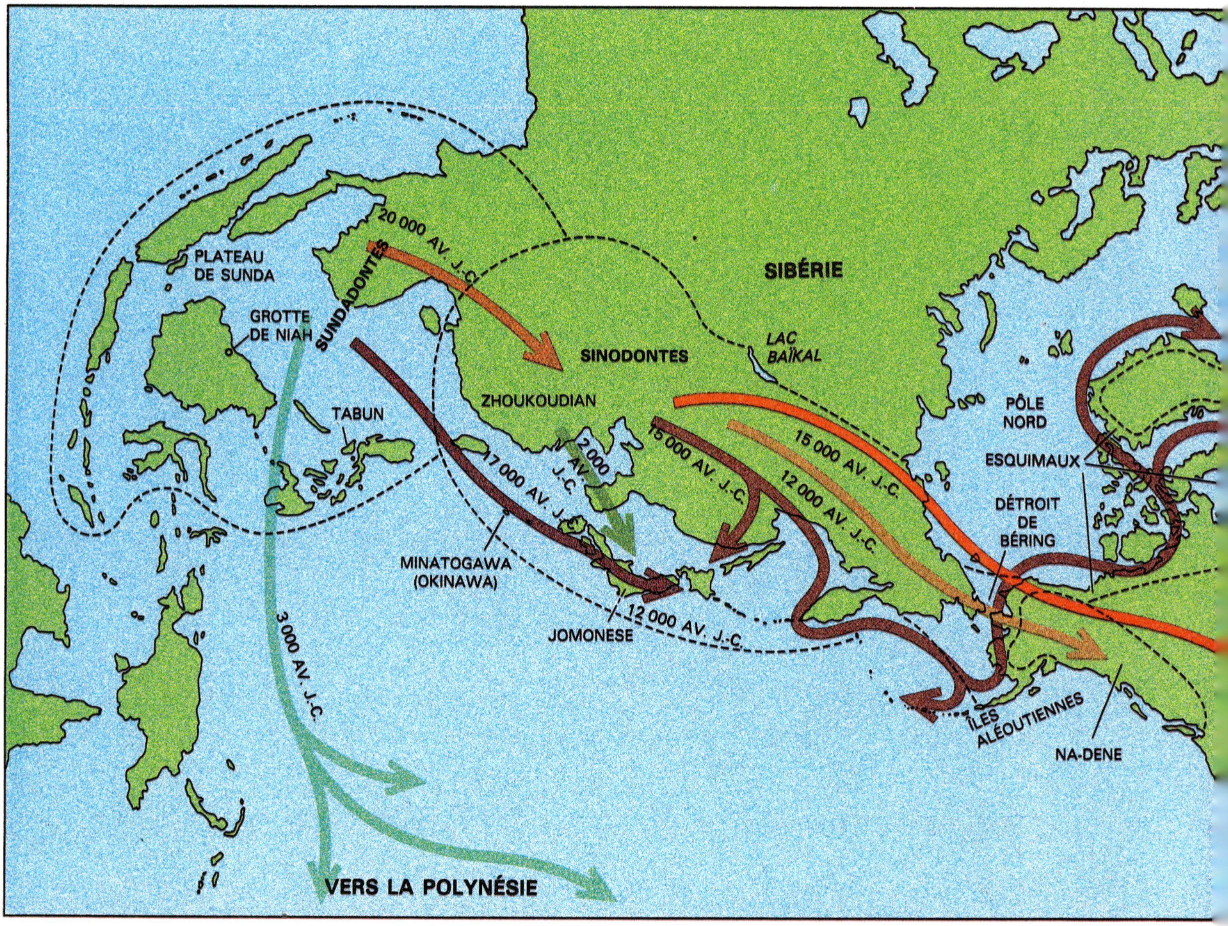

2. LA SUNDADONTIE ET LA SINODONTIE se différencièrent dans l'Est de l'Asie et se répandirent ensuite en Amérique et en Polynésie. La sundadontie apparut il y a plus de 20 000 ans, quand le niveau des mers était plus bas et que le plateau de Sunda occupait la région où se trouve actuellement l'Indonésie. Il y a 20 000 ans, les peuples Sundadontes se déplacèrent vers le Nord ; la sinodontie envahit le Nord de la Chine et la Sibérie.

Le morphotype dentaire ancien, illustré par les spécimens de Tabun et de la grotte de Niah, a donné la sundadontie : étroitement apparentée au morphotype commun ancien, elle a conservé les caractéristiques des racines et des couronnes, avec quelques simplifications pour ces dernières. Le centre de la région où s'est développée la sundadontie est le plateau de Sunda, plaine continentale qui, pendant un temps, relia les îles au continent Sud-Est asiatique.

A l'époque où le morphotype sundadonte se développa, le niveau de la mer était 100 mètres plus bas que de nos jours ; à la fin du Pléistocène supérieur, le niveau de la mer s'éleva et il y a 12 000 ans environ, le plateau de Sunda fut en grande partie inondé, seuls ce qui constituc aujourd'hui l'archipel indonésien, le Japon et les îles du Sud-Est asiatique émergeaient.

Quand l'eau monta, le peuple Jomon, sundadonte, se trouva isolé au Japon, d'où il avait migré, en suivant, avant qu'il soit inondé, la côte du plateau continental Est-Asiatique ; on en déduit que la sundadontie est vieille d'au moins 12 000 ans, mais il semble bien que le morphotype soit considérablement plus ancien : le morphotype dentaire des squelettes de Minatogawa, vieux de 17 000 ans, trouvés sur l'île d'Okinawa et étudié par Hanihara et Hisashi Suzuki, de l'Université de Tokyo, est presque certainement sundadonte, le seul motif de doute étant la petite taille de l'échantillon. Comme les Aïnous actuels ressemblent fortement aux Jomons, la filiation semble s'établir ainsi : Asiatiques du Sud-Est – Minatogawans – Jomons et enfin Aïnous actuels.

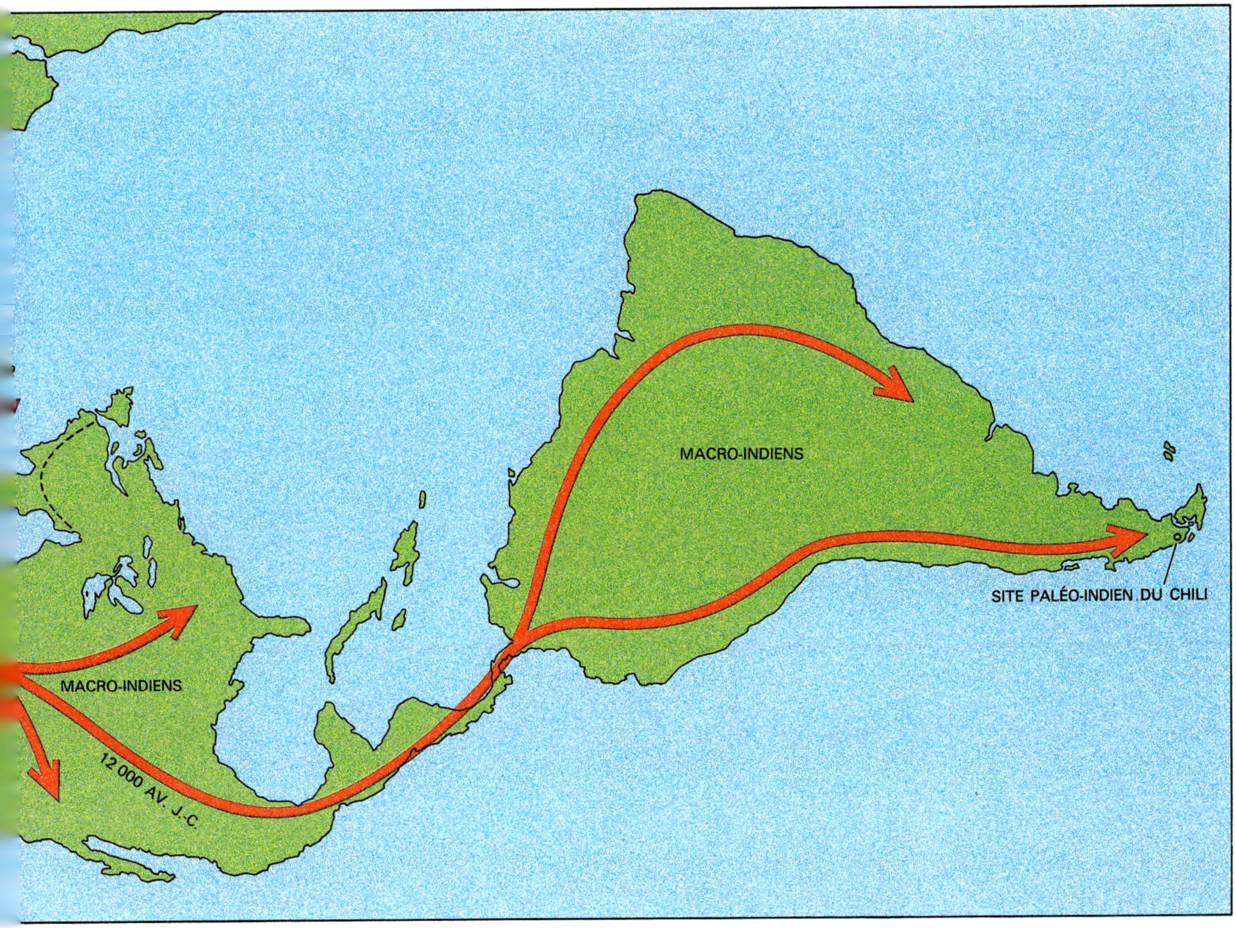

Il y a plus de 12 000 ans les peuples Sinodontes traversèrent le Détroit de Béring en direction des Amériques. Des constatations linguistique et dentaire nous suggèrent personnellement trois vagues d'immigration : d'abord les ancêtres des Indiens de l'Alaska et de la côte du Nord-Ouest, puis les ancêtres des Aléoutes et des Esquimaux, et enfin les Paléo-Indiens, ancêtres des Indiens d'Amérique.

Les invasions sundadontes et l'apparition des sinodontes

Les origines de la sundadontie se précisent quand on examine les aborigènes d'Australie : les ancêtres de ces derniers ont dû vivre dans le Sud-Est asiatique, ne fût-ce que brièvement, avant d'émigrer à travers l'Indonésie jusqu'en Australie. Les premiers groupes humains qui ont atteint l'Australie y sont arrivés en radeau il y a quelque 30 000 ans. Ces premiers arrivants ne présentent pas le morphotype sundadonte, mais le plus ancien morphotype commun ; de ce fait il semble probable que la sundadontie se développa entre

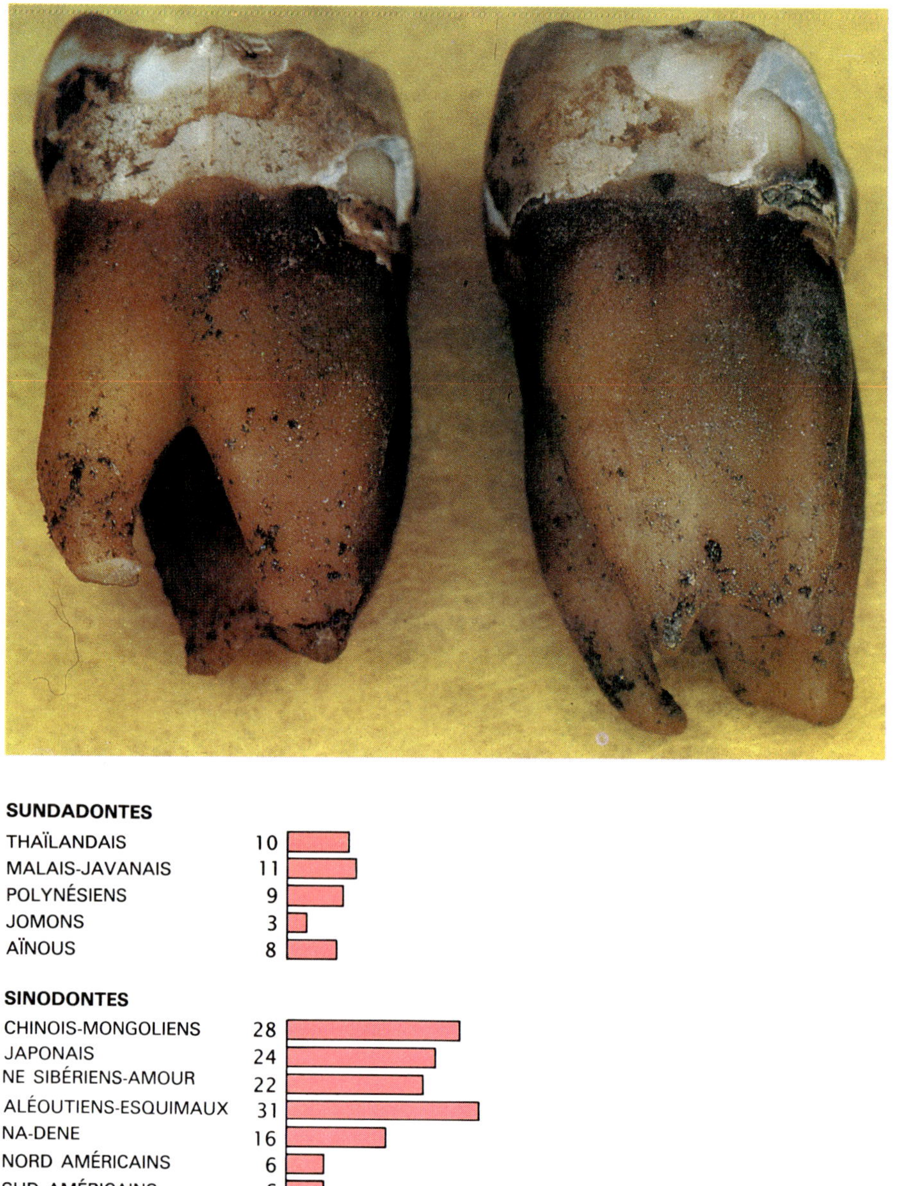

3. LES MOLAIRES TRIRADICULÉES sont plus fréquemment rencontrées chez les Sinodontes que chez les Sundadontes (exemple de caractère permettant de distinguer les populations humaines).

– 30 000 et – 17 000, époque où elle est observée chez les Minatogawans à Okinawa.

Comment ce morphotype sundadonte diffusa-t-il et se modifia-t-il ? Alors que quelques sundadontes (tels les Jomons) migraient au Nord le long de la côte continentale, d'autres avançaient à l'intérieur également vers le Nord. Dans les populations du Nord-Est asiatique résultant de ces migrations, se développa le morphotype sinodonte. La sinodontie est caractérisée par la spécialisation et l'exagération de différents caractères des racines et des couronnes dentaires, micro-évolution peut-être liée à une adaptation dans les régions nordiques plus froides, où la vie est plus dure ; il est toutefois plus vraisemblable qu'il s'agit là de modifications génétiques aléatoires qui se produisirent dans de petits groupes isolés de chasseurs et de pêcheurs à la fin du Pléistocène dans le Nord-Est asiatique.

Les peuples de morphotype sundadonte envahirent il y a environ 20 000 ans, la Chine et la Mongolie, là où nous pensons que la sinodontie se développa rapidement. Ce nouveau morphotype est patent sur les crânes trouvés dans la grotte supérieure de Zhoukoudian au Nord de la Chine, site vieux de plus de 11 000 ans ; ainsi la sinodontie a-t-elle dû apparaître quelque temps auparavant. Il y a 2000 ans environ, le morphotype sinodonte sauta du continent asiatique au Japon : la première migration qui devait constituer la population japonaise moderne eut lieu à peu près en 200 avant notre ère, ainsi que le montre l'apparition de la culture du riz, de la métallurgie et de nouveaux types d'installations dans une nouvelle culture appelée Yayoi. Les dents de ces nouveaux habitants sont très voisines de celles des Japonais modernes, et diffèrent nettement de celles des Jomons (les Sundadontes qui avaient migré le long de la côte jusqu'au Japon, 10 millénaires auparavant), ou de celles des Aïnous, leurs descendants probables. Les récentes recherches linguistiques de Paul Benedict, de l'Université de l'Arizona, suggèrent que la langue japonaise est originaire de Chine du Sud ; ce travail confirme nos études : les dents des Japonais ressemblent beaucoup à celles des peuples de Chine du Sud, Hong Kong et sa région.

Bien après l'expansion des Sundadontes qui évoluèrent vers la sinodontie, une autre migration des populations sundadontes, quelques siècles seulement avant le début de l'ère chrétienne, conduisit des familles et des fratries d'agriculteurs et de marins à travers la plus grande partie du Pacifique. Ces voyageurs sont maintenant les Polynésiens ; ils atteignirent des points aussi loin à l'Est que l'île de Pâques, aussi loin au Sud que la Nouvelle-Zélande, et aussi loin au Nord que les îles Hawaii. Tous les restes humains découverts dans ces îles ont des dents qui correspondent au morphotype sundadonte des Asiatiques du Sud-Est, anciens et actuels.

L'origine Sud-Est asiatique des Polynésiens est confirmée par des études linguistiques qui montrent que toutes les langues polynésiennes ressemblent plus aux langues du Sud-Est asiatique qu'à aucun autre groupe linguistique (comme la langue indienne d'Amérique, les langues du Nord-Est asiatique, l'Australien ou le Mélanésien). De plus les peuples aborigènes du Sud-Est asiatique partagent des traits technoculturels significatifs avec les Polynésiens : la poterie, la forme des bateaux et celle des voiles, des plantes et des animaux domestiques. A la Conférence archéologique qui s'est tenue à Guam en 1987, les études de la forme du crâne et de la taille des dents faites par Michael Pietrusewsky, de l'Université d'Hawaii, William Howells, de l'Université Harvard et Loring Brace, de l'Université du Michigan, confirmèrent ces conclusions.

Ainsi, après son apparition il y a plus de 20 000 ans, le morphotype dentaire sundadonte se répandit rapidement au Japon, puis dans le Nord-Est asiatique où la sinodontie se développa, et plus tard dans les îles du Grand Pacifique. Qu'advint-il ensuite de l'autre groupe majeur, les Sinodontes ? L'étude dentaire du peuplement des Amériques montre très clairement que les ancêtres de tous les Américains indigènes actuels viennent du Nord-Est asiatique : les Sinodontes étaient ainsi des peuples de conquérants.

Les apports de l'anthropologie dentaire

La conclusion générale selon laquelle les premiers habitants du Nouveau Monde viennent du Nord-Est asiatique n'est pas nouvelle, mais l'anthropologie dentaire a apporté quelques précisions : des preuves archéologiques convaincantes indiquent que des familles de Sinodontes sibériens passèrent le détroit de Béring vers l'Alaska il y a environ 12 000 ans. Quelque 50 générations plus tard – il y a environ 11 000 ans – ils avaient atteint la pointe Sud du Chili, parcourant une moyenne de 16 kilomètres par an.

L'anthropologue Junius Bird établit que les populations migratrices sinodontes ont atteint le Sud du Chili il y a 11 000 ans. Bird trouva des dents et des os de Paléo-Indiens qui avaient été incinérés intentionnellement et préservés dans des grottes, associés à des os d'animaux disparus, à des outils de pierre indiscutables et à de l'herbe sèche. Ce matériel fournit d'excellentes datations au carbone 14. Les dents de ces Paléo-Indiens chiliens ont sans conteste le morphotype sinodonte, y compris l'une des caractéristiques majeures qui marquent la sinodontie, la première molaire inférieure triradiculée.

Deux questions sur la grande migration sinodonte, restées longtemps sans réponses, ont

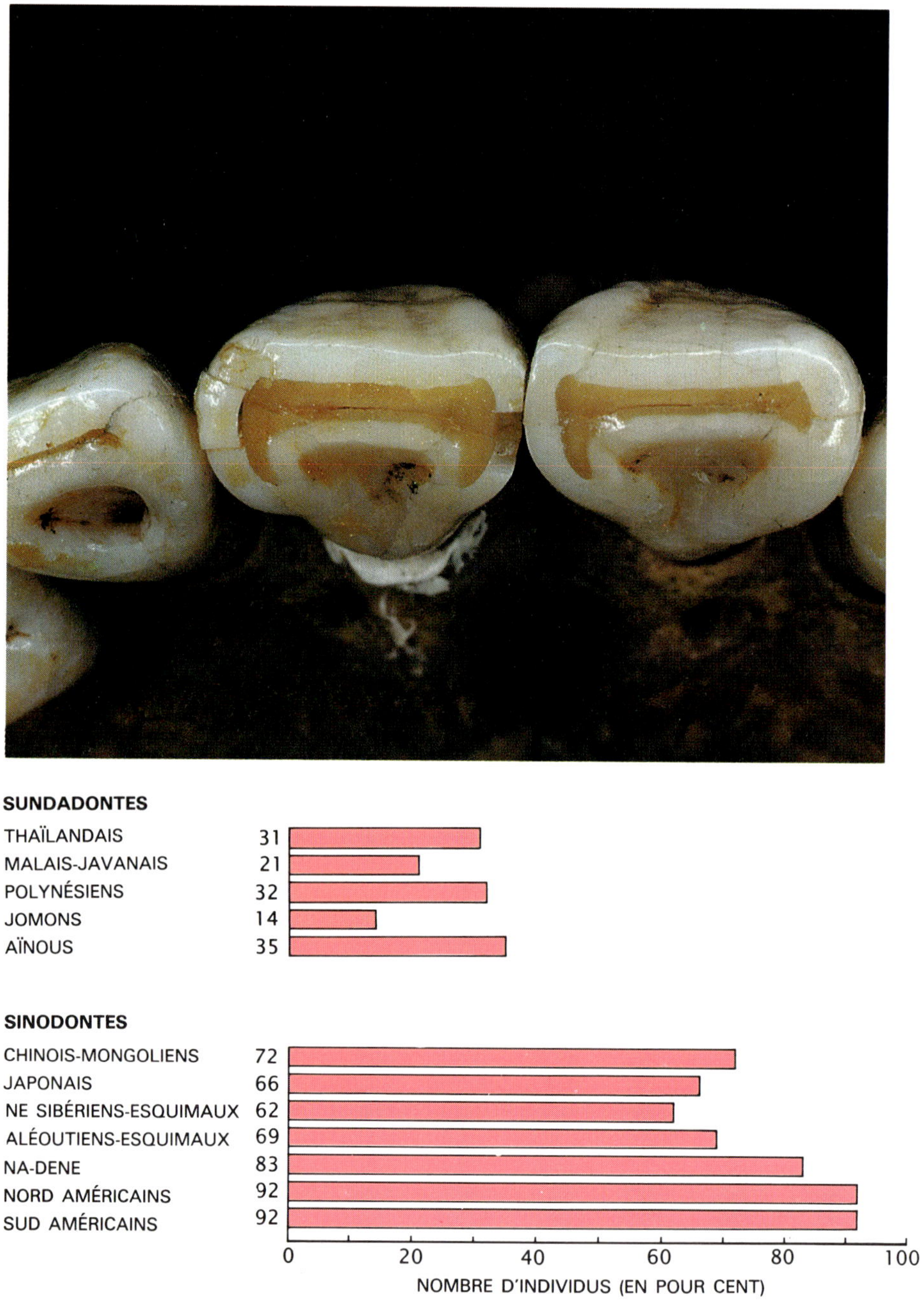

4. LA FORME « EN PELLE » de la surface palatine des incisives supérieures est due à la présence de bourrelets latéraux supplémentaires. La forme « en pelle » ou en « double pelle » est plus fréquente chez les Sinodontes que chez les Sundadontes et cette caractéristique permet de distinguer avec certitude les individus de ces populations asiatiques, comme le confirment les statistiques présentées ci-dessus.

été élucidées par l'anthropologie dentaire. La première porte sur l'endroit précis du Nord-Est asiatique d'où les migrants sont partis. Puisqu'ils étaient indiscutablement des Sinodontes, la mise en évidence de la frontière de la sinodontie doit définir cette région d'origine. Nos travaux suggèrent que la bordure Ouest de la sinodontie traverse le lac Baïkal et que sa bordure Sud est en Chine du Nord : les migrants viennent de cette région.

La seconde question a trait au nombre de

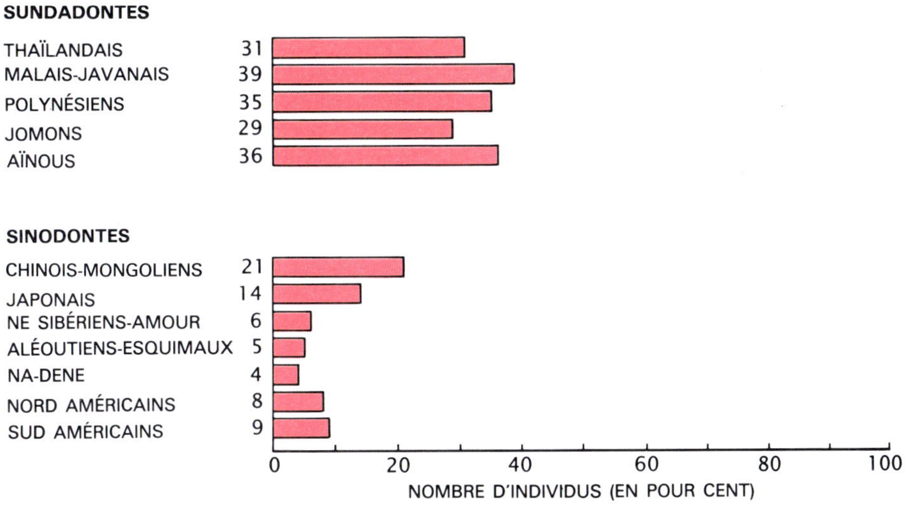

5. LE NOMBRE DES CUSPIDES est un des caractères qui distinguent la sundadontie de la sinodontie. Les molaires ont généralement cinq cuspides (protubérances sur la surface masticatrice). La seconde molaire inférieure, au centre de la photographie, n'en a que quatre. Les molaires à quatre cuspides sont plus fréquentes chez les Sundadontes que chez les Sinodontes.

vagues migratoires nécessaires pour expliquer la variété des Indiens d'Amérique. Les hypothèses sont disparates : William Laughlin, de l'Université du Connecticut (sur des bases écologiques) et Frederick West, du Musée Peabody de Salem (sur des bases archéologiques) sont partisans d'une vague unique. Charles Voegelin, de l'Université de l'Indiana (sur des considérations linguistiques) pensait, lui, qu'il y avait eu des centaines de migrations distinctes.

Nous sommes parvenus au nombre intermédiaire de trois migrations, compatibles avec nos données. Joseph Greenberg, linguiste à l'Université Stanford, Stephen Zegura, anthropologue à l'Université de l'Arizona et moi-même pensons qu'un modèle migratoire de trois vagues convient mieux aux variations des types linguistique, génétique et dentaire et corrobore un certain nombre de considérations archéologiques majeures.

Ces trois vagues se succédèrent à court intervalle de temps, mais amenèrent des groupements très différents par leur taille et leur expansion géographique. L'un de ces groupes semble réunir les Paléo-Indiens qui furent les ancêtres de tous les Américains du Sud et de la majeure partie des Américains du Nord. Nous pensons que la langue unique de ces Indiens chasseurs de troupeaux, évolua en la plupart des langues actuelles des Américains du Nord et du Sud : les dents le confirment car tous ces groupes présentent, entre autres, une forte fréquence du caractère incisive « en pelle », et une fréquence faible de première molaire inférieure triradiculée.

Une seconde vague d'immigrants arrivèrent dans le Nouveau Monde à peu près en même temps en suivant la côte Sud du Détroit de Béring. Ces populations étaient les ancêtres des Aléoutes et des Esquimaux actuels. La fréquence du caractère de l'incisive « en pelle » est relativement basse mais le nombre d'individus ayant la première molaire inférieure triradiculée est très grand.

La troisième vague comprend les ancêtres des Navajos et des Apaches ainsi que les Indiens qui peuplent l'intérieur de l'Alaska et certaines parties de la Colombie britannique. Tous ces groupes parlent des langues qui constituent une famille linguistique appelée Na-Dene ; les fréquences des caractères dentaires sont intermédiaires entre celles des groupes Paléo-Indiens et Aléoutes-Esquimaux. Bien que le recouvrement entre les groupements dentaires et le groupe linguistique Na-Dene ne soit pas parfait, il est marqué et confirmé par des données génétiques.

Au début de cet article, nous nous sommes interrogés sur la surprenante variété des peuples, des langues et des cultures du Pacifique. Nous avons, par l'examen des dents, montré que toutes ces variations résultent d'un double échange. A l'origine, les Sundadontes vivent dans le Sud-Est asiatique ; après s'être répandus en Chine et en Mongolie, il y a 20 000 ans, la sinodontie se développa parmi les populations sundadontes de la frontière Nord ; de là, le nouveau morphotype a diffusé dans l'Arctique sibérien, et par la suite, à travers le Détroit de Béring, dans l'Amérique du Nord et du Sud ; beaucoup plus tard, la population sundadonte se répandit à nouveau en Polynésie.

Si je pense que cette reconstitution à partir des dents explique les grands traits du peuplement du Pacifique et de son pourtour, elle n'est en aucune manière complète. On devra recueillir plus d'informations sur les dents des aborigènes australiens, des Mélanésiens, des Micronésiens et des tout premiers Indonésiens. Bien que ces groupes doivent avoir eu des ancêtres dans le Sud-Est asiatique, on ne sait pas si ces ancêtres étaient tous étroitement apparentés aux Sundadontes.

Il serait extrêmement souhaitable de placer le morphotype ancestral sundadonte dans une trame qui couvrirait la totalité du Globe : l'analyse dentaire systématique dans les mouvements de population est encore balbutiante. Il est clair qu'il faudra comprendre les relations entre les Sundadontes et toutes les populations du Sud asiatique, d'Asie centrale, du Sud-Ouest, d'Europe et d'Afrique. Cette histoire n'est pas déchiffrée.

Auteurs et bibliographie

L'évolution de l'homme

Sherwood WASHBURN est professeur d'anthropologie physique à l'Université de Californie à Berkeley depuis 1958. Il obtint son PhD à Harvard en 1940. Il enseigna alors l'anatomie humaine à l'université de Columbia qu'il quitta en 1947 pour l'université de Chicago. Il ajouta à ses recherches en laboratoire sur l'évolution de l'homme, l'étude des primates dans leur habitat naturel ; cette nouvelle approche sur le terrain fut très vite suivie par d'autres chercheurs. S. Wasburn a écrit de nombreuses monographies et des livres sur l'évolution de l'homme.

M.-C. KING et A. C. WILSON, *Évolution at Two Levels in Humans and Chimpanzees in Science,* Vol. 188, n° 4184, pp. 107-116, 11 avril 1975.
Human Origins : Louis Leakey and the East African Evidence, sous la direction de G. Ll. ISAAC et E. R. MCCOWN, W. A. Benjamin, Inc., 1976.
Molecular Anthropology : Evolving Information Molecules in the Ascent of the Primates, sous la direction de M. GOODMAN et R. E. TASHIAN, Plenum Press, 1976.
R. LEAKEY et R. LEWIN, *Origins,* E.P. Dutton & Co., 1977.
Human Evolution : Biosocial Perspectives, sous la direction de S. L. WASHBURN et E. R. MCCOWN, Benjamin/Cummings Publishing Company, 1978.
I. DOBZHANSKY, *L'Homme en évolution,* Flammarion.
A. H. SCHULTZ, *Les Primates,* Éditions Rencontre, 1972.
M. TAIEB, D. C. JOHANSON et Y. COPPENS, Expédition internationale de l'Afar, Éthiopie (3e campagne 1974). Découverte d'Hominidés pliopléistocènes à Hadar, *Comptes rendus de l'Académie des Sciences,* tome 281, pp. 1297-1300, 1975.
J. VAN LAWICK-GOODALL, *Les chimpanzés et moi,* Éditions « J'ai lu », 1971.

A la recherche de *Proconsul*

Alan WALKER et Mark TEAFORD enseignent au Département de biologie cellulaire et d'anatomie de l'Université Johns Hopkins.

J. R. NAPIER et P. R. DAVIS, *The Fore-Limb Skeleton and Associated Remains of Proconsul Africanus* in *Fossil Mammals of Africa,* vol. 16, pp. 1-69, 1959.
M. D. ROSE, *Miocene Hominoid Postcranial Morphology* in *New Interpretations of Ape and Human Ancestry,* Plenum Press, 1983.
A. WALKER et M. PICKFORD, *New Postcranial Fossils of Proconsul Africanus and Proconsul Nyanzae* in *New Interpretations of Ape and Human Ancestry,* Plenum Press, 1983.
K. C. BEARD, M. F. TEAFORD et A. WALKER, *New Wrist Bones of Proconsul Africanus and P. Nyanzae from Rusinga Island, Kenya* in *Folia Primatologica,* vol. 47, n° 2, pp. 97-118, 1986.

Des primates à l'Homme

David PILBEAM est professeur d'anthropologie à l'université Harvard. Il a fait ses études et a travaillé à l'université de Cambridge avant de passer sa thèse à l'université de Yale en 1967. Il y est devenu professeur en 1968 et est arrivé à Harvard en 1981.

Current Argument on Early man, sous la direction de L.K. Konigsson, Pergamon Press, 1980.
New Interpretation of Ape and Human Ancestry, sous la direction de R.L. Ciochon et R.S. Corruccini, Plenum Press, 1983.

Les hominidés du Turkana oriental

Alan WALKER et Richard E. F. LEAKEY – Alan Walker est professeur de biologie cellulaire et d'anatomie à l'école de médecine Johns Hopkins, depuis 1973, mais il se rend fréquemment au Kenya pour y travailler sur les fossiles d'hominidés. Richard Leakey, fils de Louis et de Mary Leakey, est directeur des Musées Nationaux du Kenya et président de la Fondation pour la Recherche des Origines de l'Homme.

Earliest Man and Environnements in the Lake Rudolf Basin : Stratigraphy, Paleoecology and Evolution, sous la direction de Y. Coppens, F. C. Howell, G. Ll. Isaac et R. E. F. Leakey. University of Chicago Press, 1976.

Human Origins : Louis Leakey and the East African Evidence, sous la direction de G. Ll. Isaac et E. R. McCown. W. A. Benjamin, Inc., 1976.
Koobi Fora Research Project, vol. I : The Fossil Hominids and an Introduction to their Context 1968-1974, sous la direction de M. Leakey et R. E. F. Leakey. Oxford University Press, 1978.

Quand l'homme se leva

Owen LOVEJOY est professeur d'anthropologie à l'université d'État du Kent.

L'aube de l'humanité, Bibliothèque *Pour la Science,* 1985.
V. INMAN, H. RALSTON et F. TODD, *Human Walking,* Williams & Wilkins, 1981.
C. LOVEJOY, *The Origin of Man* in *Science,* vol. 211, n° 4480, 23 janvier 1981.
R. TAGUE et C. LOVEJOY, *The Obstetric Pelvis of A.L. 288-1 (Lucy)* in *Journal of Human Evolution,* vol. 15, n° 4, mai 1986.

Les empreintes de pas fossiles de Laetoli

Richard HAY et Mary LEAKE sont respectivement géologue et anthropologue ; ils collaborent depuis 1962 à l'étude des ancêtres de l'homme en Tanzanie. R. Hay a travaillé sur la stratigraphie, la sédimentologie et les paléoenvironnements des dépôts volcaniques où furent trouvés des fossiles d'Hominidés.
Mary Leakey a fait ses études en Angleterre. Elle a commencé à visiter la Gorge d'Olduvaï et le Laetoli avec feu son époux, Louis Leakey, en 1935. Elle a consacré la plus grande partie de sa carrière à la paléoanthropologie de l'Afrique de l'Est ; avec Louis Leakey, elle a fait certaines des plus importantes découvertes des restes des premiers Hominidés en Afrique (en particulier, le zinjanthrope).

M.D. LEAKEY, R.L. HAY, G.H. CURTIS, R.E. DRAKE, M.K. JACKES et T.D. WHITE, *Fossil Hominids from the Laetolil Beds* in *Nature,* vol. 262, n° 5568, 5 août 1976.
R. L. HAY, *Melilitite-Carbonatite Tuffs in the Laetolil Beds of Tanzania* in *Contributions to Mineralogy and Petrology,* vol. 67, n° 4, pp. 357-367, 15 décembre 1978.
M.D. LEAKEY et R.L. HAY, *Pliocene Footprints in the Laetolil Beds at Laetoli, Northern Tanzania* in *Nature,* vol. 278, n° 5702,pp. 317-323, 22 mars 1979.
R.L. HAY, *Paleoenvironment of the Laetolil Beds, Northern Tanzania* in *Hominid Sites : Their Geologic Settings,* sous la direction de G. Rapp Jr. et C.F. Vondra, Western Press, 1981.

La naissance de la culture

Nicholas TOTH est assistant d'anthropologie à l'université d'Indiana. Il projette d'y fonder, avec son épouse, Kathy Schick, un centre de recherche sur les origines anthropologique de la technique. Il s'est intéressé très tôt à l'étude des origines de l'Homme et il a achevé en 1974 une maîtrise d'anthropologie et d'archéologie au *Western College* de l'Ohio. Il a passé sa thèse en 1982 à Berkeley.

R. LEWIN, *Human Evolution : An Illustrated Introduction,* W.H. Freeman and Company, 1984.
G. L. ISAAC, *The Archaeology of Human Origins : Studies of the Lower Pleistocene in East Africa* in *Advances in World Archaelogy,* vol. 3, pp. 1-87, 1984.
N. TOTH, *The Oldowan Reassessed : A Close Look at Early Stone Artifacts* in *Journal of Archaeological Science,* vol. 12, n° 2, pp. 101-120, mars 1985.
K. D. SCHICK, *Stone Age Sites in the Making : Experiments in the Formation and Transformation of Archaeological Occurrences (B.A.R. International series 319),* B.A.R. (British Archaeological Reports), 1986.
N. TOTH et K. D. SCHICK, *The First Million Years : The Archaeology of Protohuman Culture* in *Advances in Archaeological Method and Theory,* vol. 9, pp. 1-96, 1986.

L'homme de Pékin

Wu RUKANG et Lin SHENG-LONG sont paléoanthropologistes.
Wu Rukang est directeur adjoint de l'institut de Paléontologie des Vertébrés et de paléoanthropologie de l'Académie des Sciences en Chine, et membre de l'Académie des Sciences et président de l'Association des Sciences Anatomiques.
Lin Sheng-Long est actuellement assistant de recherche à l'Institut de Paléontologie des Vertébrés et de Paléoanthropologie.

D. BLACK, *On a Lower Molar Hominid Tooth from the Choukoutien Deposit* in *Palaeontologia Sinica,* Série D, vol. 7, fascicule 1, pp. 1-28, 1927.

D. BLACK, *On an Adolescent Skull of Sinanthropus pekinensis in Comparison with an Adult Skull of the Same Species and with Other Hominid Skulls, Recent and Fossil* in *Palaeontologia Sinica*, Série D, vol. 7, fascicule 2, pp. 1-144, 1927.
W.C. PEI, *Notice of the Discovery of Quartz and Other Stone Artifacts in the Lower Pleistocene Hominid-bearing Sediments of the Choukoutien Cave Deposit* in *Bulletin of the Geological Society of China*, vol. 11, n° 2, pp. 109-139, décembre 1931.
F. WEIDENREICH, *The Sinanthropus Population of Chou Kou Tien* in *Bulletin of the Geological Society of China*, vol. 14, n° 4, pp. 427-461, 1935.
C. LAN-PO, *The Cave Home of Peking Man*, Foreign Language Press, 1975.

Qui fut l'ancêtre de l'Homo sapiens ?

Jean-Jacques HUBLIN est chercheur au Centre National de la Recherche Scientifique et au Laboratoire de Paléontologie des vertébrés et de paléontologie humaine de l'Université Paris VI. Après avoir fait porter ses travaux sur l'Europe, J.-J. Hublin étudie aujourd'hui l'évolution des *Homo erectus* Nord-africains et poursuit, parallèlement à ses recherches de laboratoire des campagnes de fouille dans ces régions.

J.-J. HUBLIN, *Some Comments of the Diagnostic Features of Homo erectus* in *Fossil Man, New Facts, New Ideas,* (Antrops), vol. 23, pp. 175-187, 1986.
F.H. SMITH et F. SPENCER, *The Origin of Modern Humans,* A.R. Liss, New York.
L'aube de l'humanité, Bibliothèque *Pour la Science,* 1985.

Les hommes de Neandertal

Erik TRINKAUS et William HOWELLS sont tous deux anthropologistes à l'Université de Harvard.

W. W. HOWELLS, *Evolution of the Genus Homo,* Addison-Wesley Publishing Co., Inc., 1973.
W. W. HOWELLS, *Neanderthal Man : Facts and Figures* in *Paleoanthropology : Morphology and Paleoecology,* sous la direction de R. H. Tuttle, Mouton, 1975.
C. L. BRACE et M. F. ASHLEY MONTAGU, *Human Evolution,* Macmillan Publishing Co., 1977.
Les Origines humaines et les époques de l'intelligence, sous la direction de J. Piveteau, Masson et Cie, 1978.
E. GENET-VARCIN, *Les hommes fossiles,* Éditions Boubée, Paris, février 1980.

Les origines de l'homme de type moderne en Europe

Jean-Jacques HUBLIN.

W.W. HOWELLS, *Evolution of the genus Homo,* Addison-Wesley Publishing Co., Inc., 1973.
J.-J. HUBLIN, *Anténéandertaliens : Prénéandertaliens ou Présapiens ?* in *Phylogénie et Paléobiogéographie,* sous la direction de E. Buffetaut, P. Janvier, J.C. Rage et P. Tassy, *Géobios,* mémento spécial n° 6, Lyon 1982.
F. LÉVÊQUE et B. VANDERMEERSCH, *Découverte de restes humains dans un niveau castelperronien de Saint-Césaire (Charentes-maritimes)* in *Comptes rendus de l'Académie des Sciences de Paris,* tome 1, série D, pp. 187-189, 1980.
C.B. STRINGER, *Towards a Solution to the Neanderthal Problem* in *Journal of Human Evolution,* vol. 11, pp. 431-438, Londres 1982.
E. TRINKAUS et W.W. HOWELLS, *Les hommes de Néanderthal* in *Pour la Science* n° 28, pp. 92-105, février 1980.

La spectrométrie de masse et la datation au carbone 14

Robert HEDGES et John GOWLETT étudient le même sujet avec des approches différentes. R. Hedges obtint en 1968 un Ph.D en chimie physique, à l'université de Cambridge. Il travailla quatre autres années dans ce domaine avant d'aller au laboratoire de recherche en archéologie et histoire de l'art à l'université d'Oxford. J. Gowlett est archéologue dans le service de spectrométrie des isotopes du carbone à Oxford. Après avoir commencé ses études à Cambridge et participé à des fouilles dans des sites préhistoriques en Grande-Bretagne, il est parti, en 1972, explorer des sites anciens du Kenya.

H.T. WATERBOLK, *Working with Radiocarbon Dates* in *Proceedings of the Prehistoric Society,* vol. 37, deuxième partie, pp. 15-33, décembre 1971.
R.E.M. HEDGES, *Radioisotope Clocks in Archaeology* in *Nature,* vol. 281, n° 5725, pp. 19-24, 6 septembre 1979.
Proceedings of the Eleventh International Radiocarbon Conference - Seattle in *Radiocarbon,* vol. 25, n° 2, 1983.

Les premiers bijoux, dessins et sculptures

Randall WHITE est professeur d'anthropologie à l'université de New York.

J. Han, *Aurignacian Signs, Pendants and Art Object in Central and Eastern Europe* in *World Archaeology,* vol. 3, n° 3, pp. 252-266, février 1972.
R. White, *Dark Caves, Bright Visions : Life in Ice Age Europe,* American Museum of Natural History/W.W. Norton & Co., 1986.
W. Davis, *The Origins of Image Making* in *Current Anthropology,* vol. 27, n° 3, pp. 193-216, juin 1986.
R. White, *Toward a Contextual Understanding of the Earliest Body Ornaments* in *Patterns and Processes in Later Pleistocene Human Emergence,* sous la direction de Erik Trinkaus, Cambridge University Press, à paraître.

L'archéologie de la grotte de Lascaux

Arlette Leroi-Gourhan est directeur du laboratoire de palynologie (l'étude des spores et des pollens) au Musée de l'Homme à Paris.
Son travail au Musée de l'Homme porte sur l'environnement climatique et biologique de l'Europe pendant les 100 000 dernières années et sur ses relations avec l'établissement de populations humaines.

H. Breuil, *Lascaux* in *Bulletin de la Société préhistorique française,* vol. 47, pp. 355-363, 1950.
A. Laming, *Lascaux : Paintings and Engravings,* Penguin Books, 1959.
A. Glory, *Débris de corde paléolithique à la grotte de Lascaux (Dordogne)* in *Mémoires de la Société préhistorique française,* vol. 5, pp. 135-169, 1959.
A. Leroi-Gourhan, J. Allain, L. Balout, C. Bassier, R. Bouchez, J. Bouchud, C. Couraud, B. et D. Delluc, J. Evin, M. Girard, A. Laming-Emperaire, A. Leroi-Gourhan, M. Sarradet, F. Schweingruber, Y. Taborin, D. Vialou et J. Vouvé, *Lascaux inconnu : XIIe supplément à « Gallia Préhistoire »,* Éditions du Centre National de la Recherche Scientifique, 1979.

Les huttes en os de mammouth de la plaine russe

Mikhail Gladkih, Ninelj Kornietz et Olga Soffer ont travaillé ensemble sur des sites du Paléolithique Supérieur en Union Soviétique. N. Kornietz est paléontologue et ses collègues sont archéologues. M. Gladkih est professeur d'archéologie à l'université de Kiev.
Il s'intéresse à l'analyse et à la typologie des outils de pierre. N. Kornietz dirige le département de paléontologie à l'Institut de zoologie de Kiev ; sa thèse portait sur l'extinction des mammouths en Ukraine. Soffer est professeur d'archéologie à l'Université de Milwaukee.
Sa thèse, consacrée aux modifications culturelles des communautés humaines du Paléolithique Supérieur, est le résultat de 19 mois de travail sur le terrain en Union Soviétique, entre 1977 et 1983.

I.G. Pidoplichko, *Upper Paleolithic mammoth-bone dwellings in Ukraine,* Naukova Dumka, Kiev, 1969, en russe.
R. G. Klein, *Ice-Age Hunters of Ukraine,* University of Chicago Press, 1973.
I.G. Pidoplichko, *Mezhirich mammoth-bone dwellings ; summary in English,* Naukova Dumka, Kiev, 1976, en russe.
E. M. Shimkin, *The Upper Paleolithic in North-Central Eurasia : Evidence and Problems* in *Views of the Past : Essays in Old World Prehistory and Paleoanthropology,* sous la direction de L. G. Freeman, Mouton Publishers, 1978.

Les dents témoins de la préhistoire en Asie

Christy Turner est professeur d'anthropologie à l'Université de l'Arizona.

C. G. Turner, *Dentochronological Separation Estimates for Pacific Rim Populations* in *Science,* vol. 232, n° 4754, pp. 1140-1142, 30 mai 1986.
Greenberg, C. Turner et S. Zegura, *The Settlement of the Americas : A Comparison of the Linguistic, Dental, and Genetic Evidence* in *Current Anthropology,* vol. 27, n° 5, pp. 477-497, décembre 1986.
Turner, *Late Pleistocene and Holocene Population History of East Asia Based on Dental Variation* in *Am. Jnl. of Phys. Anthropology,* vol. 73, n° 3, juillet 1987.

Références des illustrations

P. 11 : Tom Prentiss et G. Kiss □ p. 12, 13 : Tom Prentiss □ p. 15, 17 : G. Kiss □ p. 25 : Alan Walker □ p. 27, 29 à 32 : Tom Prentiss □ p. 35 : Enid Kotschnig □ p. 37 : Ilil Arbel □ p. 38, 39 : Tom Prentiss □ p. 43, 45 : Ilil Arbel □ p. 49 : NASA □ p. 50, 51 : Koobi Fora Research Project □ p. 53, 55 : Bunji Tagawa □ p. 57, 59, 61 : Tom Prentiss □ p. 62, 63 : Bunji Tagawa □ p. 64, 65 : Tom Prentiss □ p. 69 : Larry Rubens, Kent State University □ p. 71 à 74, 75 (haut) : Carol Donner □ p. 75 (bas) : C. Owen Lovejoy □ p. 79 : Carol Donner □ p. 80 : Richard L. Hay, University of California, Berkeley □ p. 81 : Mary D. Leakey □ p. 83 : John Reader, National Geographic Society □ p. 84 à 89 : Andrew Tomko □ p. 90, 91 : Richard L. Hay, University of California, Berkeley □ p. 93 : Kathy Schick □ p. 94 : Andrew Tomko □ p. 95 : Patricia J. Wynne □ p. 97, 99 : Ed Hanson □ p. 100, 101 : Nicholas Toth □ p. 102 à 104 : Kathy Schick □ p. 107 : Patricia J. Wynne □ p. 109 : Carl Mydans □ p. 111 à 113 : Patricia J. Wynne □ p. 114 : Wu Rukang et Lin Shenglong, Institut de paléontologie des vertébrés et de paléontologie, Beijing □ p. 115, 117 : Patricia J. Wynne □ p. 121 : Musée de l'Homme □ p. 122 : Jean-Claude Venet, d'après F. Weidenreich □ p. 123 : Jean-Jacques Hublin et Jean-Claude Venet □ p. 125 : Jean-Claude Venet, d'après C. Stringer et Ph. Rightlire □ p. 126 : Jean-Claude Venet □ p. 127 : Musée de l'Homme □ p. 129, 130 : Jean-Jacques Hublin et Jean-Claude Venet □ p. 131 : Jean-Claude Venet, d'après F. Weidenreich □ p. 132 : Document PLS □ p. 135 : Erik Trinkaus, Harvard University □ p. 137, 139 : Ilil Arbel □ p. 141 à 143 : Whitney Powell □ p. 145 : Ilil Arbel □ p. 146, 147, 149 : Carol Donner et Whitney Powell □ p. 151 : Ilil Arbel □ p. 155 : Grégoire Soberski □ p. 157 : Jean-Claude Venet □ p. 159, 161, 163 : Jean-Jacques Hublin □ p. 164 : Grégoire Soberski □ p. 165 : Jean-Claude Venet □ p. 166, 167 : Grégoire Soberski □ p. 171 : Research Laboratory for Archeology and the History of Art, University of Oxford □ p. 173 à 178 : Andrew Christie □ p. 180, 181 : Institute für Urgeschichte, Université de Tübingen □ p. 183 : Field Museum of Natural History, Chicago ; photographies de Randall White □ p. 184 : Institut Royal dcs Sciences Naturelles, Bruxelles ; photographies de Randall White □ p. 185 : Musée des Antiquités Nationales, Saint-Germain-en-Laye ; Logan Museum of Anthropology, Beloit College ; photographies de Randall White □ p. 186 : Logan Museum of Anthropology ; photographies de Randall White □ p. 187 : Institute für Urgeschichte, Université de Tübingen □ p. 188 : Musée National de Préhistoire, Les Eyzies-de-Tayac □ p. 189 : Field Museum of Natural History ; photographies de S. Varnedoe □ p. 192 : H. Roger-Viollet □ p. 193 : Andrew Tomko □ p. 195 : J. Oster, Musée de l'Homme □ p. 196 : Denis Vialou, Museum National d'Histoires Naturelles □ p. 197 : Andrew Tomko □ p. 198 : Patricia J. Wynne □ p. 199 : Pamela Vandiver, M.I.T. □ p. 200 : Brigitte et Gilles Delluc □ p. 201 : André Glory □ p. 202 : Patricia J. Wynne □ p. 203 : A. Leroi-Gouhran □ p. 205 à 207 : Patricia J. Wynne □ p. 209 : Olga Soffer, University of Wisconsin, Milwaukee □ p. 211 à 213 : Patricia J. Wynne □ p. 217, 220 (haut), 222 (haut), 223 (haut) : Christy Turner □ p. 218, 219, 220 (bas), 222 (bas), 223 (bas) : Tom Prentiss.

Imprimé en France par IME - 25 Baume-les-Dames
Dépôt légal : février 1992
N° éditeur : 1884-01
N° imprimeur : 8198